Office 2010

办公软件应用教程

工作任务汇编

第二版

陈静 编著

化学工业出版社

·北京·

随着计算机技术的发展，Windows 7 和 Office 2010 的操作环境越来越普遍，本书基于此，在第 1 版的基础上修订而成。

本书采用独立任务的编写方式，针对典型职业活动和生活需要，综合了应用办公软件 Office 2010 的三大组件 Word、Excel、PowerPoint 来完成不同领域的任务。全书分为 3 篇共计 24 个任务，分别介绍了利用 Word 2010 设计制作规章制度、通知、个人简历、日程表、组织结构图、海报、贺卡等内容；利用 Excel 2010 制作档案、工资表、成绩单、销售表等内容；利用 PowerPoint 2010 制作电子相册、动态贺卡、产品介绍、课程培训稿等内容。

这些任务来源于实际的工作、生活，贴近学习者、贴近社会、贴近工作、贴近生活，有很强的实用性和可操作性。从每个具体的工作任务入手，详细讲解完成任务的前期分析、技术准备、工具的使用、设计制作思路、工作过程等，在工作过程中介绍完成任务的工作流程和操作方法，任务完成后进行归纳总结、评价反馈，使学习者能学以致用。帮助使用 Office 2010 三大组件的人员快速、高效、高品质地完成各项工作。

本书不仅适合初学者阅读，也适合中等、高等职业院校学生学习，还可作为办公软件应用提高的培训、实训教材，作为自学人员的参考用书以及办公人员的操作指南和指导手册。本书有与内容配套的数字化资源，供学习者学习使用。

图书在版编目 (CIP) 数据

Office 2010 办公软件应用教程：工作任务汇编/陈静编著. —2 版.

北京：化学工业出版社，2015.8（2022.1 重印）

ISBN 978-7-122-24536-6

Ⅰ. O⋯　Ⅱ. ① 陈⋯　Ⅲ. 办公自动化-应用软件-教材

Ⅳ. TP317.1

中国版本图书馆 CIP 数据核字（2015）第 151419 号

责任编辑：王文峡　　　　　　　　装帧设计：尹琳琳
责任校对：王素芹

出版发行：化学工业出版社（北京市东城区青年湖南街 13 号　邮政编码 100011）
印　　刷：三河市航远印刷有限公司
装　　订：三河市宇新装订厂
787mm×1092mm　1/16　印张 30　字数 829 千字　2022 年 1 月北京第 2 版第 10 次印刷

购书咨询：010-64518888　　　　售后服务：010-64518899
网　　址：http://www.cip.com.cn
凡购买本书，如有缺损质量问题，本社销售中心负责调换。

定　　价：**59.00 元**

本书是在《Office 2007 办公软件应用教程 工作任务汇编》的基础上，针对当前计算机技术的发展以及教程的使用情况反馈而修订的。本书采用独立任务的编写方式，继续秉承"工作过程导向"和"行动导向"的学习理念，通过做中学、做中练，将理论知识和多学科知识融入工作过程中，融在操作技能中，全面提升学习者计算机基本操作、办公应用、多媒体技术应用等方面的技能，提升利用计算机解决学习、工作、生活中常见问题的能力，体验根据职业需求运用计算机技术获取信息、处理信息、分析信息、发布信息的过程，提升学习者综合应用能力，提升信息素养。

本次修订以"更新""扩充"和"修正"为基本原则，主要从以下几方面进行修订。

应用软件平台升级更新

随着办公软件的不断升级，本书修订以 Microsoft Office 2010 为办公软件的应用平台，所有任务在 Office 2010 环境下操作完成。同样适用于 Office 2013 和 Office 2016。

内容扩充、修正、更新

1. 针对本书中的典型职业活动和生活需要，对一些新知识、新技术进行了扩充和更新。让学习者的操作更贴近生活实际，对接职业需求。

2. 根据当前教学需要、任务的难易程度，对全书的任务结构（顺序）进行了调整，增加、删减部分任务，部分任务的内容进行了局部扩充、拓展或全文更新。在 PPT 的任务中，扩充了设计思路的指导，新增了任务结构的图示，提升了 PPT 作品的品质。

3. 由于时间等因素，个别内容、数据已经陈旧，本次修订做了更新。

4. 对评价表全部做了更新，改变了原来的评价模式，体现以人为本、侧重自我体验、自我感受、自我反思的自主式、多方位、多元化、过程性评价，促进学习者养成良好的习惯、态度、素养。

5. 扩充、加大了每个任务"课后拓展实训"的案例数量，提高了案例的品质，体现不同专业和行业特色，帮助学习者开阔思路、学以致用，提升其应用和创新能力。

本书修订后内容更精练，设计、制作思路更便捷、顺畅，扩充、拓展了操作注意事项、操作技巧和归纳总结的内容，实用性更强，易学易用。以人为本的设计，方便教师教学，也方便学习者自主学习。

本书有与内容配套的数字化资源，包括电子素材、作品样文、源文，还有丰富的实训任务库，赠送更多的案例、样文和素材，供学习者学习和使用，可发送电子邮件至 cipedu@163.com 或 chenjing1021@126.com 免费获取。

本书由陈静执笔，在编写过程中寇馨月、陈中华、陈莉、王立新、李俊、张红革、张家豪、张卫东给予了很多帮助，并得到了化学工业出版社及昌平职业学校领导郑艳秋、赵东升、贾光宏、吴亚芹、蒋秀英、张岚、刘春跃和同事吴骁军、魏军、刘鑫、赵小平、王京京、夏丽、王艳、方荣卫、崔雪、姚希、雷涛、徐冬妹、郝薇、郭婷婷、李向荣、贾志、陆川、王秀红、马杰、陈芳的支持与协助，在此一并表示感谢。

本书力求严谨，但由于笔者水平所限、时间仓促，本次修订后，书中难免有疏漏和不足之处，敬请广大读者提出宝贵意见，以便不断改进并使之更加完善。

编著者
2015 年 6 月

Microsoft Office 2007 是微软公司推出的新一代办公软件，广泛应用在日常工作、教育、商业和生活等各个领域。

Office 能做什么？如何使用 Office 2007 办公或工作？如何有效工作？如何高效快速工作？如何高品质工作？如何创造性工作？这些是每个使用 Office 办公者最关心的问题。

本书精选实际工作或生活中的典型工作任务，以任务为载体，本着管用、够用、实用的原则，以工作流程为主线，在每个任务中贯穿所需要的知识点和技能点，以及本任务的特色和重点；一步步教学习者学会工作；在完成任务的同时，以"思考、分析和解决问题的方法"为横线，学习如何思考、如何操作、如何解决实际问题，然后学会快速工作，进而上升为高效地工作、高品质地工作、创造性地工作。

本书内容

书中精选一系列不同特色、不同性质、实用性强、有代表性的典型任务，构成任务库，学习者可以根据自己的工作需要或需求选择学习或有针对性地操作练习。

本书分 3 篇，共 25 个任务。第 1 篇文字处理软件 Word 2007，14 个任务：规章制度，调查问卷，通知，个人简历，企业应聘表，会议日程表，月历备忘录，公司信纸，公司图标，刊物内页，简报，海报、证书、贺卡、邀请函，书籍，组织结构图等内容；第 2 篇电子表格软件 Excel 2007，4 个大任务：档案、工资表、成绩单、销售表等内容，每个任务中还有多个子任务；第 3 篇演示文稿软件 PowerPoint 2007，7 个任务：电子相册，动态贺卡，课程培训稿，总结/汇报稿，公司简介，产品介绍，知识竞赛等内容。

每个任务从以下几方面进行编写：

从实际工作需要或生活实际中引出让学习者感兴趣的工作任务，然后从任务描述、参考样文、任务分析、工作过程（包含工具的使用、学习新知、操作方法）、总结规律/流程/要领、评价反馈、课后复习、巩固拓展实践、能力扩充与提高等环节进行详细介绍完成工作的步骤、流程和相关知识及技能。

这些典型任务按照循序渐进的认知规律，由浅入深，由易到难，由简到繁，由有章可循到自由创新，一步步引领学习者学会工作，学会有效地使用软件。而且这些典型任务适合学生的就业需求、工作需求和自身发展需求，并考虑年轻学生的兴趣爱好。学习完本书后，可以直接胜任办公室工作或办公软件应用的相关工作，是一本实用性较强的办公指导手册。

本书特色

本书每个任务都以行动导向为学习理念，让学习者在接受任务后，学会收集信息、制订计划、作出决策、实施计划、质量控制、总结反馈等一系列工作步骤和科学有效的工作方法；在操作过程中边实践、边学习、边思考、边总结、边建构，提升自己处理其他同类文档的工作能力，积累工作经验，养成良好的工作习惯。

本书不是单纯为了学软件而操作，而是针对每个不同的具体任务，结合应用文写作、排版美学要求、结构组成等展开相关知识的扩充和学习，有机整合多种学科知识和多领域技能，使学习者更好地胜任不同的工作内容，出色地完成不同类型的工作任务，并能够创造性地工作。

书中每个任务描述之后，有制作规范、排版精美的"样文"可供学习者对任务完成的效果有直接的感性认识，明确完成任务的目的和方向。

在实施操作之前，有详细的"任务分析"，帮助学习者分析任务的结构组成、排版要求和标准、应用文写作的要素和规范、专业术语、概念的解释补充等，为完成任务做好技术准备和信息收集。让学习者明白自己要做什么、怎样做、从哪几方面做、做到什么效果，提高思考问题、分析问题、解决问题的能力。

明确了任务的结构、规范后，在"工作流程、步骤方法"中，详细讲解工具的使用方法、新知识新技能的操作学习、实践操作的具体方法、步骤等，帮助学习者从头开始、从零开始学习和实践体验；在工作过程中，边学习边检查控制质量，直到完成任务，形成高品质的作品成果。

书中每个任务完成之后，有对应的"归纳总结"，让学习者在完成全部工作之后，回顾工作的全过程，总结、提炼本任务的工作流程或者规律、操作要领等，将本任务的工作方法、规律、要领牢记，并能应用在其他同类任务或文档中，达到学有所用。

每个任务完成之后，有相应的"评价表"，从专业能力、方法能力、社会能力等方面检查、测评、反馈学习者的学习效果和制作质量，使学习者树立质量控制的意识，学会在检测、评价、反馈中总结经验、发现不足，在改正、完善中提高。

书中每个任务完成、评价之后，有"巩固拓展实践"的操作练习题，可供学习者巩固技能、灵活应用、创新设计，将所学技能和方法应用在同类的其他文档或任务中，提高工作能力。

根据特定任务的需要，任务之后有"能力扩充与提高"，补充相关的知识和技能，提高完成任务的工作能力和水平。

本书的工作过程和步骤、方法用图文结合的方式，力求用最精简的文字辅以操作界面的图片，将操作方法和过程详细、清晰地表达，做到一看就懂、一学就会，达到让学习者自主学习、自我提高的目的。

本书有与内容配套使用的素材和样文电子版，便于学习使用，可发电子邮件至cipedu@163.com 或 cpzxcj@163.com 免费获取。

本书主要由陈静、张爽编著，参编的人员还有吴骁军、魏军、田群山、刘鑫、董捷迎等。在编写过程中吴亚芹、王立新、李俊、张红革、刘春跃、郑艳秋、赵东升、陈中华、寇馨月给予了很多帮助，并得到了化学工业出版社、昌平职业学校领导和同事的支持与鼓励，上海和强软件有限公司和廊坊东方科能机械工程有限公司给予了大力支持与协助，在此一并表示感谢。

本书力求严谨，但是由于笔者水平有限，时间仓促，书中难免有疏漏和不足之处，敬请广大读者批评指正，以便修订并使之更加完善。

编著者

2009 年 8 月

目录 CONTENTS

第一篇 文字处理 Word 2010

第二篇 电子表格 Excel 2010

第三篇 演示文稿 PowerPoint 2010

认识办公软件 Microsoft Office 2010

 **知识目标**

1. 启动文字处理软件 Word 2010、电子表格软件 Excel 2010、演示文稿软件 PowerPoint 2010 的方法；
2. 各软件操作界面的组成部分名称、位置、功能、使用方法；
3. 自定义快速访问工具栏的方法；
4. 设置 Word 选项、Excel 选项、PowerPoint 选项的方法。

能力目标

1. 能快速启动文字处理软件 Word 2010、电子表格软件 Excel 2010、演示文稿软件 PowerPoint 2010；
2. 能识别各软件操作界面的组成部分及功能；
3. 能自定义快速访问工具栏；
4. 能设置 Word 选项、Excel 选项、PowerPoint 选项。

学习重点

1. Word 2010、Excel 2010、PowerPoint 2010 操作界面的功能区组成部分及使用方法；
2. 设置 Word、Excel、PowerPoint 选项的方法。

Office 2010 是 Microsoft 微软公司推出的新一代风靡全球的办公软件，它的界面更简洁明快；增加了很多新功能，使用户能更加方便地完成操作。

本书主要介绍 Office 2010 中的 3 大组件：Word 2010、Excel 2010、PowerPoint 2010，它们的图标分别是 W、X、P；文件扩展名分别为 *.docx、*.xlsx、*.pptx。

认识文字处理软件 Word 2010 W

Word 2010 是微软公司推出的文字处理软件，它简单易学，操作方便，处理文字、表格、图形图片功能丰富，可以方便地编排和美化文、表、图文档，是用户首选的、使用最广泛的文字处理办公软件。

 **提出任务**

快速启动文字处理软件 Word 2010，认识 Word 2010 操作界面的组成部分，根据需要设置 Word 选项。

完成任务

一、启动文字处理软件 Word 2010

◆ **操作方法 1** 单击"开始"→"所有程序"→"Microsoft Office"→"W Microsoft Word 2010"，

可启动 Word 2010，如图 0-1 所示。Word 2010 的程序图标为 。

图 0-1 从"开始"菜单"所有程序"中启动 Word 2010

或者，单击"开始"，在菜单中选择快捷方式" Microsoft Word 2010"，如图 0-2 所示。

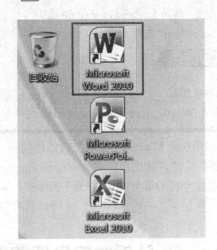

图 0-2 在"开始"中选择快捷方式启动 Word 2010　　图 0-3 双击桌面的 Word 图标启动 Word 2010

◆ **操作方法 2**　双击桌面上的 Word 快捷方式图标，启动 Word 2010，如图 0-3 所示。

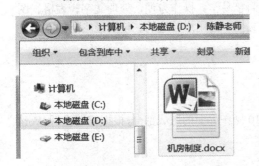

图 0-4 双击 Word 文件图标启动 Word 2010

◆ **操作方法 3**　双击文件夹中的 Word 文件图标，启动 Word 2010 程序，如图 0-4 所示。Word 2010 文件的图标为 ，文件扩展名为"*.docx"。

启动 Word 2010 的方法很多，熟练操作、掌握要领后，根据不同的需要以最简便的方式、最快的速度打开软件，将会节省时间、提高工作效率。

二、认识 Word 2010 操作界面的组成部分

打开 Word 2010 后，操作界面及组成部分如图 0-5 所示，Word 2010 操作界面由标题区、功能区、工作区、状态区四部分组成。下面依次认识 Word 2010 操作界面各组成部分的功能。

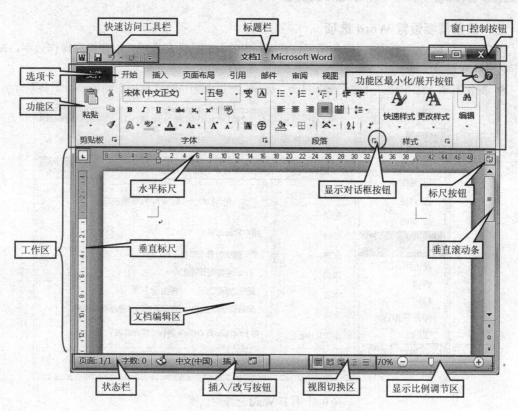

图 0-5　Word 2010 操作界面及组成部分

1. Word 2010 的标题区

Word 的标题区由快速访问工具栏、标题栏、窗口控制按钮等部分组成。

默认情况下，快速访问工具栏位于 Word 窗口的顶部，可以快速访问频繁使用的工具。

标题栏在 Word 窗口的最上方，包括正在编辑的文档名称、程序名，系统默认的文件名为"文档1"。双击标题栏可以将窗口还原或最大化。

窗口控制按钮对 Word 窗口进行最小化、还原/最大化、关闭操作。

2. Word 2010 的功能区

在 Word 2010 中，功能区位于标题栏的下方。功能区由①若干选项卡、②对应的命令按钮组和③命令三部分组成，如图 0-6 所示。

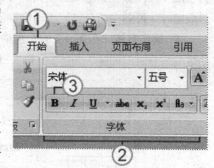

图 0-6　功能区中的选项卡、组、命令

如果想临时隐藏功能区，单击"功能区最小化按钮"，或双击活动选项卡，组会消失。如果要再次显示功能区，再单击"功能区展开按钮"，或双击要显示的选项卡，组就会重新出现。

3. Word 2010 的工作区

Word 的工作区由标尺、编辑区、滚动条等部分组成。工作区用于录入、编辑各种字符，插入图形、图片，进行各项编辑、修改、排版等操作。

4. Word 2010 的状态区

Word 的状态区由状态栏、视图切换区、显示比例调节区等部分组成。状态区主要显示当前文档编辑的各种状态，在状态区可以调整、选择 Word 工作区的各种状态。

三、根据需要设置 Word 选项

用户可以根据自己使用的习惯和需要设置 Word 的一些功能和选项，以便提高操作效率，减少不必要的麻烦。

◆ **操作方法** ①单击"文件"→②单击"选项"→③打开 Word 选项对话框，如图 0-7 所示。

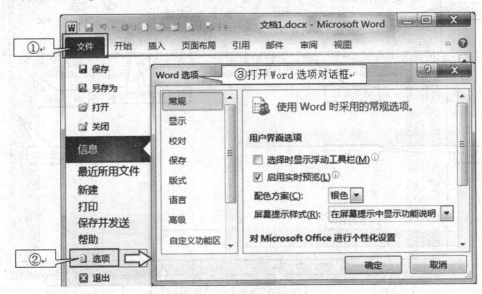

图 0-7 打开 Word 选项对话框

1. 设置自动保存时间间隔

在文档编辑排版过程中，应养成随时保存的良好工作习惯，以便减少因停电、死机、误操作等意外事故没保存而造成的损失。系统有自动保存的功能，但默认的自动保存时间间隔为 10 分钟，为了减少因没保存而造成的损失，可以缩短系统自动保存的时间间隔，建议设置为 2 分钟；或者养成随时（每隔一两分钟）手动保存的习惯。

◆ **操作方法** 在图 0-7 的左窗格中选择"保存"选项，在右边的内容窗格中，设置"保存自动恢复信息时间间隔"为"2 分钟"，如图 0-8 所示。

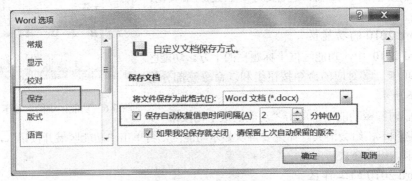

图 0-8 设置自动保存时间间隔

2. 撤销自动编号

在录入带序号的文档内容时，当录入完第 1 条回车后，系统会自动在下一行添加编号，而这项功能并不是时时都需要，有时这个自动编号功能给文档录入和排版带来很多麻烦。那么，不希

望系统自动添加编号时,如何撤销这个自动编号的功能呢?

◆ **操作方法** 在图 0-7 "Word 选项对话框"中操作如图 0-9 所示,即可撤销键入时的自动编号。

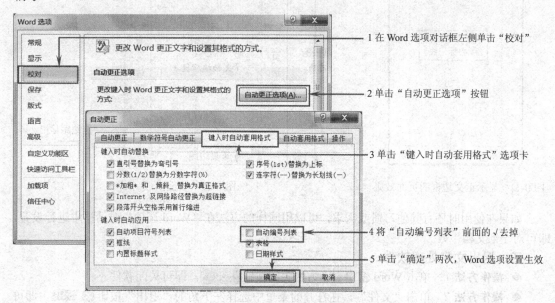

图 0-9 取消自动编号列表

3. 显示正文边框（版心标记线）

Word 文档的排版标准为"所有内容即'文字、表格、图形、图片等'都应当在版心区域内设计、制作和编辑、排版"。为提醒用户制作、排版文档正文的文、表、图内容时不超界、不超越版心、不进入页边距内,可以显示纸张的"正文边框",即版心标记线。操作方法如图 0-10 所示。

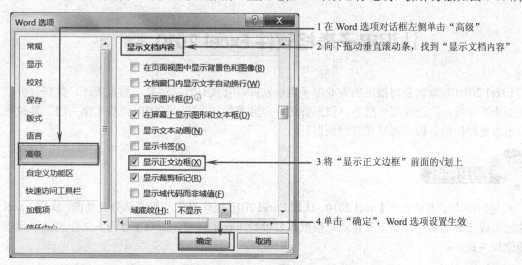

图 0-10 设置"显示正文边框"（版心标记线）

设置完成的页面效果如图 0-11 所示,页面中的黑色虚线是正文边框（版心标记线）,边框内的区域是正文编辑区,制作、排版文档不能超出这个版心区域。

页面组成以及版心、页边距与纸张的关系如图 0-12 所示。

图 0-11　显示正文边框的页面效果

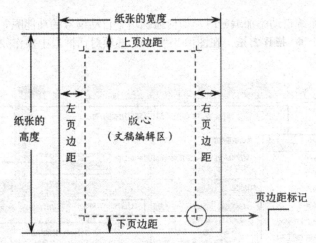

图 0-12　页面组成

如果在使用时还有其他习惯或需求，可以用同样的方法在"Word 选项"对话框中进行设置，即可对全部文档生效。

四、退出文字处理软件

◆ **操作方法 1**　单击 Word 窗口右上方的关闭按钮 ![X]，即可关闭软件。

◆ **操作方法 2**　单击"文件"，在打开的菜单中选择左下角的"退出"按钮 ![X] 退出，即可退出程序。

　复习思考

1．如何预防、减少因停电、死机、误操作而造成的损失？
2．怎样撤销自动编号，实现手动输入序号？

认识电子表格软件 Excel 2010 ![X]

Excel 2010 是微软公司推出的专业电子表格软件，它具有数据运算、数据统计、数据分析、图表制作等功能，广泛应用于财务、信息管理、金融等领域。Excel 2010 提供了强大的工具和功能，可以更轻松地分析、共享和管理数据。

提出任务

快速启动电子表格软件 Excel 2010，认识 Excel 2010 操作界面的组成部分及功能，认识 Excel 工作区组成部分的名称、功能和特点，根据需要设置 Excel 选项，明确工作簿、工作表、单元格的概念和关系。

完成任务

一、启动电子表格软件 Excel 2010

启动电子表格 Excel 软件的方法与启动 Word 的方法相同。

Excel 2010 的程序图标为 ![X]。Excel 2010 文件的图标为 ![图], 文件扩展名为"*.xlsx"。

二、认识 Excel 2010 操作界面的组成部分

打开 Excel 2010 后，操作界面及组成部分如图 0-13 所示。

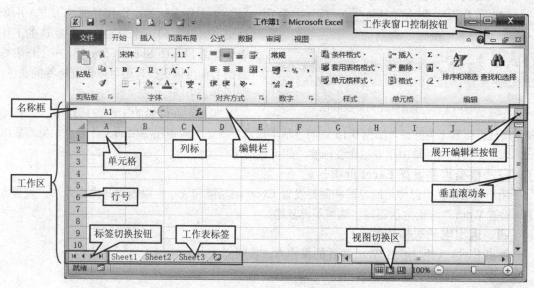

图 0-13　Excel 2010 操作界面及组成部分

　　Excel 2010 操作界面与 Word 2010 操作界面很相似，标题区、功能区、状态区的组成部分和使用方法相同，不再重复叙述，重点介绍 Excel 2010 的工作区。Excel 默认的文件名为"工作簿 1"。

　　Excel 的工作区由名称框、编辑栏、列标、行号、单元格、工作表标签、滚动条等部分组成。工作区用于录入、编辑各种数据以及进行各项运算、统计、管理等操作。

　　（1）名称框 ▢ 在功能区的下方，并列着单元格的名称框和编辑栏。名称框中显示选中单元格的名称，如 A1、C6，单元格的名称可以在名称框中更改；名称框的宽度可以调节，如图 0-14 所示，以显示长的单元格名称。

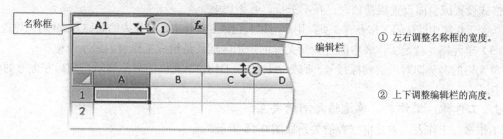

① 左右调整名称框的宽度。

② 上下调整编辑栏的高度。

图 0-14　调整名称框的宽度、编辑栏的高度

　　（2）编辑栏 ▢ 编辑栏中显示选中单元格中的内容或计算公式、函数。单元格的内容、计算公式、函数可以在编辑栏中更改。编辑栏的高度可以调整，如图 0-14 所示，以多行的方式显示长公式或内容多的文本。

　　或者，单击编辑栏末端的∨形按钮 ▢，可以在将编辑栏展开成三行或折叠成一行间切换。

　　（3）列标、行号、单元格 ▢ 在 Excel 编辑区、工作表中，横的叫行，竖的叫列，行和列交叉的矩形区域叫单元格。

　　每列对应的名称为列标，在每列的顶端，用大写英文字母命名，例如 A，B，C，…

每行对应的名称为行号，在每行的左侧，用阿拉伯数字命名，例如 1，2，3，…

单元格的名称为：对应的列标、行号，显示在名称框内，例如 A1，C3，D18……

（4）工作表标签  工作表标签在操作界面的下方，用来标记、区分不同工作表的名称，默认的工作表标签为 Sheet1，Sheet2，Sheet3，…工作表标签的名称可以更改，还可以设置标签的颜色，如图 0-15 所示。

图 0-15　工作表标签名称及颜色

当前正在编辑的工作表只有 1 个，标签颜色较浅，标签上方开口，如图 0-15 中的"基本信息"就是当前正在编辑的工作表。如果需要编辑哪个工作表，只要单击相应工作表标签，即可激活进行编辑。

三、根据需要设置 Excel 选项

用户可以根据自己使用的习惯和需要设置 Excel 的功能和选项，以便提高操作效率。设置方法与设置 Word 选项的方法相同，这里不再复述。

四、退出电子表格软件

退出 Excel 软件与退出 Word 软件的操作方法相同。

归纳总结

认识了 Excel 2010 全新的用户界面和组成部分，学会了各部分的使用方法，对 Excel 2010 的文件、工作表、单元格有了简单、初步的了解和认识，那么它们之间有什么关系呢？

1. 工作簿、工作表、单元格的概念

（1）工作簿　就是 Excel 文件，可以包含一页或多页工作表。Excel 2010 文件的扩展名为 *.xlsx，Excel 2010 文件的图标为 。

（2）工作表　就是 Excel 文件（工作簿）中的每一页 Sheet，工作表由多行、多列数据组成。同一个 Excel 文件（工作簿）中的每页工作表是相互独立的，也可以相互引用或链接，每页工作表的格式设置或页面设置相互独立、互不干扰、互不影响。

一个工作簿中默认的工作表有 3 页，用户可以自己添加工作表，工作表的名称 Sheet 可以更改。

（3）单元格　就是工作表中的行列交叉处的矩形区域，是组成工作表的最小单位。

单元格的名称即对应的列标行号，例如 A1，C6，D18，单元格的名称显示在列标左上方的名称框中。

2. 工作簿、工作表、单元格之间的关系

工作簿、工作表、单元格三者的关系如图 0-16 所示。

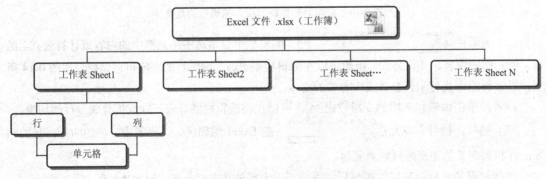

图 0-16　工作簿、工作表、单元格三者的关系

认识演示文稿软件 PowerPoint 2010

PowerPoint 2010 是微软公司推出的目前最流行的专业制作、播放演示文稿的软件，能够制作出集文字、图形、图像、声音、动画以及视频剪辑等多种媒体元素于一体的演示文稿，是普遍使用的多媒体合成软件。

PowerPoint 可以把自己所要表达的各种信息组织在一组图文并茂的画面中，用于设计制作专家报告、教育教学、产品演示、公司宣传、职业培训等的幻灯片，制作的演示文稿可以通过计算机屏幕或投影机播放，也可以将演示文稿打印出来或制作成胶片，以便应用到更广泛的领域中。

快速启动演示文稿软件 PowerPoint 2010，认识 PowerPoint 2010 操作界面的组成部分及功能，认识 PowerPoint 工作区组成部分的名称、功能和特点，根据需要设置 PowerPoint 选项。

完成任务

一、启动演示文稿软件 PowerPoint 2010

启动演示文稿软件 PowerPoint 2010 的方法与启动 Word 的方法相同。

PowerPoint 2010 程序图标为 。PowerPoint 2010 文件的图标为 ，文件扩展名为 "*.pptx"。

二、认识 PowerPoint 2010 操作界面的组成部分

打开 PowerPoint 2010 后，操作界面及组成部分如图 0-17 所示。

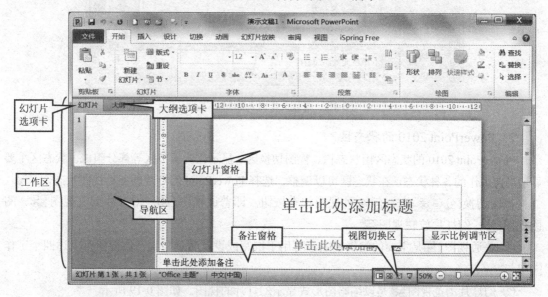

图 0-17　PowerPoint 2010 操作界面及组成部分

PowerPoint 2010 的操作界面与 Word 2010 的很相似，标题区、功能区、状态区的组成部分和

使用方法相同，不再重复叙述，在此重点介绍 PowerPoint 2010 的工作区。PowerPoint 默认的文件名为"演示文稿 1"。

1. PowerPoint 2010 的工作区

PowerPoint 的工作区由幻灯片选项卡、大纲选项卡、导航区、幻灯片窗格、备注窗格等部分组成。工作区用于撰写或设计演示文稿。

（1）幻灯片选项卡　此区域是在编辑时以缩略图大小的图像在演示文稿中观看幻灯片的主要场所。使用缩略图能方便地遍历演示文稿，并观看设计更改的效果。在这里还可以轻松地重新排列、添加或删除幻灯片。

（2）大纲选项卡　此区域是开始撰写内容的理想场所。在这里，可以捕获灵感，计划如何表述它们，并能移动幻灯片和文本。"大纲"选项卡以大纲形式显示幻灯片文本。

（3）幻灯片窗格　此区域显示当前幻灯片的大视图。在此视图中显示当前幻灯片时，可以添加文本，插入图片、表、SmartArt 图形、图表、图形对象、文本框、电影、声音、超链接和动画。

（4）备注窗格　在幻灯片窗格下的备注窗格中，可以键入应用于当前幻灯片的备注。可以打印备注并在展示演示文稿时进行参考，还可以将它们分发给观众，也可以将备注包括在发送给观众或发布在网页上的演示文稿中。

四个区域的大小可以通过调节相邻的边框位置来改变，以适合浏览、编辑、排版幻灯片的需要。如图 0-18 所示。

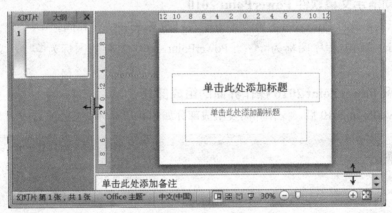

图 0-18　调节工作区各窗格的大小

2. PowerPoint 2010 的状态区

PowerPoint 2010 的状态区由状态栏、视图切换区、显示比例调节区等部分组成。状态区主要显示当前工作的各种状态，在状态区可以调整、选择 PowerPoint 幻灯片的各种视图状态。

视图切换区 ▦ 有 4 种视图状态按钮，即普通视图 ▤、幻灯片浏览视图 ▦、阅读视图 ▦、幻灯片放映视图 ▯。

① 普通视图 ▤ 是主要的编辑视图，可用于撰写或设计演示文稿。该视图有上述四个工作区域。

② 幻灯片浏览视图 ▦ 是以缩略图形式显示幻灯片的视图。如图 0-19 所示。

③ 阅读视图 ▦ 在不使用全屏的窗口中放映、审阅、查看演示文稿，与幻灯片放映效果相同。

④ 幻灯片放映视图 ▯ 占据整个计算机屏幕，就像实际的演示一样。在此视图中所看到的演

示文稿就是观众将看到的效果。可以看到在实际演示中图形、计时、影片、动画效果和切换效果的状态。

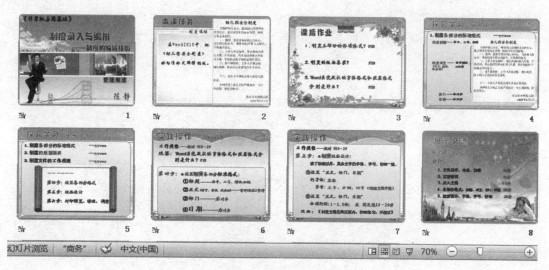

图 0-19　幻灯片浏览视图

快速访问工具栏中的"▣"按钮，是从头开始放映幻灯片；视图切换区的"豆"按钮，是从当前幻灯片开始放映。

三、根据需要设置 PowerPoint 选项

用户可以根据自己使用的习惯和需要设置 PowerPoint 的功能和选项，以便提高操作效率。设置方法与设置 Word 选项的方法相同，不再复述。

设置最多可取消操作的次数

在 PowerPoint 2010 演示文稿中，系统默认的"最多可取消操作数"为 20，根据自己操作的习惯和需要，可以更改"最多可取消操作数"。在 PowerPoint 选项的左窗格中选择"高级"选项，在右边的内容窗格中的"编辑选项"区域设置"最多可取消操作数"为 3～150 之间的整数。如图 0-20 所示。

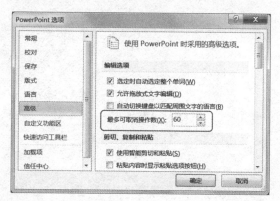

图 0-20　设置"最多可取消操作数"

四、退出演示文稿软件

退出 PowerPoint 软件与退出 Word 软件的操作方法相同。

第一篇　文字处理 Word 2010

任务 ① 录入与编排规章制度

知识目标

1. 规章制度的组成部分及对应格式;
2. Word 2010 文件管理的方法;
3. 设置页面格式的方法;
4. 编辑字符(插、删、改、复制、移动)的方法;
5. 选中各种区域文本的方法;
6. 设置字符基本格式的方法;
7. 设置段落基本格式的方法;
8. 录入与编排条款类文件的工作流程。

学习重点

设置段落首行缩进、行距的方法。

能力目标

1. 能管理 Word 2010 的文件,会各种文件操作;
2. 会设置页面格式;
3. 能准确快速录入规章制度文稿;
4. 会按规范设置规章制度各部分格式;
5. 会灵活排版页面,懂得节约用纸。

人们进入新环境一般都要接受培训,如新入学要进行入学教育、新上岗要进行岗前培训等培训的内容一般为规章制度和业务技能。

规章制度是人身安全、财务安全、产品质量的重要保障,也是各项管理的依据,更是约束行为的准则,因此规章制度非常重要。每个单位的办公室、工作场所的墙上、楼道里都悬挂着规章制度。"规章制度上墙……"就是要大家牢记规章制度,时刻提醒、监督、检查自己的行为。规章制度是人们在工作、学习中遇到的第一个重要问题,因此从规章制度开始学习 Word 2010 的功能。

本任务以"机房管理制度"为例,感受 Word 文字处理带来的简便、快捷、智能的办公方式,并体验其中的各种功能!在此任务中,将学到 Word 2010 的文件、字符编辑的基本操作及格式设置的基本方法,学会规章制度录入与编排的工作流程和编辑排版方法。学会今天的任务,就可以利用 Word 2010 编辑排版其他同类的条款类文件了,如合同、协议、法规等。

提出任务

在 Word 2010 中录入并编排一篇规章制度,如"机房管理制度",并按规范设置规章制度各部分的格式。要求:A4 纸,纵向,上下左右页边距为 2 厘米,行距匀称。

作品展示

机 房 管 理 制 度

为保证全体学生有一个安全有序、舒适安静的上机学习环境，特制定机房管理制度如下，请遵照执行。首次去机房上课前，任课教师必须带领学生学习此制度，保障学生顺利学习。

1. 学生上机时，课前十分钟在 IT 楼前，一律穿校服、按班级排好队，由任课教师带领。有序进入机房，未排好队的班级或学生禁止进入机房上机。

2. 学生上机时，按任课教师要求外带学习用具（包括书、笔、本等），严禁带书包、水杯、饮料、口香糖、化妆品、充电器等任何食品和其它与上课无关物品到机房。禁止带任何充电器材进入机房内使用，禁止在机房内违规，一经发现，没收手机。桌面不能摆放手机、化妆品、充电器等其它物品。携带水杯的同学如违反规定，不慎跌落水杯或遗水入电脑槽口，中途造成班路线触及电脑及造成其他设备的损坏者承担全部责任，并赔偿一切损失。

3. 学生以学校铃声为准准时上课，必须按照固定座次表使用自己的机器，不得随意离开本人座位，者机器有障时，由任课教师请换至空座位，做好记录并及时向管理教师报告。

4. 学生上机时，应保持良好的操作姿势，不许踢跑桌、椅，不许在桌、椅、显示器、卡机、白板、投影屏上乱涂、写、画，一经发现，视情节严重加倍处理。

5. 学生上机时切勿乱动老师安排、保持机房整洁，不许大户座中、随意走动。禁止一切非学习行为，禁止在机房讲话、谈论追打闹、摆摊桥玩……，否则教师有权停止该生上机。

6. 学生上机时应爱护设备，正确使用：发现计算机有任何故障、设备损坏等情况时，应及时向教师报告，不许私自删改或拆卸计算机任何部件，禁止拆卸、安装任何计算机设备，如接网线、插板、键盘等，一经发现对计算机设备损坏者，照价赔偿，追究责任。

7. 学生上机时，禁止更改计算机设置，禁止删、看、剧、改、移动、复制、删节任何人文件或学习资料，禁止无关内容。

8. 学生上机时，要护机房卫生环境，不许随地吐痰，乱扔垃圾，课后铃机房值日，每次2人；值日标准：三乎三净（显示器、键盘鼠标齐、椅子齐；显板净、地面净、桌内外净）。

9. 禁止学生动、用教师机和投影，禁止学生私自拷贝教学材料，禁止携带光盘、U盘和其它存储设备进入机房使用，禁止安装任何软件、游戏、游戏等。

10. 学生应以学校铃声为准接时下课，下课时应按正确程序关闭计算机和显示器，并将桌椅、设备摆放整齐，恢复原状，清点检查设备后，方可离开机房。

11. 请学生爱护机房公物，遵守社会公德；遵守相关法律法规、信息道德及机房安全准则，自觉抵制各种不良行为。

本规定自公布之日起执行，纳入学生德育量化学分及学习成绩评定。请全体学生遵守执行，共同维护和谐的机房课堂秩序。

北京市吕平职业学校　现代教育技术中心
2014 年 9 月

机房管理制度

　　为保证全体学生有一个安全、舒适安静的上机学习环境……

　　1. 学生上机时课前十分钟在 IT 楼前，一律穿校服、按班级排好队……

　　2. 学生上机时，按任课教师要求带齐学习用具（包括书、笔、本等），严禁带书包、水、口香糖……

　　3. 学生应以学校铃声为准准时上课，必须按照固定座次表使用自己的机器……

　　4. 学生上机时，应保持良好的操作姿势，不许脚踏桌、椅……

　　…………

　　11. 请学生爱护机房公物…………

　　本规定自公布之日起执行，纳入学生德育量化学分及学习成绩评定……

　　……现代教育技术中心

2014 年 9 月

分析任务

1. 规章制度的组成

规章制度由标题、正文（前言、条款、结束语）、部门、日期四部分组成，如图 1-1 所示。

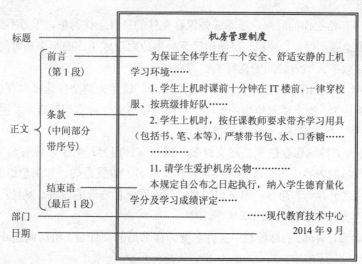

图 1-1　规章制度的组成部分及对应格式

2. 规章制度各部分的标准格式（位置）

作品图所示的规章制度各部分的标准格式如下：

标题 ……………………………………………… 居中，大字，美观
正文（前言、条款、结束语）………………… 首行缩进 2 字符
部门 ……………………………………………… 右对齐
日期 ……………………………………………… 右对齐

3．规章制度的版面特点

除了标题以外，其余文字的字体、字号、行距一致，制度文稿分布在整页纸内，行距均匀，不超页。

4．基本概念

（1）文字的位置——文字在文稿中的位置，如居中、首行缩进、1.5 倍行距等，由段落格式设置（控制），段落基本格式包含对齐方式、缩进、间距。

（2）文字本身属性——文字本身的特性，如楷体、四号、加粗、蓝色等，由字符格式设置（控制），字符基本格式包含字体、字号、字形、颜色、下划线。

（3）段落——段落是两个回车符之间的内容，包括后一个回车符。段落标记是回车符↵标示，每按一次回车，就产生一个段落。选中段落时，应包含段落后面的回车符。

以上分析的是规章制度的组成部分、各部分的格式（位置）、版面特点、文字位置、文字属性、段落等概念，下面按工作过程来学习具体的操作步骤和操作方法。

工作过程是"人"的活动过程，是工作人员在工作场所利用工具、资源完成一项工作任务，并获得工作成果而进行的一个完整的工作行动的程序。

完成任务

一、打开 Word 软件，保存文件

1．另存、命名文件

进入 Word 2010 程序后，将新建的 Word 2010 文件"文档 1"另存在自己姓名的文件夹中，命名为"机房制度"。

每次进入程序开始工作的时候，要养成先保存文件的良好工作习惯，千万不要等工作全做完了再保存！以免中途遇到停电、死机、误操作等意外事故而造成工作的损失和时间的浪费。所以，先保存文件是提高效率、节省时间的良好工作习惯！

新文件的保存，可以用"另存为"或"保存"命令，就是为新文件选择保存位置（存放到磁盘上指定的文件夹中），给文件起恰当的名字。文件名要与文件内容相符合，以便于管理和查找。

2．"另存为"与"保存"命令的区别

"另存为"是为文件选保存位置、起文件名、保存文件内容；对于已经有名字的文件，"保存"只是存储修改后的内容，不会改变保存位置和文件名。也就是说，如果想给文件改名字、更换保存位置就使用"另存为"命令；如果想同名、同位置保存修改的内容，就使用"保存"命令。

新文件的保存方法、步骤如图 1-2 所示。

文件另存命名后，Word 的标题栏中文件名变为命名后的文件名"机房制度.docx"，如图 1-2 所示。

如果 D 盘没有自己的文件夹，在图 1-2"另存为"对话框中，选择 D 盘后，单击工具栏中的"新建文件夹"按钮，如图 1-3 所示，在"新建文件夹"的"名称"框中，输入文件夹的名称后，单击"打开"，然后按照图 1-2 中的第 6 步继续操作。

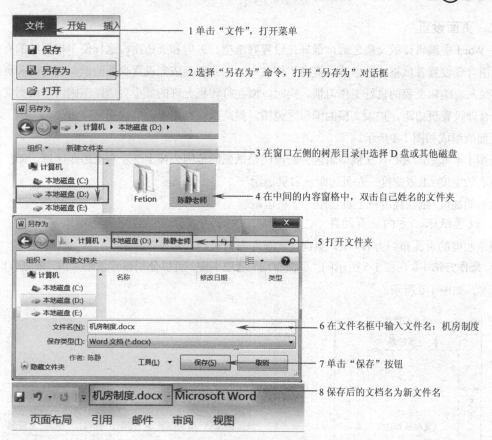

图 1-2 文件另存、命名的方法

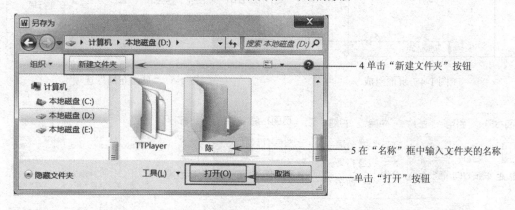

图 1-3 在"另存为"对话框中新建文件夹

提示

Word 文件的保存类型："Word 文档（*.docx）"是 Word 2010 及 2007 版本的文件，文件压缩比大，容量很小。Word 2003 及以下的低版本软件无法打开此类文件。

"Word 97-2003 文档（*.doc）"是 Word 97-2003 版本的文件，文件容量比 Word 2010 版本的文件容量大，Word 97 以上版本的软件都可以打开此类文件（向下兼容）。

二、页面设置

在 Word 中编辑排版文稿之前，最好先设置好纸型、方向和页边距，这样便于根据纸的有效编辑范围合理设置各项格式的参数，提高工作效率。因此要养成先设置页面的纸型、方向和页边距，再录入、编辑文稿的良好工作习惯。同时，应在打印机允许的最小页边距范围内，根据文稿的情况合理设置页边距，扩大文稿的编辑区范围，提高纸张利用率，节约用纸。

页面的组成如图 1-4 所示。

由图 1-4 可知，版心（文稿编辑区）的范围是纸张的范围去掉上下左右页边距区域，即

版心的宽度=纸张宽度－左页边距－右页边距

版心的高度=纸张高度－上页边距－下页边距

1. 设置纸张、方向、页边距

规章制度的页面布局为 A4 纸，纵向，上下左右页边距分别为 2 厘米。

◆ **操作方法** ┃ 在图 1-5 所示的"页面布局"选项卡中，可以分别设置纸张大小、纸张方向、页边距等，如图 1-6 所示。

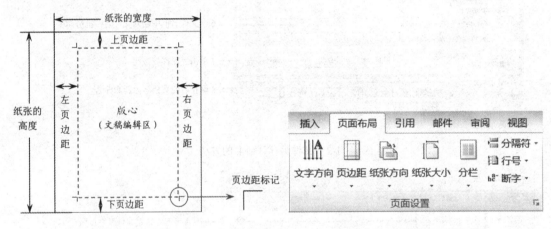

| 图 1-4 页面组成 | 图 1-5 "页面布局"选项卡 |

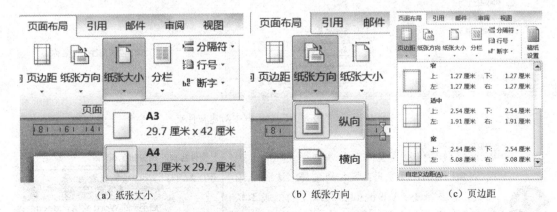

（a）纸张大小　　　　（b）纸张方向　　　　（c）页边距

图 1-6　设置纸张大小、纸张方向、页边距

在图 1-6(c)所示的"页边距"选项中，如果没有需要设置的尺寸，可以单击下面的"自定义边距"按钮，打开"页面设置"/"页边距"对话框，如图 1-7 所示，分别设置上下左右页边距的

尺寸和纸张方向。通常，A4纸的上下左右页边距分别设置为2厘米。

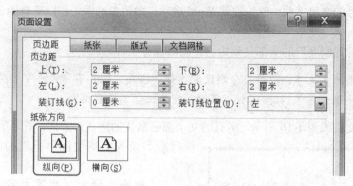

图1-7　设置页边距、纸张方向

◆ **操作方法2**　单击"页面布局"选项卡右下角的"显示对话框"按钮，打开"页面设置"对话框，依次分别设置纸张、方向和页边距，如图1-8所示。

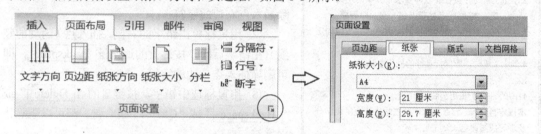

图1-8　打开"页面设置"对话框设置"纸张"

◆ **操作方法3**　用标尺设置页面格式。在窗口中显示标尺的方法：单击垂直滚动条上方的"标尺按钮" 📇 ，或勾选"视图"选项卡"显示"组的"☑标尺"，显示标尺。

双击水平标尺左侧或右侧（左或右页边距）的灰色部分，或中间白色区域（版心，编辑区），如图1-9所示，打开"页面设置"对话框，依次分别设置纸张、方向和页边距。

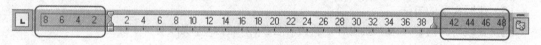

图1-9　水平标尺的灰色部分（左或右页边距）

双击垂直标尺的任意位置，同样可以打开"页面设置"对话框，依次分别设置纸张、方向和页边距。

页面的纸张、方向和页边距格式设置完成后，即可开始录入机房管理制度的文稿，选择输入法，准备好文稿，开始录入。

2. 随时保存文件

在工作过程中，要养成随时保存文件的良好工作习惯，以免造成损失或重新制作。尽管设置了"自动保存时间间隔"，但也要养成每次完成操作、修改、录入或每间隔2～3分钟就单击保存按钮 💾 ，随时手动保存文件的习惯，将新增的内容存入文件，减少因停电、死机、误操作等意外事故造成工作的损失和时间的浪费。

◆ **操作方法**　单击"快速访问工具栏" 🗑 💾 ⤵ ⤴ 中的保存 💾 按钮，或单击"文件"→"保存"命令，或按Ctrl+S快捷键。以上保存操作只是同名、同地址保存文件修改过的内容。

三、录入文稿

录入带有序号的文稿之前，要先设置 Word 选项：撤销自动编号，以免排版混乱。【参考本教材第 5 页图 0-9】

录入"机房管理制度"的全部文稿内容，随时保存文件。

提示 先输入所有的文字，最后再分别设置各部分格式；尽量不要边打字边设置格式（不要用空格定位文字）。即：①行首不输入空格；②不设置格式。

录入完毕的文稿如图 1-10 所示，所有的文字都是默认的格式：宋体、五号字，两端对齐，单倍行距。录入文稿过程中出现的问题及解决方法如下。

机房管理制度
为保证全体学生有一个安全、舒适安静的上机学习
环境……
1.学生上机时课前十分钟在 IT 楼前，一律穿校服、
按班级排好队……
2.学生上机时，按任课教师要求带齐学习用具（包
括书、笔、本等），严禁带书包、水、口香糖……
3.学生应以学校铃声为准准时上课，必须按照固定
座次表……
4.学生上机时，应保持良好的操作姿势……
…………
11.请学生爱护机房公物…………
本规定自公布之日起执行，纳入学生德育量化学分
及学习成绩评定……
……现代教育技术中心
2014 年 9 月

图 1-10 录入完毕的文稿

1. 删除、插入、改写文字

（1）删除错字的方法

① 用鼠标单击错字的左侧，插入点（闪动的竖线）在错字左侧，按键盘的删除键 Delete ，即可删除插入点右边的字符；

② 用鼠标单击错字的右侧，插入点（闪动的竖线）在错字后面，按键盘的退格键 Backspace ，即可删除插入点左边的字符；

③ 用鼠标选中错字，按键盘的" Delete "或" Backspace "或"Ctrl+X"组合键，都可以删除错误字符。

（2）插入文字的方法

① 如果状态栏中为"插入"状态，用鼠标单击需要插入文字的位置，直接录入文字即可插入。

② 如果状态栏中为"改写"状态，单击"改写"或按键盘上的" Insert "键，切换到"插入"状态，即可插入文字。

（3）改写文字的方法

选定要改写的内容，录入新内容，新内容替换原内容，实现改写文字。

2. 移动文字

移动文字前，先选中要移动的文字，移动文字的操作方法有以下几种。

（1）将鼠标放在选中的文字上，当鼠标指针变为 状时，按住鼠标左键，鼠标指针变成 状，同时其旁边会出现一条表示插入点的虚竖线，移动鼠标，当虚竖线到达目标位置时，松开鼠标左键，选定的文字即被移动到目标位置。

（2）先将选定的文字剪切（单击剪切按钮 或按 Ctrl+X 键），再单击需要移动到的目标位置，把文字粘贴到目标位置（单击粘贴按钮 或按 Ctrl+V 键）。

提示 第（1）种方法适用于同一文档内（或同一视图内）的文字的快速移动；第（2）种方法适合各种情况的文字移动。

3. 复制字符

复制文字前，先选中要复制的文字，复制文字的操作方法有以下几种。

（1）将鼠标放在选中的文字上，当鼠标指针变为 状时，按住 Ctrl 键并拖动鼠标，鼠标指针变成 状，同时其旁边会出现一条表示插入点的虚竖线，拖动鼠标，当虚竖线到达目标位置时，

松开鼠标左键和 Ctrl 键，选定的文字即被复制到目标位置。

（2）将鼠标放在选中的文字上，当鼠标指针变为 状时，按住鼠标右键拖动鼠标，当虚竖线到达目标位置时，松开鼠标右键，在打开的菜单中选择"复制到此位置"，选定的文字即被复制到目标位置。

（3）先将选定的文字复制到剪贴板（单击复制按钮 或按 Ctrl+C 键），再单击需要复制到的目标位置，把剪贴板上的文字粘贴到目标位置（单击粘贴按钮 或按 Ctrl+V 键）。

> **提示**　第（1）、第（2）种方法适用于同一文档内（或同一视图内）的文字的快速复制；第（3）种方法适合各种情况的文字复制。

4. 统计字数

在 Word 窗口的状态栏中，随时可以直接看到文稿的字数，如图 1-11 所示。

如果想看到更详细的字数信息，可单击状态栏中的"字数"，打开"字数统计"对话框，看到需要的详细信息，如图 1-12 所示。

| 页面: 8/15 | 字数: 9,602 | 中文(中国) | 插入 |

图 1-11　状态栏中的"字数"　　　　　　图 1-12　"字数统计"对话框

5. 撤销与恢复

在编辑文档时，往往会出现各种误操作，此时不用慌乱，可以使用撤销与恢复功能来挽救。

（1）撤销操作：如果要对操作进行撤销，则单击"快速访问工具栏"中的 "撤销"按钮 ，执行一步撤销操作。多次单击该按钮可以执行多次撤销操作。

（2）恢复操作：对于执行过撤销操作的文档，还可以对其执行恢复操作，单击"快速访问工具栏"中的"恢复"按钮 ，执行一步恢复操作。多次单击该按钮可以执行多次恢复操作。

6. 插入日期和时间

在规章制度的末尾有日期，可以用"插入"→"日期和时间"的方式，将系统当前日期和时间快速插入到文档中。

◆ **操作方法**　单击"插入"选项卡→"文本"组→ 日期和时间 按钮，如图 1-13 所示，打开"日期和时间"对话框，如图 1-14 所示，在对话框"语言"列表中选择"中文（中国）"，在"可用格式"列表中选择一种日期格式，单击确定。

例如：二〇一五年一月十五日星期四　　　　　　2015 年 1 月 15 日 10:00:14

>
> **提示**　插入的日期和时间，可以修改为文档需要的日期和时间。

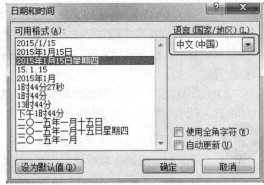

图 1-13 插入→日期和时间　　　　　　图 1-14 "日期和时间"对话框

四、按规范设置规章制度各部分格式

1. 选中行、段、连续或不连续区域、全文

（1）选中行　鼠标放在左页边距内，对准某行，单击鼠标左键，即可选中一行。

（2）选中段落　鼠标放在左页边距内，对准某段，连续双击鼠标左键，即可选中一段。

（3）选中连续区域　单击开始位置，按住 Shift 键，单击结束位置，即可选中连续区域。

（4）选中不连续区域　按住 Ctrl，依次选择各区域文字，即可选中不连续区域。

（5）选中全文　鼠标放在左页边距内，连续三击鼠标左键，即可选中全文。或者按 Ctrl+A 键选中全文。单击空白处可撤销选择。

2. 系统默认的字体和段落格式

设置格式之前，仔细观察文稿的系统默认的字体和段落格式，如图 1-15 所示。

（1）系统默认的字体格式为宋体、五号；

（2）默认的段落对齐格式为两端对齐；

（3）默认的段落缩进为左侧 0 字符，右侧 0 字符，特殊格式：无；

（4）默认的段落间距为段前 0 行，段后 0 行，单倍行距。

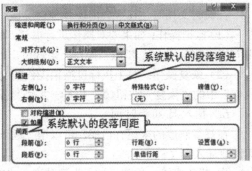

图 1-15 系统默认的字体格式和段落格式

3. 规章制度各部分格式

标题格式：居中，三号～二号字，字体可选用楷体加粗、隶书、行楷、微软雅黑等，可设置深颜色

正文（包括前言、条款、结束语）格式：首行缩进 2 字符

部门格式：右对齐

日期格式：右对齐

4. 设置标题格式

★ **步骤1** 选中标题，在"开始"选项卡的"段落"组，单击"居中"按钮 ≣ ，设置标题位置为居中；在"开始"选项卡的"字体"组中，依次单击"字体"列表 宋体 ▾ 和"字号"列表 五号 ▾ ，选择标题适用的字体和字号；还可以单击"颜色"按钮 **A** ▾ ，选择合适的标题颜色，如图 1-16 所示。

图 1-16 开始选项卡"字体"组和"段落"组

5. 设置正文格式——首行缩进 2 字符

★ **步骤2** 选中全部正文（包括前言、条款、结束语），单击"开始"选项卡"段落"组的"显示对话框"按钮，打开"段落"格式对话框，设置缩进的特殊格式为"首行缩进"2 字符，如图 1-17 所示。

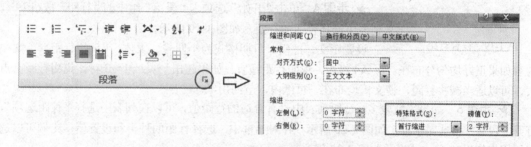

图 1-17 "段落"格式对话框设置首行缩进

设置正文"首行缩进"格式后，水平标尺上的四个缩进滑块如图 1-18 所示。

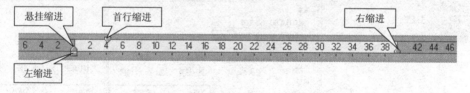

图 1-18 水平标尺的四个缩进滑块

从水平标尺的滑块可以看出段落的缩进格式和缩进位置，也可以双击滑块，打开"段落"格式对话框；还可以选中段落，直接拖动对应的不同缩进滑块，设置段落的四种缩进格式。

6. 设置部门和日期格式

★ **步骤3** 部门和日期格式均为右对齐，所以，选中部门和日期，单击"开始"选项卡"段落"组中的"右对齐"按钮 ≣ ，设置部门和日期位置为右对齐。

至此，规章制度各部分的格式设置已完成，下面根据文稿的字数和页面空白情况，合理设计规章制度的版面效果。

五、设计规章制度的版面

制度版面设计的要求：除了标题以外，其余文字的字体、字号、行距一致。

> 字体：宋体
> 字号：五号，小四，四号（根据文稿字数选择）
> 行距：1～1.5 倍，或固定值 14～26 磅

制度版面设计的效果：制度文稿在整页纸内，行距均匀，不超页。

1. 根据文稿内容和字数，设置正文、部门、日期合适的字体、字号

"规章制度"是正规文件，正文字体应选用宋体字为宜。

A4 纸内的文稿，根据字数的多少，正文的字号可以在"五号"、"小四号"、"四号"范围内选择，最大不超过四号字，以小四号为适宜。1 页 A4 纸可以排版 1500 字（五号，单倍行距），"机房管理制度"的文稿字数为 1000 字左右，所以设置正文、部门、日期为小四号字，一页 A4 纸合适（字体为默认的宋体）。

2. 根据文稿字数和字号，设置合理的行距

"机房管理制度"设置正文小四号字后，A4 纸还有剩余的空白区域，而且行与行之间间距比较密，因此可以适当加宽行距，行距均匀，使文稿均布在 A4 纸内，加宽行距可减少阅读文稿时的视觉疲劳。

通常，小四号字的行距可设置为 1～1.5 倍之间比较适宜，或固定值 14～26 磅。

★ **步骤 4** 单击"开始"选项卡"段落"组中的"行距"按钮，从列表中选择合适的行距，如图 1-19 所示。

图 1-19 设置行距

设置正文、部门、日期格式为小四号、宋体、1.5 倍行距后，文稿内容如果正好均匀分布在一页 A4 纸内，说明行距适宜。如果超出一页纸 1～3 行，说明行距有点大，可以适当减少行距，使文稿均布在一页纸内，节约用纸。

★ **步骤 5** 如果字数较多，行距列表中没有合适的行距值，可以在列表中选择"行距选项"，打开"段落"格式对话框，如图 1-20 所示，在对话框中，选择行距的种类和设置值，比如可以选择"固定值"20 磅，或多倍行距 1.25 倍。

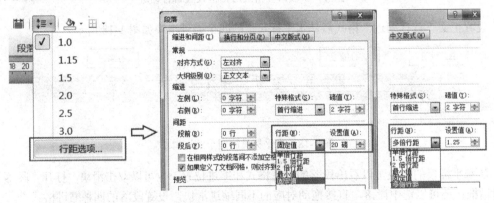

图 1-20 "行距选项"打开"段落"对话框，设置行距

六、打印预览，查看效果，修改、调整各部分格式

打印预览的效果就是实际打印的真实效果，所以打印之前一定要预览，根据预览效果检查文稿，发现问题及时修改、调整，使打印一次成功，节约用纸。

★ **步骤 6** 规章制度所有部分的格式及版面设置完成之后，单击"打印预览"按钮，或单击"文件"→"打印"，如图 1-21 所示，预览查看文件的整体效果、页面布局，如有不合适的格式，单击"开始"，返回到编辑状态，修改和调整各部分格式，直到合适为止。

第一篇 文字处理 Word 2010

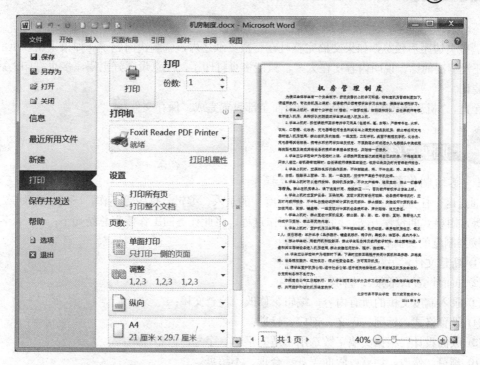

图1-21 "文件"→"打印"，查看打印预览效果

七、版面不合理或超页的解决办法

预览后，根据页面的整体效果和布局，合理修改、调整文稿的行距、字号、页边距等，使文稿在页面内布局合理、间距均匀、美观、方便阅读。如果遇到下列问题，可根据具体情况进行合理解决。

1. 文稿内容完整，但不足1页

文稿不足1页，说明内容少、字小、行距也小。解决办法：按规范调整标题字号为三号~二号，正文、部门、日期的字号为小四号~四号，在允许的范围内，适当增大字号，或者适量增加行距，即可将文稿字号和间距调大，直到几乎占满1页纸或略有富裕即可，此时的打印效果会比较好。

如果内容实在很少，半页或多半页打印也是可以的。

2. 文稿内容不完整，超出整页纸1~3行

出现这种情况，说明字比较大、行距比较大，或者页边距比较大，比较浪费纸。这种情况需要调整、修改。解决办法如下。

（1）调整行距，适当缩小行距。如果文稿行距较大，可适当减小行距，改为"固定值12~26磅"中的合适值，使文稿行与行紧凑（行与行的间隙适当，文字不重叠，应便于阅读），减小文稿的总高度。这样调整之后，就能把超出页面的1~3行文字收回来，显示在整数页纸之内，问题就解决了。

（2）调整字号，在规范的字号范围内，适当缩小字号，让字符紧凑，这样也可以减少文稿的总高度。经过调整字号后，也能把超出页面的1~3行文字收回来，显示在整数页纸之内，问题解决了。如果还不行，可继续调整页边距。

（3）检查、调整页边距。查看页边距是否在2厘米以下，将左右页边距设置为1~2厘米（如果打印机允许）；如果没有页眉页脚，上下页边距也可以设置为1~2厘米；如果有页眉页脚页码，根据页眉页脚字号，适当减小上下页边距的距离，但页眉不能与标题重叠，页脚不能与最后一行

字重叠。

调整页边距后预览，如果文稿完整且在整数页纸之内，就解决问题了。如果采用以上的所有方法还没解决的话，说明内容实在太多，只能多页打印了，注意设置好页码，多页打印之后，按顺序装订。

至此，"机房管理制度"的格式和版面全部设置完成。保存文件🖫。

 归纳总结

1. 总结制作条款类文件的工作流程

通过这个任务，完成了"机房管理制度"的录入、编辑、排版等工作，学习了页面、字体、段落等常用格式的设置方法，回顾整个工作过程，将此任务的工作流程总结如下：

接到制度的文稿后按以下步骤进行。

① 新建文件，另存、命名；

② 页面设置：纸张、方向、页边距；

③ 录入制度文稿的所有内容，编辑、修改、检查文稿；

④ 设置格式：标题、正文、部门、日期；

⑤ 版面设计：根据文稿字数选用合适的字体、字号，调整行距；

⑥ 预览、修改、调整：版面美观、合理、不超页。

2. 总结字符格式设置方法及操作要领

（1）字符格式设置工具、途径、方法。

① 直接单击"开始"选项卡中的"字体"组、"段落"组中的格式按钮；

② 单击段落、字体对话框按钮，打开段落、字体对话框。

（2）字符格式设置内容 { 文字位置：段落格式（对齐方式、缩进、间距）；
文字本身属性：字体格式（字体、字号、字形、颜色、下划线）。

（3）字符显示效果 { 段落格式效果 { 对齐效果："段落"组对齐按钮、段落对话框；
缩进效果：水平标尺缩进滑块、段落对话框；
间距效果：直接显示、段落对话框；
字体格式效果：直接显示；"字体"组格式按钮；字体对话框。

3. 规章制度文件的操作流程和设置格式方法还适用的同类文件

规章制度文件的操作流程和设置格式方法，还适用于其他的条款类文件，如合同、协议、法规、上级下发的文件等带有序号文字内容的文件。

 评价反馈

作品完成后，填写表 1-1 所示的评价表。

表1-1 "录入与编排规章制度"评价表

评价模块	评价内容		自评	组评	师评
	学习目标	评价项目			
专业能力	1.管理 Word 文件	新建、另存、命名、关闭、打开、保存文件			
	2.设置页面格式	设置纸型、方向、页边距			
	3.准确、快速录入制度文稿	总字数、错字数、录入时间			
		删除、插入、修改、移动、复制字符			
		统计字数			

续表

评价模块	评 价 内 容		自评	组评	师评
	学习目标	评价项目			
专业能力	4.设置规章制度各部分格式	设置标题格式——居中，大字，美观			
		设置正文格式——首行缩进2字符			
		设置部门、日期格式——右对齐			
	5.设计规章制度的版面	合理选用字体；根据文稿字数合理设置字号			
		根据文稿字数和字号，合理设置行距			
	6.根据预览整体效果和页面布局，进行合理修改、调整各部分格式				
	7.正确上传文件				
可持续发展能力	自主探究学习、自我提高、掌握新技术	□很感兴趣	□比较困难	□不感兴趣	
	独立思考、分析问题、解决问题	□很感兴趣	□比较困难	□不感兴趣	
	应用已学知识与技能	□熟练应用	□查阅资料	□已经遗忘	
	遇到困难，查阅资料学习，请教他人解决	□主动学习	□比较困难	□不感兴趣	
	总结规律，应用规律	□很感兴趣	□比较困难	□不感兴趣	
	自我评价，听取他人建议，勇于改错、修正	□很愿意	□比较困难	□不愿意	
	将知识技能迁移到新情境解决新问题，有创新	□很感兴趣	□比较困难	□不感兴趣	
社会能力	能指导、帮助同伴，愿意协作、互助	□很感兴趣	□比较困难	□不感兴趣	
	愿意交流、展示、讲解、示范、分享	□很感兴趣	□比较困难	□不感兴趣	
	敢于发表不同见解	□敢于发表	□比较困难	□不感兴趣	
	工作态度，工作习惯，责任感	□好	□正在养成	□很少	
成果与收获	实施与完成任务	□☺独立完成	□☺合作完成	□☒不能完成	
	体验与探索	□☺收获很大	□☺比较困难	□☒不感兴趣	
	疑难问题与建议				
	努力方向				

复习思考

1. 如何快速、高效地录入文稿？
2. Word系统默认的字体格式和段落格式分别是什么？
3. 如何快速、简便、准确地选中一行、一段、连续区域、不连续区域？
4. 字体格式设置哪些内容？ 段落基本格式设置哪些内容？

拓展实训

在Word 2010中制作下列文档。要求：A4纸，纵向，上下左右页边距为2厘米。按制度的标准规范设置文档各部分格式和版面，所有内容均匀分布在整页A4纸内(不超页)，行距均匀，文字醒目，版面美观，方便阅读。制作过程中，感受企业的制度内容及对员工的要求，牢记企业各方面的纪律和要求。

 样文1

旅行社内部管理制度

为完善旅行社的行政管理机制，建立规范化的行政管理，提高行政管理水平和工作效率，使旅行社各项行政工作有章可循、照章办事，特制订本制度。

第四章　导游员管理制度

一、导游人员应严格按照国家要求及公司要求进行各项工作。

二、导游人员应保持良好的仪容仪表，穿着朴素大方，带团严禁穿高跟鞋、奇装异服、浓妆艳抹。

三、导游人员应提前半个小时抵达接团集合的地点，做好各项准备工作：携带话筒、社旗、出团预算书、确认书、意见表、欢迎词，注意事项，路途中更要量调动游客情绪，最少要表演三到五个节目，结束时要致欢送词。

四、导游人员应始终保持愉快心，认真负责、细心周到、体贴入微，尽量满足游客合理要求，能与每一位游客交流、沟通。如遇问题立即帮公司解决。

五、导游人员应合并监管司机、地陪工作，尊重领队意见，团队夜间行车时导游要提醒司机行车安全，不许疲劳开车。

六、导游人员处理各种情况要以大局为重，时刻维护公司利益与游客合法权益。

七、导游人员公私分明，严禁与地陪联合欺骗游客购物，擅自增加景点与购物点，严禁私拿回扣，发现老乡店要立即中止。

八、导游人员带团时帐目要清楚，随时记清每一笔开支，保存好发票，严禁虚报、核公肥私，团队返回后再入账目交清。

九、导游员严禁与游客共宿（特殊团队除外），每晚最少要看三次，住店时要检查好房间，发现问题及时解决。

十、导游人员要时刻与游客在一起，严禁私游游客，单独活动。

十一、导游人员及驾驶员、地陪及司机、地陪单独行动或交头接耳。

十二、导游人员要保守公司各项机密，不得泄露。

十三、导游人员应加强学习，主上团要熟知前往地的景点特色、民俗风情，沿途交通状况，途经省份、城市、景点概况，掌握各地风俗的节目。

十四、遇到紧急事件应立即通知公司，并采取各种应急措施。

十五、导游人员要时刻监督团队食宿的行程质量，发现问题立即解决，严禁把问题带回来，确保团队质量。

十六、导游人员在带团期间，要严格按照团队确认书上行程执行，如因导游擅自更改行程或自身原因造成的损失，由导游个人承担。

十七、导游带团返回，周末团及长线团休息一天。

本制度自公布之日起严格执行，与工资挂钩，作为评选各种先进的依据，请广大员工共同遵守，自觉遵照执行。如有违反者，一视同仁，按规定处罚。

中国东方国际旅行社
2009年1月1日

 样文2

幼儿园卫生消毒工作制度

为保护幼儿的心身健康，建设干净卫生的幼儿园环境，增强幼儿园教师、员工的卫生意识和责任心，特制订本卫生消毒制度。

一、环境卫生

1.保持室内外清洁卫生、物品整齐。每日一小扫，每周五一大扫。每周清理一次玩教具。

2.保持室内空气流通，每日早晨、中午起床后开窗通风换气。

3.班上厕所每天随用随清洗，周五用洁厕精洗1次。

4.班上活动室每天拖地3次，周用消毒水拖地1次。桌椅柜每天抹1次。

5.床上用品每月洗晒1次。

二、个人卫生

1.幼儿饭前便后要用肥皂洗手，饭后漱口擦嘴。每周剪一次指甲。

2.工作人员要保持仪表整洁，不留长指甲。

三、消毒工作

1.餐具和喝巾每餐后洗净蒸20分钟，水杯每天洗后蒸20分钟，毛巾每天换洗并蒸20分钟。

2.每天用紫外线消毒灯消毒一次睡室和活动室，每次20分钟（幼儿不在场时）。门把手、楼梯扶手等处每天用消毒液擦洗一次。

3.幼儿玩具用每天0.3%的消毒水泡15分钟，不能浸泡的玩教具及书籍在阳光下晒1小时或紫外线灯下照20分钟。

四、常规卫生

1.在日常生活中抓好安全、卫生教育契机，培养幼儿生活卫生习惯及生活自理能力以及各项常规（生活常规、上课常规、卫生常规等等）。

2.注重幼儿的情绪、冷热及时增添衣服，生病要立即送医院或通知家长。

3.家长带药要写清儿童姓名、药品名称、剂量、服药时间、次数。教师按时给幼儿服药，给儿童服药后要打钩记录。各班应准备存放幼儿童药品的专用药箱。

4.每天记录幼儿的出勤情况，一月必有一次孩子出勤。

5.培养孩子的个人卫生习惯，指导孩子正确地洗手方法，饭前、便后洗手的习惯。

6.注意幼儿用眼卫生，保护幼儿视力，正常教学中不能看电视，中大班每天坚持做眼保健操。

7.夏季注意灭蚊蝇，扫帚、拖把、抹布、簸箕等清洁工具要保持清洁，摆放整齐。

8.班中物品需保管好，如有工作变动，必须交清，如有丢失或损坏，需及时报告，如隐瞒不报，造成不良后果，按失职处理，领取物品书刊等需有园长及本人签字，按时归还。

本制度自公布之日起严格执行，与工资挂钩，并作为评选各种先进的依据。请大员工共同遵守，自觉遵照执行。如有违反者，一视同仁，按规定处罚。

北京市光明幼儿园
2009年8月1日

 样文3

东方航空公司保密制度

保守公司秘密关系公司的安全和利益，是每位工作人员的义务和职责，各部门工作人员必须严守公司秘密，按照《保密法》规定程序依法办事。为保守公司秘密，维护公司利益，制订本制度。

一、全体员工都有保守公司秘密的义务。在对外交往和合作中，须特别注意不泄露公司秘密，更不准出卖公司秘密。

二、公司秘密应根据需要，限于一定范围的员工接触。接触公司秘密的员工，未经批准不准向他人泄露。非接触公司秘密的员工，不准打听公司秘密。公司秘密包括下列秘密事项：

1.公司经营发展决策中的秘密事项；

2.人事决策中的秘密事项；

3.专有技术；

4.招标项目的标底、合作条件、贸易条件；

5.重要的合同、客户和合作渠道；

6.公司非向公众公开的财务情况、银行账户帐号；

7.董事会或总经理责成应当保守的公司其他秘密事项。

三、属于公司秘密的文件、资料，应标明"秘密"字样，由专人负责印制、收发、传递、保管，非经批准，不准复印、摘抄秘密文件、资料。

四、记载有公司秘密事项的工作笔记，持有人必须妥善保管。如有遗失，必须立即报告并采取补救措施。

五、跟随领导外出的司机及有关人员，凡本人不应知道的机密文件、机密事项，要自觉做到不看、不听，已经知道的更做到不传。

六、档案室、微机室等重要重地，非工作人员不得随便进入。工作人员更不能随便带人进入。

七、加强对现代通信、办公自动化设备和计算机联网管理，严禁在非密信道中通信、计算机信息系统中涉及机、绝密事项，领导干部、涉密人员不得使用手机谈论秘密事项，不得将手机带入谈论秘密事项的场所。

八、办公室应定期检查各部门的保密情况。

本制度自公布之日起执行，与工资挂钩，作为评选各种先进的依据。请广大员工遵照执行。对保守公司秘密或防止泄密有功者，予以表彰、奖励。违反本规定故意或过失泄露公司秘密者，视情节及危害后果予以行政处分或经济处理，直至予以除名。

中国东方航空公司
2012年10月1日

 样文4

公司管理制度之考勤制度

为加强考勤管理，维护工作秩序，提高工作效率，特制订本制度。

一、公司员工必须自觉遵守劳动纪律，按时上下班、不迟到、不早退，工作时间不得擅自离开工作岗位，外出办理业务前，须经本部门负责人同意。

二、周一至周六为工作日，周日为休息日。公司机关周日和夜间值班列办公室统一安排，市场营销部、项目技术部、投资发展部、会议中心周日值班由各部门自行安排，报分管领导批准后执行。因日工作需要周日或夜间加班的，由各部门负责人填写加班审批表，报分管领导批准后执行。节日值班由公司统一安排。

三、严格请、销假制度。员工因私事请假1天以内的（含1天），由部门负责人批准，3天以内的（含3天），由副总经理批准，3天以上的，报总经理审批。副总经理和部门负责人请假，一律由总经理批准。请假员工毕前应准人销假。未经批准而擅离工作岗位的按旷工处理。

四、上班时间开始后5分钟至30分钟内到班者，按迟到论处，超过30分钟以上者，按旷工半天论处。提前30分钟以内下班者，按早退论处，超过30分钟者，按旷工半天论处。

五、1个月内迟到、早退累计达3次者，扣发5天的基本工资；累计达3次以上5次以下者，扣发10天的基本工资；累计达5次以上10次以下者，扣发当月15天的基本工资；累计达10次以上者，发放当月的基本工资。

六、旷工半天者，扣发当天的基本工资、效益工资和奖金，每月累计旷工1天者，扣发5天的基本工资、效益工资和奖金，并给予3天罚分处理，每月累计旷工2天者，扣发10天的基本工资、效益工资和奖金，并给予过1次处分，每月累计旷工3天者，扣发当月基本工资、效益工资和奖金，并于1次处分，每月累计旷工4天以上及时，不发工资，并发当月基本工资、效益工资和奖金，第二个月起留用察看，发放基本工资，每月累计旷工6天以上者（含6天），予以除名。

七、工作时间禁止打牌、下棋、串岗聊天等做与工作无关的事情。如违反者当天按旷工1天处理，当月累计2次的，按旷工2天处理，试试当月累计3次的，按旷工3天处理。

八、参加公司组织的会议、培训、学习、考试或其他团队活动，如有事请假的，必须提前向组织者或带队者请假，在规定时间内不到或早退者，按照本制度第五条、第六条处理。

九、员工按规定享受探亲、婚假、产育假、结育半个假时，必须凭有关证明资料报总经理批准后经批准者如期。工作人员病假期间可凭验基本工资。

十、经总经理或分管经理批准，决定假日加班工作者值班的每天补助20元，夜间加班或值班的，每个补助10元，节日值班有双天补助40元，未经批准，视为旷工。如上班迟到者，视为旷工，按照本制度第五条、第六条处理。

十一、员工的考勤情况，由各部门负责人进行监督、检查，部门负责人对本部门的考勤要秉公办理，认真负责。如有弄虚作假、包庇纵容迟到、早退、旷工员工的，一经查实，按处罚员工的双倍于以处罚。

凡是受到本制度第五条、第六条、第七条规定处理的员工，取消本年度先进个人的评比资格。

本制度自公布之日起严格执行，与工资挂钩，并作为评选各种先进的依据，请广大员工遵照执行。如有违反者，一视同仁，按规定处理。

廊坊东方科能机械工程有限公司
2009年10月1日

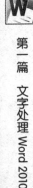

撰写与编排通知

1. 通知的组成部分、正文基本要素;
2. 设置通知各部分格式的方法;
3. 撰写、编排通知、信函类文件的工作流程。

通知、信函类文件的标准格式。

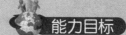

1. 会撰写并录入各类通知;
2. 能按规范设置通知各部分的格式;
3. 会排版页面。

大家都看过或听过通知,有的同学还传达过通知,大家对通知有印象吗(通知的内容、格式)?

规范的通知可以表达、传递准确的信息,不完善的通知可能会使人产生歧义,或带来很多不良后果。在日常办公过程中,撰写、传达通知就是一个很重要的岗位能力。

本任务以"会议通知"为例,学习通知类文件的工作流程,及通知类文件的撰写要素和格式设置方法。

在 Word 2010 中录入并编排"会议通知",学习、领会通知类文件的撰写方法和通知的基本要素,按规范设置通知各部分格式。要求:A4 纸,文字醒目美观,行距均匀。

会 议 通 知

各位领导:

　　学校定于 2015 年 1 月 25 日至 28 日召开 2015 年寒假干部会,请各位领导于 1 月 25 日下午 15:00 在主教学楼前集合,集体乘车前往会议地点。

　　会议期间,请严格按照会议程序参会,遵守会场纪律,不迟到,不早退;将手机调为振动或关机状态;认真听会并做好会议记录;穿校服佩戴胸卡,保持良好的精神风貌;按照会议安排统一行动,保证自身安全。会议期间一律不得请假!

特此通知

北京市昌平职业学校 行政办公室

2015-01-15　　15:35:03

 分析任务

1. 通知的基本组成部分

通知由标题、称呼、通知正文、通知者、日期五部分组成，如图 2-1 所示。

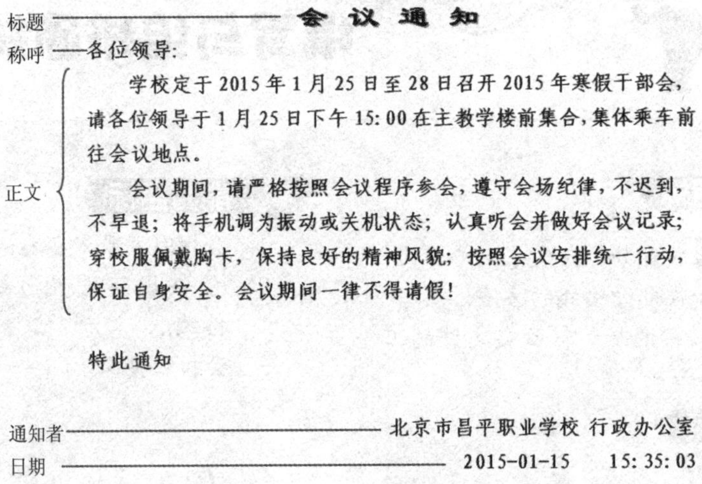

标题 ————————————— **会 议 通 知**

称呼 ——各位领导：

正文

　　　学校定于 2015 年 1 月 25 日至 28 日召开 2015 年寒假干部会，请各位领导于 1 月 25 日下午 15：00 在主教学楼前集合，集体乘车前往会议地点。

　　　会议期间，请严格按照会议程序参会，遵守会场纪律，不迟到，不早退；将手机调为振动或关机状态；认真听会并做好会议记录；穿校服佩戴胸卡，保持良好的精神风貌；按照会议安排统一行动，保证自身安全。会议期间一律不得请假！

特此通知

通知者 ————————————— 北京市昌平职业学校 行政办公室

日期 ————————————— 2015-01-15 　 15：35：03

图 2-1 　通知的组成部分

2. 通知各部分的格式

标题……………………… 居中,大字,美观

称呼……………………… 左对齐（不空格）

正文……………………… 首行缩进 2 字符

通知者…………………… 右对齐

日期……………………… 右对齐

3. 通知的版面特点

除了标题以外，其余文字的字体、字号、行距一致，通知文稿分布在整页纸内，行距均匀，不超页。

4. 通知文稿必须包含的基本要素

通知文稿中必须包含：人物（通知谁、谁发的通知）、时间、地点、事件、事由（原因）、方式等基本要素。简称为 5W，即 who，when，where，what，why/how。

通知正文中还应有对应的注意事项、要求、纪律等具体内容。

通知的发文日期：至少提前一周发出通知，重要事件提前一个月发出通知，方便收通知的人做好准备。

5. 通知的主题

通知的主题可以是会议、事件、放假、活动、收费、录取、入学等。

以上分析的是通知的组成部分、格式、版面、通知文稿的基本要素、通知的主题等，下面按工作过程学习具体的操作步骤和操作方法。

 完成任务

1. 准备工作

（1）将新文件另存、命名。

（2）页面设置为 A4 纸，纵向，上下左右页边距为 2 厘米。

录入带序号的文稿之前，要先设置 Word 选项：撤销自动编号，以免排版混乱。【参考本教材图 0-9】

（3）录入"会议通知"文稿，随时保存文件。

2．设置通知各部分格式

（1）设置标题格式：居中，二号字，字体：楷体加粗、隶书、行楷、微软雅黑等均可。

（2）设置其余部分文字的格式（位置）

称呼格式·······················左对齐（不空格）

正文格式·······················首行缩进 2 字符

"特此通知"格式·················左对齐（不空格）

通知者格式·····················右对齐

日期格式·······················右对齐

3．设计通知的版面

通知的版面设计要求：除了标题以外，其余文字的字体、字号、行距一致，通知文稿分布在整页纸内，行距均匀，不超页。

因此根据通知文稿内容和字数，设置标题外其余文字合适的字体、字号、行距。

（1）"会议通知"是正规的文件，正文字体以选用宋体、楷体、仿宋字为宜。

（2）A4 纸内的文稿，根据字数的多少，正文的字号可以在"五号"、"小四号"、"四号"范围内选择，最大不超过四号字，以小四号为适宜。

（3）"会议通知"的文稿字数较少，所以设置称呼、正文、通知者、日期为四号字，行距为单倍行距，或者固定值（从 20～26 磅选取）。

4．打印预览，修改、调整各部分格式

会议通知所有部分的格式、版面设置完成之后，单击"打印预览"按钮，或单击"文件"→"打印"，预览查看整体效果、页面布局，如有不合适的格式，单击 "开始"，返回到编辑状态，修改和调整各部分格式，直到合适为止。

至此，"会议通知"的格式设置完成。保存文件。

 归纳总结

1．总结制作通知文件的工作流程

通过这个任务，完成了"会议通知"的录入、编辑、排版等工作，进一步巩固了页面、字体、段落等常用格式的设置方法，回顾整个工作过程，将此任务的工作流程总结如下。

① 新建文件，另存、命名；

② 页面设置：纸张、方向、页边距；

③ 撰写并录入通知的文稿，内容要素完整，编辑、修改、检查文稿；

④ 设置格式：标题、称呼、正文、通知者、日期；

⑤ 版面设计：根据文字数量，选用合适的字体、字号，调整行距；

⑥ 预览、修改、调整：版面美观、合理、不超页。

2．通知文件的操作流程和设置格式方法还适用的文件类型

信件、公函等信函类文件的结构组成和通知的组成部分很相似，如图 2-2 所示。因此，通知文件的操作流程和设置格式、设计版面的方法，同样适用于各种信函类文件。

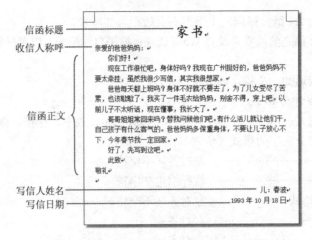

信函标题 ——————————— 家书

收信人称呼 ——————— 亲爱的爸爸妈妈：

信函正文

写信人姓名 ———————————————— 儿：春波
写信日期 ——————————————— 1993 年 10 月 18 日

图 2-2 信函的组成部分

 评价反馈

作品完成后，填写表 2-1 所示的评价表。

表 2-1 "撰写与编排通知"评价表

评价模块	评价内容		自评	组评	师评
	学习目标	评价项目			
专业能力	1.管理 Word 文件	新建、另存、命名、关闭、打开、保存文件			
	2.设置页面格式	设置纸型、方向、页边距			
	3.准确快速录入文稿	总字数、错字数、录入时间			
	4.设置通知的各部分格式	设置标题格式——居中，大字，美观			
		设置称呼格式——左对齐			
		设置正文格式——首行缩进 2 字符			
		设置通知者、日期格式——右对齐			
	5.设计通知的版面	合理选用字体；根据文稿字数合理设置字号			
		根据文稿字数和字号，合理设置行距			
	6.根据预览整体效果和页面布局，进行合理修改、调整各部分格式				
	7.正确上传文件				
可持续发展能力	自主探究学习、自我提高、掌握新技术	□很感兴趣	□比较困难	□不感兴趣
	独立思考、分析问题、解决问题	□很感兴趣	□比较困难	□不感兴趣
	应用已学知识与技能	□熟练应用	□查阅资料	□已经遗忘
	遇到困难，查阅资料学习，请教他人解决	□主动学习	□比较困难	□不感兴趣
	总结规律，应用规律	□很感兴趣	□比较困难	□不感兴趣
	自我评价，听取他人建议，勇于改错、修正	□很愿意	□比较困难	□不愿意
	将知识技能迁移到新情境解决新问题，有创新	□很感兴趣	□比较困难	□不感兴趣
社会能力	能指导、帮助同伴，愿意协作、互助	□很感兴趣	□比较困难	□不感兴趣
	愿意交流、展示、讲解、示范、分享	□很感兴趣	□比较困难	□不感兴趣
	敢于发表不同见解	□敢于发表	□比较困难	□不感兴趣
	工作态度，工作习惯，责任感	□好	□正在养成	□很少
成果与收获	实施与完成任务	□☺独立完成　□☺合作完成　□☹不能完成		
	体验与探索	□☺收获很大　□☺比较困难　□☹不感兴趣		
	疑难问题与建议				
	努力方向				

复习思考

1. 通知的文稿包含哪些要素？通知什么时间发出合适？
2. 通知可以有哪些主题，适用于哪些范围和场合？

拓展实训

在 Word 2010 中制作××通知。要求：A4 纸，纵向，上下左右页边距为 2 厘米。通知的内容和要素完整、全面，按通知的标准规范，设置××通知各部分格式，所有内容均匀分布在整页 A4 纸内（不超页），行距均匀，文字醒目，版面美观，方便阅读。制作过程中，感悟通知的撰写方法和内容要求。

样文 1

样文 2

样文 3

样文 4

任务③ 制作与编排调查问卷

知识目标

1. 选择题、答案选项的制作方法；
2. 录入各种符号(○□✓×☑☒)的方法；
3. 设置各题答案选项对齐的方法；
4. 使用格式刷快速复制格式的方法；
5. 填空题的制作方法。

学习重点

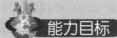

能力目标

1. 能准确快速录入问卷题目及答案选项、符号；
2. 会使用制表位 Tab 间隔答案选项；
3. 能按规范设置调查问卷各部分的格式；
4. 会排版页面，懂得节约用纸；
5. 能制作各种题型。

制表位 Tab 的使用方法；设置左缩进、悬挂缩进的方法；格式刷的使用方法。

调查问卷是大家非常熟悉的文档，也是很常见的一种信息获取、互动方式，制作调查问卷是办公人员的常见工作之一。调查问卷不同于其他文档，包含独特的格式和技法。

本任务以"奥运调查问卷"为例，学习调查问卷的录入、格式设置与编辑排版方法。

提出任务

在 Word 2010 中制作"奥运调查问卷"，并按规范设置调查问卷各部分的格式。要求：A4 纸，纵向，行距匀称，版面美观，答案选项排列整齐、间隔均匀。

作品展示

奥运调查问卷

1. 你怎样评价本次奥运会？（　　　）
　A. 非常满意　　　B. 满意　　　C. 一般　　　D. 不满意
2. 你主要通过什么方式来观看比赛？（　　　）
　A. 到比赛现场　　　B. 看电视　　　C. 上网　　　D. 手机电视
3. 你最喜欢奥运会的哪个项目？（　　　）
　A. 球类　　　B. 田径　　　C. 水上项目　　　D. 其它
4. 你认为此次奥运会成功的最主要原因是什么？（　　　）
　A. 开幕式很精彩　　　　　　　　B. 中国运动员夺得许多奖牌
　C. 中国人民对异国客人热情友好　　D. 中国已经很强大
5. 中国举办北京奥运会，你最关注的是？（　　　）
　A. 开闭幕式　　　B. 中国运动员的表现　　　C. 其它国家优秀运动员的表现
　D. 世界纪录的刷新　　　E. 奥运会期间的安全问题
6. 你对中国健儿在场上的表现有什么评价？（　　　）
　A. 太棒了　　　B. 不错　　　C. 一般　　　D. 还需努力
7. 下列哪种庆祝夺金方式，你认为最棒？（　　　）
　A. 亲吻奖牌　　　B. 敬礼观众　　　C. 大喊几声
　D. 身披国旗　　　E. 亲吻器械　　　F. 热泪盈眶
8. 你觉得奥运会的价值主要体现在那些领域？（　　　）
　A. 体育竞技　　　B. 文化交流　　　C. 经济发展　　　D. 政治交流
9. 你感觉北京奥运会是否增加了世界对中国的了解？（　　　）
　A. 很多，开幕式健整地展示了中国历史文化
　B. 一般，比赛地点较多，但主要集中在沿海发达地区
10. 此次奥运会最让你感动的是？（　　　）
　□表演美轮美奂的开幕式　　　　　□栾菊杰展示"祖国好"
　□中国男篮大战拚八队　　　　　　□杨威大喊"我爱你"
　□客又君金牌寻父　　　　　　　　□刘翔退出110米栏比赛
　□林丹奖台上奥爸向观众敬礼　　　□国宝亮说出"绝对祖国"
11. 北京奥运会后，你认为对哪些产业产生持续的影响？（　　　）
　□旅游　　□商业　　□地产　　□交通　　□体育　　□信息技术
12. 你对失利的奥运健儿如何看待？（　　　）
　□鼓励　　□同情　　□愤怒　　□其他_____

 **分析任务**

1. 调查问卷的组成

调查问卷由标题、题目、答案选项三部分组成，如图 3-1 所示。

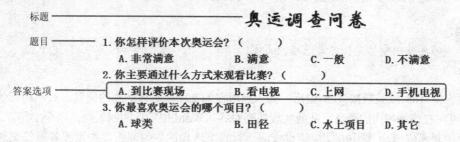

图 3-1　调查问卷的组成部分及对应格式

2. 调查问卷答案选项的特点、位置

请大家仔细观察：调查问卷的答案选项有什么位置特点？答案选项是否是连续文本？

答案选项最左侧与题目序号的最左侧不在同一位置，而是最左边空出题目序号的距离（左缩进）。

答案选项不连续，而是选项之间均匀地间隔，各题目的答案选项整齐分布。录入答案选项时，需要使用 Tab 键来实现均匀间隔、整齐分布的效果。

3. 调查问卷的各部分格式

标题 …………………居中,字大，美观
题目 …………………左对齐，悬挂缩进
答案 …………………左缩进，间隔均匀，整齐分布

4. 调查问卷的版面特点

除了标题以外，其余文字的字体、字号、行距一致，问卷文稿分布在整页纸内，行距均匀，不超页；各题目的答案选项间隔均匀、排列整齐，方便答题。

以上分析的是调查问卷的组成部分、各部分的格式、版面特点等，下面按工作过程学习具体的操作步骤和操作方法。

 **完成任务**

1. 准备工作

（1）将新文件另存、命名；

（2）页面设置为 A4 纸，纵向，上下左右页边距为 2 厘米。

录入有序号的文稿之前，先设置 Word 选项：撤销自动编号，以免排版混乱。参考本教材第 5 页图 0-9。

（3）录入"奥运调查问卷"文稿，随时保存文件。

 提示　先输入所有的文字，最后再分别设置各部分格式；尽量不要边打字边设置格式（不要用空格定位文字）；在调查问卷中，答案选项的位置是否对齐，是衡量问卷制作质量和水平的一个重要指标。

2. 录入调查问卷过程中出现的问题及解决方法

（1）录入答案选项的方法

➤ 快速切换中英文："Ctrl+空格"组合键可以快速切换中英文输入法。

➤ 先输入答案选项中的"A.B.C.D.",并快速复制到其它题目中,再分别输入对应文字,节省时间,提高效率。

➤ 答案选项的均匀间隔、整齐分布:使用制表位 Tab 键 Tab 。

提示 | 不要使用空格定位答案选项的文字!

制表位 Tab 就是指按 Tab 键后,插入点所在的文字向右移动到的位置。对不同行的文字按 Tab 键可向右移动相同的距离,从而实现按列对齐,Word 中默认的制表位是两个字符。

使用制表位 Tab 键 Tab 快速设置同一行答案选项的均匀间距,并设置各题答案选项对齐对准。

◆ **操作方法** 录入完 A 选项,按 Tab 键 2~3 次,即可将 B 选项移动到下一个位置;按 Tab 键 2~3 次,即可将 C 选项移动到下一个位置;依此类推,四个答案选项间隔均匀排列。各答案的间距要从视觉和用纸两个方面考虑,合理设置各答案之间的间距。

(2) 录入复选题、单选题符号□○的方法

① 插入符号"□○"的方法:单击"插入"→"符号"→"其他符号",如图 3-2 所示,打开"符号"对话框,如图 3-3 所示,在"符号"标签页中的"子集"列表中选择"几何图形符",在打开的符号列表中直接选择□或○符号,单击"插入"按钮,即可录入。

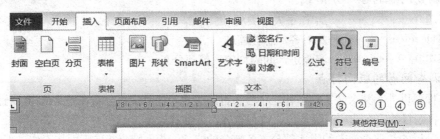

图 3-2 "插入"→"符号"→"其他符号"

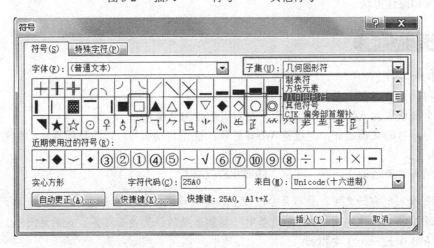

图 3-3 "符号"对话框

② 插入符号"√""×"的方法:同样的方法,在图 3-3 的"子集"列表中选择"数学运算

符"，在列表中选择"平方根"符号"√"，如图3-4所示，单击"插入"即可录入√。在"子集"列表中选择"拉丁语-1 增补"，在列表中选择"乘号"符号"×"，如图3-5所示，单击"插入"即可录入×。

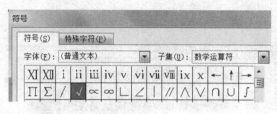

图 3-4 "数学运算符"——平方根√

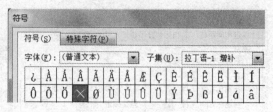

图 3-5 "拉丁语-1 增补"——乘号×

③ 插入符号"☑"或"☒"的方法：同样的方法，在图3-3的"字体"列表中选择"Wingdings 2"，在列表中选择符号"☑"或"☒"，如图3-6所示，单击"插入"即可录入☑或☒。

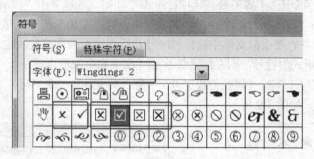

图 3-6 字体"Wingdings 2"——符号☑☒

（3）利用输入法的软键盘录入各种字符的方法

单击输入法的"软件盘" ⌨ 按钮→在列表中选择字符种类，如"特殊符号"→打开对应的软键盘，如图3-7所示→单击所需的字符，如"□"，"○"，即可完成各种字符的录入。

选择"软键盘"的"数学符号"，可录入"×"、"√"等符号，如图3-7所示。

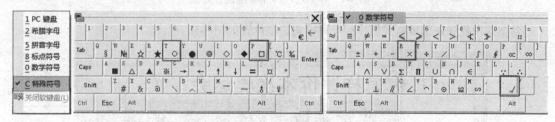

图 3-7 利用输入法的软键盘录入各种字符

（4）制作填空题横线的方法 切换到英文输入状态，按 Shift 键的同时按"▔"键多次，即可得到填空题的横线。这种横线具备字符的特性，可设置格式，也可根据填写文字的数量多少控制横线的长短。

3. 按规范设置调查问卷各部分的格式

要求： A4 纸，纵向，页边距、行距均匀。

（1）调查问卷各部分格式

标题格式：居中，三号～二号字，字体可选楷体加粗、隶书、行楷、微软雅黑等

题目格式：左对齐，悬挂缩进1～1.5 字符

答案选项格式：左缩进1.5 字符，间隔均匀，整齐分布

（2）设置所有题目格式为左对齐。如果题目文字内容超过一行，需设置题目的"段落→特殊格式"为"悬挂缩进"1~1.5 字符（题目第 2 行开始的各行，最左边空出题目序号的距离），如图 3-8 所示。

图 3-8　题目"悬挂缩进"设置方法，标尺，文本位置

（3）设置第 1 题答案选项的格式为左缩进 1.5 字符

◆ **操作方法 1**　选中第 1 题的答案选项，单击"开始"选项卡中"段落"组的对话框按钮，打开如图 3-9 所示的"段落"对话框，在"缩进"中设置"左侧"的缩进量数值为 1 字符或 1.5 字符。缩进量如何设置？要根据文稿中题目的序号及标点符号的字符数决定。

如果是"一、"形式的题号，则左缩进 2 字符（汉字和中文标点都是 1 字符）；如果是"1."形式的题号，则左缩进 1 字符（阿拉伯数字 0.5 字符，英文标点 0.5 字符）；"10."两位数字的题号，左缩进 1.5 字符，如图 3-9 所示。

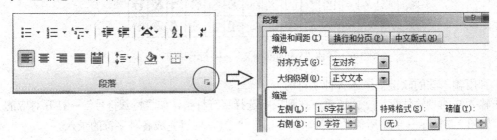

图 3-9　答案选项的左缩进设置方法

答案选项设置左缩进格式后，标尺和答案选项位置如图 3-10 所示。

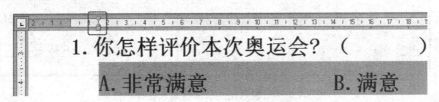

图 3-10　答案选项左缩进位置，标尺

◆ **操作方法 2**　利用水平标尺的缩进滑块设置左缩进。选中答案选项（设置段落格式对本段落有效），将鼠标放在左缩进滑块上，按住鼠标左键，向右移动到需要设置的位置即可实现设置段落左缩进格式（此法设置的左缩进位置不精确，不建议用此法）。

（4）利用格式刷 🖌 设置其他所有题目答案选项的格式

其他题目答案选项的左缩进格式与第 1 题相同，不用一个个设置，利用 Word 提供的格式刷工具，可以快速复制格式。格式刷 🖌 工具快速复制格式的方法如下。

① 选中设置好左缩进格式的第 1 题答案选项；

② 双击"开始"选项卡"剪贴板"组中的"格式刷"按钮 🖌 **格式刷**，鼠标变成刷子的样式；

③ 用刷型的鼠标，选择其他题目的答案选项，即可将左缩进格式复制到其他题目的答案（格式刷可以使用无数次）；

④ 格式刷的撤销：当格式刷使用完毕，再次单击格式刷按钮，即可撤销格式刷，恢复鼠标的编辑状态。

提示　如果在第②步，单击"格式刷"按钮 ，则格式刷只能使用一次，使用一次后格式刷自动失效，鼠标自动恢复为编辑状态。

或者按住 Ctrl 键，依次选中各题的答案选项（选择不连续文本），设置为同样的格式。

4. 设计调查问卷的版面

调查问卷的版面设计要求：除了标题以外，其余文字的字体、字号、行距一致，问卷文稿分布在整页纸内，行距均匀，不超页；各题目的答案选项间隔均匀、排列整齐，方便答题。

因此根据文稿内容和字数，设置问卷合适的字体、字号、行距。

（1）调查问卷是一种获取信息的方式，因此所有题目和答案选项的字体可选宋体、楷体、仿宋，答案选项的字体应与题目字体一致。

（2）根据调查问卷的文稿字数，字号可以合理选用五号或小四号。

（3）设置字体、字号后，根据字数、页面布局以及选用的字号，灵活设置、调整相应的行距（1～1.5 倍行距，或固定值 14～26 磅），使文字内容均匀分布在一页或多（整）页 A4 纸内，行距均匀（参考：题目及答案选项可设置宋体，小四号字，对应行距为固定值 20 磅）。

（4）用"制表位 Tab"键调整、修改各题目答案选项的位置，使之间隔均匀、排列整齐。

设置完调查问卷的字体、字号后，有些题目的答案选项可能会错位，各题目间的答案对不齐，用"制表位 Tab"键调整、修改各题目的答案选项的位置，使之对齐对准、整齐排列。

5. 打印预览，修改、调整各部分格式

调查问卷所有部分的格式设置完成之后，单击"打印预览"按钮 🔍，查看整体效果、页面布局，如有不合适的格式，进行修改和调整，直到合适为止。

至此，"奥运调查问卷"的格式设置完成，保存文件 💾。

归纳总结

1. 设计制作问卷类文档的工作流程

通过这个任务，完成了"奥运调查问卷"的录入、编辑、排版等工作，学习了制表位 Tab、格式刷的使用方法，学会插入符号、设置答案选项格式的方法，回顾整个工作过程，将此任务的工作流程总结如下。

① 新建文件，另存，命名；

② 设置页面格式：纸张、方向、页边距；

③ 录入问卷全部内容：标题、题目、答案选项等；

④ 设置标题格式；

⑤ 设置题目格式；

⑥ 设置答案选项格式；

⑦ 版面设计：根据文稿字数，设置问卷合适的字体、字号、行距；

⑧ 用"制表位 Tab"键调整、修改各题目的答案选项的位置，使之间隔均匀、排列整齐；

⑨ 预览查看整体效果、页面布局，修改、调整各部分格式。

2. 总结"调查问卷"制作技术

① 使用制表位 Tab 键 Tab ，使答案选项均匀、间断、整齐分布；

② 插入特殊字符"□○√×☑☒"制作复选题或单选题；

③ 设置答案选项的格式：左缩进（缩进量根据题目的序号及标点符号的字符数决定）；

④ 使用格式刷 工具快速复制格式（复制多次或复制一次）。

 评价反馈

作品完成后，填写表 3-1 所示的评价表。

表 3-1 "制作与编排调查问卷"评价表

评价模块	评价内容		自评	组评	师评
	学习目标	评价项目			
专业能力	1.管理 Word 文件	新建、另存、命名、关闭、打开、保存文件			
	2.设置页面格式	设置纸型、方向、页边距			
	3.准确、快速录入问卷文稿	总字数、错字数、录入时间			
		答案选项之间间隔均匀——使用 Tab 键			
		各题答案选项整齐分布——使用 Tab 键			
	4.设置调查问卷各部分格式	设置标题格式——居中，大字，美观			
		设置题目格式——左对齐，悬挂缩进			
		设置答案选项格式——左缩进			
		使用格式刷设置其他答案选项格式			
	5.设计调查问卷的版面	合理选用字体；根据文稿字数合理设置字号			
		根据文稿字数和字号，合理设置行距			
		会用 Tab 键调整、修改各题答案选项的位置，使之间隔均匀、整齐分布。			
	6.根据预览整体效果和页面布局，进行合理修改、调整各部分格式				
	7.正确上传文件				
可持续发展能力	自主探究学习、自我提高、掌握新技术	□很感兴趣	□比较困难	□不感兴趣
	独立思考、分析问题、解决问题	□很感兴趣	□比较困难	□不感兴趣
	应用已学知识与技能	□熟练应用	□查阅资料	□已经遗忘
	遇到困难，查阅资料学习，请教他人解决	□主动学习	□比较困难	□不感兴趣
	总结规律，应用规律	□很感兴趣	□比较困难	□不感兴趣
	自我评价，听取他人建议，勇于改错、修正	□很愿意	□比较困难	□不愿意
	将知识技能迁移到新情境解决新问题，有创新	□很感兴趣	□比较困难	□不感兴趣
社会能力	能指导、帮助同伴，愿意协作、互助	□很感兴趣	□比较困难	□不感兴趣
	愿意交流、展示、讲解、示范、分享	□很感兴趣	□比较困难	□不感兴趣
	敢于发表不同见解	□敢于发表	□比较困难	□不感兴趣
	工作态度，工作习惯，责任感	□好	□正在养成	□很少
成果与收获	实施与完成任务	□☺独立完成	□☺合作完成	□☒不能完成
	体验与探索	□☺收获很大	□☺比较困难	□☒不感兴趣
	疑难问题与建议			
	努力方向			

复习思考

1. 答案选项的位置如何对齐对准？

2. 使用格式刷复制格式的操作步骤是什么？

3. 如何制作填空题的横线？

4. 你会设计制作答题卡吗？你能制作几种类型的答题卡？

5. 如何制作"☑""☒"符号？

【操作提示】方法1：选中√→开始→字符边框 Ⓐ。

方法2：选中√→开始→带圈字符 ㊂。

方法3：插入→符号→字体：Wingding2→选择"☑"（图3-6）

拓展实训

在 Word 2010 中制作调查问卷。要求：A4 纸，上下左右页边距为 2 厘米。按调查问卷的标准规范设置各部分格式，所有内容均匀分布在整页 A4 纸内(不超页)，行距均匀，文字醒目，版面美观，方便答题。

制作问卷过程中，感受企业调查的信息对企业发展的影响，及对员工的标准、要求，牢记员工职责，促进企业发展。

 样文1

旅游行业调查问卷

一、调查人员信息

1. 性别　　　　〇男；　　　〇女
2. 年龄（　　）
　①18-25 岁　　②25-40 岁　　③40-55 岁　　④55 岁以上
3. 文化程度（　　）学历
　①高中/中专及以下　②大学本科及大专　③硕士及以上
4. 月收入水平（　　）
　①3000 元以下　②3000-6000 元　③6000-10000 元　④10000 以上
5. 您所从事的职业（　　）
　①机关及企事业人员　②企业主及高管　③军人　④学生
　⑤农民　⑥高退休人员　⑦其他

二、旅游服务消费评议调查

1. 您是否经常外出旅游？（　　）
　①一年 1 次　　②一年 2~3 次　　③一年 4 次以上
2. 您外出旅游经常去的地方是（可多选）（　　）
　□境外　　□国内　　□区外　　□区内
3. 您外出旅游选择的时间是（可多选）（　　）
　□旅游黄金季节　□逢节假日或休假　□避开旅游高峰　□工作空闲时
4. 您外出旅游一般是选择以下哪种方式？（可多选）（　　）
　□自由游　　□自驾游　　□随团游　　□单位组织游
5. 您外出旅游选择旅行社主要是（可多选）（　　）
　①找口碑较好的　②找正规、规模大的　③找报价较低的
　④通过广告宣传　⑤其他
6. 您选择随团游是否注重与旅行社签订旅游合同？（　　）
　①是　　②不是　　③无所谓
7. 您与旅行社安排的旅游行程和提供服务与收费标准是否合理？（　　）
　①合理　　②不合理　　③收费偏高　　④收费太高
8. 在广告宣传和合同约定中，经营者是否有用模糊、虚假的信息等方式故意误导、欺骗和招徕消费者？（　　）
　①有　　②没有　　③没注意
9. 签订旅游合同时，您对旅行社资质、服务监督、投诉电话及合同主要事项是否清楚？（　　）
　①清楚　　②不清楚　　③没注意
10. 与旅行社广告宣传和合同约定相比较，您对实际提供的就餐标准及环境是否满意？（　　）
　①非常满意　　②满意　　③一般　　④不太满意　　⑤不满意

 样文2

幼儿园家长调查问卷

一、班级老师

1. 老师接待你的孩子时是否面带微笑、态度热情？（　　）
　A.是　　B.有时冷淡　　C.不清楚
2. 老师与孩子的情感融洽，孩子喜欢班上的氛围，愿意上幼儿园。（　　）
　A.非常　　B.一般　　C.不清楚
3. 孩子的成长进步明显。（　　）
　A.是　　B.一般　　C.很小　　D.不清楚
4. 教师对家长热情，能听取家长合理的意见和建议，尽量满足需求。（　　）
　A.经常　　B.偶尔　　C.很少　　D.没有
5. 老师对孩子照顾周到，没有体罚或变相体罚的现象。（　　）
　A.从来没有　B.偶尔　　C.经常　　D.不清楚
6. 当你嘱托教师事情时（如今天给孩子多喝水等），老师的态度是？（　　）
　A.均做到　　B.有时没有做到　C.做不到　　D.不知道
7. 当你来接幼儿回家时，幼儿是否仪表整洁？（　　）
　A.是　　B.否　　C.有时是
8. 当你的孩子两天以上没来园时，班级老师是否及时同你联系？（　　）
　A.是　　B.有时　　C.否
9. 您对班级哪位老师的工作最满意？（　　）
　A.有（　　　　）　B.无
10. 教师是否有向家长索要和变相索要礼物的情况？（　　）
　A.有　　B.偶尔有　　C.没有　　D.不知道
11. 您觉得班级教师对幼儿的生活护理？（　　）
　A.满意　　B.基本满意　　C.不满意　　D.建议
12. 您认为班级教师的责任心，师德师风情况？（　　）
　A.优秀　　B.良好　　C.一般　　D.较差
13. 你的孩子喜欢班级哪位老师（　　　　　　　　）
14. 你认为班级教师最优秀的方面（　　　　　　　　）
15. 你认为班级教师最需要提高的方面是（　　　　　）

二、班级工作（多选）

1. 您最关心孩子在园的哪些方面（　　）
　□学习内容　□习惯培养　□生活情况　□情绪　□身体状况
2. 孩子生病，您认为（　　）
　□老师照顾不周　□身体锻炼不够　□营养不好　□孩子体质问题
　□园内交叉感染

第1页

制表位 Tab 的应用

制表位 Tab：就是指按 Tab 键后，插入点所在的文字向右移动到的位置。Word 中默认的制表位是两个字符。

制表位可以根据需要灵活设置属性，如制表位位置、对齐方式、前导符等，如图 3-11 所示；设置制表位的工具包括：制表位对话框（如图 3-11 所示）、水平标尺上的制表符选择器，如图 3-12 所示。

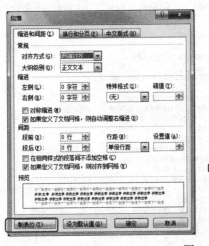

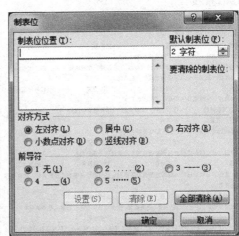

图 3-11　制表位对话框

打开图 3-11 所示的制表位对话框的方法：单击"开始"选项卡中"段落"组的对话框按钮，在"段落"对话框中单击"制表位"按钮 `制表位(T)...`，即可打开制表位对话框。

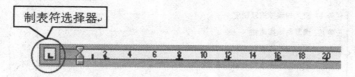

图 3-12 水平标尺上的制表符

图 3-12 中，"❙"竖线对齐制表符；"└"左对齐制表符；"▲"小数点对齐制表符；"▲"居中对齐制表符；"┛"右对齐制表符。

制表位主要应用在均匀间隔文字、制作目录、制作行与列数据的文档（如报价单）等方面，均匀间隔文字的用法在"制作与编排调查问卷"任务中已经学会了，下面通过两个实例学习制表位 Tab 的另外两种用法。

【实例 1】利用制表位 Tab 制作书籍目录。

目　录

第一篇　　文字处理　**Word 2010**

分析任务

1. **目录的组成部分**

目录由标题、副标题、目录组成。其中目录部分由目录名称、页码和页码之前的前导符构成，如图 3-13 所示。

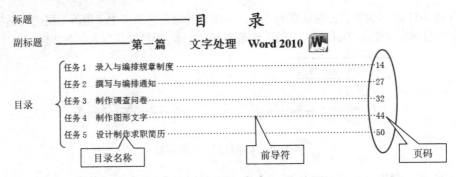

图 3-13　目录的组成部分

2. 目录各部分的格式

标题和副标题的格式如样文所示。

目录部分的文字格式：左侧的目录名称，根据目录的级别分别设置不同的左缩进位置；右侧的页码，需要设置制表位的各项参数：页码的制表位位置设置合适的字符数，页码的对齐方式为右对齐，页码之前的小点点是前导符，选择适合的前导符样式，如图 3-13 所示。

完成任务

（1）将新文件另存、命名。

（2）页面设置为 A4 纸，纵向，上下左右页边距为 2 厘米，装订线 0.8 厘米，左侧。

录入带有序号的目录文稿之前，要先设置 Word 选项：撤销自动编号，以免排版混乱（参考本教材第 5 页图 0-9）。

图 3-14　页码的制表位参数

（3）录入标题，回车；录入副标题，回车。

（4）设置页码的制表位格式：单击"开始"选项卡中"段落"组的对话框按钮，在"段落"对话框中单击"制表位"按钮 制表位(T)... ，打开制表位对话框，设置页码的制表位各项参数为：页码的制表位位置为 42 字符，对齐方式为右对齐，前导符为 ⊙5 ······ 。

单击"设置"按钮，页码的制表位格式设置生效，如图 3-14 所示，单击"确定"按钮。

页码的制表位格式设置完成后的水平标尺为 |40| |42| | | 。直接拖动水平标尺上的制表符 ⌐ ，可以改变对应的制表位位置（页码位置）。

（5）录入目录。录入目录左侧的目录名称文字"任务 1　录入与编排规章制度"→按 Tab 键，插入点自动跳到 42 字符处，并且同时在目录名称文字后和 42 字符之间出现前导符·····················→录入页码"12"。

（6）回车，页码的制表位格式将被继承，可以继续录入目录下面的其余部分。录入目录名称文字→按 Tab 键→ 录入页码→回车。右侧的页码部分会右对齐。

（7）当目录部分的内容全部完成后，设置标题、副标题、目录的各部分格式。

标题：楷体，加粗，二号，居中，单倍行距

副标题：宋体，加粗，三号，居中，单倍行距

目录名称：宋体，小四号（参考：行距 23 磅）

二级目录名称：左缩进 4.5 字符

提示 选中矩形区域的文字：按住 Alt 键，用鼠标左键在需要选择的文字区域划出一个矩形范围，即可选中矩形区域的文字。单击空白处可撤销选择。

（8）设计目录的版面：根据目录行数，设置合适的字体、字号、行距（1～1.5 倍，固定值 20～26 磅）。

（9）根据预览效果修改、调整各部分格式、行距，并保存文件。

至此，目录制作完成，保存文件。

提示 要撤销制表位时，选中不需要制表位的段落，打开制表位对话框，单击"全部清除"按钮，制表位格式即被撤销。

提出任务

【实例 2】利用制表位 Tab 制作报价单

作品展示

存储器报价单

名称	容量	品牌	单价
硬盘	80G………	希捷 -------	￥325.80
硬盘	250G……	迈拓 -------	￥798.20
MP4	20G………	联想 -------	￥620.95
MP4	40G………	三星 -------	￥1099.30
U 盘	8G ………	LG -------	￥98.10
U 盘	16G……	爱国者 -------	￥298.80

分析任务

1. 报价单的组成部分

报价单由标题、表头名称、报价内容组成。其中报价内容部分由名称、容量、品牌、单价四列文字构成，两侧外有竖线，如图 3-15 所示。

图 3-15　报价单的组成部分

2. 报价单各部分的格式

标题的格式如样文所示。报价单的各部分制表位格式："表头名称"的制表位格式与"报价内容"的制表位格式不同，需要分别设置，如图 3-16 的水平标尺所示。

图3-16　报价单各部分制表位格式

　　"表头名称"的制表位格式：最左侧0.5字符、竖线对齐；"名称"列2字符、左对齐；"容量"列9字符、居中对齐；"品牌"列17字符、右对齐；"单价"列25字符、右对齐；最右侧28字符竖线对齐。

　　"报价内容"的制表位格式："品牌"列17字符、右对齐、前导符②2......；"单价"列25字符、小数点对齐、前导符③3----。其他与"表头名称"的制表位格式相同，如图3-16所示。

完成任务

　　（1）录入标题，回车。

　　（2）设置"表头名称"的制表位格式，参数如图3-17所示，设置后的效果如图3-16水平标尺所示。

图3-17　表头名称的制表位参数　　　　　　　图3-18　报价内容的制表位参数

　　（3）两侧的竖线自动出现，按Tab键，插入点自动跳到2字符处→录入"名称"→按Tab键→录入"容量"→按Tab键→录入"品牌"→按Tab键→录入"单价"，回车。

　　（4）设置"报价内容"的制表位格式，因为"品牌"列和"单价"列格式与表头的制表位格式不同，所以只需要改变这两列制表位的参数，其余参数不变。

　　◆ **操作方法**　打开"制表位"对话框，选中17字符，选择"前导符"为②2......，单击"设置"按钮，此列制表位的参数设置生效。选中25字符，将对应的"对齐方式"改为"小数点对齐"，选择前导符为③3----，单击"设置"按钮，此列制表位的参数设置生效，如图3-18所示。其他列制表位的参数不变，单击"确定"按钮，设置后的效果如图 3-16 水平标尺所示。

（5）依次录入每行的报价内容，方法与第（3）步相同。

（6）当报价内容全部完成后，设置标题、表头、报价内容各部分的格式。

> 标题：隶书，小二号，居中，单倍行距，右缩进 16 字符
>
> 表头：楷体，加粗，小四，单倍行距
>
> 报价内容：宋体，小四，单倍行距

（7）根据预览效果修改、调整各部分格式、行距，并保存文件。

至此，报价单制作完成。

任务 **④**

制作图形文字

知识目标

1. 插入时间日期、各种符号(图形符号、特殊符号等)的方法;
2. 设置字符特殊格式的方法;
3. 替换字符的操作方法。

学习重点

插入图形符号、特殊符号的方法;替换字符的方法。

能力目标

1. 能插入时间日期、各种图形符号、特殊符号;
2. 会设置字符的特殊格式;
3. 能查找替换字符。

在录入文稿或撰写文章时,经常需要录入日期和时间,有时需要录入图形化的符号或单位符号、数字序号等,有时需要设置文字的阴影、着重号等格式,有时需要进行字符的查找或替换,这些经常用到的字符编辑、设置格式的方法,经过练习都可以掌握。

本任务以一篇小文章为例,学习字符的编辑方法和格式设置方法。

提出任务

在 Word 2010 中录入"我和安妮"文稿,插入各种符号;设置字符的特殊格式(空心、阴影、着重号、下划线等)并进行字符替换。

作品展示

我和安妮

今天是 2008 年 9 月 10 日星期三☐20:21,天气☾转○,气温 25℃,清爽宜人。昨天☾晚上☽,好朋友☗安妮给我打☎,约我今天去农大体育馆🏟观看☗男篮比赛。中午☀我开车🚗去酒店🏨接安妮。

观看◉比赛时,应关闭手机📱♪并⊗,☺为参赛者助威✌,所有参赛者☗都是好样的☜。

赛后我和安妮在**乌克西样餐厅**共进晚餐🍴🍷。

安妮上星期从美国✈回来,参加一个<u>学术大会</u>🏛,会上为杰出贡献的科学家颁发🏆和🎖,安妮是其中之一,并在会上发言🎤,分享研究成果🗽。

 分析任务

1. 图形符号

文稿中的 ▢、↵、○、✎、✍ 等图片形状的符号，称为图形符号，利用"插入→ Ω 符号"的方法可以插入到文稿中，有专门的字库，来转换为这些图形符号。图形符号不是图片，而是字符，具备字符的特征，可以设置字符的各种格式。

2. 特殊符号

文稿中的"℃"是摄氏度的单位符号，虽然键盘上没有这个符号，但可以利用很多种方法将单位符号插入到文稿中，如软件盘、"插入→ Ω 符号 ·"等方法。

3. 字符特殊格式

文稿标题中"**我**"设置了空心效果；"**安妮**"设置了字符的阴影格式；"**关闭手机**"设置了字符的着重号格式；"**学术大会**"设置了字符的下划线格式（下划线颜色可以与字符颜色不同）。

以上分析的是文稿中的图形符号、单位符号、字符特殊格式等，下面按工作过程学习具体的操作步骤和操作方法。

 完成任务

1. 准备工作

（1）将新文件另存、命名。

（2）页面设置为 A4 纸，纵向，上下左右页边距为 2 厘米。

（3）录入"我和安妮"文稿中的文字内容，随时保存文件。

 提示 先输入所有的文字，然后再插入各种符号，最后再分别设置各部分格式，尽量不要边打字边设置格式（不要用空格定位文字）。

2. 认识"插入"选项卡

单击"插入"，打开如图 4-1 所示的插入选项卡。文档中需要插入的所有内容都在图 4-1 所示的选项卡中进行操作。

图 4-1 插入选项卡

学会插入时间日期、图形符号、特殊符号。

（1）插入日期和时间

★ **步骤 1** 单击"插入"选项卡→"文本"组→ 日期和时间 按钮→选择"语言"为"中文"→在"可用格式"中选择一种日期格式或时间格式→确定。【参考本教材第 22 页的图 1-13 和图 1-14】

例如：二〇一五年一月十五日星期四　　　　2015 年 1 月 15 日 10:00:14

（2）插入图形符号

★ **步骤 2** 单击"插入"选项卡→"符号"组→ "Ω 符号"按钮，如图 4-2 所示，单击

下面的"其他符号"按钮 Ω 其他符号(M)... ，打开"符号"对话框，如图4-3所示，在"字体"列表中选择 Webdings 或 Wingdings、Wingdings2→单击图形符号→单击"插入"按钮，即可将图形符号插入到文稿中。

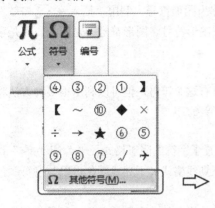

图4-2 插入符号   图4-3 "符号"对话框

例如：📖☎🖥📠🖱✒🖊☺🕐🏆🏛🏫🚩🎯🚩☂🖊🏺🍷

（3）插入特殊符号

★ **步骤3** 在"符号"对话框的"**字体**"列表中选择"宋体"，如图4-4所示，在"子集"列表中选择"类似字母的符号"或"数学运算符"或"其他符号"→选择符号→单击"插入"，即可将单位符号（或其他特殊符号）插入到文稿中。例如：

℃ ‰ ⑥ ≥ ≅ √ ★ § 【】 『』 ～（全形颚化符 FF5E）

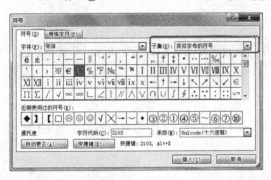

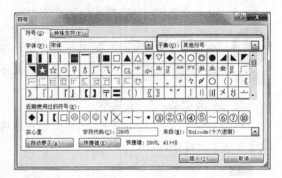

图4-4 插入特殊符号

★ **步骤4** 利用输入法的软键盘录入各种字符（参考本教材图3-7）。

3. 设置文稿各部分格式

（1）设置标题的空心和阴影效果

① 将标题设置为：华文行楷，一号，居中，单倍行距。

② 将"我"设置为绿色空心效果。

★ **步骤5** 选中文字"我"，单击"开始"选项卡"字体"组的"文字效果"按钮 A ，选择"空心"效果，第1行第2列，如图4-5所示。

★ **步骤6** 更改空心字轮廓颜色。选中空心的"我"字，单击"开始"选项卡"字体"组的"文字效果"按钮 A ，选择"轮廓" ✎ 轮廓(O) ，在打开的颜色列表中，选择绿色，如图4-6所示。

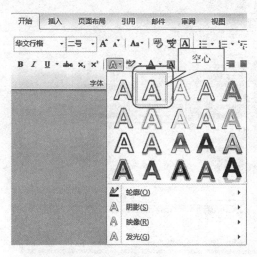

图 4-5 设置"文字效果"的"空心"效果

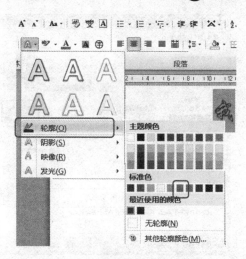

图 4-6 设置空心字的轮廓颜色

③ 将"*和安妮*"设置为不同颜色的阴影效果。

★ **步骤 7** 将"和""安妮"设置不同的字体颜色。单击"开始"选项卡"字体"组的"字体颜色"按钮 **A ·**，在打开的颜色列表中，分别选择"紫色"或"橙色"，如图 4-7 所示。

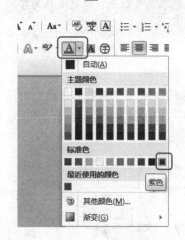

图 4-7 设置字体颜色

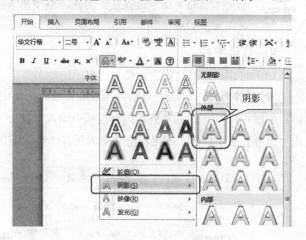

图 4-8 设置"文字效果"的"阴影"效果

★ **步骤 8** 设置"和安妮"为阴影效果。选中文字"和安妮"，单击"开始"选项卡"字体"组的"文字效果"按钮 **A ·**，选择 "阴影"效果（右下斜偏移），如图 4-8 所示。

（2）将正文全文设置为宋体，四号字，首行缩进 2 字符，单倍行距。

（3）设置图形符号"□"为小二号字、蓝色（可选其他深颜色）。

（4）利用格式刷 ✔ 将其他所有图形符号设置为同样的格式：小二号字、同样颜色。

或者按住 Ctrl 键，依次选中各个图形符号（选择不连续文本），设置为同样的格式。

（5）设置文稿中"*关闭手机*"为着重号格式，楷体，加粗，四号，红色，如图 4-9 所示。

（6）设置文稿中"*马克西姆餐厅*"格式：华文行楷，四号字，绿色，阴影效果。

（7）设置文稿中"*学术大会*"格式，仿宋，加粗，四号，文字绿色，下划线线型（双波浪线），下划线颜色（蓝色），如图 4-10 所示。

图 4-9 字体对话框设置着重号格式　　　　图 4-10 设置下划线线型及下划线颜色格式

提示

字符的下划线颜色不能设置为红色和绿色。因为当文稿出现拼写错误时，系统会自动将拼写错误的文本标记为红色波浪线；文稿出现语法错误时，系统会自动将语法错误的文本标记为绿色波浪线。因此不能使用系统标记错误的颜色（红色、绿色）作为字符下划线的颜色。

4. 替换字符

（1）将作品中的"我"替换为"自己的姓名"。

◆ **操作方法** 单击"开始"选项卡"编辑"组中的 替换 按钮，打开"查找和替换"对话框，如图 4-11 所示，在"查找内容"框中输入"我"，在"替换为"框中输入"自己的姓名"，单击"全部替换"按钮，即可将全文中的所有"我"用自己的姓名替换。

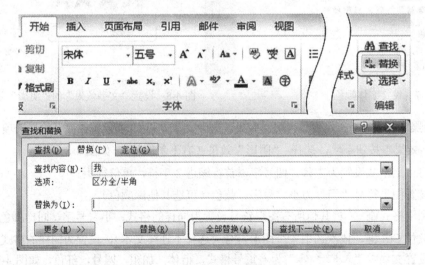

图 4-11 "查找和替换"对话框

替换完成后，出现如图 4-12 所示的对话框，单击"确定"按钮，并将图 4-11 所示的对话框关闭即完成替换操作。

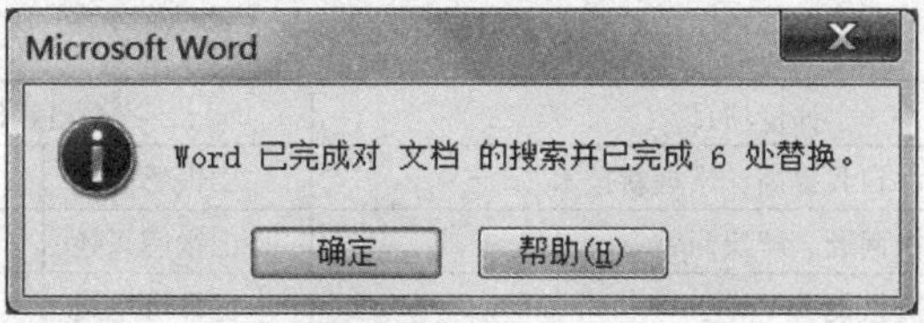

Microsoft Word

ⓘ Word 已完成对 文档 的搜索并已完成 6 处替换。

确定　帮助(H)

图 4-12　替换完成

（2）将作品中的"安妮"替换为好朋友"＿＿＿＿"的名字。

Word 2010 中字符的特殊格式及效果

在"我和安妮"文稿中，设置了字符的特殊格式，如空心、阴影、着重号、下划线，在"开始"选项卡的"字体"组和"段落"组中，还可以设置其他的特殊格式，如表 4-1 所示。

表 4-1　字符的格式及效果

	"开始"选项卡的"字体"组，"段落"组 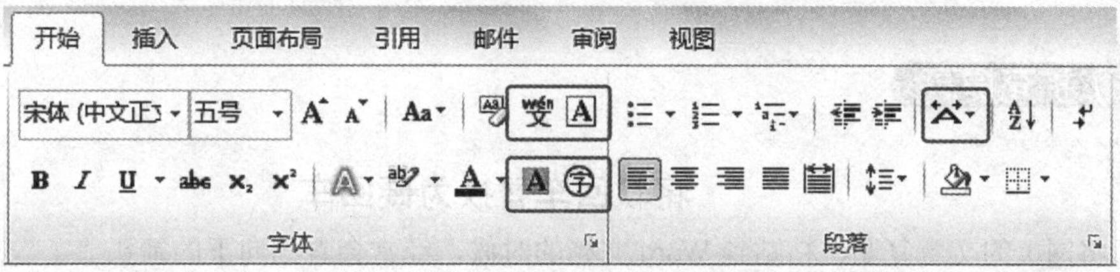					
字符格式 设置工具	开始　插入　页面布局　引用　邮件　审阅　视图 宋体(中文正▾ 五号▾ A⁺ A⁻ Aa▾ … B I U▾ abc x₂ x² … 字体　　段落					
字符 格式	拼音	字符边框	字符底纹	带圈字符	纵横混排	合并字符	双行合一
设置 按钮	文	Ⓐ	Ａ	字	…₁₂₃	…ab	…
字符效果	hōng mò 薨殁	暴殄	天物	㊙ 笑	口父铄金	博鳌亚洲论坛	开始(字体段落)

评价反馈

作品完成后，填写表 4-2 所示的评价表。

表 4-2　"制作图形文字"评价表

评价模块	评价内容		自评	组评	师评
	学习目标	评价项目			
专业能力	1.准确、快速录入文稿，插入各种符号	插入日期和时间			
		插入图形符号、特殊符号			
	2.设置文稿各部分格式	设置标题格式：空心、阴影效果			
		设置图形符号格式			
		设置着重号格式			
		设置下划线、下划线颜色格式			
	3.替换字符	将"我"替换为"自己姓名"			
		替换其他字符			
	4.根据预览整体效果和页面布局，进行合理修改、调整各部分格式				

评价模块	评价项目	自我体验、感受、反思		
可持续发展能力	自主探究学习、自我提高、掌握新技术	□很感兴趣	□比较困难	□不感兴趣
	独立思考、分析问题、解决问题	□很感兴趣	□比较困难	□不感兴趣
	应用已学知识与技能	□熟练应用	□查阅资料	□已经遗忘
	遇到困难，查阅资料学习，请教他人解决	□主动学习	□比较困难	□不感兴趣
	总结规律，应用规律	□很感兴趣	□比较困难	□不感兴趣
	自我评价，听取他人建议，勇于改错、修正	□很愿意	□比较困难	□不愿意
	将知识技能迁移到新情境解决新问题，有创新	□很感兴趣	□比较困难	□不感兴趣
社会能力	能指导、帮助同伴，愿意协作、互助	□很感兴趣	□比较困难	□不感兴趣
	愿意交流、展示、讲解、示范、分享	□很感兴趣	□比较困难	□不感兴趣
	敢于发表不同见解	□敢于发表	□比较困难	□不感兴趣
	工作态度，工作习惯，责任感	□好	□正在养成	□很少
成果与收获	实施与完成任务	□☺独立完成	□☺合作完成	□☒不能完成
	体验与探索	□☺收获很大	□☺比较困难	□☒不感兴趣
	疑难问题与建议			
	努力方向			

将软回车替换为硬回车

将网上的文章复制、粘贴到 Word 文档的时候，经常会看到向下的箭头"↓"，这是软回车，是手动换行符。按"Shift+回车"产生，在 Word 中则显示为向下的箭头。

如果是一个或几个，手工删除就可以了，如果多的话怎么办呢？用"替换"功能来批量解决吧。

★ **步骤1** 选中需要替换软回车的文字段落。

★ **步骤2** 单击"开始"选项卡"编辑"组中的 🔁替换 按钮，打开"查找和替换"对话框，如图 4-13 所示，在"查找内容"框中输入"^l"（小写英文字母 L），在"替换为"框中输入"^p"；或者，在"查找和替换"对话框中，单击"更多"按钮，打开"搜索选项"和"查找"项目，如图 4-14 所示，"查找内容:"项选择"特殊格式"列表中的"手动换行符(L)"，"替换为:"项选择"特殊格式"列表中的"段落标记(P)"。

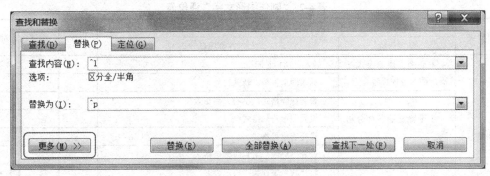

图 4-13 软回车"替换"硬回车对话框

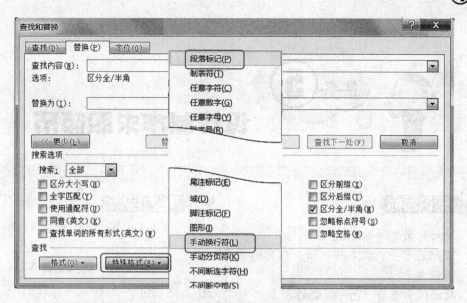

图 4-14　替换"特殊格式"

★ **步骤3**　单击"全部替换"按钮,即可将选中文字段落中的所有软回车替换为硬回车。

任务 5 设计制作求职简历

知识目标

1. 简历封面的组成部分;
2. 应用艺术字、文本框、图片制作封面的方法;
3. 封面版面布局、色彩搭配的方法;
4. 个人简历的组成部分;
5. 设置简历各部分格式及设计版面的方法;
6. 自荐信的组成部分;
7. 撰写自荐信的方法;
8. 设置自荐信各部分格式和设计版面的方法。

能力目标

1. 能用艺术字、文本框、图片制作简历封面;
2. 能对简历封面进行整体布局、协调搭配色彩;
3. 能设计制作个人简历;
4. 能真实撰写、填写简历各部分信息;
5. 能设置个人简历各部分的格式及版面;
6. 能撰写自荐信;
7. 能设置自荐信各部分格式及版面。

学习重点

设置艺术字、文本框、图片格式的方法;个人简历的模块及版面设计;自荐信的撰写内容及版面设计。

每个人的职业生涯、人生旅途中都会有许多转折点。从学生过渡到职业人,将面临面试、应聘、实习、就业,将来还可能会转岗。每一次的应聘,都要准备简历。求职简历是每一位求职者迈向社会、进入企业的名片和问路石,是使企业认识自己的媒介,是推销自己的广告,是展示自己的平台。

如果能设计制作一份翔实、独特的简历,则为自己搭建了一座通往理想彼岸的桥梁。所以求职简历的设计和制作是每个人必不可少的技能。

本任务以"求职简历"为例,学习求职简历各组成部分的设计、制作、撰写方法、制作技术及要领,同时学习各种图、文元素的使用方法和设置格式方法,领略 Word 中图形、图片类元素的制作和编辑的强大功能。

"求职简历"由三部分组成:封面、简历、自荐信,如图 5-1 所示,既可以三部分一起装订,完整地使用,也可以将个人简历或自荐信单独使用,根据求职或应聘需要灵活应用各部分。

因此"设计制作求职简历"任务分为三部分:

5.1 设计制作简历封面;5.2 设计制作个人简历;5.3 撰写与编排自荐信。

图 5-1 求职简历的组成部分

5.1 设计制作简历封面

简历封面是最先映入招聘者眼帘的部分，是吸引招聘者视线和注意力的部分，如同人的衣着、服饰、发型，不同寻常的简历封面会给人留下深刻的第一印象，简历封面是否正规、是否符合标准、是否新颖会直接影响应聘效果。

因此，先从"设计制作简历封面"开始学习，练习艺术字、文本框、图形、图片的编辑和格式设置，学习版面设计和色彩搭配。将自己的创造力和想象力大胆地融入到简历封面中，展示自己的个性和特色，施展自己的才华，设计制作出风格各异、各具特色的简历封面。

学会简历封面的制作，就能设计制作其他类型的封面。

 提出任务

在 Word 2010 中设计、制作求职简历的封面，并设置封面各部分格式。要求：主题突出，文字醒目，信息完整，色彩协调，各部分图、文的大小、位置、比例合理，版面美观，视觉效果好。

 作品展示

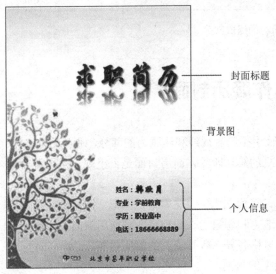

图 5-2　简历封面的组成部分

封面标题

背景图

个人信息

分析任务

1. 简历封面的组成部分

简历封面由封面标题、个人信息两大主要部分组成，这是封面的文字部分；简历封面还可以有背景图、插图，这是封面的图片部分。如图 5-2 所示。

简历封面还可以有副标题等其他内容。背景图是为了衬托主题的，副标题表达自己真实的求职愿景或求职理想，应与背景图的画面寓意吻合。背景图、插图和副标题可有可无，根据自己设计的需要进行合理选用。

2. 简历封面中各部分文字使用的元素及其格式

封面文字部分	使用元素	格式
封面标题	艺术字	浮于文字上方，恰当的位置，合适的字体、字号，恰当的文本填充色及文本效果。
个人信息 副标题	文本框	浮于文字上方，恰当的位置，合适的字体、字号、字形、颜色、行距，无形状填充色，无形状轮廓色。

3. 简历封面中各种图片的格式

封面图片部分	使用元素	格式
背景图	图片	衬于文字下方，调整合适的大小、位置，可适当提高亮度。
插图	图片	浮于文字上方，设置插图背景透明，调整合适的大小、位置。

4. 简历封面的版面设计要素

（1）色彩　是简历封面的第一视觉要素，直接引起人们的注意与情感上的反应。色彩设计应从整体出发，注重各构成要素之间色彩关系的整体统一，以形成能充分体现主题内容的基本色调，帮助读者形成整体印象，更好地理解主题。

简历封面中使用的基本色调，可以根据自己求职（应聘岗位）的需要、性格、寓意等，选用合适的主色调。封面中其他元素的色彩搭配，可以采用同类色、邻近色、对比色配置的方法。

封面选用的色彩，搭配要协调、美观（颜色不宜太多）。色彩搭配时，封面的重点要突出、对比或衬托鲜明。色彩的选用需要多观察、多思考、多分析、多练习。

（2）排版 一是要有"整体感"，控制整体布局，风格统一，页面内的文、图元素要主次分明，主题突出，详略得当；二是要"紧凑"，个人信息要紧凑，文字的行距、间距不可过大。三是要"留白"，整体上要留有空白，使版面看起来舒服、轻松、透气，读者在阅读时可以产生想象的空间和余地，视觉上有休息的空间，有层次感，也比较简约。

（3）图形图像 封面中使用的图形图像应直观地传递求职意向、对岗位的理解等，图形图像使用要适量，要有文化内涵，与文字的搭配要和谐。

封面设计要注意点、线、面、黑、白、灰等的搭配，更要体现出字体、图形、色彩、构图、格调等因素。还要综合考虑印刷、材质、纸张、成本、效果等因素，以最合适的成本达到最好的效果。

以上分析的是简历封面的组成部分、各组成部分使用的元素及其格式、封面的版面设计要素等，下面按工作过程学习具体的操作步骤和操作方法。

 **完成任务**

1. 准备工作

（1）将新文件另存、命名；

（2）页面设置为 A4 纸，纵向，上下右页边距为 1.5 厘米，左页边距 2 厘米，装订线 0.5 厘米，装订位置为左侧。

如果文件只有一页纸，不需要装订，可以不设置装订线；如果文件由 2~10 页纸组成，则需要装订，一般装订线距离设置为 0.5 厘米为宜；如果文件有 30 多页，装订的厚度增加，则装订线距离可以设置为 0.8~1 厘米为宜；若文件有 50 页以上，装订线距离设置为 1 厘米。

求职简历有 3 页纸，所以，设置装订线距离为 0.5 厘米，左侧装订。

★ **步骤1** 单击"页面布局"选项卡中"页面设置"组的对话框按钮，打开"页面设置"对话框，在对话框的页边距中，设置"装订线"距离为"0.5 厘米"，"装订线位置"为"左"，如图 5-3 所示，单击"确定"按钮。

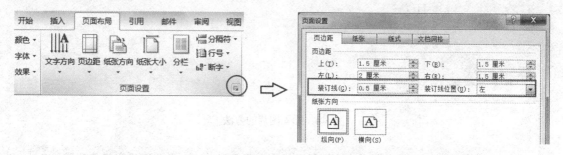

图 5-3 "页面设置"对话框设置装订线

纸张、页边距、装订线设置好之后，根据页面的有效编辑区域，可以设计制作简历封面的各项元素。

2. 构思主题、选择背景图素材

先设计好求职简历封面的主题，选好能表达主题寓意的封面背景图片，放在文件夹中备用；设计、选择与主题、背景图相符的封面主色调。

如果背景图不符合简历封面的要求，或只想选用图片中的部分区域，可以用 Photoshop 软件将图片进行合理的裁切或编辑处理，符合自己的设计意图后，保存在文件夹中备用。

背景图素材选好，主题、主色调确定后，就可以开始按工作过程设计、制作封面的各项元素和内容了。

3. 制作简历封面的背景（图片）

如果喜欢漂亮、蕴含寓意的背景图形简历封面，可以给简历封面插入选择好的背景图，让封面更加生动、精彩、引人注目。下面学习背景图的插入和格式设置方法。

（1）插入封面背景图

★ **步骤2** 插入图片如图5-4所示。

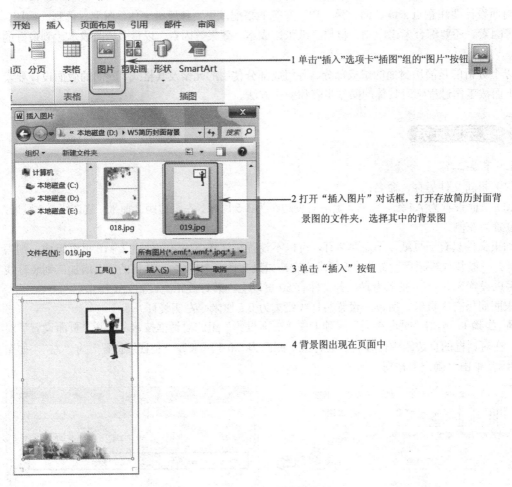

图 5-4 插入图片的方法

提示

背景图是为了衬托主题的。选择简历封面的背景图时，一定要选用分辨率和图片尺寸数值较大的图片，否则，图片由小变大时，会变得模糊、粗糙、不清楚，影响封面的视觉效果。

应选择画面寓意或背景图中的文字（副标题）与自己真实的求职愿景、求职理想吻合的图片，图片中的图案不宜过多，颜色不宜太浓、太重，色彩不能杂、乱，底色（背景色）以淡雅为宜；图片中的图案大小、位置应适度，应留有放置标题、个人信息等文字的空间和留白的空间。这样便于合理设计简历封面中标题、个人信息的大小和位置，便于设计整体版面。

插入背景图的效果如图 5-4 所示，需要设置图片的各种格式，才能符合背景图的要求。下面设置背景图的格式。

（2）设置封面背景图格式

★ **步骤 3** 选中图片。单击背景图，选中图片的状态如图 5-4 所示，图片四个角出现 4 个圆形空心控制点，上下左右边框的中心点是 4 个空心的方块，此时的图片是默认的"嵌入型"自动换行方式，这种状态的图片没有衬在文字下面作为背景，虽然可以改变大小，但不能随意移动位置。

要想将背景图片衬在所有文字元素的下面，并移动到页面内合适的位置，必须先改变图片的"自动换行"方式为"衬于文字下方"。

★ **步骤 4** 打开"图片工具""格式"选项卡。选中图片后，功能区中出现"图片工具"的"格式"选项卡，如图 5-5 所示，包含"调整"、"图片样式"、"排列"、"大小"等多个按钮组。图片的所有格式，都在图 5-5 的按钮组中进行设置或选择。

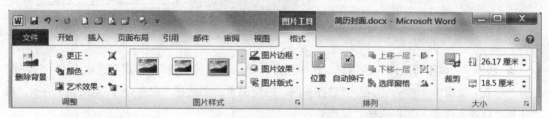

图 5-5　图片工具格式选项卡

下面依次设置图片的各种格式：衬于文字下方；调整合适的大小、位置；适当提高亮度。

★ **步骤 5** 设置背景图片的"自动换行"方式为"衬于文字下方"。选中背景图片，单击"图片工具""格式"选项卡中 "排列"组的"自动换行"按钮 ，在打开的自动换行列表中选择"衬于文字下方"，如图 5-6 所示。

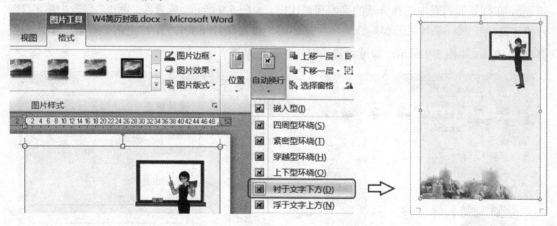

图 5-6　设置背景图片的"自动换行"为"衬于文字下方"

设置"衬于文字下方"后的图片状态如图 5-6 所示，此时，可以缩放图片，改变图片的大小，也可以拖动图片，改变背景图片位置。

★ **步骤 6** 调整背景图片的大小。选中背景图片，在"图片工具""格式"选项卡中 "大小"组的"宽度"框中 ，输入 21 厘米（A4 纸宽 21 厘米，高 29.7 厘米），回车，如图 5-7 所示，则图片的高度自动变为 29.7 厘米（等比例缩放）。

调整图片大小时，必须等比例缩放，保持图片原始的比例，否则图片将会失真、变形，无法使用。等比例缩放的方法：①只改变图片的宽度尺寸（或高度），回车，另一个尺寸会等比例缩放；②按住 Shift 键，用鼠标拖动图片某个角的控制点，对角线缩放，图片会等比例变化。切记：图片不要横拉竖拽、任意变形。

提示

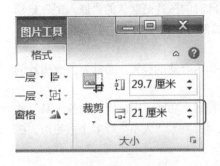

图 5-7　设置背景图片的大小

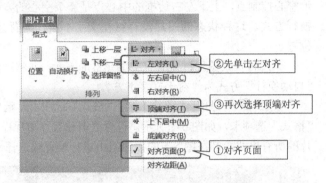

图 5-8　设置背景图片的位置

★ **步骤 7**　调整背景图片的位置。选中图片，单击"图片工具""格式"选项卡中 "排列"组的"对齐"按钮 ，①在 "对齐页面"的情况下；②选择"左对齐"，如图 5-8 所示，再次打开"对齐"按钮；③再选择"顶端对齐"。

或者选中图片，将鼠标放在图片内，鼠标变成十字双向箭头 ，按住鼠标左键拖动，即可将图片移动到合适的位置。

★ **步骤 8**　调整背景图片亮度。如果背景图片的颜色太深，可以适当提高图片的亮度，减淡背景图片的颜色，将封面的文字衬托得更清晰、更醒目、更突出。

提高亮度的方法：选中图片，单击"图片工具""格式"选项卡中"调整"组的"更正"按钮 ，在打开的列表中选择合适的亮度和对比度，如图 5-9 所示。或者在"更正"列表中单击"图片更正选项" 图片更正选项(C)... ，在打开的"设置图片格式""图片更正"对话框中，调整亮度为 10%，如图 5-9 所示，即可将背景图片的颜色减淡。

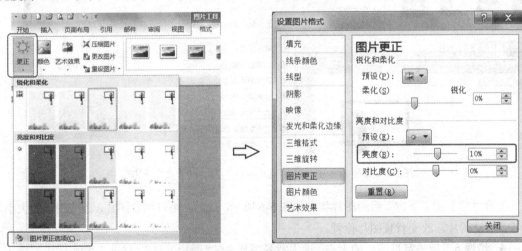

图 5-9　调整图片亮度

设置完背景图衬于文字下方以及大小、位置和亮度后，简历封面背景图效果、左上角的插入点和回车符如图 5-10 所示，至此，简历封面的背景图制作完成。可以按下面的步骤继续制作简历封面的其他部分。

4．制作简历封面的标题（艺术字）

（1）插入艺术字：简历封面的主题、标题。

★ **步骤9** 插入艺术字如图 5-11 所示。

插入的艺术字标题在页面的左上角，如图 5-11 所示，这是艺术字的编辑状态，插入点在编辑框内闪动，编辑框是虚线。此时可以输入文字或编辑文字。

（2）设置艺术字格式。

★ **步骤10** 选中艺术字。将鼠标放在艺术字的编辑框上，鼠标变成十字双向箭头，单击编辑框，选中艺术字，选中的状态如图 5-12 所示。这是艺术字的选中状态，编辑框内没有插入点，编辑框是细实线。选中状态只能设置艺术字格式，不能输入或编辑文字。

图 5-10　设置背景图格式后的简历封面

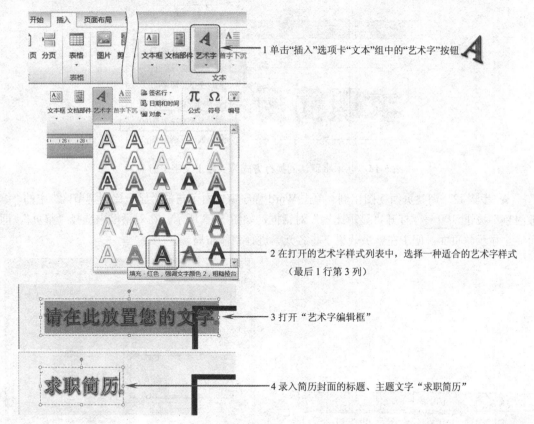

1 单击"插入"选项卡"文本"组中的"艺术字"按钮

2 在打开的艺术字样式列表中，选择一种适合的艺术字样式（最后 1 行第 3 列）

3 打开"艺术字编辑框"

4 录入简历封面的标题、主题文字"求职简历"

图 5-11　插入艺术字

图 5-12　选中艺术字

★ **步骤11** 打开"绘图工具""格式"选项卡。选中艺术字后，功能区中出现"绘图工具"的"格式"选项卡，如图 5-13 所示，包含"形状样式"、"艺术字样式"、"排列"、"大小"等多个按钮组。艺术字的所有格式，都在图 5-13 的按钮组中进行设置或选择。

图 5-13　绘图工具格式选项卡

系统默认的艺术字"自动换行"方式为"浮于文字上方"，如图 5-14 所示。下面依次设置艺术字的各种格式：恰当的位置，合适的字体、字号，文本填充色，文本效果。

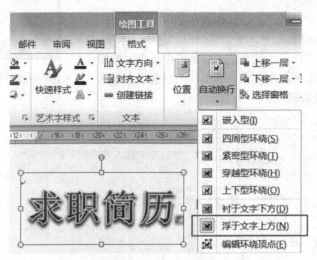

图 5-14　艺术字默认的换行方式为"浮于文字上方"

★ **步骤** 12　调整页面视图比例。单击 Word 程序窗口右下角的"显示比例调节区"中的"缩放级别"按钮 100% ，打开"显示比例"对话框，如图 5-15 所示，在对话框中选择"整页"，即可完全显示整页面，便于在整页效果下将各元素进行整体布局。

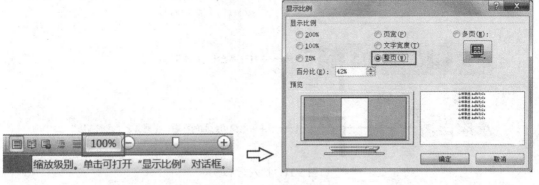

图 5-15　选择视图比例

★ **步骤** 13　设置标题艺术字恰当的位置。选中标题艺术字，将鼠标放在艺术字的编辑框上，鼠标变成十字双向箭头，按住鼠标左键，拖动艺术字，将标题艺术字放在页面的合适位置。横排的标题一般放在页面高度的上三分之一处，水平居中，如图 5-16 所示；竖排的标题一般放在页面右侧三分之一处，高度在页面的二分之一以上位置，如图 5-17 所示。根据背景图的图案、布局和颜色区域，再进一步合理调整标题的合适位置。

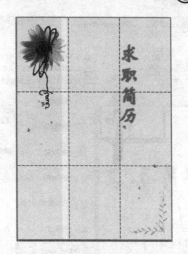

图 5-16　横排标题位置　　　　　　　　　　　　图 5-17　竖排标题位置

★ **步骤 14**　设置标题艺术字合适的字体和字号。选中艺术字，单击"开始"选项卡，在"字体"组中，设置标题艺术字的格式为：华文行楷，72 号，加粗。

提示

> 封面标题文字的宽度，一般不超过页面宽度的一半为适宜。

　　设置标题艺术字的字体和字号后，根据背景图的图案、布局和颜色区域，再进一步合理调整标题的合适位置和大小，使文字清晰、醒目、主题突出，色彩搭配协调、美观，如图 5-16 所示。

★ **步骤 15**　设置标题艺术字的文本填充色。选中艺术字，单击"绘图工具""格式"选项卡中"艺术字样式"组的"文本填充"按钮，在打开的菜单中，根据简历封面的主色调，选择标题艺术字恰当的文本填充色：深红，如图 5-18 所示。

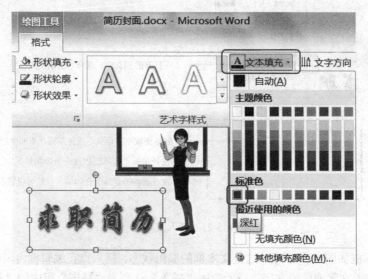

图 5-18　设置艺术字的文本填充色

★ **步骤 16**　设置标题艺术字的文本效果。选中艺术字，单击"文本效果"按钮，在打开的列表中可以设置阴影、映像、棱台、转换等效果。如图 5-19 所示，设置标题艺术字的文本效果为："映像"→"半映像，4pt 偏移量"，映像的显示效果为镜面倒影。

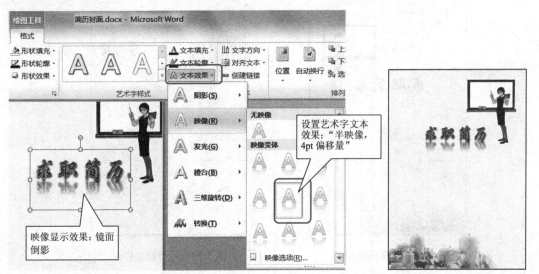

图 5-19　设置艺术字的文本效果　　　　　图 5-20　制作完成的简历封面背景和标题

至此，简历封面的标题制作完成，效果如图 5-20 所示。可以继续制作简历封面的其他部分。

5. 制作简历封面的个人信息（文本框）

（1）插入文本框

★ 步骤 17　插入文本框如图 5-21 所示。

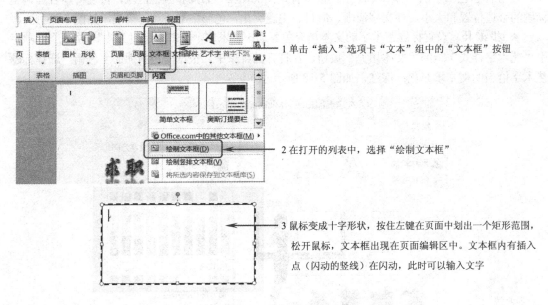

图 5-21　插入文本框

插入的文本框如图 5-21 所示，这是文本框的编辑状态，插入点在编辑框内闪动，编辑框是虚线。此时可以输入文字或编辑文字。或者单击"插入"选项卡"插图"组中的"形状"按钮，在打开的列表中，单击"文本框"按钮，在页面绘制文本框，如图 5-22 所示。

（2）输入个人信息内容

★ 步骤 18　调整页面视图比例。将视图比例调整为"◎ 100%"或"◎ 页宽(P)"状态，便于清楚地录入或编辑文字。

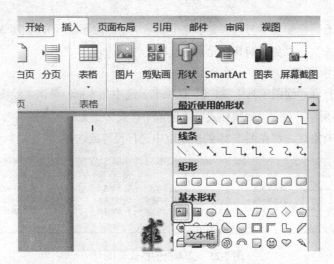

图 5-22 插入"形状""文本框"

★ **步骤 19** 在文本框内输入个人信息的内容。包括姓名、专业、学历、电话、求职意向等，如图 5-23 所示。

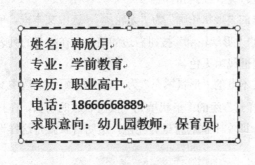

图 5-23 录入封面中的个人信息

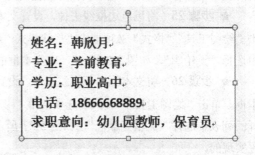

图 5-24 选中文本框

个人信息不用太多，但一定要选择最重要、最关键的信息放在封面内，其余的个人信息在第二页的个人简历中详细介绍。

（3）设置个人信息文本框内字符的格式。系统默认的文本框"自动换行"方式为"浮于文字上方"，下面根据需要选择适合的字体、字号、字形、颜色，调整合适的行距、对齐方式。

★ **步骤 20** 选中文本框。将鼠标放在文本框的编辑框上，鼠标变成十字双向箭头 $\maltese$ ，单击编辑框，选中文本框，选中的状态如图 5-24 所示。这是文本框的选中状态，编辑框内没有插入点，编辑框是细实线。选中状态只能设置文本框格式，不能输入或编辑文字。

★ **步骤 21** 设置文本框内字符合适的字体和字号。选中文本框，单击"开始"选项卡，在"字体"组中，设置文本框内字符的格式为：楷体，三号，加粗，黑色。

个人信息文本框内的字符，字体可选择楷体、宋体、仿宋、中宋、微软雅黑等。字号一般设置为四号～三号，根据页面的布局以及文字的多少，合理调整字号。文字的颜色可以根据主色调进行设置，与标题文字协调统一。

★ **步骤 22** 设置文本框内字符合适的行距、对齐方式。根据页面布局，设置文本框内个人信息文字的行距为单倍行距，对齐方式为左对齐。

★ **步骤 23** 调整文本框的大小。文本框内的文字设置各种格式后，根据效果，调整文本框

的大小，以正好适合、匹配文字为宜（文字完全显示、不隐藏不断行），如图 5-24 所示，文本框不宜太长、太高、太大，以免影响其他元素的选取。

（4）设置文本框格式。

★ **步骤 24** 打开"绘图工具""格式"选项卡。选中文本框，单击"绘图工具"的"格式"选项卡，如图 5-25 所示，包含"形状样式"、"艺术字样式"、"文本"、"排列"、"大小"等多个按钮组。文本框的所有格式，都在图 5-25 的按钮组中进行设置或选择。

图 5-25　文本框的格式选项卡

文本框默认的格式是黑色边框线、白色的填充色（底纹）。而封面中的个人信息文字不需要边框线，也不能有白色填充色（底纹），应该是透明背景，透出背景图的颜色。下面依次设置个人信息文本框的各种格式：无形状轮廓颜色,无形状填充色，恰当的位置。

★ **步骤 25**　将黑色边框线去掉，设置文本框的"形状轮廓"为"无轮廓"。选中文本框，单击"绘图工具""格式"选项卡中"形状样式"组的"形状轮廓"按钮右边的箭头，在打开的列表中选择"无轮廓"，如图 5-26 所示，即文本框的边框线为无色。

★ **步骤 26**　将文本框白色底纹去掉，设置文本框的"形状填充"为"无填充颜色"。选中文本框，单击"绘图工具""格式"选项卡中"形状样式"组的"形状填充"按钮右边的箭头，在打开的列表中选择"无填充颜色"，如图 5-27 所示，即文本框的背景为无色，透明背景就是这样设置实现的。

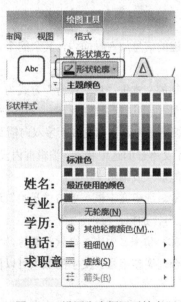

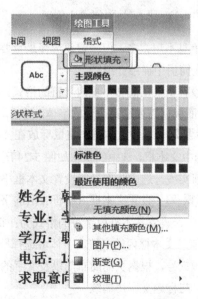

图 5-26　设置文本框"无轮廓"　　　图 5-27　设置文本框"无填充颜色"

★ **步骤 27**　设置个人信息文本框合适的位置。在视图比例为"整页" ◉整页(W) 状态下，选中个人信息文本框，将鼠标放在文本框的无色边框上，鼠标变成十字双向箭头↖，按住鼠标左键，拖动文本框，将个人信息文本框放在页面的合适位置。

　　一般情况下，个人信息放在页面中线以下，水平居中，或页面中线以下的右侧。根据背景图的图案、布局和颜色区域，再进一步合理调整文本框的合适位置，使个人信息文字清晰、醒目、版面美观，便于阅读、查找，如图5-28所示。

图 5-28　个人信息文本框位置　　　图 5-29　简历封面的背景、标题、个人信息

　　预览观察整体效果，封面内的文字应该清晰、醒目、主题突出，色彩搭配协调、美观、排版布局合理。至此，简历封面的背景、标题、个人信息制作完成，效果如图5-29所示，保存文件。

　　如果愿意添加校名、副标题等文字元素，可以使用文本框制作，制作方法与上面的操作步骤、方法相同。

　　6. 制作简历封面的学校 Logo 图标（插图）

　　（1）插入学校 Logo 图标

　　★ **步骤 28**　单击"插入"→"图片"按钮，选择学校 Logo 图片，插入后的效果如图5-30所示。此时的图片是默认的"嵌入型"自动换行方式，这种状态的图片虽然可以改变大小，但不能随意移动位置。

图 5-30　插入学校 Logo 图片

　　要想将学校 Logo 图标移动到页面内合适的位置，必须先改变图片的"自动换行"方式为"浮于文字上方"。下面依次设置学校 Logo 图标的各种格式。

　　（2）设置插图图片格式：浮于文字上方，设置插图背景透明，调整合适的大小、位置。

　　★ **步骤 29**　设置学校 Logo 图标的"自动换行"方式为"浮于文字上方"。

　　选中学校 Logo 图标，单击"图片工具""格式"选项卡中 "排列"组的"自动换行"按钮，在打开的列表中选择"浮于文字上方"，如图5-31所示。

　　设置"浮于文字上方"后的学校 Logo 图标，可以缩放图片，改变图片的大小；也可以拖动图片，改变图片位置。

　　★ **步骤 30**　调整学校 Logo 图标的大小和位置：根据页面的整体布局，设置学校 Logo 图标的大小为高度0.9厘米（与校名文字的高度一致），调整到合适位置，如图5-32所示。

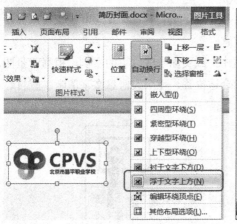

图 5-31　设置学校 Logo 图标"浮于文字上方"　　　　图 5-32　学校 Logo 图标的位置和大小

★ **步骤** 31　设置学校 Logo 图标的透明背景。在图 5-32 所示的学校 Logo 图标中有白色的背景，使图标不能与背景图融为一体，而是像贴了一块白底的东西，如何将图标中的白色背景去掉？可以设置图标的透明背景。

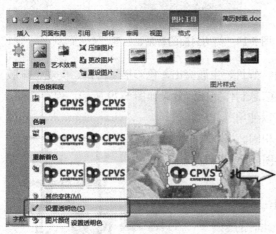
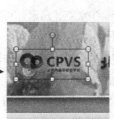

图 5-33　设置学校 Logo 图标的透明背景　　　　　图 5-34　制作完成的简历封面

选中学校 Logo 图标，单击"图片工具""格式"选项卡"调整"组的"颜色"按钮，选择"设置透明色"，如图 5-33 所示，鼠标变成刻刀形状 ，用刻刀形状的鼠标在学校 Logo 图标的白色背景处单击，即可去掉图标的白色背景，变成透明图片，透出简历封面的背景图，如图 5-33 所示。

"设置透明色" 设置透明色(S) 只适合去掉图片的纯色背景（单一颜色）；渐变背景和图案背景，这个方法效果不好，需要采用"删除背景"的方法制作透明效果。

7.　简历封面的版面设计

版面分析：简历封面的各部分图、文内容，大小、位置、比例合理，色彩协调，主题突出，文字醒目，信息完整、紧凑，版面美观，留白合理，视觉效果好。图形图像要有文化内涵，与文字的搭配要和谐。

★ **步骤** 32　打印预览，检查整体布局，颜色搭配，版面效果等，进行合理的修改、调整。

简历封面所有组成部分设计制作、格式设置完成之后，单击"打印预览"按钮，查看整体效果、页面布局、色彩搭配等，如有不合适的地方，单击"开始"，返回到编辑状态，进行修改和调整，直到合适为止。

至此，"简历封面"设计制作完成，效果如图 5-34 所示。保存文件。

 归纳总结

1. 总结设计制作封面类文件的工作流程

通过这个任务，完成了"设计制作简历封面"的工作，学习了插入图片、艺术字、文本框和设置格式方法，完成了简历封面的背景图、标题、个人信息的编辑排版等工作，回顾整个工作过程，将"设计制作封面类文件"的工作流程总结如下。

① 新建文件，另存，命名；

② 页面设置：纸张、方向、页边距、装订线；

③ 收集、整理图片素材，初步设计封面各部分图文的位置及版面整体结构；

④ 制作封面的背景（背景图）；

⑤ 制作封面的标题（艺术字）；

⑥ 制作封面的个人信息（文本框），其他文本（文本框）；

⑦ 制作封面的学校图标（插图）；

⑧ 版面检查、精确修整、定版。

2. 总结制作文字透明背景、图片透明背景的方法

① 文本框的透明背景：设置文本框的"形状填充"为"无填充颜色"；"形状轮廓"为"无颜色"。

② 插图的透明背景：选择插图的"颜色"、"设置透明色"工具（刻刀），单击插图单色背景，变成透明图片；或"删除背景"。

 评价反馈

作品完成后，填写表 5-1 所示的评价表。

表 5-1 "设计制作简历封面"评价表

评价模块	评价内容		自评	组评	师评
	学习目标	评价项目			
专业能力	1.管理 Word 文件	新建、另存、命名、关闭、打开、保存文件			
	2.设置页面格式	设置纸型、方向、页边距、装订线			
	3.制作简历封面的背景	插入背景图			
		设置背景图格式 衬于文字下方			
		大小、位置			
		图片亮度			
	4.制作简历封面的标题	插入艺术字（样式）			
		设置艺术字格式 浮于文字上方			
		字体、字号、位置			
		填充颜色、轮廓色			
		文本效果			

续表

评价模块	评价内容			自评	组评	师评
	学习目标	评价项目				
专业能力	5.制作简历封面的个人信息	插入文本框				
		设置文本框格式	浮于文字上方			
			字体、字号、颜色、行距			
			位置、大小			
			填充颜色、边框线颜色			
	6.制作插图	插入图片				
		设置插图格式	浮于文字上方			
			大小、位置			
			透明背景			
	7.版面布局：图文各部分比例合理，色彩协调，版面美观，视觉效果好					
	8.正确上传文件					

评价模块	评价项目	自我体验、感受、反思		
可持续发展能力	自主探究学习、自我提高、掌握新技术	□很感兴趣	□比较困难	□不感兴趣
	独立思考、分析问题、解决问题	□很感兴趣	□比较困难	□不感兴趣
	应用已学知识与技能	□熟练应用	□查阅资料	□已经遗忘
	遇到困难，查阅资料学习，请教他人解决	□主动学习	□比较困难	□不感兴趣
	总结规律，应用规律	□很感兴趣	□比较困难	□不感兴趣
	自我评价，听取他人建议，勇于改错、修正	□很愿意	□比较困难	□不愿意
	将知识技能迁移到新情境解决新问题，有创新	□很感兴趣	□比较困难	□不感兴趣
社会能力	能指导、帮助同伴，愿意协作、互助	□很感兴趣	□比较困难	□不感兴趣
	愿意交流、展示、讲解、示范、分享	□很感兴趣	□比较困难	□不感兴趣
	敢于发表不同见解	□敢于发表	□比较困难	□不感兴趣
	工作态度，工作习惯，责任感	□好	□正在养成	□很少
成果与收获	实施与完成任务	□☺独立完成	□☺合作完成	□☒不能完成
	体验与探索	□☺收获很大	□☺比较困难	□☒不感兴趣
	疑难问题与建议			
	努力方向			

复习思考

1. 封面的版面设计应遵循哪些原则？
2. 如何制作文字、图片透明背景？
3. "设置透明色"工具（刻刀 ✎）适用范围？

拓展实训

在 Word 2010 中制作下列封面，体会封面的创意和表现手法，巩固设置艺术字、文本框、图片格式的方法。要求：A4 纸，上下左右页边距为 1.5 厘米，左侧装订线 0.5 厘米。设置封面各部分图、文格式，所有内容大小、位置、比例合理，色彩协调，主题突出，文字醒目，信息完整，版面美观，视觉效果好。

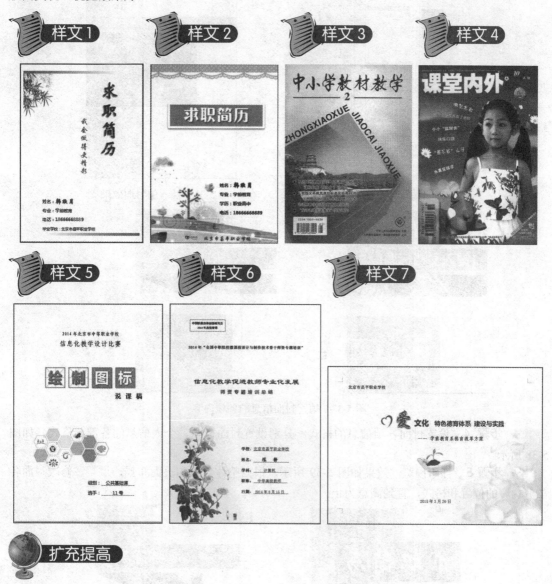

使用 Word 的"插入""封面"功能制作简历封面

个人简历的封面可以使用 Microsoft Office 提供的"插入"→"封面"来制作，封面的样式很多，可以根据自己的性格、爱好和求职的需要，合理选用。

首先将新建的 Word 文件另存、命名，设置页面格式。插入封面的操作方法如下。

★ **步骤 1** 单击"插入"选项卡"页"组中的"封面"按钮，打开如图 5-35 所示的封面样式缩略图的列表。

★ **步骤 2** 在封面样式列表中选择一种样式，如"运动型"，单击缩略图，封面出现在页面中，如图 5-36 所示。

★ **步骤 3** 在封面的指定位置，填写封面信息的相应内容，如图 5-37 所示。

图 5-35 "插入""封面"样式列表　　图 5-36 插入的封面效果

图 5-37 填写封面信息的各项内容

　★ **步骤 4**　设置封面各项信息的格式。分别设置封面标题、个人信息的各部分格式。如图 5-38 所示。

　★ **步骤 5**　打印预览,效果如图 5-39 所示,根据整体效果和页面布局,调整、修改封面各部分内容的位置和格式,直到满意为止。

图 5-38 设置封面信息格式　　　　图 5-39 打印预览效果

　也可以不采用封面样式中的信息样式,自己重新插入艺术字标题和文本框的个人信息,如图 5-40 所示,并设置封面各部分信息的格式,如图 5-41 所示。根据打印预览的整体效果和页面布局,调整、修改封面各部分内容的位置和格式,直到满意为止。

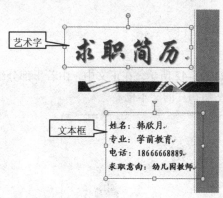

艺术字

文本框

姓名：韩欣月
专业：学前教育
电话：18666668889
求职意向：幼儿园教师

图 5-40　插入标题艺术字、个人信息文本框

图 5-41　自主设计的预览效果

5.2　设计制作个人简历

　　在求职应聘过程中，个人简历是求职者给招聘单位发的一份简要自我介绍。一份设计良好、表达清晰、内容完整的个人简历，对于获得面试机会至关重要。对于用人单位来说，简历是第一关，面试才是第二关。因此"个人简历"的设计制作是求职者必须会做的工作。

　　个人简历可以是表格的形式，也可以是其他形式。不管是哪种形式的简历，只要信息真实、格式方便阅读、逻辑清晰、层次分明、版面美观，都可博得聘用者的青睐。

　　本任务制作非表格类型的个人简历，学习简历的组成部分及基本内容，并体验和探索文字的各种排版效果。下一个任务将学习表格型简历的设计制作。

　提出任务

　　在 Word 2010 中，根据自己的实际情况，设计制作自己的个人简历。体会、领悟个人简历的组成部分、基本内容以及版面设计方法，并按规范设置个人简历各部分的格式。

　作品展示

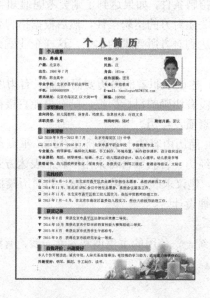

分析任务

1. 个人简历的组成部分

个人简历主要由标题、正文两大部分组成，如图 5-42 所示。在正文中，由若干部分组成，每部分有小标题以及对应的内容。正文中还有一个粘贴相片的文本框。

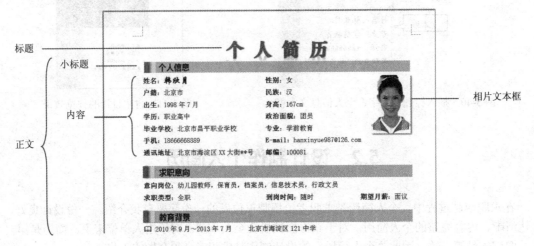

图 5-42　个人简历组成部分

2. 个人简历的基本内容

标准的个人简历主要由四个基本内容组成，即个人基本信息、求职意向、职业技能与素质、职业经历，个人可视具体情况添加。

3. 个人简历的写法及应注意的问题

撰写个人简历时，应注意以下方面：

① 简历内容，客观真实。诚信是做人之根本，事业之根基。一个不讲诚信的人，很难在社会上立足。因此，建议求职者在写简历时一定要做到客观、真实，可根据自身的情况结合求职意向进行纵深挖掘，合理优化，而非夸大其辞、弄虚作假。

② 根据岗位，量身定制。企业对不同岗位的职业技能与素质需求各不一样。人事经理会侧重于观察简历是否已经达到了招聘条件，如果达到了则会考虑通知当事人来面试 。因此，在写简历时最好能先确定求职方向，关注对方的招聘条件，然后根据招聘企业的特点及职位要求量身定制一份针对性强的简历，努力达到对方所要求的水平，这样企业就会通知你去面试。忌一份简历"行走江湖"。

③ 言简意赅，重点突出。建议求职者的简历要简单而又有力度，尽量写成一页。突出岗位目标和个人优势，如果简历中没有明确的目标岗位，则有可能直接被淘汰。突出与目标岗位相关的个人优势，包括职业技能与素质及经历。

④ 逻辑清晰，层次分明。简历内容的上下衔接要合理，重点部分可放在简历最前面，语言描述要严密，教育经历、工作经历、曾获荣誉可采用倒叙的表达方式。

⑤ 版面美观，方便阅读。建议求职者慎用网络提供的简历模板及简历封面，每人情况不一样，应根据自身的情况进行合理设计。

4. 个人简历的版面特点

个人简历与简历封面风格统一，使用的主色调和元素一致，有整体感，图形图像与文字的搭配要和谐。

根据内容加入引导读者视线移动的元素，如线、符号、边框、底色等划分区域、进行引导，使其更加便于阅读。合理的留白使版面舒服、透气、减压。

5. 个人简历的类型

① 时间型简历：它强调的是求职者的工作经历，大多数应届毕业生都没有参加过工作，更谈不上工作经历了，所以，这种类型的简历不适合应届毕业生使用。

② 功能型简历：它强调的是求职者的能力和特长，不注重工作经历，因此对应届毕业生来说是比较理想的简历类型。

③ 专业型简历：它强调的是求职者的专业、技术技能，也比较适用于应届毕业生，尤其是申请那些对技术水平和专业能力要求比较高的职位，这种简历最为合适。

④ 业绩型简历：它强调的是求职者在以前的工作中取得过什么成就、业绩，对于没有工作经历的应届毕业生来说，这种类型不适合。

⑤ 创意型简历：这种类型的简历强调的是与众不同的个性和标新立异，目的是表现求职者的创造力和想象力。这种类型的简历不是每个人都适用，它适合于广告策划、文案、美术设计、从事方向性研究的研发人员等职位。

以上分析的是个人简历的组成部分、基本内容、注意事项、版面特点等，下面按工作过程学习具体的操作步骤和操作方法。

完成任务

1. 准备工作

（1）将新文件另存、命名。

（2）页面设置为 A4 纸，上下右页边距为 1.5 厘米，左页边距为 2 厘米，装订线 0.5 厘米，装订位置：左侧。

（3）结合自己的实际情况，撰写、录入个人简历中的文字内容，随时保存文件。

2. 设置个人简历各部分格式

（1）设置标题格式：居中，一号字，字体：华文中宋、楷体加粗、隶书、行楷、微软雅黑等均可，橙色，可设置阴影格式，单倍行距或行距选固定值 26～40 磅。

（2）设置正文各部分文字的格式（位置）

① 小标题格式：微软雅黑，四号，加粗，首行缩进 2 字符，行距选固定值 21 磅。

小标题背景图：衬于文字下方，宽 17 厘米，高 0.7 厘米，"对齐页边距"左对齐。

② 正文各部分内容：宋体、小四号、左对齐（不空格），行距选固定值 21 磅。

（3）设置相片文本框格式：按照相片的尺寸设置文本框大小，1 寸为 2.5 厘米×3.6 厘米；2 寸为 3.6 厘米×5 厘米，如图 5-43 所示。对齐方式为"对齐边距""右对齐"，文本框的位置如作品所示，浮于文字上方，不影响文字的排版。打印后，将相片贴在文本框的位置。

（4）设置个人简历的背景图格式：衬于文字下方，宽度 11 厘米，对齐页面，右对齐，底端对齐，位置如图 5-44 所示。

3. 设计个人简历的版面。

个人简历与简历封面风格统一，使用的主色调和元素一致，有整体感。根据文稿内容和字数，设置除标题外正文各部分（小标题、内容）合适的字体、字号、行距（1～1.5 倍，或固定值 20～26 磅）。文稿分布在整页纸内，行距均匀，不超页。小标题和对应内容在构思、版面设计上要有新意、有创新、有个性。图形图像与文字的搭配要和谐。

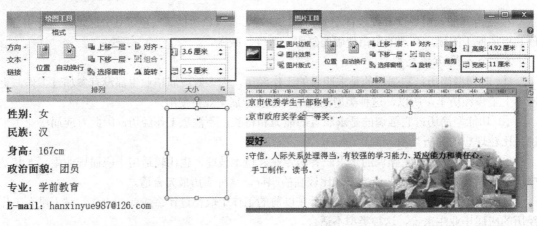

图 5-43　设置文本框尺寸　　　　　　　图 5-44　背景图格式及位置

4. 打印预览，修改、调整各部分格式

个人简历所有部分的格式设置完成之后，单击"打印预览"按钮 ，查看整体效果、页面布局，如有不合适的格式，返回到编辑状态，进行修改和调整，直到合适为止。

至此，"个人简历"的格式设置完成。保存文件 。

 归纳总结

总结"设计制作个人简历"的工作流程

① 新建文件，另存，命名；

② 设置页面格式；

③ 撰写并录入个人简历的全部内容：标题、小标题、各部分内容等；

④ 设置标题格式；

⑤ 设置正文各部分内容格式：小标题、对应内容、相片文本框；

⑥ 设置简历背景图格式；

⑦ 版面设计：根据文稿字数，设置正文合适的字体、字号、行距；

⑧ 查看整体效果、页面布局，修改、调整各部分格式。

 评价反馈

作品完成后，填写表 5-2 的评价表。

表 5-2　"设计制作个人简历"评价表

评价模块	评价内容		自评	组评	师评
	学习目标	评价项目			
专业能力	1.管理 Word 文件	新建、另存、命名、关闭、打开、保存文件			
	2.设置页面格式	设置纸型、方向、页边距、装订线			
	3.设计、撰写、录入个人简历	结构完整，逻辑清晰			
		基本内容真实、完整、全面			
		表达清晰、准确			
		准确、快速录入个人简历文稿			
	4.设置个人简历各部分格式	标题格式			
		小标题格式、小标题背景			

评价模块	评 价 内 容		自评	组评	师评
	学习目标	评价项目			
	4.设置个人简历各部分格式	各对应内容格式			
		相片文本框格式			
		个人简历背景图格式			
	5.设计个人简历的版面	合理选用字体；合理设置字号、行距			
		图文各部分比例合理，色彩协调，版面美观，视觉效果好			
	6.根据预览整体效果和页面布局，进行合理修改、调整各部分格式				
	7.正确上传文件				
可持续发展能力	自主探究学习、自我提高、掌握新技术	□很感兴趣	□比较困难	□不感兴趣	
	独立思考、分析问题、解决问题	□很感兴趣	□比较困难	□不感兴趣	
	应用已学知识与技能	□熟练应用	□查阅资料	□已经遗忘	
	遇到困难，查阅资料学习，请教他人解决	□主动学习	□比较困难	□不感兴趣	
	总结规律，应用规律	□很感兴趣	□比较困难	□不感兴趣	
	自我评价，听取他人建议，勇于改错、修正	□很愿意	□比较困难	□不愿意	
	将知识技能迁移到新情境解决新问题，有创新	□很感兴趣	□比较困难	□不感兴趣	
社会能力	能指导、帮助同伴，愿意协作、互助	□很感兴趣	□比较困难	□不感兴趣	
	愿意交流、展示、讲解、示范、分享	□很感兴趣	□比较困难	□不感兴趣	
	敢于发表不同见解	□敢于发表	□比较困难	□不感兴趣	
	工作态度，工作习惯，责任感	□好	□正在养成	□很少	
成果与收获	实施与完成任务	□☺独立完成	□☺合作完成	□⊗不能完成	
	体验与探索	□☺收获很大	□☺比较困难	□⊗不感兴趣	
	疑难问题与建议				
	努力方向				

复习思考

1. 个人简历的基本内容有哪些？

2. 撰写个人简历时，应注意哪些问题？

3. 个人简历的版面特点是什么？

4. 应届毕业生适合采用哪种类型的简历？分析原因及其特点？

拓展实训

　　根据自己的实际情况，结合自己的求职意向，为自己设计制作一份个人简历。要求：内容完整，全面介绍自己各方面信息和特长，表达真实恰当，在构思、版面设计上有新意、有创新、有个性。

个人信息的安全与防范

个人简历中的很多个人信息或家长信息，一般是私密的，在填写这些信息时，要有安全防范意识。这些个人信息不能放在公共电脑上，以防被他人获取或复制。为了防止外泄，可以采用很多种安全保密措施。

安全保密措施之一，采用 Microsoft Office 提供的"文件加密"——为文档设置密码进行保密。

1. 文件加密

★ **步骤**1 单击"文件"，选择"另存为"。

★ **步骤**2 在打开的"另存为"对话框中，先选择保存位置，命名文件名，选择保存类型，再单击"工具"按钮，然后在列表中单击"常规选项"，如图 5-45 所示。

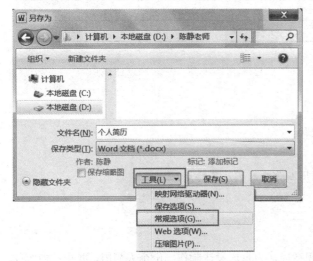 

图 5-45 另存为→工具→常规选项 　　　　图 5-46 设置文档密码

★ **步骤**3 在打开的"常规选项"对话框中，键入"打开权限密码"或"修改权限密码"，如图 5-46 所示。

记住密码很重要。如果忘记了密码，Microsoft 将无法找回。设置文档密码的文件，不妨碍被删除。

提示

★ **步骤4** 输入"打开密码"后，单击"确定"按钮。出现提示时，重新键入密码确认，如图 5-47 所示，单击"确定"。

★ **步骤 5** 单击"保存"。如果出现提示，单击"是"替换已有的文档。

2．删除或修改文件密码

方法同上，在"常规选项"对话框中选择要删除的密码，按 Delete，即可将密码删除。或输入新密码，即可将原密码修改为新密码。单击"保存"→"是"替换已有文件。

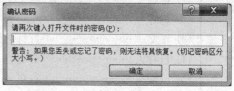

图 5-47 确认密码

如果是在公用机房或网吧里制作含有个人信息的文件，完成后应拷贝到自己的 U 盘中，并将电脑中的原文件删除。如果在打印社打印文档，不要将文件保留在他人的电脑中。

5.3 撰写与编排自荐信

撰写自荐信是求职择业中一种比较常用的也是非常重要的手段。是用人单位认识、赏识自己的媒介，因此写好自荐信十分重要，否则就可能与所求职位擦肩而过。

本任务以录入编排自荐信为例，复习巩固信函类文件的工作流程以及设置信函类文件格式的方法，检测大家的学习效果和运用能力。

提出任务

在 Word 2010 中撰写、录入自荐信。并按规范设置自荐信各部分的格式。体会、领悟自荐信的撰写方法和基本内容，以及版面设计方法。

作品展示

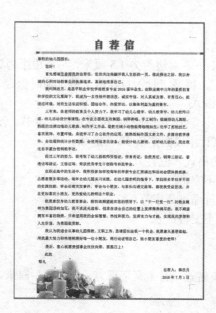

分析任务

1. 自荐信的组成部分有哪些？各部分对应的格式是怎样的？

自荐信组成部分　　　　　各部分对应格式

- ① 标题……………………居中,三/二号,隶书等
- ② 称呼……………………左对齐（不空格）
- ③ 正文……………………首行缩进 2 字符
- ④ 自荐人…………………右对齐
- ⑤ 日期……………………右对齐

2. 自荐信的版面特点

自荐信与简历封面、个人简历的风格统一，使用的主色调和元素一致，有整体感，统一中有变化，变化中求统一。图形图像与文字的搭配要和谐。

除了标题以外，其余文字的字体、字号、行距一致，文稿分布在整页纸内，行距均匀，不超页。

3. 自荐信的写作标准

诚实：自荐信内容要实事求是，不卑不亢，表现自然。以自己的长处和优势作为亮点，吸引、打动招聘者。

准确：自荐信中的名词和术语正确而恰当，没有拼写错误和打印错误。文章语言通俗晓畅，没有生僻的字词和不规范的网络用语。求职情感、语气应表现出尊重、谦虚、诚恳、真切、感激！

简明：自荐信一般在 1200 字以内，版面设计以一页 A4 纸最佳，让招聘者能在几分钟内看完，并留下深刻印象。

4. 撰写自荐信正文应包含哪些内容？

- ① 自我介绍，突出特点；
- ② 自荐表达，工作能力介绍、突出意愿；
- ③ 求职意向、奋斗目标、个人理想；
- ④ 致谢、祝愿。

以上分析的是自荐信的组成部分、格式、版面特点、撰写标准等，下面按工作过程完成任务。

完成任务

1. 准备工作

（1）将新文件另存、命名。

（2）页面设置为 A4 纸，上下右页边距为 1.5 厘米，左页边距为 2 厘米，左侧装订线 0.5 厘米。

（3）结合自己的实际情况，撰写、录入自荐信文稿，随时保存文件。

2. 设置自荐信各部分格式

（1）设置标题格式　居中，二号字，字体：楷体加粗、隶书、行楷、微软雅黑等均可，橙色，可设置阴影格式，行距为单倍行距或固定值 30～40 磅。

（2）设置其余部分文字的格式（位置）。

- ① 称呼格式：左对齐，不空格；
- ② 正文、此致格式：首行缩进 2 字符；
- ③ 敬礼格式：左对齐，不空格；
- ④ 自荐人格式：右对齐；
- ⑤ 日期格式：右对齐。

（3）设置自荐信的背景图格式　衬于文字下方，宽度 11 厘米，对齐页边距，左对齐，底端

对齐，水平旋转，如图 5-48 所示。

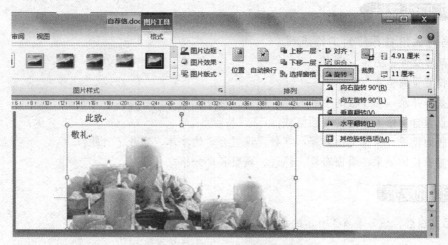

图 5-48　自荐信背景图位置和旋转

（4）设置水平线图片的格式　衬于文字下方，高度 0.25 厘米，宽度 18.5 厘米，左对齐，水平旋转，位置如作品样文图示。

3. 设计自荐信的版面

自荐信与简历封面、个人简历的风格统一，使用的主色调和元素一致，有整体感，图形图像与文字的搭配要和谐。根据自荐信文稿内容和字数，设置标题以外其余文字的字体、字号、行距，文稿分布在整页纸内，行距均匀，不超页。

"自荐信"是信函类文件，正文字体以选用宋体、楷体、仿宋字等为宜。

自荐信排版在 1 页 A4 纸内，根据字数的多少，正文的字号可以在"五号"、"小四号"、"四号"范围内选择，最大不超过四号字，以小四号为适宜。

根据自荐信文字的数量，设置行距为单倍～1.5 倍行距，或者固定值 20～26 磅。

（参考自荐信版面设置：宋体，小四号，行距为固定值 23 磅）

4. 打印预览，修改、调整各部分格式

至此，"自荐信"的格式设置完成。保存文件 ■。求职简历的三部分全部制作完成，如图 5-49 所示。预览检查，满意后可以打印，后面附上各种职业资格证书、荣誉证书、等级证书、实践证明等复印件，一起装订，在求职或面试时使用。

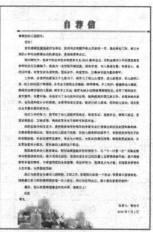

图 5-49　制作完成的简历封面、个人简历、自荐信

撰写与编排自荐信的工作流程

① 新建文件，另存，命名；
② 设置页面格式；
③ 撰写并录入自荐信的全部内容：标题、称呼、正文、自荐人、日期等；
④ 设置自荐信各部分文、图格式；
⑤ 版面设计：根据文稿内容和字数，设置合适的字体、字号、行距；
⑥ 查看整体效果、页面布局，修改、调整各部分格式。

作品完成后，填写表 5-3 所示的评价表。

表 5-3 "撰写与编排自荐信"评价表

评价模块	评价内容		自评	组评	师评
	学习目标	评价项目			
专业能力	1.管理 Word 文件	新建、另存、命名、关闭、打开、保存文件			
	2.设置页面格式	设置纸型、方向、页边距、装订线			
	3.设计、撰写、录入自荐信	基本内容真实、完整、全面			
		表达清晰、准确			
		准确、快速录入自荐信文稿			
	4.设置自荐信各部分格式	标题格式			
		称呼格式、正文格式			
		自荐人、日期格式			
		自荐信背景图格式			
	5.设计自荐信的版面	合理选用字体；合理设置字号、行距			
		图文各部分比例合理，色彩协调，版面美观，视觉效果好			
	6.根据预览整体效果和页面布局，进行合理修改、调整各部分格式				
	7.正确上传文件				
可持续发展能力	自主探究学习、自我提高、掌握新技术		□很感兴趣	□比较困难	□不感兴趣
	独立思考、分析问题、解决问题		□很感兴趣	□比较困难	□不感兴趣
	应用已学知识与技能		□熟练应用	□查阅资料	□已经遗忘
	遇到困难，查阅资料学习，请教他人解决		□主动学习	□比较困难	□不感兴趣
	总结规律，应用规律		□很感兴趣	□比较困难	□不感兴趣
	自我评价，听取他人建议，勇于改错、修正		□很愿意	□比较困难	□不愿意
	将知识技能迁移到新情境解决新问题，有创新		□很感兴趣	□比较困难	□不感兴趣
社会能力	能指导、帮助同伴，愿意协作、互助		□很感兴趣	□比较困难	□不感兴趣
	愿意交流、展示、讲解、示范、分享		□很感兴趣	□比较困难	□不感兴趣
	敢于发表不同见解		□敢于发表	□比较困难	□不感兴趣
	工作态度，工作习惯，责任感		□好	□正在养成	□很少
成果与收获	实施与完成任务		□☺独立完成	□☺合作完成	□☹不能完成
	体验与探索		□☺收获很大	□☺比较困难	□☹不感兴趣
	疑难问题与建议				
	努力方向				

第一篇 文字处理 Word 2010

84

复习思考

1. 自荐信版面设计有何特点？
2. 自荐信的撰写要求是什么？自荐信从哪几方面撰写？

拓展实训

　　设计制作一套自己求职所需的完整求职简历，包含简历封面、个人简历、自荐信。要求风格统一，使用的主色调和元素一致，有整体感。所有材料打印，可以附上各种资格证书、荣誉证书、等级证书、实践证明等复印件；也可以附上职业装相片、实践工作相片等，装订成一本标准的求职简历材料。

样文 1

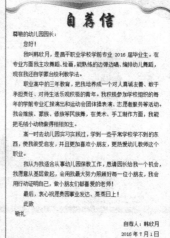

样文 2

样文3

样文4

样文5

任务 ⑥ 设计制作应聘登记表

知识目标

1. 应聘登记表的组成部分；
2. 使用表格工具编辑、修改表格的操作方法；
3. 设置表格中文字格式的方法；
4. 设置表格格式、表格属性的方法。

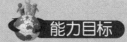能力目标

1. 会设计制作应聘登记表；
2. 能创建表格，使用表格工具编辑、修改表格；
3. 能按规范设置表格各部分的格式；
4. 会设置表格格式及表格属性。

学习重点

创建、编辑、修改表格的方法；设置表格中文字格式的方法；设置表格格式、表格属性的方法。

日常生活和工作中，表格的应用非常广泛，例如应聘登记表、报名表、调查表、发货单、课程表、日程表就是其中几例，还有其他各种各样的文档或内容要用表格进行编辑排版。

本任务以"应聘登记表"为例，学习表格类文件的工作流程，以及表格的创建、编辑、修改和设置格式、设置属性方法，掌握表格的制作技术，提高制作表格类文件的操作能力。

提出任务

在 Word 2010 中制作"应聘登记表"，要求：A4 纸，纵向，上下左右页边距为 2 厘米，录入应聘表中的内容，并设置各部分格式。

作品展示

应 聘 登 记 表						
姓名		性别		民族		户籍	
出生年月				身高		政治面貌	
文化程度		专业				外语程度	
毕业学校						婚姻状况	
居住住址						邮政编码	
电子邮箱				联系电话			

社 会 关 系

姓名	关系	工作单位	职务	联系电话

学 习 工 作 经 历

起止日期	所在单位	职位	证明人

业务专长	
问题爱好	
有何要求	期望职业

1. **应聘表的组成部分**

应聘表由标题、表格两部分组成，如图 6-1 所示。表格由行、列、单元格组成，它们的位置如图 6-2 所示（表格中，横的是行，竖的是列，行和列交叉处的矩形是单元格）。

标题 —————— **应 聘 登 记 表**

姓名		性别		民族		户籍	
出生年月				身高		政治面貌	
文化程度		专业				外语程度	
毕业学校						婚姻状况	
现在住址						邮政编码	
电子邮箱				联系电话			
社 会 关 系							
姓名	关系		工作单位		职务		联系电话

图 6-1 应聘表组成部分

列

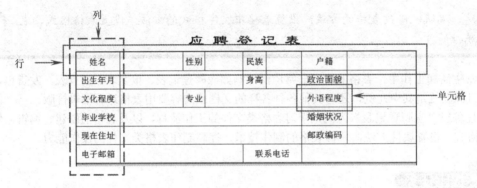

图 6-2 表格中的行、列、单元格

2. **企业招聘时需要了解应聘者哪些主要信息**

从样文可以看出，企业需要了解应聘者的个人基本信息、社会关系、受教育背景、工作经历、业务专长、兴趣爱好、求职期望等方面的信息。

3. **企业应聘登记表的特征**

作品中的应聘登记表是一个"空"的表格文件，而且是一个行、列不整齐的表格。在设计制作这类表格时，只录入栏目名称，不需要填写信息或内容；打印后使用时，应聘者在应聘现场手工填写或登记信息。因此在设计制作表格时，只设置已录入栏目名称的文字格式即可，另外还要考虑填表者将要填写内容的文字数量，合理设置好空单元格的宽度、高度和位置。

在工作和生活中，这样的"空"表格文件很常见，大多数的表格类文件都是先设计"空"表格，然后手工填写或电脑填写。因此，设计制作"空"表格文件和设置格式的技能很重要，掌握设置要领和格式规范标准，将会提高工作效率，提升工作品质，节省时间和资源。

以上分析的是应聘表的组成部分及名称、主要信息、表格特征等，下面按工作过程学习具体的操作步骤和操作方法。

完成任务

1. 准备工作

（1）将新文件另存、命名。

提示

制作表格类文件之前，要先设置 Word 选项：显示正文边框（版心标记线），提醒用户在版心内制作、编排表格，以免表格超界。【参考本教材第 5 页图 0-10】

（2）页面设置为 A4 纸，纵向，上下左右页边距为 2 厘米。

表格类文件在创建表格之前，一定要先设置页边距，因为表格的创建是在页面有效编辑范围内自动生成的，系统默认的表格宽度也是根据页面有效编辑范围自动确定的。如果创建了表格之后再改页边距，表格的位置和行、列尺寸要全部修改，返工的工作量很大，而且大大地降低了工作效率和质量，甚至可能重做。

提示

一定要养成"①先设置页边距，②再输入表格的标题，③回车之后再创建表格"的高效工作方法和良好工作习惯！

（3）输入标题"应聘登记表"，回车。

提示

先输入标题，回车后，再创建表格。

2. 创建表格

（1）行数、列数的确定原则。创建表格之前，先要确定表格的行数和列数，这样可以提高效率，有备而做，减少返工。

确定行数和列数的方法：如果有现成的表格样文，可以数表格中最多的行的个数，数最多的列的个数，作为创建表格的依据。如果没有表格样文，自己在设计之前，可以在心里或纸上打个底稿，粗略统计行和列的大概个数，作为创建表格的依据。

所有的表格创建完成之后，都可以进行修改和编辑，也可以改变行数和列数（合并或拆分或绘制），根据需要增加（插入）行、列或删除行、列。

数一数"应聘登记表"样文中的行数和列数：_____ 列，_____ 行。

（2）创建表格

★ **步骤**1 创建表格如图 6-3 所示。

（3）调整表格外边框左、右两边线位置在正文区内。插入的表格，最外侧的左右边界线不在页面正文区内，而是在左页边距和右页边距内（超界了），如图 6-4 所示，不符合文档的排版标准"所有内容'文字、表格、图形、图片等'都应当排版在版心内"。因此需要调整表格外边框左、右两边线的位置，使它们在正文区内。

★ **步骤**2 鼠标放在左边框线上，鼠标会变成双向双线箭头↔，按住左键，边框线位置会出现一条长虚线（标明当前调整的线的位置），按住左键向右移动鼠标，长虚线会跟着一起动，将长虚线移到页面正文区内合适位置（如图 6-5 所示），松手，表格最左边框线就定位在此位置。如图 6-5 所示。

同样的方法，将右侧边框线向左移动到页面正文区内，如图 6-5 所示，表格定位在版心（正文编辑区）内，不超界。

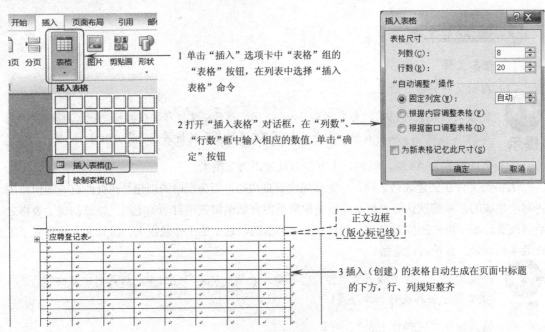

1 单击"插入"选项卡中"表格"组的"表格"按钮,在列表中选择"插入表格"命令

2 打开"插入表格"对话框,在"列数"、"行数"框中输入相应的数值,单击"确定"按钮

正文边框
(版心标记线)

3 插入(创建)的表格自动生成在页面中标题的下方,行、列规矩整齐

应聘登记表

图 6-3　创建表格的方法

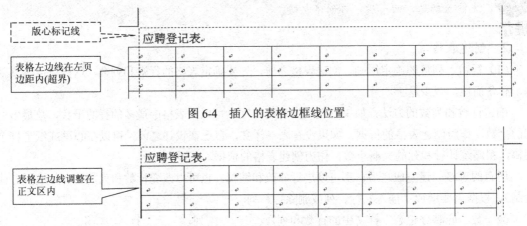

版心标记线

表格左边线在左页边距内(超界)

应聘登记表

图 6-4　插入的表格边框线位置

表格左边线调整在正文区内

应聘登记表

图 6-5　调整后的表格边框线位置

3. 录入文字

★ **步骤 3**　录入各单元格内的文字(提示:可根据表格实际情况,边录入文字,边调整、编辑、修改表格),如图 6-6 所示。

提示

先输入所有的文字,最后再设置文字的各种格式。尽量不要边打字边设置文字格式,不要在单元格内用空格定位文字。

应聘登记表							
姓名		性别		民族		户籍	
出生年月				身高		政治面貌	
文化程度		专业				外语程度	

图 6-6　表格中录入文字

4. 调整、编辑、修改表格

（1）选定行、列、单元格、整个表格

① 选定一行：鼠标放在左页边距内，鼠标变成向右上指的空心箭头，对准某一行，单击鼠标左键，即可选定某一行。

② 选定一列：鼠标放在某列上方的表格上边框线，鼠标变成黑色实心向下指的箭头↓，对准某一列，单击鼠标左键，即可选中某一列。

③ 选定一个单元格：鼠标放在单元格内左下角，鼠标变成黑色向右上指的实心箭头↗，单击鼠标左键，即可选中某个单元格。

④ 选定连续多行、多列、多单元格：选中开始的行（或列，或单元格），按住 Shift 键，选末尾的行（或列，或单元格），即可选中首尾之间连续的多行（或多列，或多单元格）。或者选中开始的行（或列，或单元格），按住左键，拖动到末尾的行（或列，或单元格），即可选中首尾之间连续的多行（或多列，或多单元格）。

⑤ 选定不连续（间隔）的多行、多列或多单元格：选中第一个行（或列，或单元格），按住 Ctrl 键，选第二个行（或列，或单元格），再选第三个……直到选完最后一个行（或列，或单元格），即可选中不连续（间隔）的多行（或多列，或多单元格）。

⑥ 选定整个表格：将鼠标指针移动到表格中，表格的左上方会出现一个表格移动手柄，单击该手柄即可选定整个表格。

或者单击"表格工具""布局"选项卡中"表"组的"选择"按钮，在列表中单击"选择表格"命令，如图 6-7

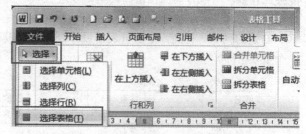

图 6-7 选择表格

所示，也可选定整个表格。还可以在"选择"按钮列表中单击其他命令，选定表格中对应的单元格、列、行等部分。

（2）合并单元格。当需要把多个小单元格变成一个大的单元格时，可以使用合并单元格操作来完成。

★ **步骤 4** 合并单元格如图 6-8 所示。

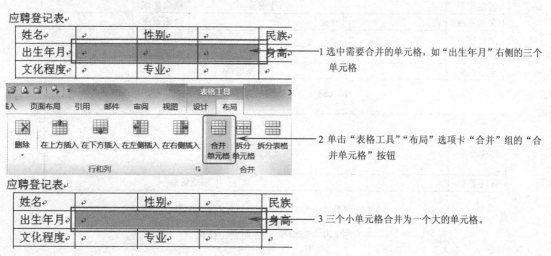

图 6-8 合并单元格

（3）手动调整单元格的列宽或行高。根据单元格中的文字数量，以及单元格中将要填写的文字数量，合理调整单元格的列宽和行高，以适合文字内容（文字完全显示、不隐藏、不断行）为宜，同时使表格格式美观、节省表格空间，也使填表者填写方便，减轻读表者的阅读疲劳。

★ **步骤5** 调整列宽。鼠标放在单元格的列边线上，鼠标会变成双向双线箭头 ←‖→，按住左键左右移动鼠标，将列宽调整到合适位置，松手，单元格的列宽调整完成。

例如，没有调整列宽之前，各列是等宽的，如图6-9（a）所示。姓名右侧的单元格中填写的姓名字数为3～4字，所以，姓名右侧的单元格应宽一些，如图6-9（b）所示；而"性别""专业"单元格中只有两个字，所以列宽可以窄一些，能装下两个字的宽度即可；"性别"右侧的单元格中只填写一个字，所以性别右侧的单元格应窄一些，能填写一个字的宽度即可；"出生年月"右侧的单元格中要填写年月日等8位数字或汉字，所以应预留足够的宽度，以适合填写年月日的文字长度；……

★ **步骤6** 调整行高。鼠标放在单元格的行边线上，鼠标会变成双向双线箭头 ，按住左键上下移动鼠标，将行高调整到合适位置，松手，单元格的行高调整完成。

例如，表格下部的"业务专长"、"兴趣爱好"两行，如图6-9（c）所示，填写的文字内容可能会比较多，所以行高应预留高一些，以适应填写文字内容的需要。根据表格和填写的实际需要合理调整列宽、行高很重要。

合适的列宽、行高，是衡量表格设计制作者的设计思维、设计能力、制作质量和操作水平的一个重要指标。

应聘登记表

姓名		性别		民族		户籍		
出生年月				身高		政治面貌		
文化程度		专业				外语程度		
毕业学校						婚姻状况		
现在住址						邮政编码		
电子邮箱				联系电话				

（a）调整前，各列等宽

应聘登记表

姓名		性别		民族		户籍		
出生年月				身高		政治面貌		
文化程度			专业			外语程度		
毕业学校						婚姻状况		
现在住址						邮政编码		
电子邮箱				联系电话				

（b）调整后，各列宽度适合文字内容

业务专长				
兴趣爱好				
有何要求			期望薪金	

（c）调整后，两行的行高适合填写文字的需要

图6-9　调整单元格列宽、行高

（4）拆分单元格。当需要把一个大的单元格变成多个小单元格时，可以使用拆分单元格操作

来完成。

★ **步骤** 7 选中需要拆分的单元格，单击"表格工具"的"布局"选项卡中"拆分单元格"按钮，打开"拆分单元格"对话框，如图 6-10 所示，在对话框中输入需要拆分的列数和行数的数值，单击"确定"按钮，完成拆分单元格操作。

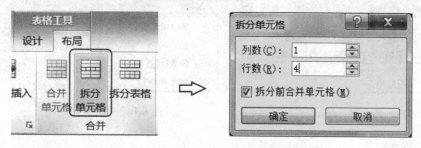

图 6-10 拆分单元格对话框

例如：将图 6-11 所示的"工作单位"等多行及多列，变成行数不变（与原来行数相同）的 1 列单元格，如图 6-12 所示，就可以使用拆分单元格的操作来完成，比一行一行的合并操作更简便、快速、准确。

★ **步骤** 8 选中如图 6-11 所示的单元格区域，单击"拆分单元格"按钮，在打开的"拆分单元格"对话框中，输入需要拆分的列数为 1 列，行数的数值不变（仍然为 4），单击"确定"按钮，完成复杂的拆分单元格操作。拆分后的效果如图 6-12 所示。

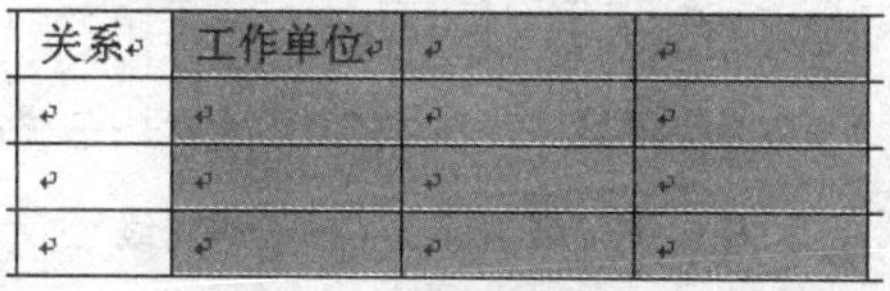

图 6-11 拆分前的单元格    图 6-12 拆分后的单元格

（5）移动某单元格边线 在不选任何单元格的情况下，当移动单元格边线时，跟它同一列的其他单元格边线也会跟着一起动。如果只想移动某一个单元格的位置，而不让其他单元格的边线跟着动，就可以如下操作。

★ **步骤** 9 选中需要改变位置的单元格，移动边线到所需位置，即可改变这个单元格的位置或宽度。如图 6-9（a）中的"民族""身高"单元格，改变单元格位置后，如图 6-9（b）所示，不影响其他单元格或列的位置和宽度。

（6）插入行、列

★ **步骤** 10 单击表格中需要插入行、列的单元格，单击"表格工具"的"布局"选项卡，如图 6-13 所示，在"行和列"组中单击"在下方插入行"按钮 在下方插入，即可在当前位置的下方插入一个新行。同样，还可以在当前位置上方插入新行 ；或在当前位置左侧插入新列 在左侧插入；或在当前位置右侧插入新列 在右侧插入。

（7）删除行、列

★ **步骤** 11 选择要删除的行或列，单击"表格工具"的"布局"选项卡"行和列"组中的"删除"按钮，如图 6-14 所示，在列表中选择需要删除内容的命令，如"删除行"，即可删除选中的行。还可以删除选中的列；或删除选中的单元格；或删除选中的表格。

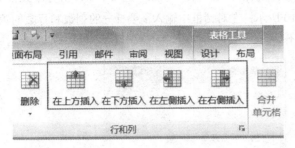

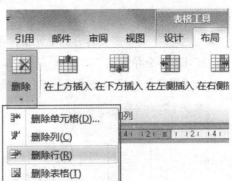

图 6-13 插入行、列　　　　　　　　　　　图 6-14 删除行、列

（8）绘制单元格线

★ **步骤 12** 单击"表格工具"的"设计"选项卡，在"绘图边框"组中单击"绘制表格"按钮，如图 6-15 所示，鼠标会变成一支铅笔的形状，在表格中按照图 6-16 所示的方向，可绘制行线、列线或斜线。

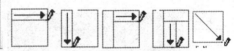

图 6-15 绘制表格线　　　　　　　　　　图 6-16 绘制行线、列线或斜线

★ **步骤 13** 或者在"绘图边框"组中，选择合适的线型、粗细、线条颜色，鼠标会变成一支铅笔的形状，在表格中绘制各种表格线即可。如图 6-17 所示。

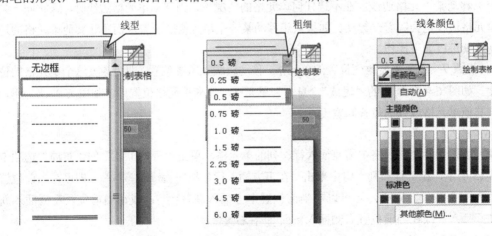

图 6-17 选择线型、粗细、线条颜色绘制表格线

★ **步骤 14** 当表格线绘制完成（鼠标还是铅笔的形状），再次单击"绘制表格"按钮，将鼠标的铅笔形状撤销，即可恢复鼠标的正常操作功能。

5. 设置应聘表标题文字、表格内文字内容的格式

（1）设置标题格式

标题格式：居中，选用二号～四号字，选用楷体加粗、隶书、行楷、彩云、微软雅黑等字体。

（2）设置表格内文字的格式

① 表格内文字属性

★ **步骤** 15 选中整个表格，设置表格内的文字格式为：宋体，小四号，单倍行距。（"社会关系"、"学习工作经历"格式：可设置加粗）

提示

> 表格内文字的字号可以设置在小五号～小四号之间，一般最大不超过小四号（单元格内字数较少的小标题可以设置为四号字），根据单元格内的文字数量，合理设置字号，可以使表格更清晰、美观、整齐。

② 单元格内文字的位置（对齐方式）

单元格内文字的位置有 9 种对齐方式，在"表格工具""布局"选项卡的"对齐方式"组，如图 6-18 所示。这 9 种对齐方式，可以调整单元格内文字的水平、垂直两个方向的位置。

图 6-18 单元格内文字对齐方式

提示

> "开始"选项卡中"段落"组的 5 种段落对齐方式 ≡ ≡ ≡ ≡ ≡，无法调整单元格内文字垂直（高度）方向的位置。

单元格内的文字包括"项目栏"文字和"内容栏"文字，两种文字性质、数量不一样，位置和对齐方式也不同，应分别选中、分别设置。

★ **步骤** 16 "项目栏"单元格内文字对齐方式：水平居中 ▣（文字在单元格内水平和垂直方向都居中），如图 6-19 所示。

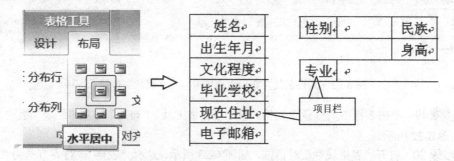

图 6-19 "项目栏"文字对齐方式

★ **步骤** 17 "内容栏"单元格内字数相同的文字对齐方式：水平居中 ▣（水平和垂直方向都居中）。如图 6-20 所示。

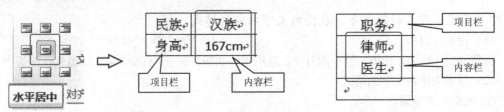

图 6-20　"内容栏"内字数相同的文字对齐方式：水平居中

　　★ **步骤 18**　"内容栏"单元格内字数不等的文字对齐方式：中部两端对齐 ▤（文字垂直居中，水平：靠单元格左侧对齐）。如图 6-21 所示。

图 6-21　"内容栏"内字数不等的文字对齐方式：中部两端对齐

　　本任务是"空"表格文件，没有填写的内容，因此，应根据将要填写内容的文字数量，正确设置空内容栏单元格内文字的对齐方式。在后面的其他类型表格文件任务（例如：会议日程表）中，会详细学习内容栏的文字格式设置要领及格式标准。

　　6. 设置表格的各部分格式

　　表格的格式包括表格对齐方式、行高、列宽、表格边框、单元格底纹、单元格属性等。

　　表格的位置（对齐方式）、表格外文字环绕方式、行高、列宽、单元格垂直对齐方式、单元格选项等都可以在"表格属性"对话框中设置。

　　（1）设置表格在页面中的位置：居中。Word 中创建的表格默认位置在页面的左侧，即表格的默认对齐方式为左对齐。如果想让表格在页面的中间位置，就需要设置表格的对齐方式为"居中"。操作方法如图 6-22 和图 6-23 所示。

图 6-22　表格工具"布局"选项卡——"属性"按钮

　　★ **步骤 19**　单击表格中的任意单元格，单击"表格工具""布局"选项卡"表"组的"属性"按钮，如图 6-22 所示。

　　★ **步骤 20**　打开"表格属性"对话框，如图 6-23 所示，选择"表格"：对齐方式为"居中"。设置表格宽度 ≤ 版心宽度【表格在正文区内，不超界】

　　★ **步骤 21**　单击"确定"按钮，表格在页面的正中间位置。

　　（2）设置行高。Word 中创建的表格，各行的行高默认是文字对应字号的单倍行距的高度。在填写表格时，最适宜手工填写的单行文字的行高是 0.8 厘米（通常表格中，单行文字行高最大不超过 1 厘米，最小不少于 0.6 厘米）；阅览表格时，也以文字不紧贴上下边线的行高为宜，适宜的行高会使读者阅览表格时比较舒服，不容易产生视觉疲劳。因此可以设置表格中单行文字的行高为 0.75~0.85 厘米（两行文字的行高 1.4~1.6 厘米，三行文字的行高 2~2.4 厘米为宜）。

应聘登记表的行高参考格式：先设置所有行的行高为 0.8 厘米，再设置"社会关系"、"学习工作经历"两行的行高为 1 厘米，"业务专长""兴趣爱好"两行的行高为 1.6~2 厘米。操作方法如图 6-24 所示。

图 6-23　表格位置（对齐方式）"居中"

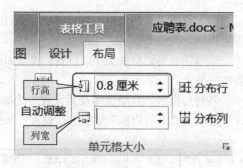

图 6-24　设置行高

★ **步骤 22**　选中整个表格 ⊞。

★ **步骤 23**　在表格工具"布局"选项卡的"行高" 数值框中，直接更改行高的数值为 0.8 厘米，回车确认，即可改变行高。

★ **步骤 24**　同样的办法，选中"社会关系"、"学习工作经历"两行，设置行高为 1 厘米；"业务专长""兴趣爱好"两行的行高为 1.6~2 厘米。

表格各行的行高，还可以在"表格属性"对话框中"行"选项卡中设置，如图 6-25 所示。

★ **步骤 25**　选中整个表格 ⊞，或选择某行。

★ **步骤 26**　在"表格属性"对话框中，单击"行"选项卡，勾选"指定高度"前面的☑，设置高度值为"0.8 厘米"、"固定值"，即可改变行高。

★ **步骤 27**　单击"确定"按钮，表格中选中行的行高是 0.8 厘米。

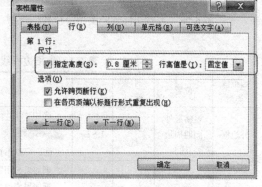

图 6-25　"表格属性""行"对话框设置行高

★ **步骤 28**　同样的方法，设置表格其他行的行高。

（3）设置列宽。表格中各列的宽度一般要根据列数、单元格中文字的数量，合理、灵活设置合适的宽度，以适应文字（文字完全显示、不隐藏、不断行）。如果需要固定各列的宽度，可以设置列宽的数值。操作方法如图 6-26 所示。

★ **步骤 29**　选中需要设置列宽的列或单元格。

★ **步骤 30**　在表格工具"布局"选项卡的"列宽" 数值框中，直接更改列宽的数值为××厘米，回车确认，即可改变列宽。

表格各列的列宽，还可以在"表格属性"对话框中"列"选项卡中设置，如图 6-27 所示。

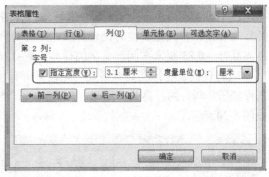

图 6-26　设置列宽　　　　　　图 6-27　"表格属性""列"对话框设置列宽

（4）设置表格的边框。Word 默认的表格边框为黑色、0.5 磅、细实线，内外边框线的线型、颜色相同。

规范的表格边框线类型、位置、线型如图 6-28 所示，表格的边框线包括外边框、内边框、分隔线三部分。

各种边框线的详细说明及其设置方法如表 6-1 所示。表格边框线的设置在"表格工具"的"设计"选项卡"绘图边框"组中进行设置，如图 6-29 所示。

图 6-28　表格边框线的类型、位置、线型　　　　图 6-29　"设计"选项卡设置表格边框线

表 6-1　表格边框线类型、标准、设置方法

边框线类型	位置	对应线型	标准	设 置 方 法
外边框	表格最外面四周边线	粗实线	1.5 磅	选中表格 ⊞ →选线型──→ 选粗细 **1.5 磅** →（选颜色 **笔颜色▾**）→选边框类型 ⊞ **外侧框线(S)**。 注：可以不设置外边框的颜色，保留系统默认的黑色。
内边框	表格内部所有线	细实线	0.5 磅	⊞如果使用默认的内边框：黑色、0.5 磅、细实线，可以不用设置； ⊞如果想改变内边框颜色，设置方法：选中表格 ⊞ →选线型──→ 选粗细 **0.5 磅** ──→ 选颜色 **笔颜色▾** →选"边框类型" ⊞ **内部框线(I)** 两次。 注：第 1 次单击 ⊞ **内部框线(I)**，撤销原内边框颜色，第 2 次再击 ⊞ **内部框线(I)**，设置新的内边框颜色。
分隔线	需要分层、分类、分界、分隔的线	细双线	0.5 磅	选线型═══→选粗细 **0.5 磅** ═══→选颜色 **笔颜色▾**→鼠标变成铅笔，用"铅笔" ✎ 划线。 绘制完成后，再次单击"绘制表格"按钮 ，撤销铅笔。

（5）设置单元格底纹。根据表格的设计需要，在需要明显标记的单元格，或重点内容的单元格，可以恰当设置浅颜色的底纹，以示区别、区分或标记。单元格底纹设置方法如图 6-30 所示。

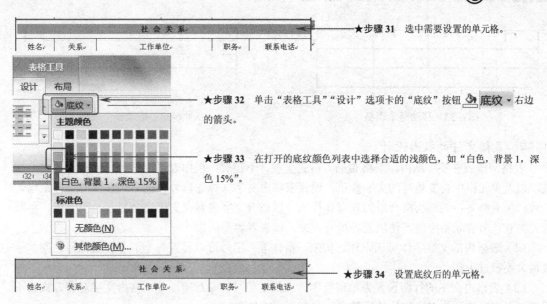

★步骤31 选中需要设置的单元格。

★步骤32 单击"表格工具""设计"选项卡的"底纹"按钮 底纹 右边的箭头。

★步骤33 在打开的底纹颜色列表中选择合适的浅颜色，如"白色，背景1，深色15%"。

★步骤34 设置底纹后的单元格。

图 6-30 设置单元格底纹

参考格式："社会关系"、"学习工作经历"可以设置底纹格式：白色，背景1，深色15%（灰色）。

提示 可以不设置单元格底纹，或根据需要恰当设置浅色底纹。

（6）设置单元格属性。在表格属性对话框的"单元格"选项卡中，如图6-31所示，可以设置单元格的宽度、单元格内文字的垂直对齐方式；还可以单击"选项"按钮，打开"单元格选项"对话框，设置单元格内上下左右边距的值等。

图 6-31 设置单元格属性

（7）整个表格的整体移动、缩放。

★ **步骤 35** 移动整个表格。将鼠标指针移到表格内，此时表格的左上方会出现表格移动手柄，用鼠标左键按住，拖动可将整个表格移动到不同位置，如图6-32所示。

★ **步骤 36** 缩放整个表格。将鼠标指针移到表格内，此时表格的右下方会出现表格缩放手柄，用鼠标左键按住，拖动可改变整个表格的大小，同时各行的行高将会按比例缩放，各列的列宽也将按比例缩放，但表内文字格式不变。如图6-33所示。

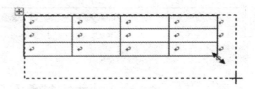

| 图 6-32　移动整个表格 | 图 6-33　缩放整个表格 |

7. 表格文件的版面设计

表格应排版在整页纸内，表格布局、格式美观，不超页；根据表格文件各单元格中的文字数量，以及单元格中将要填写的文字数量，设置表格内文字（标题以外）的字体、字号、行距均匀一致，位置整齐；调整表格合适的列宽和行高，以适合文字内容（文字完全显示、不隐藏、不断行）为宜，节省表格空间，使填表者填写方便，读表者容易阅读。

（1）表格内的文字字体可选宋体、仿宋、楷体等；字号可以设置为小五号～小四号之间，一般最大不超过小四号。

（2）表格内文字的行距设置为单倍行距，或固定值 11～22 磅，单元格内文字对齐方式按不同类型分别设置，使表格整体效果整齐、美观，行距均匀。

（3）表格各行的行高根据表内文字数量合理设置，单行行高在 0.7～1 厘米之间灵活调整（0.85较适宜），节约版面，节省纸张。各单元格的列宽以适合文字为准，节省表格空间，填表方便。

8. 预览，调整表格文件的页面整体效果

表格所有部分的格式设置完成之后，单击"打印预览"按钮，查看整体效果、页面布局、表格布局及表格格式，如有不合适的格式，修改和调整，直到合适为止。

根据表格内文字内容及数量，合理调整表内文字适合的字号，调整文字相应的行距，调整表格适宜的行高、适宜的列宽，使文字、表格内容显示完整，并均匀分布在一页 A4 纸内，文字间距均匀，表格各行间距适宜。

至此，"应聘登记表"的设计、制作、设置格式、版面设计全部完成。保存文件。

通过制作"应聘登记表"任务，完成了创建表格、编辑修改表格、设置表内文字格式、设置表格格式等工作，进一步巩固了页面、字体、段落等常用格式的设置方法，学会了设置表格各部分格式的方法，回顾整个工作过程，将设计制作应聘登记表、"空"表格类文件的工作流程总结如下。

（1）新建文件，另存，命名，显示正文边框；

（2）页面设置；

（3）录入标题文字，回车；

（4）根据行数、列数创建表格，调整表格左右边框线位置在正文编辑区内；

（5）录入表内的所有文字内容；

（6）调整、编辑、修改表格；

（7）设置标题格式；

（8）设置表格内文字的格式（文字属性、文字位置）；

（9）设置表格各部分格式（表格居中、行高、列宽、边框、底纹、单元格属性）；

（10）设计表格文件的整体版面（调整字体、字号、行距、表格行高、列宽等）；

（11）预览、修改、调整文字字号及行距，调整表格行高、列宽。

表格类文件的工作流程可以用于同类的各种表格文档中，如课程表、报名表、日程表、简历

表等，按工作流程来操作，可大大地提高效率，节省时间。

 评价反馈

作品完成后，填写表 6-2 所示的评价表。

表 6-2 "设计制作应聘登记表" 评价表

评价模块	评价内容		自评	组评	师评
	学习目标	评价项目			
专业能力	1.管理 Word 文件	新建、另存、命名、关闭、打开、保存文件			
	2.设置页面格式	设置纸型、方向、页边距			
	3.录入标题文字，回车				
	4.创建表格	能确定行数、列数			
		插入表格，移动表格左右边线位置在正文区内			
	5.准确录入表格内文字内容				
	6.调整、编辑、修改表格	选定表格不同区域（行，列，格，全表，……）			
		合并单元格、拆分单元格			
		手动调整行高、列宽			
		移动某一个单元格位置			
		插入行、列、单元格；删除行、列、单元格			
		绘制单元格线			
	7.设置标题格式；设置表格内文字的格式	设置标题格式			
		设置表格内文字属性			
		设置表格内文字位置（对齐方式）			
	8.设置表格各部分格式	设置表格位置：居中			
		设置表格行高、列宽			
		设置表格边框			
		设置表格底纹			
	9.设计表格文件的版面	合理设置字体、字号、行距			
		合理调整表格的行高、列宽			
	10.根据预览整体效果和页面布局，进行合理修改、调整各部分格式				
	11.正确上传文件				
可持续发展能力	自主探究学习、自我提高、掌握新技术	□很感兴趣	□比较困难	□不感兴趣
	独立思考、分析问题、解决问题	□很感兴趣	□比较困难	□不感兴趣
	应用已学知识与技能	□熟练应用	□查阅资料	□已经遗忘
	遇到困难，查阅资料学习，请教他人解决	□主动学习	□比较困难	□不感兴趣
	总结规律，应用规律	□很感兴趣	□比较困难	□不感兴趣
	自我评价，听取他人建议，勇于改错、修正	□很愿意	□比较困难	□不愿意
	将知识技能迁移到新情境解决新问题，有创新	□很感兴趣	□比较困难	□不感兴趣
社会能力	能指导、帮助同伴，愿意协作、互助	□很感兴趣	□比较困难	□不感兴趣
	愿意交流、展示、讲解、示范、分享	□很感兴趣	□比较困难	□不感兴趣
	敢于发表不同见解	□敢于发表	□比较困难	□不感兴趣
	工作态度，工作习惯，责任感	□好	□正在养成	□很少
成果与收获	实施与完成任务	□☺独立完成	□☺合作完成	□☹不能完成
	体验与探索	□☺收获很大	□☺比较困难	□☹不感兴趣
	疑难问题与建议			
	努力方向			

复习思考

1. 在设计制作表格类文件时，为什么要先设置页面格式而后创建表格？
2. 创建表格前，如何确定表格的行数、列数？
3. 单元格内文字对齐方式有哪几种？
4. "项目栏"单元格内文字如何对齐？"内容栏"单元格内文字如何对齐？
5. 表格的格式包括哪些？
6. 如何设置表格在页面居中？
7. 表格的行高分别设置多少合适？
8. 表格的边框线有几种？它们的位置、对应线型、线型标准分别是什么？

拓展实训

1. 在 Word 中设计制作表格型个人简历。要求：内容完整、全面介绍自己各方面信息和特长，在构思、表格设计上有新意、有创新、有个性。A4 纸（21 厘米×29.7 厘米），纵向，上下左右边距 2 厘米。录入相应内容，设置简历各部分（标题、表格）格式。

样文 1

个 人 简 历

应征职位		希望待遇			相片
一、个人资料					
姓名		性别	民族		1 寸：2.5×3.6cm
出生日期		身高	户籍		
所学专业		学历	政治面貌		
毕业院校			婚姻状况		
现在住址			邮政编码		
电子邮箱			联系电话		
二、教育程度					
起止时间（ 至 ）		学校名称	专业	获奖	
三、工作经验					
起止时间		工作单位	职位	工作内容	
四、专业能力					
五、爱好兴趣					
六、自我评价					

2. 在 Word 中制作幼儿园大班食谱：A5 纸（21 厘米×14.8 厘米），横向，上下左右边距 1.5 厘米。

样文②

北京昌平金色阳光幼儿园

大班　一周食谱

餐食　星期 餐次、时间	星期一	星期二	星期三	星期四	星期五
早餐　7:30~8:15	小蛋糕 莲藕百合粥 青豆玉米	菜肉蒸饺 黑米雪糯粥 菠菜炒蛋	椰蓉面包 玉米粥 五香蛋	金银花卷 虾皮紫菜汤 小葱炒鸡丁	鲜肉包 南瓜红枣粥 芙蓉蛋
加餐　9:00~9:10	牛奶	鲜豆浆	酸奶	牛奶	酸奶
午餐　11:20~11:50	肉饼 二菌烧蛋 芹菜炒蘑菇 罗宋汤	什锦炒饭 萝卜烧肉 黑木耳炒蛋 黄瓜蛋花汤	鸡蛋饼 茭白肉丝 青菜蘑菇 黄豆排骨汤	米饭 红烧栗子鸡 什锦豆腐 瘦肉猪肝汤	开花馒头 青菜牛肉 红烧萝卜 肉沫冬瓜汤
午点　14:05~14:15	西瓜	苹果	香蕉	蜜桃	木瓜
晚餐　16:00~16:30	蛋炒饭 糖醋里脊 白玉翡翠汤	豆角焖面 肉沫炖蛋 豆腐什锦汤	青菜水饺 芹菜炒酥丝 虾仁丝瓜汤	玉米馒头 五香鸡米花 番茄鸡蛋汤	阳春面 牛肉炒洋葱 青菜蛋花汤

【操作提示】

① 输入时间"7:30～8:15"的方法：关闭中文输入法，用英文输入法输入时间 7:30；单击"插入"选项卡"符号"按钮 Ω，单击下面的 Ω 其他符号(M)… 按钮，打开"符号"对话框，在"子集"列表中选择"半角及全角字符"→选择 ～ →单击"插入"，如图 6-34 所示。

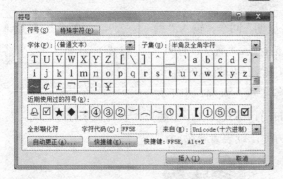

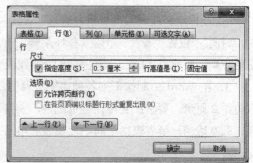

图 6-34 插入"～"符号　　　　图 6-35 "表格属性""行"对话框设置行高（固定值）

提示　本任务先不要合并第 5 行的单元格，等做完⑤"星期一～星期五""平均分布各列"之后，再合并。

② 标题文字格式：居中，隶书，小二号，单倍行距。

副标题：居中，宋体加粗，四号，居中，单倍行距（或行距固定值20磅）。

表头文字（星期*）格式：宋体加粗，小四号，单倍行距，水平居中 ▤。

表内各行内容文字：宋体,五号，单倍行距，第 1，第 2 列：水平居中 ▤；后 5 列：中部两端对齐 ▤。

③ 三种类型的表格线：外框、内框、分隔线。

④ 行高：表头（星期*）的行高：1.2 厘米；三行文字的行高：2 厘米；单行文字的行高：0.8 厘米；四行文字的行高：2.6 厘米；第 5 行午餐、午点之间行高：固定值 0.3 厘米（如图 6-35 所示）。

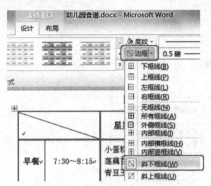

图 6-36　设置斜线表头：斜下框线

⑤ 列宽：各列的列宽适应文字，星期一～星期五各列：平均分布各列 ⊞ 分布列 。（完成"分布列"后，合并第 5 行的单元格）

⑥ 设置斜线表头：单击表头单元格→"表格工具""设计"选项卡→"边框"按钮 ⊞ 边框 →选择"斜下框线" ◹ 斜下框线(W)，如图 6-36 所示。

⑦ 绘制"双斜线表头"：(a) 设置表头单元格内的"斜下框线"后，(b) 单击"插入""形状"，选择"直线"，(c) 在表头单元格内绘制第 2 条斜线，如图 6-37 所示，设置斜线的粗细为 0.5 磅，黑色。

（a）设置"斜下框线"　　（b）"插入""形状""直线"　　（c）表头单元格格内绘制第 2 条斜线

图 6-37　绘制双斜线表头

⑧ 制作双斜线表头内文字。输入"餐食　星期"回车，输入"餐次、时间"；设置"餐食　星期"右对齐 ☰，单倍行距；"餐次、时间"左对齐 ☰，段前距 0.3 行。制作完成的双斜线表头及文字如图 6-38 所示。

图 6-38　双斜线表头及文字

3. 在 Word 中制作下列各种"空"表格。A4 纸，纵向，上下左右边距 2 厘米。要求：表格在整页纸内，表格布局、格式美观，不超页；表内文字行距均匀，行高、列宽适当，节省表格空间，使填表者填写方便，读表者容易阅读。

航空食品送货单

单据编号	1101-HGH-CA1509-1103070	业务日期	2017-03-07	航空公司	北京公司
航班号	CA1509	飞机号	BMAB	机位	
送货人		头等数量	14	公务数量	0
普通数量	164	机长数量	1	R2 数量	6
R3 数量	1	其他数量	0	餐车制式	
餐车数量		烤箱制式		烤炉数量	
餐箱制式		餐箱数量		机供品车数量	
用具车数量		机供品箱数量		起飞日期	
机供品				起飞时间	6:00:00

态度：□ 满意　　□ 不满意　　　　　货物：□ 满意　　□ 不满意

本次服务意见：＿＿＿＿＿＿＿＿＿＿＿＿＿＿＿＿＿＿＿

接收人员：＿＿＿＿＿＿＿＿＿＿＿＿＿＿＿＿＿

餐食编码	餐食名称	单位	数量	备注

***市接待质量调查表

				**旅行社　　　年　　月　　日

姓名		国籍(地区)	

性别	○男　　○女	年龄	①20 岁以下　　②21～35 岁　　③36～50 岁　　④51～66 岁　　⑤66 岁以上

旅游目的	①观光　　②公务和会议　　③休闲度假　　④探亲访友　　⑤奖励　　⑥休养　　⑦体育　　⑧探险　　⑨其它

评价项目

	您对下榻饭店的评价			您对旅游车司机的评价			您对导游人员的评价		
	餐饮	客房	服务	服务态度	开车技术	车内卫生	态度	语言	技能
好									
中									
差									

样文 3

旅游报名表

旅游线路及编号 _____ 旅游者出国时间意向 _____

姓名		性别		民族		出生日期	
身份证号码				联系电话			
身体状况	（请注明身体情况是否适宜出游、有无突发病史、有无药物过敏史；是否身体残疾，是否为妊娠中妇女，是否为精神疾病等健康受损情形，旅行社在接受旅游者报名后在合理范围内给予特别关照，所需费用由双方协商确定。）
旅游者全部同行人名单及分房要求（所列同行人均视为旅游者要求必须同时安排出团）： _____与_____同住，_____与_____同住，_____与_____同住， _____与_____同住，_____与_____同住，_____与_____同住， _____为单男/单女需要安排与他人合住，_____不占床位， _____全程要求入住单间（应当补交房费差额）。
其他补充约定：
旅游者确认签名（盖章）： _____ 年 月 日
备注（年龄低于18周岁，需要提交家长书面同意出行书）
以下各栏由旅行社工作人员填写
服务网点名	旅行社经办人

样文 4

2016 年北京市中职学校学前专业学生技能竞赛

选手报名表

填表日期： 年 月 日

代表队		组别		
参赛项目	□声乐 □器乐 □舞蹈 □蜡笔画 □讲故事			
姓 名		性别	民族	
出生年月		联系电话		照片
身份证号				
学校名称		所学专业		
学校地址			传真	
学籍编号		所在年级		
指导教师				
领队姓名		联系电话		
学校推荐意见	盖章 2016 年 月 日			
大赛组委会审核意见	盖章 2016 年 月 日			
住宿情况	是否需要住宿： □是 □否			
备注				

样文 5

January						
2017 农历丁酉年						
Sun日	Mon一	Tue二	Wed三	Thu四	Fri五	Sat六
22 廿五	**23** 廿六	**24** 廿七	**25** 廿八	**26** 廿九	**27** 除夕	**28** 春节
29 初二	**30** 初三	**31** 初四	**1** 初五	**2** 初六	**3** 立春	**4** 初八

操作提示：月历各部分格式

1.标题部分

① 属相图：高 2.2 厘米，月份图：3.4 厘米；浮于文字上方。

② 文本框："月"宋体，小初，粗；"农历"华文中宋，小四；"2017""January"楷体，小一，粗，斜。

2.表内文字

① 表头：中宋，小四号，行距 16 磅。

② 数字日期：宋，小二，粗，行距 18 磅。 农历汉字：宋，小五，粗，行距 10 磅。

3.表格格式

① 表格页面居中；

② 行高：表头 0.7 厘米，日期行 4 厘米；

③ 列宽：相等；④边框：灰色；

⑤ 底纹：工作日：蓝色；周六日：红色。

样文 6

东方科能机械工程有限公司发货单

订单编号：

客户名称		客户编号	
联系电话		传真	
电子邮件		邮政编码	
收货地址			
发货方式	□快递 □邮寄 □货运 □专人运送 □其他	发货日期	
发货人		联系电话	

序号	编码	品名	规格	摘要	单位	单价	数量	金额
1								
2								
3								
4								
5								
6								
7								
8								
9								
10								

金额合计：（大写）	￥_____元
备注	（发货单的补充信息，如一次交货，分批交货等。）

客户代表	销售部经理
签字： 日期：	签字： 日期：
财务部经理	总 经 理
签字： 日期：	签字： 日期：

扩充提高

1. 自动重复标题行

如果表格很长，一页纸显示不完，表格会自动跨页断行 ☑ **允许跨页断行(K)**（"表格属性"中设置），但跨页后，表格在下一页显示的部分，没有表头的标题行及文字内容，如图 6-39 所示。为了让同一个表格跨页后的每一页都有标题行，可以设置"自动重复标题行"。

图 6-39　跨页断行后的表格：没有标题行

"自动重复标题行"设置方法：选中作为表格标题的一行或多行（表头），但必须包括表格的第 1 行，单击"表格工具""布局"中"数据"组的"重复标题行"按钮，如图 6-40 所示。

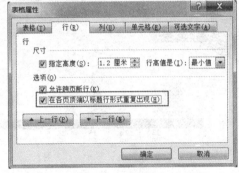

图 6-40　设置"重复标题行"　　　　图 6-41　设置"重复标题行"

或者选中表格标题的一行或多行（表头），但必须包括表格的第 1 行，单击"表格工具""布局"中的"属性"按钮，打开"表格属性"对话框，选择"行"选项卡，选择 ☑ **在各页顶端以标题行形式重复出现(H)**，如图 6-41 所示，单击"确定"按钮。

设置"自动重复标题行"后的表格如图 6-42 所示。

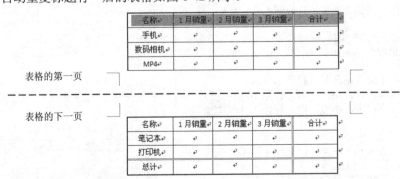

图 6-42　设置"自动重复标题行"后的表格

2. 拆分表格

在 Word 中，可以把一个表格分成两个或多个表格，拆分表格的操作方法：单击需要拆分的行，单击"表格工具""布局"选项卡中"合并"组的"拆分表格"按钮，如图 6-43 所示，即可将表格拆分成两个独立的表格。

3. 表格与文本的转换

在 Word 中，可以把表格转换为文本，也可以将文本转换为表格，表格与文本可以互换。

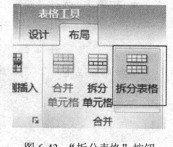

图 6-43 "拆分表格"按钮

（1）表格转换为文本

★ **步骤**1 选中整个表格。

★ **步骤**2 单击"表格工具""布局"选项卡中"数据"组的"转换为文本"按钮，如图 6-44 所示，打开如图 6-45 所示的"表格转换成文本"对话框。

★ **步骤**3 选择一种文字分隔符，单击"确定"按钮，表格转换为文字。

图 6-44 表格"转换为文本"按钮

图 6-45 "表格转换成文本"对话框

（2）文本转换为表格

★ **步骤**1 选中需要变成表格的文本（文本中用 Tab 键分隔）。

★ **步骤**2 单击"插入"选项卡中"表格"组的"表格"按钮，选择" 文本转换成表格(V)... "，如图 6-46 所示，打开如图 6-47 所示的"将文字转换成表格"对话框。

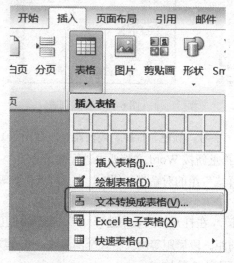

图 6-46 文本转换成表格

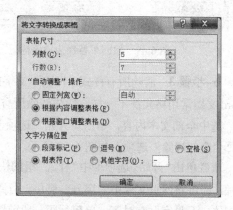

图 6-47 "文字转换成表格"对话框

★ **步骤3** 选择"列数"、"自动调整"和"文字分隔位置",单击"确定"按钮,所选的文本转换为表格,如图 6-48 所示的报价单文本转换为 5 列 7 行的表格。

图 6-48 报价单文本转换为 5 列 7 行的表格

4. 网页上的文章复制、粘贴在 Word 中的排版

网页中的文字、图片是用表格排版和定位的,如果将网页上的文章复制、粘贴到 Word 文档中,文字的格式与 Word 文档格式有很多不同,排版方法和步骤如下。

★ **步骤1** 将网页文章的表格转换为文本。单击表格移动手柄"⊕",选中网页文章的整个表格(最外层),单击"表格工具""布局"→"转换为文本"按钮,有多少层嵌套表格,就选中整个表格转换多少次。

★ **步骤2** 将网页文章的软回车替换为硬回车。在 Word 中,只有硬回车生成的段落,格式是相互独立的。虽然软回车也能让文字换行,但本质上还是同一个段落。因此,要把换行符(软回车^l)替换为段落标记(硬回车^p),才能设置每一段各自的格式。

选中全部网页文章,单击"开始"选项卡"编辑"组的"替换"按钮,输入"查找内容"和"替换为",如图 6-49 所示,单击"全部替换"按钮。

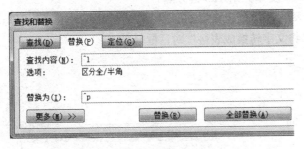

图 6-49 软回车替换为段落标记

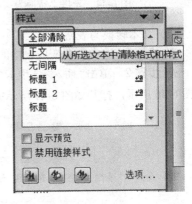

图 6-50 样式列表

★ **步骤3** 清除所有样式。网页中文字的格式(字号、颜色、行距、段前距、段后距等)跟 Word 文档常用格式都不一样,应先清除所有格式,再重新按 Word 文档要求进行格式设置。

选中全部文本内容,单击"开始"选项卡中"样式"组的对话框按钮▣,在"样式"列表中选择"全部清除"选项,如图 6-50 所示。

或者单击"开始"选项卡中"样式"组的快翻按钮▾,在打开的列表中选择" 清除格式(C) "选项。即可将网页文章中的字号、颜色、行距、段前距、段后距等网页格式全部清除,变成默认的宋体、五号字,左对齐,单倍行距,段前距、段后距为 0 的格式。

★ **步骤4** 删除每段行首的手动空格。

★ **步骤5** 根据 Word 文档要求，重新设置文章各部分的格式，如首行缩进 2 字符、字体、字号、行距、标题样式等。排版操作全部完成。

5. Word 表格中的数据运算

如果 Word 表格中的数据需要进行运算的话，可以采用下面几种方法。

【方法1】 利用 Word 的 *fx* 公式 进行计算。

单击需要计算的单元格，单击"表格工具""布局"选项卡中"数据"组的"公式"按钮 *fx* 公式，如图 6-51 所示，打开如图 6-52 所示的"公式"对话框。在对话框中，按照 Excel 数据运算的思维方式和计算方法，输入 Excel 数学公式或函数。单击"确定"按钮，得到计算结果。

不建议用这种方法。

图 6-51 "表格工具"的"公式"按钮

图 6-52 "公式"对话框

【方法2】 在 Word 中插入 Excel 电子表格。

单击"插入"选项卡的"表格"按钮，选择"Excel 电子表格"选项，如图 6-53 所示。在 Word 中插入 Excel 电子表格，使用 Excel 环境，如图 6-54 所示，应用公式或函数计算各种数据，简单、快捷、准确、方便。随时双击数据表，都可以进入到 Excel 环境中编辑、修改数据表。

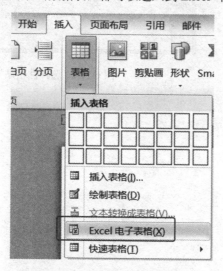

图 6-53 插入 Excel 电子表格

【方法3】 选择性粘贴 Excel 工作表对象。

① 先在 Excel 软件中，进行数据运算，然后选择所有数据部分，单击"复制"按钮 复制。

② 在 Word 文档中，单击"开始"选项卡的"剪贴板"组的"粘贴"按钮的下箭头，单击"选

择性粘贴"选项,如图 6-55 所示。打开如图 6-56 所示的"选择性粘贴"对话框,选择其中的"Excel
工作表对象",单击"确定"按钮。则数据表以 Excel 工作表形式粘贴到 Word 文档中。随时双
击数据表,都可以进入到 Excel 环境中编辑、修改数据表。

　　建议采用方法 2 或方法 3。

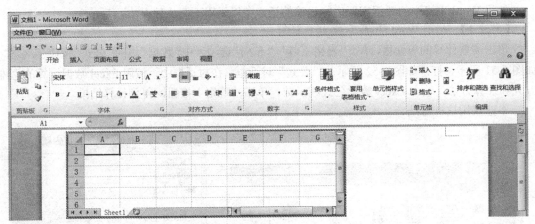

图 6-54　在 Word 文档中插入的 Excel 电子表格及编辑环境

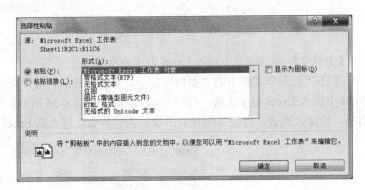

图 6-55　选择性粘贴　　　　　　　　图 6-56　"选择性粘贴"对话框

任务 ⑦ 设计制作日程表

知识目标

1. 日程表的基本组成部分；
2. 制作、编辑、排版表格的方法；
3. 设置表格内、外各部分格式的方法。

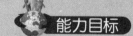
能力目标

1. 能构思设计日程表的组成部分；
2. 能合理设计、制作日程表；
3. 能熟练编辑、排版表格；
4. 能按规范设置表格内、外各部分的格式。

学习重点

设计日程表结构；创建、编辑、修改表格；设置表格内、外各部分的格式；日程表整体布局。

在工作、生活中，有很多文件或信息是以不同类型的表格形式呈现的，好的表格可以清晰地表达信息，一目了然。基于表格的广泛应用，就要求从业者不但能熟练制作表格，还要会分析、设计、排版不同用途、不同类型的表格文件。可以通过大量不同类型表格的制作编排，提高分析、设计、制作、编辑、排版表格文件的能力。

本任务在前几个任务的基础上，通过"日程表"的设计制作编排，将表格的设计、制作技术再次熟练掌握，学以致用，融会贯通，灵活应用。

提出任务

在 Word 2010 中制作"说课比赛日程表"，要求：A4 纸，纵向，上下左右页边距 2 厘米；输入日程表中的文字内容，并设置表格内外各部分格式。

作品展示

 分析任务

1. 说课比赛日程表的组成部分

说课比赛日程表由标题、表格、表外文字三部分组成，如图 7-1 所示。其中，表格中的第 1 行（各项栏目名称），称为表头，或者标题行。

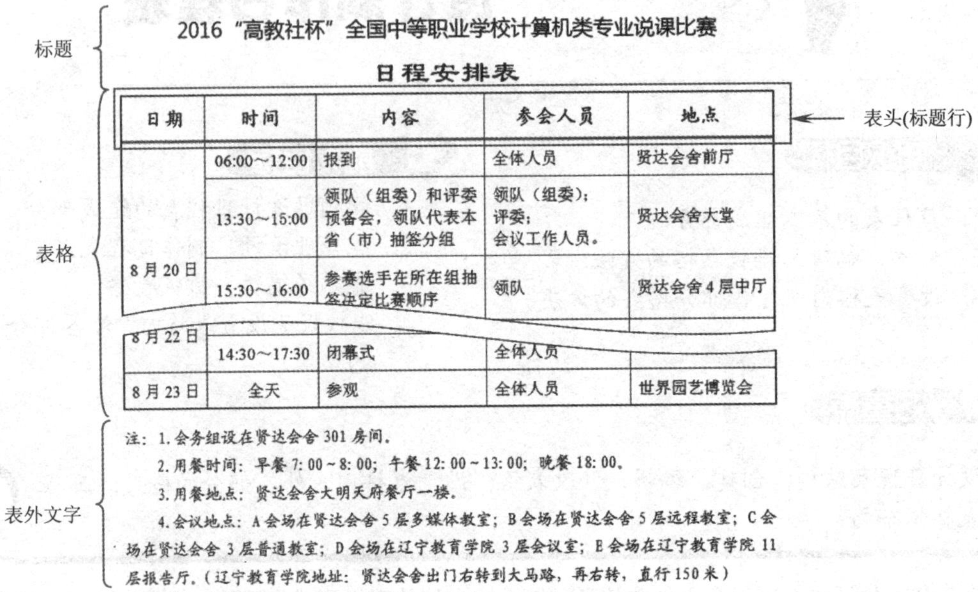

标题

2016"高教社杯"全国中等职业学校计算机类专业说课比赛

日程安排表 ← 表头(标题行)

表格

日期	时间	内容	参会人员	地点
8月20日	06:00～12:00	报到	全体人员	贤达会舍前厅
	13:30～15:00	领队（组委）和评委预备会，领队代表本省（市）抽签分组	领队（组委）；评委；会议工作人员。	贤达会舍大堂
	15:30～16:00	参赛选手在所在组抽签决定比赛顺序	领队	贤达会舍4层中厅
8月22日	14:30～17:30	闭幕式	全体人员	
8月23日	全天	参观	全体人员	世界园艺博览会

表外文字

注：1. 会务组设在贤达会舍 301 房间。
　　2. 用餐时间：早餐 7：00～8：00；午餐 12：00～13：00；晚餐 18：00。
　　3. 用餐地点：贤达会舍大明天府餐厅一楼。
　　4. 会议地点：A 会场在贤达会舍 5 层多媒体教室；B 会场在贤达会舍 5 层远程教室；C 会场在贤达会舍 3 层普通教室；D 会场在辽宁教育学院 3 层会议室；E 会场在辽宁教育学院 11 层报告厅。（辽宁教育学院地址：贤达会舍出门右转到大马路，再右转，直行 150 米）

图 7-1　日程表组成部分

2. 日程表的表格中应包含的信息

设计日程表时，应包含日期、时间、地点、内容、参加人员等方面的信息。时间的表达一般用 24 小时制，这样更加准确、不会产生歧义。

3. 日程表的特征

说课比赛日程表是一个"满"的表格文件，而且还是一个行、列对应整齐的表格（行、列规范），在设计制作这类表格时，需要将各栏目的内容设计、录入得完整、准确、清晰。因此在排版表格时，要根据文字内容的数量，合理设置好各部分单元格的宽度、高度和位置，使表格内容清晰、醒目、一目了然。

以上分析的是日程表的组成部分、主要信息和表格特征等，下面按工作过程熟练掌握具体的操作步骤和操作方法。

 完成任务

1. 准备工作

（1）将新文件另存、命名。

 提示

制作表格类文件之前，要先设置 Word 选项：显示正文边框（版心标记线），提醒用户在版心内制作、编排表格，以免表格超界。【参考：教材第＿＿＿页，图 0-10】

（2）页面设置为 A4 纸，纵向，上下左右页边距为 2 厘米。

2. 录入标题，制作表格，录入文件内容

（1）输入标题、副标题文字，回车；

（2）创建表格，将表格左右两边框线移到正文编辑区内；

（3）录入表格内的文字；

（4）调整、编辑、修改表格；

（5）录入表格外的文字内容。

3. 设置日程表标题和表格内外文字内容的格式

（1）设置标题、副标题格式

① 标题格式：居中，小三号字，微软雅黑，单倍行距。

② 副标题格式：居中，二号，隶书，单倍行距。

（2）表格内外的文字格式

① 表头格式：水平居中▤，楷体，四号，加粗，单倍行距。

② 日期列、时间列内容的格式：水平居中▤，宋体，小四号，单倍行距。

③ 其余三列内容的格式：中部两端对齐▤，宋体，小四号，单倍行距。

④ 表格下面"注"内容的格式：楷体，小四号，行距：固定值20磅；第1行左对齐、段前距0.5行；其余行：首行缩进2字符。

4. 设置表格的各部分格式

（1）表格在页面中的位置：居中，设置表格宽度 ≤ 版心宽度。

（2）设置表格各行合适的行高，调整各列合适的宽度。

（参考：表头行高1.1厘米；单行文字的行高0.9厘米；双行文字的行高1.6厘米；三行文字的行高2厘米）

（3）表格的边框：外框（粗实线）、内框（细实线）、分隔线（细双线）。

5. 版面设计，调整页面整体效果

表格内外所有部分的格式设置完成之后，单击"打印预览"按钮▣，查看整体效果、页面布局、表格布局及表格格式，如有不合适的格式，修改和调整，直到合适为止。

日程表文件的所有内容均匀分布在整页A4纸内（不超页）；根据文字数量及选用字号，调整表格内适宜的行高、列宽，使文字、表格内容显示完整，表格各行间距适宜；表内文字的字体、字号、行距一致，位置整齐，间距均匀；表外说明文字的字体、字号、行距一致；表内外版面美观，方便阅览。

至此，"日程表"的设计、制作、格式设置、版面设计全部完成。保存文件▣。

 归纳总结

总结设计制作日程表、"满"表格类文件的工作流程。

（1）新建文件，另存，命名，显示正文边框；

（2）页面设置；

（3）录入标题、副标题文字，回车；

（4）根据行数、列数创建表格，调整表格左右边框线位置在正文编辑区内；

（5）录入表内、外的所有文字内容；

（6）调整、编辑、修改表格；

（7）设置标题、副标题格式；

（8）设置表格内、外文字的格式（文字属性、文字位置）；

（9）设置表格各部分格式（表格居中、行高、列宽、边框、底纹、单元格属性）；

（10）设计表格文件的整体版面，预览、修改、调整文字字号及行距，调整表格行高、列宽。

 评价反馈

作品完成后，填写表 7-1 所示的评价表。

表 7-1 "设计制作日程表"评价表

评价模块	评 价 内 容		自评	组评	师评
	学习目标	评价项目			
专业能力	1.管理 Word 文件	新建、另存、命名、关闭、打开、保存文件			
	2.设置页面格式	设置纸型、方向、页边距			
	3.录入标题、副标题文字，回车				
	4.创建表格	能确定行数、列数			
		插入表格，移动表格左右边线位置在正文区内			
	5.准确录入表格内文字内容				
	6.调整、编辑、修改表格，手动调整列宽				
	7.设置标题格式；设置表格内文字的格式	设置标题、副标题格式			
		设置表格内文字格式			
		设置表格外文字格式			
	8.设置表格各部分格式	设置表格位置：居中			
		设置表格行高、列宽			
		设置表格边框			
	9.设计表格文件的版面	合理设置字体、字号、行距			
		合理调整表格的行高、列宽			
	10.根据预览整体效果和页面布局，进行合理修改、调整各部分格式				
	11.正确上传文件				
可持续发展能力	自主探究学习、自我提高、掌握新技术	□很感兴趣	□比较困难	□不感兴趣	
	独立思考、分析问题、解决问题	□很感兴趣	□比较困难	□不感兴趣	
	应用已学知识与技能	□熟练应用	□查阅资料	□已经遗忘	
	遇到困难，查阅资料学习，请教他人解决	□主动学习	□比较困难	□不感兴趣	
	总结规律，应用规律	□很感兴趣	□比较困难	□不感兴趣	
	自我评价，听取他人建议，勇于改错、修正	□很愿意	□比较困难	□不愿意	
	将知识技能迁移到新情境解决新问题，有创新	□很感兴趣	□比较困难	□不感兴趣	
社会能力	能指导、帮助同伴，愿意协作、互助	□很感兴趣	□比较困难	□不感兴趣	
	愿意交流、展示、讲解、示范、分享	□很感兴趣	□比较困难	□不感兴趣	
	敢于发表不同见解	□敢于发表	□比较困难	□不感兴趣	
	工作态度，工作习惯，责任感	□好	□正在养成	□很少	
成果与收获	实施与完成任务	□☺独立完成	□☺合作完成	□☒不能完成	
	体验与探索	□☺收获很大	□☺比较困难	□☒不感兴趣	
	疑难问题与建议				
	努力方向				

拓展实训

在 Word 中制作下面的"日程表"，A4 纸，纵向，上下左右页边距 2 厘米，输入内容并设置

各部分格式。所有内容均匀分布在整页 A4 纸内（不超页），表格内行高、列宽适宜文字，版面美观，方便阅览。

 **样文1**

2013 年广西钦州市第一届中职校学前教育专业学生技能比赛
日程安排表

日期	时间	活动内容	活动地点	负责人
12月26日（周四）	15:00～17:40	各参赛队伍报到	钦州市合浦师范学校	陆建华
	19:30～20:00	领队会议	办公楼第一会议室	陆建华
	20:00～21:00	评委会议		
	20:30～21:00	选手第一场比赛抽签	体育馆	邹丽君
	21:00～22:30	选手熟悉比赛场馆	各比赛场馆	花南昌
12月27日（周五）	08:00～11:30	A组第一场比赛：声乐	实训楼五楼音乐欣赏室	有关评委
		B组第一场比赛：器乐	实训楼五楼钢琴室	
		C组第一场比赛：舞蹈	实训楼六楼舞蹈厅	
		D组第一场比赛：简笔画	艺术楼四楼美术室	
		E组第一场比赛：讲故事	艺术楼阶梯教室	
	14:00～17:00	继续比赛	各有关比赛场馆	有关评委
	20:00～21:00	声乐比赛成绩评定	实训楼五楼音乐欣赏室	评委组长 所有评委
		器乐比赛成绩评定	实训楼五楼钢琴室	
		舞蹈比赛成绩评定	实训楼六楼舞蹈厅	
		简笔画比赛成绩评定	艺术楼四楼美术室	
		讲故事比赛成绩评定	艺术楼阶梯教室	
	21:10～22:10	选手成绩综合评定；获奖统计	办公楼第一会议室	评委组长 陆建华
12月28日（周六）	09:30～11:00	闭幕式暨颁奖典礼	综合楼礼堂	陆建华
	下午	各代表队返校		

注：1.会务组设在广西钦州市合浦师范学校办公楼第一会议室。
2.用餐时间：早餐 6:00～7:00；午餐 12:00～13:00；晚餐 18:00～19:00。用餐地点：合浦师范学校食堂二楼。
3.五个小组比赛同时进行，各组12名选手，小组比赛项目顺序是：
A组比赛内容顺序：声乐——器乐——舞蹈——简笔画——讲故事
B组比赛内容顺序：器乐——声乐——简笔画——讲故事——舞蹈
C组比赛内容顺序：舞蹈——讲故事——器乐——声乐——简笔画
D组比赛内容顺序：简笔画——舞蹈——讲故事——器乐——声乐
E组比赛内容顺序：讲故事——简笔画——声乐——舞蹈——器乐，比赛场地如上表。

 **样文2**

2016 年全国职业院校骨干教师"微课开发与应用"研讨会
会议日程安排表

日期	时间	会议内容	负责人	地点
9月19日	全天	报到、领取资料	赵晨	酒店大厅
9月20日	08:30～12:00	微课的设计、制作与应用（一） 1.信息时代的教与学 2.微课类型与特点（案例研讨） 3.微课程教学设计与开发要点 4.微课程制作流程	巴世光	8层会议室
	12:00～13:00	午餐	赵晨	一楼中餐厅
	14:00～17:30	微课的设计、制作与应用（二） 1.微课开发、管理与应用模式 2.微课制作形式、种类及应用 3.微课教学的基本环节 4.微课程的制作与管理	巴世光	8层会议室
9月21日	08:30～12:00	教师信息化教学能力提升 1.信息化教学组织与管理 2.构建信息化环境下教学新模式 3.信息技术在教学中的应用技巧	王珺萩	第一报告厅
	12:00～13:00	午餐	赵晨	二楼西餐厅
	14:00～17:30	分组研讨	王珺萩	第一报告厅
9月22日	全天	实地考察	赵晨	

代表须知
1.本次会议地点设在北京松鹤假日酒店，会务组设在酒店三层报到处，全天办公。
2.会务组服务项目：代订返程票；代表用餐；代表住宿，办理会务发票。
3.会议证件管理：为了加强会议期间的安全管理，所有代表须佩戴本次大会办理的代表证，否则不得进入会场，请大家配合。
4.会议期间住宿管理：会议期间，代表办理退房、续房等与住房有关事宜，请直接到报到处办理。
5.会议用餐安排：会议期间对应菜券于指定时间在对应地点用餐，请各位代表按时就餐。时间：早餐 7:00～8:00；午餐 12:00～13:00；晚餐 18:00，早餐地点：一楼中餐厅。
6.会务联系电话：方老师　15810000008；监督电话：赵老师　15688888805

 **样文3**

中国金桥旅游有限公司
CHINA GOLDEN BRIDGE TRAVEL SERVICE
西安/兵马俑/延安/壶口/明城墙 双卧六日游

日期	抵离城市	行程安排	用餐	住宿
D1	北京	专车送北京西站，乘坐空调特快火车 T7 /Z53 /T43 次赴革命圣地延安。		火车
D2	延安/壶口	早抵火车站接团，早餐后，参观七大旧址—**杨家岭**（游览约 60 分钟）、早餐之余（购物园）品尝延安特产南瓜味，之后前往壶口，游览中央书记处旧址所在地—**枣园**（游览约 60 分钟），在驻扎革命中央革命圣塔山下延河边拍照留念（约 20 分钟），参观**王家坪**（游览约 60 分钟）	早 中 晚	壶口
D3	壶口/西安	早餐后乘车赴壶口，游览**壶口瀑布**（游览约 1 小时）领略"黄河之水天上来，五光十色一壶收"的神奇；黄河由南向北，在此由 400 米宽的水道骤然收窄为 50 米，巨浪咆哮汹涌而下，落差近 40 米，形成大小多处的瀑布群。途中 3 小时后抵达黄陵县，游遍天下第一—**黄帝陵、轩辕庙**（住返电瓶车 20 元自理）（游览约 2 小时），后候车返西安。	早 中 晚	西安
D4	西安	早餐后乘车赴临潼温泉之乡—临潼，行车约 1 小时，参观唐明皇与杨贵妃避难的唐代皇家园林—**华清池**，这亿是唐代杨贵妃赐浴的华清池（游览约 90 分钟），参观天下第一奇观世界八大奇迹—**秦始皇兵马俑博物馆**（单程电瓶车 5 元自理）（游览约 5.5 小时），其再现了二千多年前秦朝军威武装的兵马列阵，世界人民文化艺术宝库中的瑰宝，堪称气势宏大、气势磅礴，被誉为世界第八大奇迹。	早 中 晚	西安
D5	西安	早餐后，车车约 30 分钟赴游览浪漫主义的音乐喷泉广场—**大雁塔广场**（游览约 1 小时），游览使用使用最喷泉水（约 1 小时），游览世界保存最完整—**明代古城墙**（游览约 40 分钟），特别喷泉广场，**回民小吃一条街**（约 1 小时），可自费品当地风味小吃如西安的饺子宴，天下第一碗—一牛羊肉泡馍等。之后送返火车返程。	早 中	火车
D6	北京	早抵达北京西站！结束愉快行程！祝游客健康、送回送客人单位。		

接待标准：
景：全程景点自选大门票。
住：桂牌三星准星级酒店入住两人一间（独房结算，含早餐），出现自然单间的另外自理。
用：旅游空调客车
餐：1早+15元/人+1正+20元/人，其各早餐若待合（全程4早7正）
讲解导服务
讲解费：延安三景点讲解费，黄帝陵讲解费
缆车：壶口一空调空调费用两程
全陪：张导　13352×××××96　王导　1331×××××39
地址：北京西城区地安门大街171号甲705室　电话：010-51650212
邮箱：lydp@hotmail.com　传真：010-83226378

 **样文4**

绿色假期——云南品质旅游行程单
昆明，大理，丽江六天品游

天数	抵离城市	行程	用餐	酒店
D1	各地/昆明	飞机赴昆明，抵达您称"春城"美誉的高原城市昆明，入住酒店		昆明
D2	昆明/丽江	搭乘 BUS 赴大理，前往途经通碧龙谷 4A 景区（游览时间约 45 分钟）游览文献名邦—大理古城、洋人街（游览时间约 50 分钟）感受南昭古国的白族风情，游览途中特别赠送大理天龙八部影视城（游览时间约 90 分钟），乘 BUS 赴丽江，游览丽江古城，四方街（游览时间约 90 分钟），可游览观看傍晚（游客自理）可以在古城内自由品倘徉四周古街、庭院，闲情打坐的古城，傍晚上在古城遇入的夜色中体验缤纷气氛的调闹，晚呷纳西文化，坐赏晚间浪漫，**丽江最具特色的西双廊**。	早 中 晚	丽江
D3	丽江	早餐后前往天然冰川博物馆—**玉龙雪山风景区**（含进山费），雪山小索道、环保车、**整个景区游览时间约 240 分钟**）乘索道观玉龙雪山、甘海子牧场、白水河，雪山融化而成的蓝月谷，特别赠送：在海拔 3100 米，世界上海拔最高的实景演出剧场—张艺谋导演的**《印象丽江》**（观赏时间90分钟）雪山演出，纳西族中部东巴道，古城游演部—**玉水寨**（游览时间约40分钟）**赠游黑龙潭**（游览时间30分钟）	早 中 晚	丽江
D4	丽江/大理/楚雄	早餐后乘 BUS 至大理，可鄂船游观洱海（费用自理），沿途近观三塔、**特别赠送蝴蝶泉**（游览时间约 40 分钟）、参观喜洲民居，品色一香、二甜三回味的私房三道茶（游览时间约 45 分钟），乘车后后回游观云南省民村（游览时间约 40 分钟）	早 中 晚	楚雄 昆明
D5	楚雄/昆明	早餐后乘 BUS 至石林，途中参观五石蜡百王**【榆玉珠宝】**或**【罗蜜宫珠宝】**（参观时间约 90 分钟），游览奇观—天下第一奇观世界自然遗产—**石林风景区**（游览时间约 120 分钟），有"天下第一奇观"、阿诗玛的约会—石林（可自理、双马石会、望峰亭等，大小石林，游览时间约 120 分钟），赏游七彩云南茶艺（游览时间约 120 分钟）、体验芳疗谱活**【玉翡玉】**或**【翡翠兴】【花之道】**精油（体验时间约 50 分钟），整餐后品赏回城休息。	早 中 晚	昆明
D6	昆明/各地	早餐后参观中国西南最大的鲜花批发市场，送机，结束愉快的云南之旅！	早	

成人报价	
儿童报价	
价格备注	
费用包含	1、住宿：三星或同级酒店。2、用餐：5 早 7 正（正餐十人一桌，八菜一汤）。3、交通：全程自带空调旅游车。4、门票：行程上所列景点大门票，丽江古城维护费，龙龙雪山环保车，云杉坪索道费。5、旅行社责任险。
费用不含	按照云南标准：140/220/300/400 元/人，古城索费 239 元/人，大理洱海游船 150 元/人，丽江观景缆车 80 元/人，丽江丽水夜 120/140/160 元/人。单独导游、意外伤害保险及其他自费项目。

酒店说明：丽江入住以典型的"纳西式庭院"为原则特色的三星标准。
特色餐饮：品尝明星特色比桥米线及气锅鸡、丽江特色粑粑、黑山羊，享受后最体验，享受云南美食。
阳光购物：全程昆明等旅游时，让客人感受到无与伦比的关怀，进入一卡通系统，享受西北安金盘。
精品购物：品质游全程采用商务购物程全程制造购物程正规购物店，保证全程购物商品无重复，绝不强迫消费。（注：七彩云南及鲜花市场均为旅游特色景点。）

云南广大海关旅行社有限公司　地址：云南省昆明市春城路195号广大海天大厦307
电话：0871-8091891/8091892　传真：0871-8091893
联系人：吴云祥13658844460　QQ：454682572 娟子　质量监督：高先生

任务 8 绘制图标

知识目标

1. 分析图标的组成部分；
2. 绘制各种 Word 形状的方法；
3. 设置形状各种格式的方法；
4. 设置形状与艺术字之间或形状与形状之间排列格式：对齐、图层次序、组合、旋转，及实现各种效果的方法。

能力目标

1. 会分析图标的组成结构；
2. 能利用 Word 图文元素绘制图标；
3. 能熟练绘制各种 Word 形状，设置形状格式；
4. 能灵活设置形状、艺术字之间的对齐、图层次序、组合等排列格式，解决形状之间相互关系，实现各种效果。

学习重点

绘制各种 Word 形状的方法；设置形状格式的方法；设置形状与艺术字之间排列格式的方法。

1. 生活中的图标

在工作或日常生活中，随处可见许多有创意的"公司标志"、"企业 Logo 图标"或警示标志、安全标志、公益图标，这些图标、标志经常在公共场合、广告、商品包装、网站、服饰、企业办公用品、产品、宣传等方面使用，如图 8-1 所示。

图 8-1　生活中常见的图标

116

2. 什么是图标

图标是表明事物特征的记号。是具有指代意义的图形符号，具有高度浓缩并快捷传达信息、便于记忆的特性。其应用范围很广，软硬件、网页、社交场所、公共场合无所不在，例如：男女卫生间标志和各种交通标志等。它以单纯、显著、易识别的物像、图形或文字符号为直观语言，除表示什么、代替什么之外，还具有表达意义、情感和指令行动等作用。

图标是公司、企业、机构、组织、品牌的象征、标志、形象、代言，代表企业形象，出现在各种场合，尤其在各种视觉传媒中更是常见。简洁、有特色的图标会给人留下很深的印象，从而记住这些公司或企业或品牌。比如李宁品牌、耐克品牌 NIKE 等，图标、标志比文字具有更形象的寓意和视觉冲击力，图标是无声的语言，图标是会说话的符号，富有艺术美和丰富的文化内涵。

3. 用什么软件绘制图标

图标的设计和制作多数用专用的图形处理软件，如 Photoshop，Coreldraw 和 Illustrator 等，但有些规则图形的图标或标志，可以使用 Word 软件中的插入"形状"来绘制（Word 绘制的图形是矢量图）。Word 的绘制图形功能比较丰富，操作简单便捷，为人们的想象和创意搭建了很好的平台，可以实现预期的创意和效果。

本任务学习绘制规则图形的图标，学习 Word 绘制各种形状的方法，掌握设置形状格式的技术，灵活运用形状之间的排列格式来解决形状之间相互关系，以实现各种效果，提高运用形状、艺术字制作各种图标的能力和水平。

提出任务

在 Word 2010 中绘制下列图标。A4 纸，纵向，上下左右页边距为 1.0 厘米。设置图标各部分格式，图标各部分图、文之间的位置、大小、比例，环绕关系协调，色彩、整体效果美观。

作品展示

　图标 1　禁止吸烟　　　　　图标 2　国际红十字会　　　　图标 3　国家节水标志　　　　图标 4　餐厅标志

分析任务

1. 图标的组成部分

图标、标志由图形、文字两部分组成。分为以下几种。

（1）文字标志　文字标志有直接用中文、外文或汉语拼音的单词构成的，有用汉语拼音或外文单词的字首进行组合的。

（2）图形标志　通过几何图案或象形图案来表示的标志。图形标志又可分为三种，即具象图形标志、抽象图形标志与具象抽象相结合的标志。

（3）图文组合标志　图文组合标志集中了文字标志和图形标志的长处，克服了两者的不足。例如：① "禁止吸烟" 标志组成如图 8-2 所示。

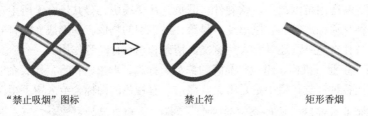

"禁止吸烟" 图标　　　　　禁止符　　　　　矩形香烟

图 8-2　"禁止吸烟" 标志的组成

② "国际红十字会" 标志的组成如图 8-3 所示。

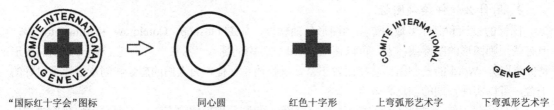

"国际红十字会" 图标　　　同心圆　　　红色十字形　　上弯弧形艺术字　　下弯弧形艺术字

图 8-3　"国际红十字会" 标志的组成

③ "国家节水" 标志组成如图 8-4 所示。

国家节水标志　　　椭圆　　　泪滴形　　　曲线手　　　直线型艺术字

图 8-4　"国家节水" 标志的组成

④ "餐厅" 标志组成如图 8-5 所示。

餐厅图标　　　圆角矩形　　　梯形　　　同侧圆角矩形　　椭圆　　　曲线

图 8-5　"餐厅" 标志的组成

2. 绘制图标的元素、工具

图标由图形、文字两部分组成，在 Word 中绘制图标，其中规则的图形部分可以通过插入 "形状" 来绘制，文字部分可以通过插入 "艺术字" 或 "文本框" 来制作，如图 8-6 所示。

图 8-6　插入 "形状"、插入 "文本框"、插入 "艺术字"

3. 绘制图标的思路（一般规律）

（1）绘制图标之前：先分析图标的结构组成，确定它的几何图形元素及各元素之间的构成关系、图层关系、位置关系、排列关系，确定文字的元素及构成关系，然后再开始绘制。

（2）绘制时：先从最外层开始，向内逐层绘制；从最底层开始，向顶层逐层绘制；先绘制简单部分，再绘制复杂部分；边绘制边设置各元素的格式，边进行必要的组合；先绘制图形部分，后制作文字部分。

4. 绘制图标的方法

（1）"插入"→"形状" ；

（2）设置形状的"格式" ；

（3）设置形状之间的排列关系（图层次序、对齐与分布、组合）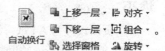

5. 图标的设计要素

图标、标志设计的技巧应从三方面考虑：一是色彩技巧；二是构图技巧；三是文化内涵。

以上分析的是图标、标志的组成部分、使用的元素、绘制思路等，下面分别以"禁止吸烟"和"国际红十字会"图标为例，按工作过程学习绘制图标的操作步骤和操作方法。

一、绘制图标 1 "禁止吸烟"

1. 分析图标的结构组成

如图 8-7 所示，"禁止吸烟"图标由禁止符、矩形香烟两部分图形组成，结构很简单。其中，禁止符是一个完整的图形，香烟由橙色过滤嘴部分和白色香烟部分组成。以上分析的是图标的基本组成部分，各组成部分内部的细节——构成元素，将在绘制时详细分析和讲解操作。

"禁止吸烟"图标　　　　　　　　　　禁止符　　　　　　　　矩形香烟

图 8-7 "禁止吸烟"图标的组成部分

三个组成部分之间的图层关系：如图 8-7 所示，禁止符和香烟是嵌套在一起的，如果香烟是一个完整的矩形，无法实现嵌套效果，因此，香烟必须是分段的矩形。矩形香烟的橙色过滤嘴部分在禁止符的图层上方，白色香烟中部在禁止符的图层下方，白色香烟的下部在禁止符的图层上方。由此可知：矩形香烟有三个图层，也就是香烟由三个矩形组成，如图 8-8 所示。分别设置每段矩形相对于禁止符的图层次序，即可实现嵌套效果。

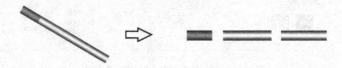

图 8-8 矩形香烟的结构组成

2. 绘制方案（思路）

①先绘制禁止符；②绘制矩形香烟；③香烟组合后旋转；④将香烟与禁止符居中对齐；⑤设置香烟的嵌套：将香烟取消组合，分别设置每段矩形相对于禁止符的图层次序；⑥最后将全部内容组合成完整的图标。

3. 绘制图标工作过程

（1）准备工作

① 将新文件另存、命名；

绘制图形、图标之前，要先设置 Word 选项：显示正文边框（版心标记线），提醒用户在版心内绘制、编排图形、图标，以免图形、图标超界。【参考：教材第_____页，图0-10】

② 页面设置为 A4 纸，纵向，上下左右页边距为 1.0 厘米。

（2）绘制禁止符。绘制禁止符的工作流程如图 8-9 所示，具体步骤如下。

图 8-9　绘制禁止符工作流程

★ **步骤**1　单击"插入""形状"，选择"禁止符"，在页面编辑区内绘制禁止符，如图 8-10 所示，禁止符在版心（正文编辑区）内，不超界。

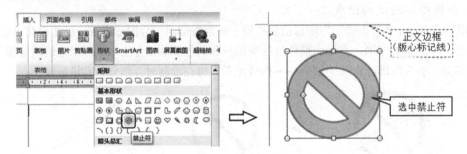

图 8-10　绘制禁止符

★ **步骤**2　选中禁止符。

选中形状：鼠标放在形状内有颜色的部位，或形状的边框（轮廓）位置，鼠标变成十字双向箭头，单击左键，即可选中形状。

单击禁止符→选中，如图 8-10 所示，Word 自动打开"绘图工具""格式"选项卡，如图 8-11 所示，形状的所有格式都在此选项卡中设置。选中的形状四周的控制点如图 8-10 所示。必须先选中形状，才能设置各项格式。

图 8-11　"绘图工具""格式"选项卡

★ **步骤**3　设置禁止符的大小。高 6 厘米，宽 6 厘米；调整禁止符的厚度为 0.5 厘米，用鼠标左键按住禁止符内圆的黄色菱形控制点，水平向左移动，调整禁止符内圆位置在原厚度的一半少一点点的位置，如图 8-12 所示。

提示

测量禁止符厚度的方法，插入一个矩形（测量工具），宽度设置为 0.5 厘米，无形状轮廓色，将 0.5 厘米宽的无边框矩形（测量工具），放在禁止符的厚度位置，对比，即可实现对比测量，如图 8-13 所示。如果禁止符厚度不是 0.5 厘米，将禁止符进行细微调整，厚度与矩形等宽即可。

0.5 厘米宽、无边框矩形，测量禁止符厚度

图 8-12　调整禁止符厚度　　　　图 8-13　测量禁止符厚度

★ **步骤 4**　设置禁止符的颜色。形状填充：红色；形状轮廓：无轮廓，如图 8-14 所示。

★ **步骤 5**　旋转禁止符的方向。单击"绘图工具""格式"选项卡"排列"组的"旋转"按钮，选择"水平翻转"，如图 8-15 所示。

图 8-14　设置禁止符颜色　　　　图 8-15　水平翻转禁止符

至此，禁止符绘制完成，禁止符是一个独立、完整的图形。

（3）绘制矩形香烟。图标中禁止符和香烟是嵌套在一起的，如果香烟是一个完整的矩形，则无法实现嵌套效果，因此，香烟必须是分段的矩形。

绘制矩形香烟的工作流程如图 8-16 所示。过滤嘴部分为橙色渐变，香烟中后部为白色渐变，具体步骤如下。

图 8-16　绘制矩形香烟的工作流程

★ **步骤 6**　绘制香烟的过滤嘴（矩形）。在"禁止符"之外的页面编辑区内绘制矩形，设置矩形大小：高 0.6 厘米，宽 1.6 厘米。设置矩形的形状轮廓：无轮廓。

矩形香烟的立体效果非常逼真，跟真的香烟一样，这种立体效果可以通过矩形的"形状填充→渐变"来实现。

★ **步骤 7**　设置矩形过滤嘴的形状填充为橙色渐变。选中矩形，单击"形状填充"→"渐变"→"其他渐变"，打开"设置形状格式""渐变填充"对话框，如图 8-17 所示。渐变效果通过设置"渐变光圈"中①不同位置的②不同颜色实现。

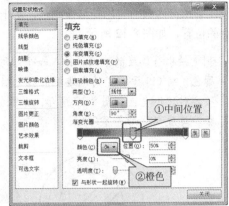

图 8-17 "设置形状格式""渐变填充"对话框　　图 8-18 设置矩形过滤嘴中间的橙色

　　★ **步骤 8**　设置过滤嘴中间的橙色。在图 8-18 所示的"渐变光圈"中，①单击中间位置，②再单击"颜色"按钮，选择"橙色"，如图 8-18 所示。

　　★ **步骤 9**　设置渐变光圈左右两端的深色。在图 8-19 所示的"渐变光圈"中，③单击最左侧位置，④再单击"颜色"按钮，选择"其他颜色"，在"自定义颜色"对话框中，设置红色 128，绿色 96，蓝色 0，如图 8-20 所示。单击"渐变光圈"最右侧位置，设置同样颜色。

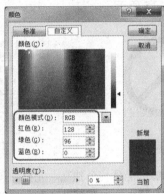

图 8-19 设置渐变光圈左右两端的深色　　图 8-20 自定义颜色　　图 8-21 渐变类型、方向、角度

　　★ **步骤 10**　设置渐变填充的类型（线性）、方向（线性向下）、角度（90°）如图 8-21 所示，制作完成的香烟过滤嘴如图 8-22 所示。

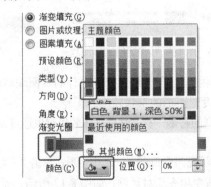

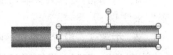

图 8-22 香烟过滤嘴　图 8-23 白色香烟"渐变光圈"左右两端的颜色　　图 8-24 香烟中部白色渐变

★ **步骤** 11 绘制香烟的中部（白色渐变）。将"过滤嘴（矩形）"复制→粘贴在页面编辑区内空白位置，设置宽度为 3 厘米，高度不变。设置"渐变光圈"中间位置为白色；左右两端位置的颜色为"白色，背景 1，深色 50%"，如图 8-23 所示。制作完成的香烟中部如图 8-24 所示。

★ **步骤** 12 绘制香烟的后部（白色渐变）。将"香烟中部（矩形）"复制→粘贴在页面编辑区内空白位置，所有格式都不变。

★ **步骤** 13 选中香烟各部分形状。

选中多个形状的方法一：按住 Shift 键（或 Ctrl 键），依次单击各个形状，即可选中多个形状。单击页面空白处（或按 Esc 键），可撤销选择。

选中多个形状的方法二：在"选择和可见性"窗格列表中，按住 Ctrl 键，依次单击各个形状的名称，即可选择多个形状。

① 单击"开始""编辑"组的"选择"按钮，单击其中的"选择窗格"，在 Word 工作区右侧打开文档的"选择和可见性"窗格，如图 8-25 所示，窗格中列出文档当前页面中的对象。

图 8-25 "开始""编辑"组打开"选择和可见性"窗格

或者，单击形状，在"绘图工具""格式""排列"组中，单击"选择窗格"按钮 ![选择窗格]，打开"选择和可见性"窗格，如图 8-26 所示。

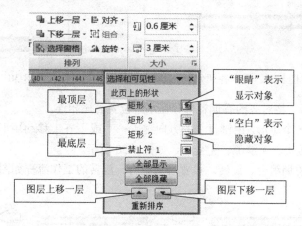

图 8-26 "排列"组"选择窗格"

★ "选择和可见性"窗格列表中对象右边的"眼睛"图标，表示显示对象。单击"眼睛"，隐藏对象，右边的图标为空白；再次单击，恢复"眼睛"图标，对象显示出来，如图 8-26 所示。

★ 列表显示了当前页面中对象的图层次序，排在上方的对象"矩形 4"，图层在最顶层，"矩形 3"在第 2 层，以此类推，排在最下面的对象"禁止符 1"，图层在最底层，如图 8-26 所示。

★ "选择和可见性"窗格最下方的" ▲ ▼ "按钮，是将对象的图层重新排序的按钮，

单击"▲"图层上移一层；单击"▼"图层下移一层。

② 在"选择和可见性"窗格列表中，按住 Ctrl 键，依次单击各个形状的名称，即可选中多个形状。如图 8-27 所示。

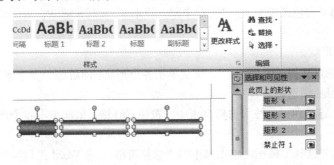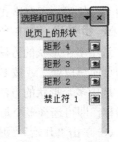

图 8-27 在"选择和可见性"窗格中选择多个形状 　　　图 8-28 关闭"选择窗格"

任选一种方法，选中香烟各部分形状。如图 8-27 所示。（单击"选择窗格"右上角的 ✖，即可关闭"选择窗格"，如图 8-28 所示）

★ **步骤 14** 对齐并连接香烟各部分形状。选中香烟各部分形状后，单击"绘图工具""格式"中"排列"组的"对齐"按钮，选择"上下居中"（对齐所选对象），如图 8-29 所示。（单击页面空白处或按 Esc 键撤销选择）

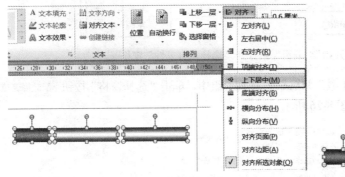

图 8-29 香烟各部分上下居中 　　　　　图 8-30 香烟水平位置首尾相连

★ **步骤 15** 将对齐的香烟各部分在水平位置首尾相连。

分别选中各个矩形，用键盘上的方向键 ← 或 → 移动矩形的水平位置，使各部分矩形首尾相连，无接头、无缝隙、无交错，如图 8-30 所示。

（4）设置香烟组合、旋转。设置香烟组合、旋转的工作流程如图 8-31 所示，具体步骤如下。

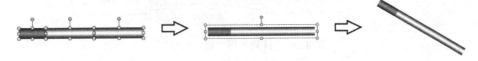

图 8-31 设置香烟组合、旋转的工作流程

★ **步骤 16** 将香烟各部分形状组合。选中首尾相连、上下居中的香烟各部分矩形，单击"绘图工具""格式"中"排列"组的"组合"按钮，选择"组合"，如图 8-32 所示，三个矩形组合为一个香烟整体。

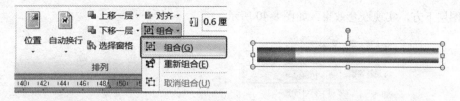

图 8-32　三个矩形组合为一个香烟整体

★ **步骤** 17　将组合的香烟整体旋转30°。选中组合的香烟整体，单击"绘图工具""格式"中"大小"组右下角的按钮，打开"布局"对话框，设置旋转角度为30°，如图 8-33 所示。旋转后的香烟如图 8-34 所示。

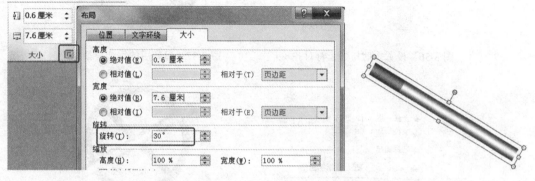

图 8-33　设置旋转 30°　　　　　　　　　　　　　图 8-34　香烟整体旋转 30°

（5）设置香烟与禁止符对齐、嵌套与组合。图标中，禁止符和香烟是嵌套在一起的，如果香烟是一个完整的矩形，或者是同一个图层，无法实现嵌套效果。从图标看出，矩形香烟的橙色过滤嘴部分在禁止符的图层上方，白色香烟中部在禁止符的图层下方，白色香烟的下部在禁止符的图层上方。由此可知：矩形香烟有三个图层（由三个矩形组成），分别设置每段矩形相对于禁止符的图层次序，即可实现嵌套效果。

香烟与禁止符嵌套的工作流程如图 8-35 所示，具体步骤如下。

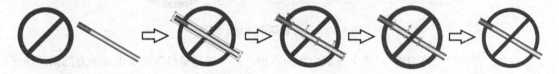

图 8-35　设置香烟与禁止符对齐、嵌套与组合的工作流程

★ **步骤** 18　设置香烟与禁止符对齐。图标中，香烟在禁止符的正中间，因此设置香烟与禁止符"左右居中"、"上下居中"。选中禁止符和香烟整体，单击"绘图工具""格式"中"排列"组的"对齐"按钮，分别选择"左右居中"和"上下居中"（对齐所选对象），如图 8-36 所示，对齐后的禁止符和香烟如图 8-37 所示。（单击页面空白处或按 Esc 键撤销选择）

★ **步骤** 19　将香烟的组合取消，恢复分段矩形。选中图 8-37 中的香烟，单击"组合"按钮，选择"取消组合"，如图 8-38 所示，香烟整体恢复为三个矩形，如图 8-39 所示。（单击空白处或按 Esc 键撤销选择）

★ **步骤** 20　设置香烟中部矩形的图层次序"置于底层"，实现香烟与禁止符嵌套。选中香烟中部的矩形，单击"排列"组的"下移一层"按钮，选择"置于底层"，将香烟中部矩形设置在禁

止符的图层下方，实现嵌套效果，如图 8-40 所示。

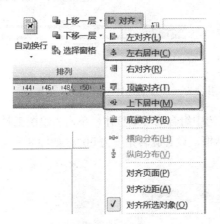

图 8-36　设置香烟与禁止符对齐

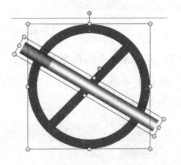

图 8-37　对齐后的香烟与禁止符

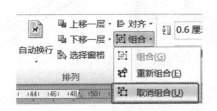

图 8-38　将香烟取消组合

图 8-39　香烟恢复为三个矩形

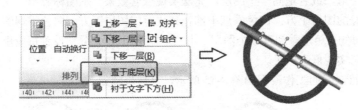

图 8-40　设置香烟中部置于底层

　　或者，打开"选择窗格"，选中香烟中部的矩形，在"选择窗格"中单击最下方的重新排序右边的按钮 ▼ （图层下移一层），如图 8-41 所示，向下移动香烟中部矩形的图层次序，直到下移到禁止符下方为止，即最底层，如图 8-42 所示。

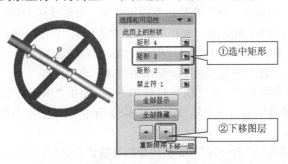

图 8-41　选中"矩形 3"向下移动图层

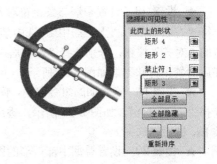

图 8-42　"矩形 3"移动到"禁止符"下方

还有其他的方法制作禁止符和香烟之间的嵌套效果，自己想想、做做、试一试。

★ **步骤 21** 组合图标的全部形状。按住 Shift 键（或 Ctrl 键），依次单击禁止符和香烟的三个矩形，选中全部形状，组合为一个完整的"禁止吸烟"图标，如图 8-43 所示，图标绘制完成。

组合后的图标，是一个整体，可以移动，可以缩放，可以另存为图片文件。

★ **步骤 22** 预览，检查，修改完善。预览观察图标整体效果，仔细检查图标各部分细节：图形之间的位置关系，如香烟的三个矩形之间是否有间隙、缝隙、错位、接头等（拼合的图形尽量做到天衣无缝，看不出破绽），各组成部分是否居中，大小、位置、比例是否合适，图标整体是否协调美观，各部分颜色设置是否恰当等，根据效果修改、调整、完善，直至与原图标一致为准。

图 8-43 组合的禁止吸烟图标

至此，"禁止吸烟"图标绘制完成，保存文件 💾 。

二、绘制图标 2 "国际红十字会"

1. 分析图标的结构组成

如图 8-44 所示，"国际红十字会"图标由图形部分和文字部分组成：图形由黑色同心圆、红色十字形构成背景；文字由上弯弧形艺术字、下弯弧形艺术字组成，共计四个组成部分。

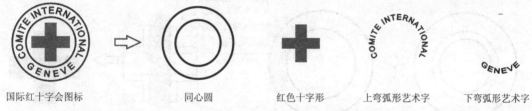

国际红十字会图标　　　同心圆　　　红色十字形　　上弯弧形艺术字　　下弯弧形艺术字

图 8-44 "国际红十字会"图标的组成

四个组成部分之间的图层关系：黑色同心圆和红色十字形在图标最底层，上弯弧形艺术字、下弯弧形艺术字在图标顶层。

2. 绘制方案（思路）

①先绘制黑色同心圆和红色十字形；②将两图形左右居中、上下居中对齐后，组合成为背景；③制作上弯弧形艺术字；④将艺术字与背景左右居中、上下居中对齐后；⑤调整艺术字的弧度、字体间距、内部边距等，将艺术字与背景组合；⑥制作下弯弧形艺术字，对齐背景，调整弧度、字体间距、内部边距等；⑦最后全部组合，形成完整的图标。

3. 绘制图标工作过程

（1）准备工作

① 将新文件另存、命名；

提示　绘制图形、图标之前，要先设置 Word 选项：显示正文边框（版心标记线），提醒用户在版心内绘制、编排图形、图标，以免图形、图标超界（参考本教材第 5 页图 0-10）。

② 页面设置为 A4 纸，纵向，上下左右页边距为 1.0 厘米。

（2）绘制黑色同心圆

★ **步骤 1** 单击"插入""形状"，选择"同心圆"，在页面编辑区内绘制同心圆，如图 8-45 所示，同心圆在版心（正文编辑区）内，不超界。

★ **步骤 2** 设置同心圆格式：高度 6 厘米，宽度 6 厘米；设置同心圆的颜色，形状填充：无填充颜色；形状轮廓：黑色，形状轮廓的粗细：3 磅。

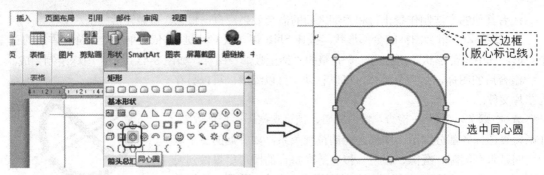

图 8-45　绘制同心圆

　　★ **步骤 3**　调整同心圆的厚度为 1.1 厘米。用鼠标左键按住同心圆内圆的黄色菱形控制点，水平向左移动，调整同心圆内圆位置在原厚度的三分之二的位置，如图 8-46 所示。

　　测量同心圆厚度的方法，插入一个矩形，宽度设置为 1.1 厘米，无形状轮廓色，将 1.1 厘米宽的无边框矩形，放在同心圆的厚度位置，对比，即可实现对比测量，如图 8-46 所示。如果同心圆厚度不是 1.1 厘米，将同心圆进行细微调整，厚度与矩形等宽即可。

　　黑色同心圆绘制完成。

图 8-46　调整测量同心圆厚度　　　　　　　　图 8-47　十字形外轮廓位置

　　（3）绘制红色十字形

　　★ **步骤 4**　单击"插入""形状"，选择"十字形"，在页面编辑区内绘制十字形，十字形在版心（正文编辑区）内，不超界。

　　★ **步骤 5**　设置十字形格式：高 3 厘米，宽 3 厘米；调整十字形的厚度为 0.85 厘米。用鼠标左键按住十字形顶边的黄色菱形控制点，水平向右移动，调整十字形轮廓位置在原厚度的三分之二的位置，如图 8-47 所示。用 0.85 厘米宽的矩形测量，调整。设置十字形的颜色：形状填充：红色；形状轮廓：无轮廓色。

　　红色十字形绘制完成。

　　（4）制作背景。制作背景的工作流程如图 8-48 所示，具体步骤如下。

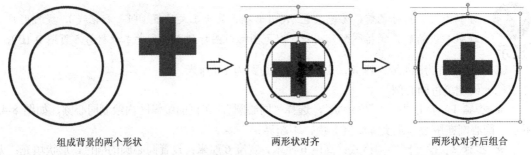

组成背景的两个形状　　　　　　　两形状对齐　　　　　　　　两形状对齐后组合

图 8-48　制作背景的工作流程

★ **步骤** 6 选中黑色同心圆和红色十字形,设置两形状对齐方式为:左右居中、上下居中(对齐所选对象);将二者组合为一个整体,背景制作完成,如图 8-48 所示。

(5)制作上弯弧形艺术字。工作流程如图 8-49 所示,具体步骤如下。

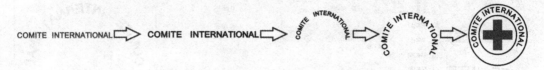

图 8-49 制作上弯弧形艺术字工作流程

★ **步骤** 7 插入艺术字,样式为第 3 行第 4 列,如图 8-50 所示;输入文字 "COMITE INTERNATIONAL",如图 8-51 所示。

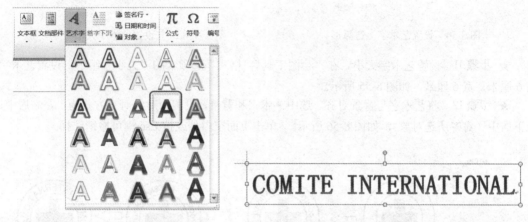

图 8-50 插入艺术字,选择样式   图 8-51 输入文字

★ **步骤** 8 设置艺术字字体格式。在 "开始" 选项卡的 "字体" 组中,设置艺术字的字体: Arial Unicode MS,26 号,加粗,如图 8-52 所示。

图 8-52 设置艺术字字体格式

★ **步骤** 9 设置艺术字颜色。在 "绘图工具" "格式" 选项卡的 "艺术字样式" 组中设置艺术字颜色,文本填充:黑色;文本轮廓:黑色,如图 8-53 所示。

图 8-53 设置艺术字颜色

★ **步骤** 10 设置艺术字上弯弧形。选中艺术字,单击 "绘图工具" "格式" 选项卡的 "艺术

字样式"组中"文本效果"按钮，选择"转换"→"上弯弧"，如图 8-54 所示。

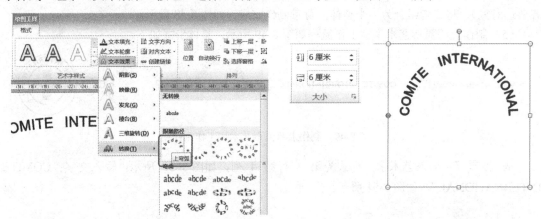

图 8-54　设置艺术字上弯弧形　　　　　　　图 8-55　设置艺术字大小

★ **步骤 11**　设置艺术字大小。在"绘图工具""格式"选项卡的"大小"组中，设置艺术字高 6 厘米，宽 6 厘米，如图 8-55 所示。

★ **步骤 12**　将艺术字与背景对齐。选中艺术字和背景，设置两对象对齐方式为：左右居中、上下居中（对齐所选对象），如图 8-56 所示。（单击页面空白处或按 Esc 键可撤销选择）

图 8-56　设置艺术字与背景对齐　　　　　　图 8-57　调整上弯艺术字的弧度

★ **步骤 13**　调整上弯艺术字的弧度。选中上弯艺术字，用鼠标左键按住艺术字左侧的紫色菱形控制点，向右下方移动，调整艺术字的弧度如图 8-57 所示的位置（水平向下 30° 的位置）。

★ **步骤 14**　设置上弯艺术字的字体间距。选中上弯艺术字，单击"开始"选项卡的"字体"组右下角的对话框按钮，打开"字体"对话框，在"高级"中设置"间距"为"加宽""1.5 磅"，如图 8-58 所示。

图 8-58　设置上弯艺术字的字体间距

★ **步骤 15**　设置上弯艺术字的内部边距。选中上弯艺术字，单击"绘图工具""格式"选项卡的"艺术字样式"组右下角的对话框按钮，打开"设置文本效果格式"对话框，单击左侧的"文本框"按钮，在右侧设置"内部边距""左右上下"分别为 "0.1 厘米"，使上弯艺术字在同心圆内均匀分布，上下间距均等，如图 8-59 所示。

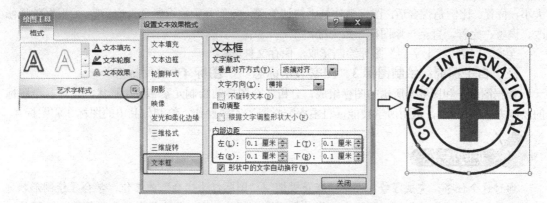

图 8-59　设置上弯艺术字的内部边距

★ **步骤 16**　将上弯艺术字与背景组合。设置完上弯艺术字的所有格式后（大小、位置、弧度、字体间距、内部边距），将上弯艺术字与背景对齐（左右居中、上下居中），组合为整体。

（6）制作下弯弧形艺术字。

★ **步骤 17**　同样步骤和方法制作下弯弧形艺术字"GENEVE"。

★ **步骤 18**　设置下弯弧形艺术字的各部分格式。

① 字体：Arial Unicode MS，26 号，加粗；②文本填充：黑色；文本轮廓：黑色；③"文本效果"→"下弯弧"；④高 6.1 厘米，宽 6.1 厘米；⑤与背景对齐：左右居中、顶端对齐；⑥弧度如图 8-60 所示；⑦字体"间距"为"加宽"、"5 磅"，"缩放"130%，如图 8-61 所示；⑧"内部边距""左右上下"分别为 "0 厘米"，如图 8-62 所示。

图 8-60　调整下弯艺术字的弧度　　　图 8-61　设置下弯艺术字的字体间距和缩放

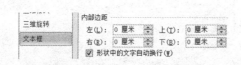

图 8-62　设置下弯艺术字的内部边距　　　图 8-63　绘制完成的"国际红十字会"图标

★ **步骤 19**　将下弯艺术字与背景对齐、组合。设置完下弯艺术字的所有格式后，将下弯艺术字与背景对齐（左右居中、顶端对齐），使下弯艺术字在同心圆内均匀分布，上下间距均等；将所有部分组合为整体。图标绘制完成，如图 8-63 所示。组合后的图标，是一个整体，可以移动，

可以缩放，可以另存为图片文件。

★ **步骤 20** 预览，检查，修改完善。预览观察图标整体效果，仔细检查图标各部分图形之间的位置关系，如上弯艺术字、下弯艺术字与同心圆之间是否间距均等，各组成部分是否居中，大小、位置、比例是否合适，图标整体是否协调美观，各部分颜色设置是否恰当等， 根据效果修改、调整、完善，直至与原图标一致为准。

至此，"国际红十字会"图标绘制完成，保存文件 💾 。

三、自主探究：绘制图标 3 "国家节水标志"、图标 4 "餐厅标志"

根据图 8-4 和图 8-5 所示的图标组成，分析各个图标的绘制元素和选用形状，设计各个图标的绘制方案（思路），运用所学技能，自主探究学习、实践操作、绘制作品中的图标 3 和图标 4。

通过这个任务，完成了绘制图标"禁止吸烟"、"国际红十字会"的工作，学会了绘制形状、设置形状各种格式等操作，回顾整个工作过程，将此任务中的工作流程和操作要领总结如下。

1. 总结绘制图标的工作流程

① 新建文件，另存，命名，显示正文边框；

② 页面设置；

③ 分析图标的结构、组成、关系；

④ 插入形状 1；

⑤ 设置形状 1 格式（大小、颜色、线型、位置、旋转、效果）；　　【绘制形状 1】

⑥ 循环第④、第⑤步，【绘制形状 2】（相同形状：选中→复制→粘贴）

⑦ 编辑、修改各形状间的排列关系★★（对齐分布、图层次序、形状组合）；

⑧ 循环第④、第⑤、第⑥、第⑦步【绘制形状 3（或文本框）】

⑨ 组合整体图标

⑩ 预览、检查、修改，保存图片文件（*.docx，*.jpg）。

2. 选中多个形状的方法

方法一 按住 Shift 键（或 Ctrl 键），依次单击各个形状，即可选中多个形状。

方法二 在"选择和可见性"窗格列表中，按住 Ctrl 键，依次单击各个形状的名称，可选择多个形状。

3. 总结形状的格式包含的设置内容

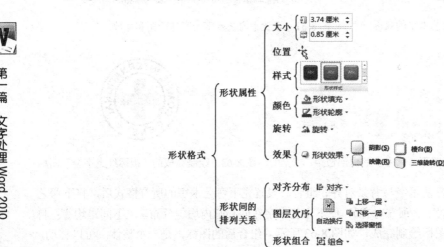

4. 总结企业 Logo 图标、警示标志、安全图标等运用的绘图技术

① 形状的遮盖→得到新形状，例如 ◆□▸ → ◖ → ◖ ， □▪ → ▪◯ → ◯

② 形状的等比例缩放→得到相似图形，例如 ▰ ▸ ▱ → ▱ ， ◗ ▸ ◯ → ◯ → ◡

③ 形状的拼接→得到新形状，例如 ⟨⟩ → ⟩

④ 运用自由曲线绘制图形→得到新形状，例如 ～

⑤ 编辑形状顶点→修改形状轮廓，例如 ◯ → ○ → ◌̈ → △

评价反馈

作品完成后，填写表 8-1 所示的评价表。

表 8-1 "绘制图标"评价表

评价模块	评 价 内 容			自评	组评	师评
	学习目标	评价项目				
专业能力	1. 管理 Word 文件	新建、另存、命名、关闭、打开、保存文件				
	2. 设置页面格式	设置纸型、方向、页边距				
	3. 分析图标的组成结构	分析图标的结构组成				
		分析组成图标的基本形状、文字				
		分析各部分间的关系：位置、图层、排列				
	4. 绘制各种形状	插入各种形状				
		设置形状格式	大小：高度、宽度			
			形状填充、渐变、无填充色			
			形状轮廓、无轮廓色、线型粗细			
			旋转或翻转			
			阴影效果、阴影设置			
	5. 制作艺术字	插入艺术字：选择样式，录入文字				
		设置艺术字格式	设置字体、字号			
			大小：高度、宽度			
			颜色：形状填充、形状轮廓			
			文本效果：弧型、弧度			
			字体间距			
			内部边距			
	6. 设置图形之间的排列关系	分布与对齐：左右居中、上下居中……				
		图层次序：置于顶层、置于底层				
		图形组合、取消组合				
	7. 图标各部分之间的位置、大小、比例关系、图标整体效果					
	8. 正确上传文件					
可持续发展能力	自主探究学习、自我提高、掌握新技术		□很感兴趣	□比较困难	□不感兴趣
	独立思考、分析问题、解决问题		□很感兴趣	□比较困难	□不感兴趣
	应用已学知识与技能		□熟练应用	□查阅资料	□已经遗忘
	遇到困难，查阅资料学习，请教他人解决		□主动学习	□比较困难	□不感兴趣
	总结规律，应用规律		□很感兴趣	□比较困难	□不感兴趣
	自我评价，听取他人建议，勇于改错、修正		□很愿意	□比较困难	□不愿意
	将知识技能迁移到新情境解决新问题，有创新		□很感兴趣	□比较困难	□不感兴趣
社会能力	能指导、帮助同伴，愿意协作、互助		□很感兴趣	□比较困难	□不感兴趣
	愿意交流、展示、讲解、示范、分享		□很感兴趣	□比较困难	□不感兴趣
	敢于发表不同见解		□敢于发表	□比较困难	□不感兴趣
	工作态度，工作习惯，责任感		□好	□正在养成	□很少
成果与收获	实施与完成任务	□☺独立完成	□☺合作完成	□☹不能完成	
	体验与探索	□☺收获很大	□☺比较困难	□☹不感兴趣	
	疑难问题与建议				
	努力方向				

复习思考

1. 如何选中多个形状对象？如何撤销选中？
2. 如何隐藏或显示形状对象？
3. 如何设置形状对象的透明背景？
4. 形状对象的对齐与分布包含哪些内容？
5. 形状与形状、艺术字之间的图层次序包含哪些设置效果？

拓展实训

1. 绘制下列图标，学习绘制图标的各项技术，设置图标各组成部分的格式，整体效果美观。

图标1　灯笼

提示：灯笼尺寸
① 灯笼体：椭圆 4.5 厘米×6.6 厘米　　　轮廓线：黄色，粗细2磅
　　　　　4.5 厘米×5 厘米
　　　　　4.5 厘米×3 厘米
　　　　　4.5 厘米×1 厘米
② 上盖、下盖：矩形 0.6×2.5 厘米无轮廓线，填充"橙-黄-橙"渐变
③ 顶线：直线 2.1 厘米　　　　　轮廓线：橙色，粗细3磅
④ 下穗：曲线 3 厘米×1 厘米　　轮廓线：橙色，粗细1.5磅

图标2　北京奥运图标

提示：五环嵌套相连
　　① 绘制"空心弧 "（宽高相等）；
　　② 两个完全相同的空心弧可以对接成一个闭合的、无缝圆环；
　　③ 分别设置上半空心弧、下半空心弧的图层次序，实现环环嵌套相连。

图标3　私人印章，手戳

提示：印章尺寸
　　私人印章（方章）的外轮廓（正方形边框）尺寸参考为 12×12；14×14；16×16；18×18；20×20；22×22（单位：毫米），边框粗细 2～3 磅。
　　手戳（长方形）的外形尺寸参考为：14×6 或 13×5（单位：毫米）。

2. 绘制下列企业 Logo 图标，理解图标的创意和文化内涵。设置图标各组成部分的格式，图标各部分图、文之间的位置、大小、比例、图层次序协调，整体效果美观。

深圳市大广发物流有限公司

香港宏图伟业有限公司

香港恒钻投资控股有限公司

山西三元投资公司

温州市文乐图书有限公司

东莞市山水乐人服饰有限公司

海浪(上海)生态科技有限公司

哈萨克斯坦石油监利公司

北京泰谱科技发展有限公司

3. 绘制下列公益图标、安全标志、警示标志，理解图标的创意和文化内涵。设置图标各组成部分的格式，图标各部分图、文之间的位置、大小、比例、图层次序协调，整体效果美观。

任务**9** 绘制组织结构图

组织结构图是企业的流程运转、部门设置及职能规划等最基本的结构依据,是用来表示雇员、职称和群体各种层次关系的图表。它形象、直观地反映组织内各机构、岗位上下左右相互之间的关系,简洁明了地展示组织内的等级与权力、角色与职责、功能与关系。组织结构图有助于帮助新员工了解和认识公司。常见的组织结构形式有中央集权制、分权制、直线式以及矩阵式等。

制作组织结构图的软件有 Word、 Visio、WPS Office 等。其中,Word 中内嵌组织结构图制作插件工具(SmartArt 图形),用其绘制组织结构图简单、方便、美观、快速、高效;也可以使用绘图工具制作。

本任务以某公司的组织结构图为例,学习使用 Word 中的 SmartArt 图形绘制组织结构图的方法。

 提出任务

在 Word 2010 中绘制某公司组织结构。A4 纸,纵向,上下左右边距为 2 厘米。设置结构图各部分的格式。

作品展示

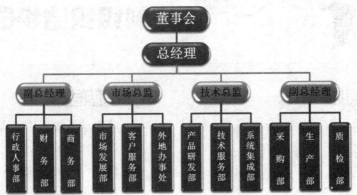

****公司组织结构图

分析任务

1. 组织结构图的组成

一幅完整的组织结构图应包含以下要素。

（1）标题（公司名称、Logo、包括"组织结构图"字样）；

（2）发布的日期、版本；

（3）结构图主体，由框（框中有职位或部门名称）和连接线（层级关系）构成；

（4）读图说明、备注，修改记录；

（5）制作部门、制作人，批准人签名。

作品所示的某公司组织结构图只是其中的结构图标题、日期和结构图主体部分。

2. 组织结构图的层级关系

组织结构图主要是表达组织结构中的隶属、管理、支持等逻辑关系，用"逻辑线"（在图上显示的是连接线）来表达。

作品的组织结构图层级关系如图 9-1 所示，是"总经理"在上的组织结构和企业服务理念。从上至下有 4 级部门或职位，隶属、管理、支持关系一目了然。

****公司组织结构图

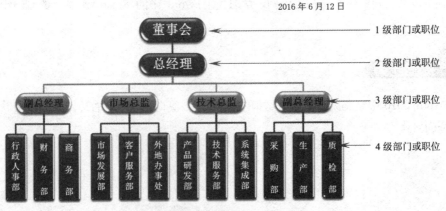

图 9-1　组织结构图的层级关系

图 9-2 所示的是"总经理"在下的新式组织结构图。把客户置于最上层，把员工置于次上层。

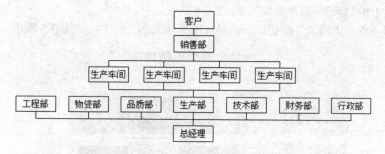

图 9-2　新式组织结构图

以上分析的是组织结构图的基本要素、组成部分、层级关系等，下面按工作过程学习具体的操作步骤和操作方法。

 完成任务

1. 准备工作

（1）将新文件另存、命名。

（2）页面设置为 A4，纵向，上下左右边距为 2 厘米。

（3）录入结构图标题"××公司组织结构图"，回车；录入日期，回车。

（4）设置标题格式为：隶书、二号、居中、单倍行距；日期格式为：宋体、小四、右对齐、单倍行距。

2. 绘制组织结构图

（1）插入 SmartArt 图形

★ **步骤 1**　插入点移到日期下，单击"插入"选项卡中"插图"组的"SmartArt"按钮 ，如图 9-3 所示，打开"选择 SmartArt 图形"对话框，如图 9-4 所示。

图 9-3　插入 SmartArt 图形

图 9-4 所示对话框内置了 SmartArt 图形库，有不同类型的模板，可以表达流程、层次结构、循环或关系等。

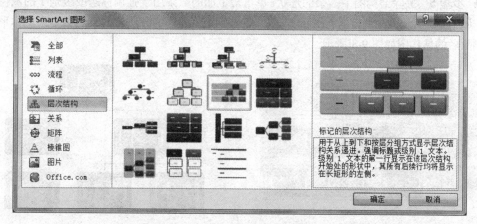

图 9-4　"选择 SmartArt 图形"对话框

★ **步骤 2**　在图 9-4 所示的对话框中，单击"层次结构"选项，选择与作品结构相似或接近的图形类型，例如"标记的层次结构"，如图 9-4 所示。

★ **步骤 3**　单击"确定"按钮。SmartArt 图形插入到文档中，如图 9-5 所示。

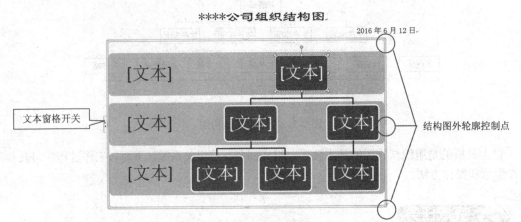

图 9-5　插入的 SmartArt 图形

★ **步骤 4**　调整组织结构图的外轮廓大小。外轮廓的边框有 8 个控制点，可以缩放大小。也可以选中外轮廓的边框，单击"SmartArt 工具""格式"选项卡，在"大小"组中设置外轮廓大小为：高度 10 厘米，宽度 17 厘米。如图 9-6 所示。

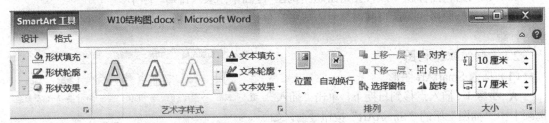

图 9-6　设置组织结构图的外轮廓大小

（2）设计、修改 SmartArt 图形结构。图 9-5 所示的组织结构不符合作品所示的树状层次结构，需要修改、设计。

★ **步骤 5**　去除结构图中多余的形状。单击最上面的一条用于强调标题或级别 1 的灰色文本形状，如图 9-7 所示，按键盘的"Delete"键，将其删除。同样的方法将其余两条多余文本形状删除，删除后的结构图如图 9-8 所示。

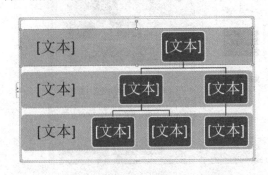

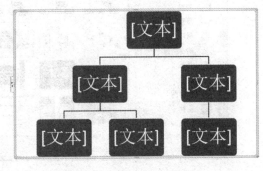

图 9-7　选中强调标题或级别 1 的文本形状　　　　图 9-8　删除多余的文本形状

★ **步骤** 6   分析结构。对比图 9-8 和作品的结构，发现图 9-8 是作品的第 2、第 3、第 4 级部门，最上面少第 1 级部门，因此，需要在最上面的形状添加"上一级形状"（父）。作品中第 3 级部门有 4 个（同级、平行关系），每个第 3 级部门有 3 个第 4 级部门（子）。因此需要根据作品的各级结构和层级关系，设计、添加对应的形状。

★ **步骤** 7   设计、添加形状。选中最上层的形状，单击"SmartArt 工具""设计"选项卡→"创建图形"组→"添加形状"按钮 🗂 添加形状 ▾ ，如图 9-9 所示，选择其中的" 🗃 在上方添加形状(V) "选项。添加形状后的结构图如图 9-10 所示。

图 9-9   在上方添加形状

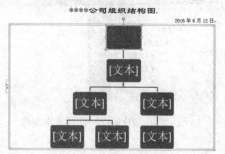

图 9-10   添加形状后的结构图

★ **步骤** 8   添加其余形状。同样的方法，按照作品层级结构和关系，在结构图中添加其他层级的形状。添加同一级形状选择"在后面"或"在前面"；添加下一级形状选择"在下方"。添加各级形状后的结构图如图 9-11 所示，符合作品所示的层级结构。添加形状过程中，可以选中一个或多个或全部形状，移动位置。

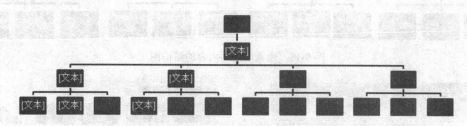

图 9-11   添加各级形状后的结构图

（3）编辑结构图的文本内容。

★ **步骤** 9   在"SmartArt 工具""设计"选项卡中"创建图形"组中，单击"文本窗格"按钮 🔲 文本窗格 ，打开结构图的文本窗格，如图 9-12 所示。或者将鼠标放在结构图"文本窗格开关"上 ┇（外轮廓左边框的突出处），鼠标变成手形 🖑 ，单击文本窗格开关，如图 9-13 所示，也可打开文本窗格。

★ **步骤** 10   在文本窗格中录入各层级项的文本内容，如图 9-14 所示。或者直接在结构图的各个形状中录入文本内容。输入各层级项内容后的结构图如图 9-15 所示。

文本录入完成，检查无误后，可以单击"文本窗格"右上角的 ✖ ，关闭文本窗格；也可以再次单击"文本窗格开关" ┇ 或"SmartArt 工具""设计"选项卡中"创建图形"组中的"文本窗格"按钮 🔲 文本窗格 ，将文本窗格关闭。

3. 设置组织结构图各部分格式

（1）设置组织结构图样式

★ **步骤** 11   单击"SmartArt 工具""设计"选项卡中"SmartArt 样式"组样式列表右下角的

快翻按钮，打开 SmartArt 样式列表，选择其中合适的样式，如三维的"优雅"样式，如图 9-16 所示。设置样式后的结构图如图 9-17 所示。

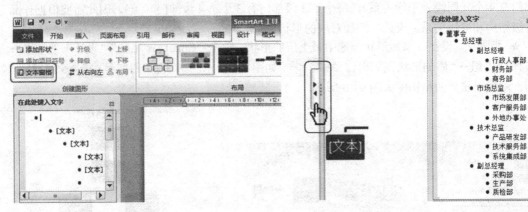

图 9-12 打开文本窗格   图 9-13 单击文本窗格开关   图 9-14 输入层级项内容

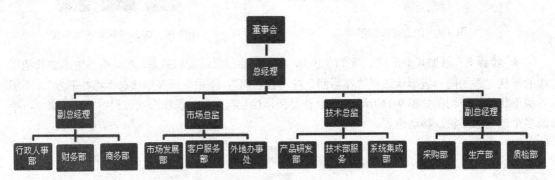

图 9-15 输入层级项内容的结构图

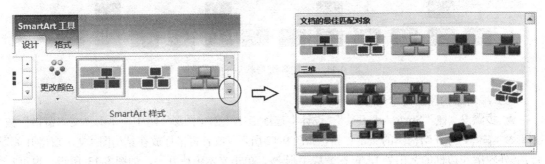

图 9-16 选择结构图样式

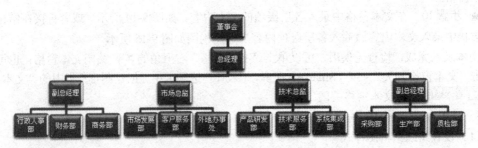

图 9-17 设置样式后的结构图

（2）设置组织结构图颜色

★ **步骤** 12 单击"SmartArt 工具""设计"选项卡中"SmartArt 样式"组的"更改颜色"按钮 ，打开 SmartArt 颜色列表，选择其中合适的颜色，如彩色的第一种，如图 9-18 所示。设置颜色后的结构图如图 9-19 所示。

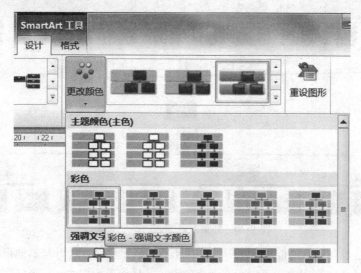

图 9-18 选择结构图颜色

图 9-19 设置颜色后的结构图效果

图 9-18 所示的"SmartArt 工具""设计"选项卡中最右边的"重设图形"按钮 ，可以撤销结构图的所有格式，包括结构图样式、颜色、大小、位置、文本格式等，恢复到图 9-15 所示的状态。

（3）设置组织结构图中每个形状的大小和位置

选中多个形状的方法一：按住 Shift 键（或 Ctrl 键），依次单击各个形状，即可选中多个形状。单击页面空白处（或按 Esc 键），可撤销选择。

选中多个形状的方法二：在组织结构图轮廓范围内，鼠标变成向左上指的空心箭头 ，按住鼠标左键，对准需要选择的多个形状，划出一个矩形范围，松开鼠标左键，即可选中矩形范围内的多个形状，如图 9-20 所示。单击页面空白处（或按 Esc 键），可撤销选择。

这种方法适合选择同一级的所有形状，不适合选择不同级别的形状，因为会把不同级别形状之间的连接线一起选中。选择不同级别的形状，适合采用方法一。

★ **步骤** 13 选中第 1 级和第 2 级的形状，拖动形状的控制点，改变形状的大小，如图 9-21 所示。

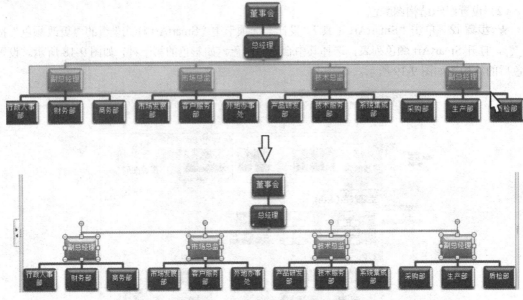

图 9-20　划矩形范围选中多个形状

★ **步骤** 14　设置形状的位置。选中第 1 级形状，向上移动，拉开与其他形状之间的距离。使组织结构图的连接线能完整、清晰、准确地显示，并且使形状与线、与形状之间的间距均匀。同样的方法设置第 2 级形状的位置如图 9-22 所示。

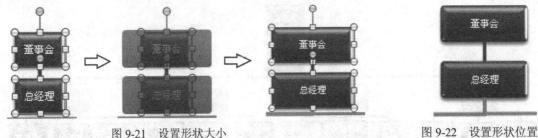

图 9-21　设置形状大小　　　　　　　　　　　图 9-22　设置形状位置

★ **步骤** 15　设置其他各级形状的大小和位置。

提示　设置时，选中同一级的所有形状，同时设置大小，这样同一级所有的形状的大小设置后是一模一样的，尺寸相同。如图 9-23 所示。

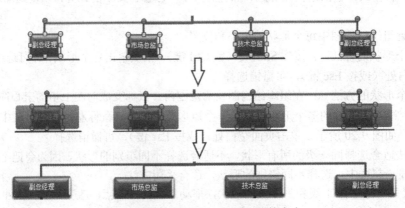

图 9-23　同时设置同一级别形状的大小

结构图的所有级别的形状大小和位置设置完成后的效果如图 9-24 所示。

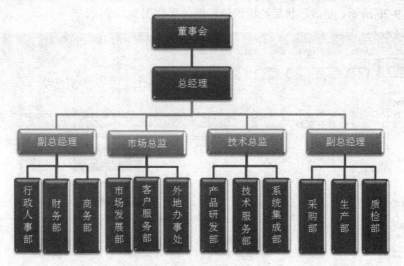

图 9-24　所有形状大小和位置设置完成后的效果

（4）设置组织结构图中文字的格式

★ **步骤** 16　设置组织结构图各部分文字的格式如下。

第 1 级"董事会"文字格式为：宋体，18 号，加粗，白色，单倍行距，段前、段后为 0 磅。

第 2 级"总经理"文字格式为：宋体，16 号，加粗，白色，单倍行距，段前、段后为 0 磅。

所有第 3 级"副总经理"等文字格式为：宋体，14 号，加粗，黑色，单倍行距，段前、段后为 0 磅。

所有第 4 级"行政人事部"等文字格式为：宋体，12 号，加粗，白色，单倍行距，段前、段后为 0 磅。其中三个字的"财务部"、……"质检部"行距为：多倍行距 1.7～1.9 倍。设置后的效果如图 9-25 所示。

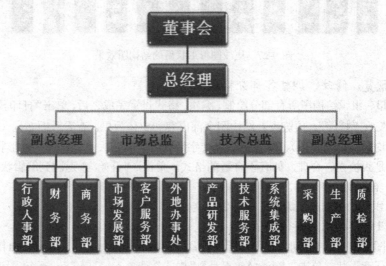

图 9-25　设置文字格式

（5）更改图形形状

★ **步骤** 17　选中 1 级、2 级、3 级所有的图形，单击"SmartArt 工具""格式"选项卡中"形

状"组的"更改形状"按钮 更改形状 ，在打开的形状列表中选择"流程图"中的"终止"形状 ，如图 9-26 所示。更改形状后的组织结构图效果如图 9-27 所示。

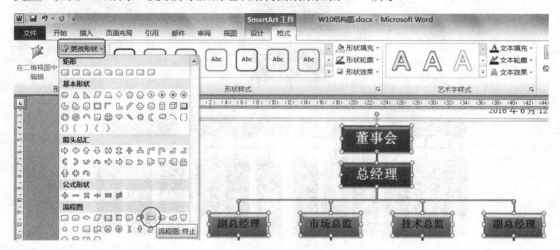

图 9-26 更改图形形状

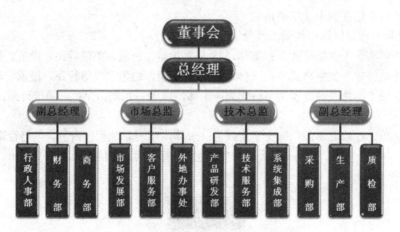

图 9-27 更改图形形状后的结构图效果

4. 打印预览，修改、调整各部分格式

★ **步骤 18** 组织结构图所有部分绘制、编辑、格式设置完成之后，单击"打印预览"按钮 ，或单击"文件"→"打印"，预览查看结构图全部内容和整体效果，查看版面布局（文字醒目、线条清晰、间隔均匀、排列整齐）、颜色搭配、文字清晰度、文字大小、比例、各形状大小、位置、间距、比例等是否恰当、合理，如有不合适的格式，单击 "开始"，返回到编辑状态，进行修改和调整，直到合适为止。

至此，组织结构图的绘制编辑完成。保存文件。

5. 设置组织结构图的其他格式

SmartArt 图形本身具有图形的性质，所以设置图形格式的各种工具对 SmartArt 图形同样适用。选中结构图中任意形状，单击"SmartArt 工具""格式"选项卡，打开 SmartArt 图形的格式选项，如图 9-28 所示。

在"格式"选项卡中除了可以更改 SmartArt 图形的形状（图 9-26）外，还可以设置 SmartArt 图形的"形状样式"和 SmartArt 图形的"艺术字样式"及艺术字的"文本效果"。

图 9-28 "SmartArt 工具""格式"选项卡

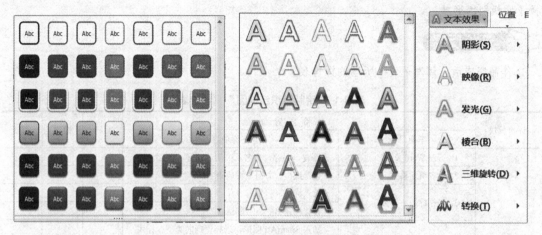

图 9-29 SmartArt 形状样式列表　　图 9-30 SmartArt 艺术字样式列表　图 9-31 文本效果列表

（1）单击"格式"选项卡"形状样式"组的快翻按钮，从展开的列表中（图 9-29）选择需要的形状样式。

（2）单击"格式"选项卡"艺术字样式"组的快翻按钮，从展开的列表中（图 9-30）选择需要的艺术字样式。

（3）单击"艺术字样式"组的"文本效果"按钮，从展开的库中（图 9-31）选择合适的文本效果。

6. 绘制流程图与绘制组织结构图的方法类似，也可以使用插入形状来绘制流程图。

归纳总结

1. 总结绘制组织结构图的工作流程

通过这个任务，绘制了某公司的组织结构图，学习了使用 SmartArt 图形绘制结构图的方法，以及设置 SmartArt 图形格式的方法，回顾整个工作过程，将绘制组织结构图的工作流程总结如下。

① 新建文件→另存，命名；

② 页面设置；

③ 录入结构图标题，回车，录入日期，回车；

④ 插入 SmartArt 图形，选择最适合的结构类型；

⑤ 编辑、修改结构图（调整结构图外轮廓大小、设计修改图形结构）；

⑥ 编辑结构图文本内容；

⑦ 设置结构图各部分格式（样式、颜色、大小、位置）；

⑧ 设置结构图中文本格式；

⑨ 根据需要更改结构图的图形形状;

⑩ 检查结构图全部内容和整体效果。

2. 在 SmartArt 图形中选中多个形状的方法

方法一:按住 Shift 键（或 Ctrl 键），依次单击各个形状，即可选中多个形状。适合选择不同级别，或同一级的所有形状。

方法二:在 SmartArt 图形轮廓内，按住鼠标左键，对准需要选择的多个形状，划一个矩形范围，松开鼠标左键，即可选中矩形范围内的多个形状。适合选择同一级的所有形状，不适合选择不同级别的形状。

 评价反馈

作品完成后，填写表 9-1 所示的评价表。

表 9-1 "绘制组织结构图" 评价表

评价模块	评 价 内 容		自评	组评	师评
	学习目标	评价项目			
专业能力	1. 管理 Word 文件	新建、另存、命名、关闭、打开、保存文件			
	2. 设置页面格式	设置纸型、方向、页边距			
	3. 制作标题、日期	录入标题、日期内容			
		设置标题格式、日期格式			
	4. 绘制组织结构图	插入 SmartArt 图形，选择正确的类型、样式			
		调整结构图外轮廓的大小			
		设计、修改 SmartArt 图形结构			
		编辑结构图的文本内容			
	5. 设置结构图各部分格式	设置结构图样式、颜色			
		设置结构图中每个图形的大小和位置			
		设置结构图中文字的格式			
		结构图中图形的形状、间距、线条			
	6. 根据预览整体效果和页面布局，进行合理修改、调整各部分格式				
	7. 正确上传文件				
可持续发展能力	自主探究学习、自我提高、掌握新技术	□很感兴趣	□比较困难	□不感兴趣
	独立思考、分析问题、解决问题	□很感兴趣	□比较困难	□不感兴趣
	应用已学知识与技能	□熟练应用	□查阅资料	□已经遗忘
	遇到困难，查阅资料学习，请教他人解决	□主动学习	□比较困难	□不感兴趣
	总结规律，应用规律	□很感兴趣	□比较困难	□不感兴趣
	自我评价，听取他人建议，勇于改错、修正	□很愿意	□比较困难	□不愿意
	将知识技能迁移到新情境解决新问题，有创新	□很感兴趣	□比较困难	□不感兴趣
社会能力	能指导、帮助同伴，愿意协作、互助	□很感兴趣	□比较困难	□不感兴趣
	愿意交流、展示、讲解、示范、分享	□很感兴趣	□比较困难	□不感兴趣
	敢于发表不同见解	□敢于发表	□比较困难	□不感兴趣
	工作态度，工作习惯，责任感	□好	□正在养成	□很少
成果与收获	实施与完成任务	□☺独立完成	□☺合作完成	□☹不能完成
	体验与探索	□☺收获很大	□☺比较困难	□☹不感兴趣
	疑难问题与建议			
	努力方向			

复习思考

1. 什么是组织结构图？它的功能和作用是什么？
2. 在 Word 中用什么插件工具绘制组织结构图？效果如何？
3. 组织结构图由哪些部分组成？
4. 如何选中结构图中的多个形状？如何撤销选择？
5. 如何改变结构图中某形状的层级？

拓展实训

1. 在 Word 2010 中绘制不同单位的组织结构图。A4 纸，上下左右页边距为 2 厘米。按样文设置结构图各部分格式，设计结构图的颜色和三维效果，排版美化结构图，所有内容均匀分布在一页 A4 纸内（不超页）。

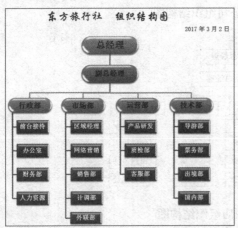

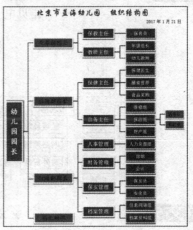

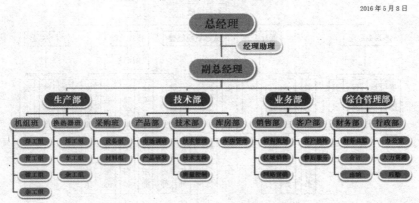

2. 在 Word 中使用 SmartArt 图形绘制下列样文所示的组织结构图,并设置结构图各部分格式,理解结构图表达的关系,设计结构图的颜色和三维效果,排版美化结构图,所有内容均匀分布在一页 A4 纸内(不超页)。

 样文 4

××酒店工程部组织结构图

2015 年 2 月

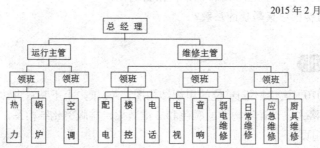

说明:这种结构方式,适用于宾馆在 2 万平方米以下,客房数在 250 间左右的中小型宾馆的工程部。人员配备大约在 20 人以下。

 **样文 5**

诺贝电子公司组织结构图

2016 年 3 月

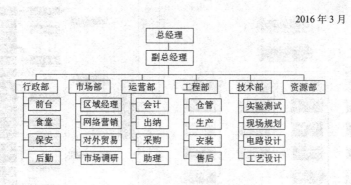

 **样文 6**

××酒店组织结构图

2015 年 10 月

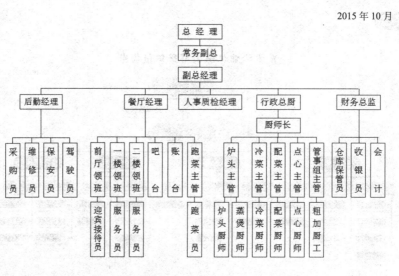

样文7　　　　　××有限公司组织结构图

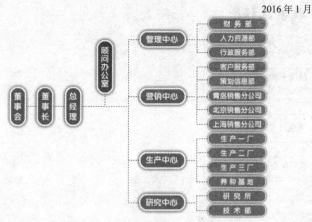

3. 绘制下列样文所示的流程图。

流程图是流经一个系统的信息流、观点流或部件流的图形代表。在企业中，流程图主要用来说明某一过程。这种过程既可以是生产线上的工艺流程，也可以是完成一项任务必需的管理过程。

流程图是由一些图框和流程线组成的，其中图框表示各种操作的类型，图框中的文字和符号表示操作的内容，流程线表示操作的先后次序。

为便于识别，绘制流程图的习惯做法是：事实描述用椭圆形表示；行动方案用矩形表示；问题用菱形表示；箭头代表流动方向。

绘制流程图可以使用插入形状来绘制。

用户注册流程图

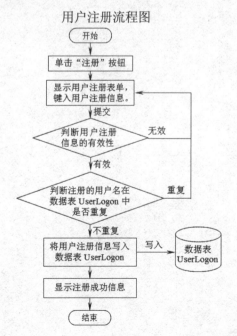

人才聘用流程图

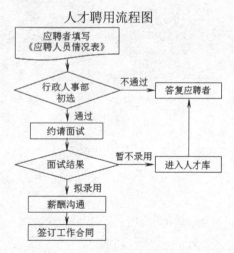

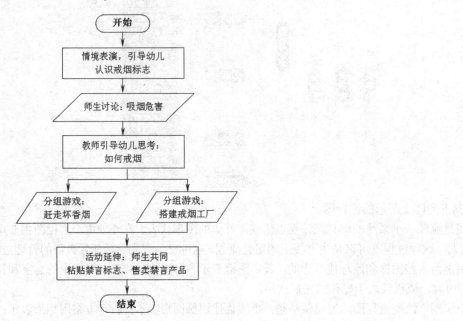

教学流程图

任务 ⑩ 设计制作单页

知识目标

1. 不同类型单页的特点、组成部分；
2. 不同类型单页文稿的撰写要素、标准格式；
3. 不同类型单页的设计要求和制作要领；
4. 设置艺术字、图片、文本框各种格式的方法。

能力目标

1. 能设计制作不同类型的单页；
2. 能撰写不同类型单页的文稿，要素齐全，格式准确；
3. 能针对不同类型单页的特点和要求，进行版面设计和图文混排；
4. 能熟练、合理、灵活应用艺术字、图片、文本框编辑、排版、装饰版面。

学习重点

不同类型单页特点、组成部分、文稿撰写要素及格式；不同类型单页的设计要求和制作要领。

单页、单张是公司或企业宣传的一种方式，是一种物质载体，宣传物料的一种。广义上包含海报、产品目录、折页、名片、日历、挂历、明信片、宣传册、折价券、传单、请柬、销售手册、公司指南、立体卡片等。单页、单张在工作、生活中随处可见，不仅起到宣传、推介作用，而且还有沟通、联络、问候的深层含义。一个版面设计精美、创意独特的单页、单张常常会达到事半功倍的效果，为公司和企业带来很好的效应或效益。

单页、单张可以根据自身具体情况任意选择版面大小、自行确定信息的长短及选择全色或单色的印刷形式，非常自由、灵活、多变，因此单页、单张的版面设计，能更大地发挥设计者的创造力和思维智慧。

单页、单张种类很多，本任务选择其中最常用、常见的几种，如海报、证书、贺卡、邀请函作为学习和练习的重点，学习不同类型单页、单张的特点、组成部分、文稿要素及格式、版面设计与排版技巧，灵活熟练应用图片、艺术字、文本框的排版方法。

因此"设计制作单页"任务分为四部分：

10.1 设计制作海报；10.2 设计制作证书；10.3 设计制作贺卡；10.4 设计制作请柬。

10.1 设计制作海报

海报是人们极为常见的一种招贴形式，多用于各种活动的宣传。海报希望社会各界的人们参与其中，大部分张贴于人们易于见到的地方。海报样式各异，版面大小不一，颜色鲜艳，排版自由，令人一目了然。海报可以手绘，也可以电脑制作。大型户外海报的设计和制作一般用专用的图形处理软件，如 Photoshop，CorelDraw 和 Illustrator 等，小型海报或橱窗海报，可以使用 Word来制作。

海报按其应用不同，可以分为商业海报、文化海报、公益海报、校园海报等，如图 10-1 所示。图示的海报选自互联网。商业海报是指宣传商品或商业服务的商业广告性海报；文化海报是指各种社会文娱活动及电影、各类展览的宣传海报；公益海报是带有一定思想性的，具有对公众的教育意义，其海报主题包括各种社会公益、道德宣传或政治思想的宣传，弘扬爱心奉献、共同进步的精神等；校园海报是指校园内各种活动的发布等，如图 10-2 所示。图 10-3 为古筝海报和售楼海报。

公益活动海报

文化海报

商业海报

商业海报

文化海报

公益海报

公益海报

爱眼日公益海报

校园海报

图 10-1　海报种类

艺术节开幕海报（封面）　　　　　活动一　　　　　　　　活动二　　　　　　活动三

图 10-2　校园活动"艺术节"系列海报

图 10-3　古筝海报和售楼海报

本任务以小型校园海报《天籁之声》为例，练习海报的版面设计和表现手法。

提出任务

在 Word 2010 中制作校园海报《天籁之声》，要求：A4 纸，纵向，上下左右页边距 1 厘米。

作品展示

分析任务

1. 海报的组成

海报由海报文稿和海报图片组成。其中海报文稿由标题、正文和落款三部分组成。海报图片包括背景图、插图两部分。作品所示的海报组成部分及制作元素如下。

海报文稿
- 标题：天籁之声……………………（活动名称）……………【艺术字】
- 副标题：少儿古筝音乐会………（活动内容、性质）……【文本框】
- 正文：日期、时间、地点………（主要项目）……………【文本框】
- 落款：主办单位、主办信息等……（主办单位）…………【文本框】

海报图片
- 背景图………………………………（淡粉色背景图）…………【高清图片】
- 插图…………………………………（荷花，弹古筝女孩）……【图片】

2. 海报的版面设计

作品所示的海报，在版面布局方面，一有"整体感"，文、图元素要主题突出，主次分明，颜色搭配协调、淡雅，版面简单，流畅。标题以漂亮的书法字体竖排在页面的右上方，古典、高雅大方，占据视觉中心，副标题同样引人注目，大小、位置、比例非常协调；二是"紧凑"，海报内容简练、精确，字体清晰，颜色适宜。正文和主办单位以两个文字块的形式排在页面的右下和左中下部，写清楚活动名称、内容、性质、主要项目、主办单位等，方便读者仔细阅读浏览；三有"留白"，版面舒服、轻松、透气，视觉上有层次感，简约。

背景图颜色清淡，衬托主题；插图吻合主题，说明活动内容，富含文化气息；版面整体以变换的淡粉色为主色调。

海报设计策略：主题要鲜明，视觉冲击力要强，要让图形说话，要富有文化内涵。图、文可以做些艺术性的处理，以吸引观众。

3. 海报的写作格式和内容

海报中要写清楚活动的性质，活动的主办单位、时间、地点等内容。海报的语言要求简明扼要，篇幅要短小精悍，形式要做到新颖美观。海报一般由以下部分组成。

（1）标题：海报的标题写法较多，有以下一些形式。

① 单独由文种名构成。即在第一行中间写上"海报"字样。

② 直接由活动的内容承担题目。如"舞讯"、"影讯"、"球讯"等。

③ 可以是一些描述性的文字。如"天籁之声""×××再显风姿、××往事如昨"。

（2）正文：海报的正文要求写清楚以下一些内容。

① 活动的目的和意义。

② 活动的主要项目、时间、地点等。

③ 参加的具体方法及一些必要的注意事项等。

（3）落款：要求署上主办单位的名称及海报的发文日期。

以上的内容和格式是就海报的整体而讲的，实际的使用中，有些内容可以少写或省略。

分析了海报的内容和版面结构，与简历封面很相似，所以制作过程和方法与简历封面相同。下面按工作过程进行操作，制作校园海报。

完成任务

1. 准备工作

（1）将新文件另存、命名。

（2）设置页面格式：A4纸，纵向，页边距上、下、左、右1厘米。

（3）拟好海报的文稿，确定标题、正文内容、落款。

（4）收集、整理合适的背景图和插图。（如果插图或背景图不符合海报版面设计的要求，或只想选用图片中的部分区域，可以用 Photoshop 软件将图片进行合理的裁切或编辑处理，保存在文件夹中备用。）

（5）确定海报各部分文字、图片的位置及版面整体结构。

提示

> 选择背景图时，一定要选高清图片，否则，变大会变模糊、不清楚，影响视觉效果。背景图以淡雅为宜，应有留白空间。

2. 制作海报的图片部分

（1）制作背景图。背景图格式：自动换行→衬于文字下方，宽 21 厘米；位置：在"对齐页面"情况下，"左对齐"，"顶端对齐"，如作品图所示。

（2）制作插图。

① 荷花　自动换行→浮于文字上方，高 5～5.5 厘米，透明背景（删除背景，或参考本教材第 70 页图 5-33），位置如作品所示。

② 女孩　自动换行→浮于文字上方，高 5.5 厘米，透明背景，位置如作品所示。

海报的图片部分（背景图、插图）制作完成，效果、大小、位置、比例如作品所示，保存文件。

3. 编辑、制作、排版海报的文字部分

（1）制作艺术字标题：天籁之声。

插入艺术字，样式：倒数第 2 行第 3 列，如图 10-4 所示；录入标题文字"天籁之声"；艺术字文字方向：垂直，如图 10-5 所示；文字格式：华文行楷，76 号，加粗，黑色，居中。标题艺术字的位置、颜色如作品所示。

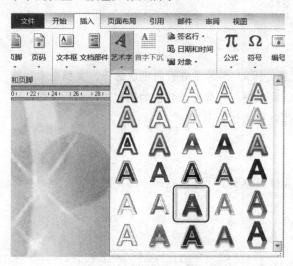

图 10-4　标题艺术字样式

图 10-5　标题艺术字文字方向

（2）制作文本框副标题：少儿古筝音乐会。插入竖排文本框，录入文字"少儿古筝音乐会"。文字格式：方正启体简体，一号，加粗，黑色。文本框格式：高 9.1 厘米，宽 2.4 厘米，文本分散对齐▥（"开始"选项卡→"段落"组→"分散对齐"按钮▥）。文本框的形状填充：无颜色；

形状轮廓：无颜色。位置如作品所示。

（3）制作正文：日期、时间、地点。插入横排文本框，录入内容如图10-6所示。文字格式：楷体_GB2312，四号，加粗，黑色，行距：固定值20磅，左对齐。文本框高3.2厘米，宽8.1厘米。文本框的形状填充：无颜色；形状轮廓：无颜色。位置如作品所示。

（4）制作落款内容：主办单位等。制作方法与正文文本框相同，录入内容如图10-7所示，文字格式与正文相同。文本框高5.3厘米，宽9.1厘米。文本框的形状填充：无颜色；形状轮廓：无颜色。位置如作品所示。

日期：2016 年 5 月 1 日
时间：下午 14：30
地点：北京市石景山区文化馆
（南楼三层多功能厅）

艺术总监：何京江　张海龙
总策划：王　磊
音乐指导：张亚萍
舞台监督：李迪华　王国胜
主持人：刘　瑾　王梦瑶
主办单位：北京市石景山区文化馆
承办单位：启明星艺术培训学校

图 10-6　正文：日期、时间、地点　　　　图 10-7　落款：主办单位、主办信息

4. 版面检查、精确修整、定版

海报《天籁之声》全部制作完成后，打印预览，仔细检查海报整体布局，图文混排，颜色搭配，排版效果等，合理调整各部分格式、位置、大小、比例等，使文字清晰、醒目、版面简洁明快、赏心悦目。

至此，校园海报《天籁之声》制作完成，保存文件。将作品与同伴交流、欣赏、分享，相互提高。

 **归纳总结**

通过这个任务，学会了设计制作海报《天籁之声》，学习了海报的组成部分、文稿要素和格式以及版面设计思路，牢固掌握了艺术字标题、文本框与背景图、插图的图文混合排版技巧，回顾整个工作过程，将设计制作海报类文档的工作流程总结如下。

① 新建文件，另存，命名；
② 页面设置：纸张、方向、页边距；
③ 拟定海报文稿内容，收集、整理图片素材，初步设计海报各部分图文的位置及版面整体结构；
④ 制作海报的所有图片（背景图、插图）；
⑤ 制作海报的标题（艺术字）；
⑥ 制作海报的副标题、正文、落款（文本框）；
⑦ 版面检查、精确修整、定版。

 **评价反馈**

作品完成后，填写表10-1所示的评价表。

表 10-1 "设计制作海报"评价表

评价模块	评 价 内 容			自评	组评	师评
	学习目标	评价项目				
专业能力	1. 管理 Word 文件	新建、另存、命名、关闭、打开、保存文件				
	2. 设置页面格式	设置纸型、方向、页边距				
	3. 制作海报的图片	插入背景图				
		背景图格式：衬于文字下方、大小、位置				
		插入插图的图片				
		插图格式：浮于文字上方、大小、位置、透明背景				
	4. 制作海报的标题	插入艺术字（样式）				
		艺术字格式：文字方向、字体、字号、颜色、位置				
	5. 制作海报副标题	插入竖排文本框				
		文本框格式	字体、字号、颜色、			
			大小、位置			
			文本对齐方式			
			填充颜色、轮廓色颜色			
	6. 制作海报正文和落款	插入文本框				
		文本框格式	字体、字号、颜色			
			行距、对齐方式			
			大小、位置			
			填充颜色、轮廓色			
	7. 版面布局：整体布局美观，颜色协调，位置、比例、视觉效果					
	8. 正确上传文件					
可持续发展能力	自主探究学习、自我提高、掌握新技术	□很感兴趣	□比较困难	□不感兴趣		
	独立思考、分析问题、解决问题	□很感兴趣	□比较困难	□不感兴趣		
	应用已学知识与技能	□熟练应用	□查阅资料	□已经遗忘		
	遇到困难，查阅资料学习，请教他人解决	□主动学习	□比较困难	□不感兴趣		
	总结规律，应用规律	□很感兴趣	□比较困难	□不感兴趣		
	自我评价，听取他人建议，勇于改错、修正	□很愿意	□比较困难	□不愿意		
	将知识技能迁移到新情境解决新问题，有创新	□很感兴趣	□比较困难	□不感兴趣		
社会能力	能指导、帮助同伴，愿意协作、互助	□很感兴趣	□比较困难	□不感兴趣		
	愿意交流、展示、讲解、示范、分享	□很感兴趣	□比较困难	□不感兴趣		
	敢于发表不同见解	□敢于发表	□比较困难	□不感兴趣		
	工作态度，工作习惯，责任感	□好	□正在养成	□很少		
成果与收获	实施与完成任务	□☺独立完成	□☺合作完成	□☹不能完成		
	体验与探索	□☺收获很大	□☺比较困难	□☹不感兴趣		
	疑难问题与建议					
	努力方向					

📖 复习思考

1. 什么是海报？海报有几种类型？主要用途是什么？
2. 海报的组成部分有哪些？海报的制作元素是什么？

☕ 拓展实训

在 Word 2010 中制作下列海报。A4 纸，上下左右页边距为 1 厘米。设置海报各部分图、文格式，所有内容大小、位置、比例合理，色彩协调，文字醒目，版面美观，视觉效果好。

样文1

样文2

样文3

样文4

10.2 设计制作证书

奖状、证书、聘书是人们极为常见的一种单页，多用于获奖证明。荣誉证书内芯有标准的规格和样式，如图 10-8 所示。一般使用购买的标准奖状、荣誉证书的封皮和内芯，但荣誉证书内芯中的内容需要自己设计、排版和打印。荣誉证书内芯的规格有 32 开、大 32 开、22 开、16 开等。

图 10-8 各种荣誉证书

荣誉证书内芯的尺寸、图案、花纹、标题不用设计和制作，证书的标题是做好的烫金字，购买时都已印刷好，只需要设计证书的文稿内容，并进行合理的文字排版、一张一张打印即可。

本任务以一份《荣誉证书》为例，练习证书类文档的版面设计和排版方法。

 提出任务

在 Word 2010 中制作 32 开《荣誉证书》内芯的打印稿，以购买的证书内芯尺寸为准。

作品展示

分析任务

1. 证书文稿的组成部分

证书文稿一般由标题、称呼、正文、落款和公章五部分组成，有的证书还有编号。如图 10-9 所示。

图 10-9　获奖证书的组成部分

撰写证书文稿时，只需要写以下部分：

称呼（获奖者姓名）
正文（获奖内容、获奖等级）
落款（发奖单位、日期）
编号（证书编号）

奖状、证书的标题已在内芯上印刷为烫金字，公章是证书文稿打印好、审核无误后，盖在内

芯的落款处。因此，标题和公章在证书文稿中不设计不制作。

2. 证书内芯的设计特点

证书上只有文稿的文字内容，黑色打印，不需要任何图片。证书是非常严肃、庄重的单页，因此，字体的使用、排版的格式必须非常正规。

3. 证书文稿的格式

从作品样文可以看出，证书的文稿格式与"通知""信函"类文档格式很相似。

称呼（获奖者姓名）……………………左对齐（不空格）
正文（获奖内容、获奖等级）………首行缩进 2 字符
落款（发奖单位、日期）……………右对齐
编号（证书编号）……………………标题下方居中，或正文下方左侧(有的证书没有编号)

分析了证书的组成部分、文稿内容和版面格式，下面按工作过程进行操作，制作证书内芯的打印稿。

 完成任务

1. 将新文件另存、命名。

2. 确定纸张大小和版心大小。

（1）测量证书内芯各部位尺寸，确定纸张大小和版心大小。

准备好证书内芯和直尺，用直尺测量 32 开证书内芯的宽度为 24.8 厘米、高度 16.9 厘米。从图 10-10 可知，自定义纸张大小为 24.8 厘米×16.9 厘米；测量证书内芯的边距尺寸为：上页边距 5 厘米，下页边距 2 厘米，左右页边距 3.5 厘米。

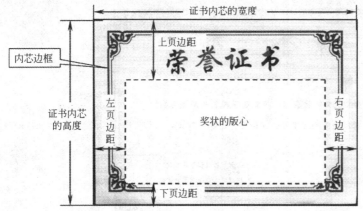

证书内芯的宽度 = 自定义纸张的宽度
证书内芯的高度 = 自定义纸张的高度

内芯顶边到烫金标题下方的距离 = 上页边距

内芯底边到内芯边框图案上方的距离 = 下页边距

左右两侧同理

图 10-10　荣誉证书内芯尺寸

提示　测量很重要，要严谨、精确，度量单位精确到毫米。上左右的页边距可以多测量一些，如图 10-10 所示，尽量使文字与内芯边框有一些距离，文字不能紧贴着边框线或压着边框线的花纹。
测量得精确，将来制作的文稿位置很准确，工作效率高，品质也高，不浪费时间和纸张。

（2）根据证书内芯测量值，设置页面格式：自定义 24.8 厘米×16.9 厘米；页边距：上 5 厘米、下 2 厘米、左右各 3.5 厘米。如图 10-11 所示。

3. 编辑、制作、排版证书文稿的文字部分

（1）录入证书的文稿，内容要素要齐全。如图 10-12 所示。

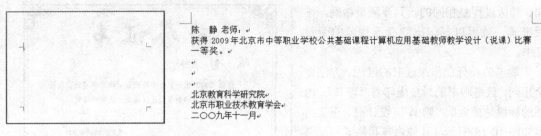

陈　静 老师：
获得 2009 年北京市中等职业学校公共基础课程计算机应用基础教师教学设计（说课）比赛一等奖。

北京教育科学研究院
北京市职业技术教育学会
二〇〇九年十一月

图 10-11　自定义纸张及页边距　　　　　　　　　　图 10-12　证书文稿

（2）设置证书文稿各部分文字的格式，如图 10-13 所示。注意各部分文字的字体、字号、行距是不一样的，文字大小、位置与版心的比例要协调，称呼的字大（获奖者姓名的字最大），正文的字比较大，落款的字小，证书文稿的行距合理，内容布满整个版心。

如果有证书编号，可以放在称呼上方居中，或者放在正文下方左对齐。（参阅本教材图 10-15 和图 10-16）

陈　静 老师：

　　获得 2009 年北京市中等职业学校公共基础课程计算机应用基础教师教学设计（说课）比赛一等奖。

北京教育科学研究院
北京市职业技术教育学会
二〇〇九年十一月

参考格式：
　　获奖者姓名：行楷，初号，单倍行距；"老师："宋体，一号，加粗；
　　正文：首行缩进 2 字符，宋体，20，粗，行距 36 磅；
　　空行：小四，单倍行距；
　　落款：宋体，三号，粗，行距 30 磅，右对齐，右缩进分别为：4 字符，2.5 字符，4.5 字符。

图 10-13　证书文稿的格式

4. 版面检查、精确修整、试打印

（1）证书文稿的格式全部设置完成后，仔细检查证书整体布局，检查文字相对版心的大小、位置、比例等，合理调整各部分格式，使文字位置标准，字体规范，重点突出。保存文件。

（2）用证书内芯（或同样尺寸的白纸）试打印，打印机以纸张的顶边、左侧边为基准，观察证书内芯（或将试打印出来的白纸与证书内芯的顶边、左边对齐，透过白纸），查看证书文稿的文字大小、位置、比例与证书内芯的版心是否合适，如有不足，修改页边距、行距或文字格式，最后定版，保存文件。

5. 在证书内芯上打印文稿

将证书内芯放入打印机，进行打印。注意证书内芯的方向要正确，打印完成的证书内芯如图 10-14 所示。

至此，荣誉证书的设计、制作、打印完成。本任务设计制作打印的是一张证书，如果要制作多张同一系列的证书，可以更改每一张文稿中相应获奖者姓名和获奖等级，更改一张打印一张；也可以采用邮件合并的方法，连续打印，效率更高（参阅本任务的能力扩充与提高"邮件合并制作批量证书"）。

在打印好的证书内芯落款处盖发证单位的公章，盖章的荣誉证书、聘书有效。

至此，证书的设计、制作、打印、盖章工作全部完成。证书内芯的规格很多，本任务制作的是 32 开证书内芯。无论内芯大小，设计、制作、排版过程是相同的，只要测量精确，排版准确，就可以打印出漂亮、规范的荣誉证书。

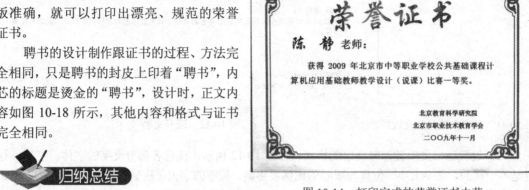

聘书的设计制作跟证书的过程、方法完全相同，只是聘书的封皮上印着"聘书"，内芯的标题是烫金的"聘书"，设计时，正文内容如图 10-18 所示，其他内容和格式与证书完全相同。

图 10-14　打印完成的荣誉证书内芯

归纳总结

通过这个任务，学习了证书的组成部分和版面格式，学会了根据证书内芯，设计编排证书文稿的过程和步骤，尤其是测量内芯尺寸很重要。回顾整个工作过程，将设计制作证书类文档的工作流程总结如下。

① 新建文件，另存，命名；
② 精确测量证书内芯的尺寸，确定纸张大小和版心大小；
③ 设置页面格式；
④ 拟定证书文稿内容，录入证书文稿；
⑤ 设置证书各部分的文字格式；
⑥ 版面检查、精确修整，试打印，修改后定版；
⑦ 打印证书内芯、盖公章。

评价反馈

作品完成后，填写表 10-2 所示的评价表。

表 10-2　"设计制作证书"评价表

评价模块	评价内容		自评	组评	师评
	学习目标	评价项目			
专业能力	1. 管理 Word 文件	新建、另存、命名、关闭、打开、保存文件			
	2. 设置页面格式	测量证书尺寸，自定义纸张大小、方向			
		测量证书边距，设置页边距			
	3. 录入证书文稿	撰写录入证书文稿全文，证书组成部分齐全			
		合理设置证书文稿的各部分文字格式			
		文字内容行距均匀，重点突出			
	4. 设计证书的版面	整体布局美观，规范			
		文字大小、位置、比例与版心适合、相称			
	5. 根据预览整体效果和页面布局，进行合理修改、调整各部分格式				
	6. 正确上传文件，正确打印				

评价模块	评价项目	自我体验、感受、反思		
可持续发展能力	自主探究学习、自我提高、掌握新技术	□很感兴趣	□比较困难	□不感兴趣
	独立思考、分析问题、解决问题	□很感兴趣	□比较困难	□不感兴趣
	应用已学知识与技能	□熟练应用	□查阅资料	□已经遗忘
	遇到困难，查阅资料学习，请教他人解决	□主动学习	□比较困难	□不感兴趣

评价模块	评价项目	自我体验、感受、反思		
可持续发展能力	总结规律，应用规律	□很感兴趣	□比较困难	□不感兴趣
	自我评价，听取他人建议，勇于改错、修正	□很愿意	□比较困难	□不愿意
	将知识技能迁移到新情境解决新问题，有创新	□很感兴趣	□比较困难	□不感兴趣
社会能力	能指导、帮助同伴，愿意协作、互助	□很感兴趣	□比较困难	□不感兴趣
	愿意交流、展示、讲解、示范、分享	□很感兴趣	□比较困难	□不感兴趣
	敢于发表不同见解	□敢于发表	□比较困难	□不感兴趣
	工作态度，工作习惯，责任感	□好	□正在养成	□很少
成果与收获	实施与完成任务	□☺独立完成	□☺合作完成	□☒不能完成
	体验与探索	□☺收获很大	□☺比较困难	□☒不感兴趣
	疑难问题与建议			
	努力方向			

复习思考

1. 如何根据购买的证书内芯决定页面大小和版心尺寸？
2. 证书的组成部分有哪些？证书全文应写哪些内容？对应的标准格式分别是什么？

拓展实训

在 Word 2010 中设计制作 32 开的证书和 16 开的聘书。根据证书或聘书内芯，测量内芯大小和页边距，并设置页面格式。录入证书或聘书文稿，设置各部分格式，所有内容大小、位置、比例合理，文字醒目，版面美观，视觉效果好（16 开聘书的内芯 34 厘米×23.6 厘米，页边距为：上 7 厘米，下 3.5 厘米，左右各 4.5 厘米，或以测量为准）。

样文 1 32 开证书 **样文 2** 16 开聘书

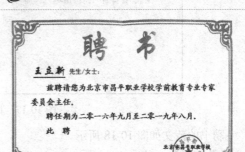

扩充提高

奖状、证书、聘书的基本格式和写法

奖状、证书、聘书的组成部分、要素和格式在"任务分析"中已经明确了，其中奖状正文要

写明比赛名称、获奖内容、获奖等级，语言要简洁明了，写法可以多样。证书、论文获奖证书、比赛获奖证书分别如图 10-15～图 10-17 所示。

【范文一】

编号：2004S190

陈 静 同志：

在第三届全国职业技术教育优秀说课稿评选活动中，经评审委员会评审，您的《Word2000 图形对象》获 壹 等奖。

中国职业技术教育学会期刊委员会
中国职业技术教育学会职高委员会
职业技术教育杂志社
2004 年 5 月

图 10-15　证书范文一

【范文二】

☆☆☆☆单位　☆☆☆ 同志：

您撰写的《☆☆☆☆☆☆☆》论文荣获 ☆☆☆☆部门第☆届教育科研成果评审☆等奖。

特此证明

证书编号：☆☆☆☆　　　　　　　　　　　　　　　　　　单位名称

日期

图 10-16　论文获奖证书范文

【范文三】

☆☆☆ 同志：

荣获 ☆☆省 ☆☆ 市第 ☆ 届 ☆☆☆ 比赛 ☆☆☆ 项目

（项目名称 组别）

第 ☆ 名

单位名称
日期

图 10-17　比赛获奖证书范文

聘书的范文如图 10-18 所示。

【范文四】

☆☆☆ 同志：

聘请您为 ☆☆☆☆ 单位 ☆☆ 部门 ☆☆☆ 职务，聘任期为 ☆ 年☆月至☆年☆月。

单位名称
日期

图 10-18　聘书范文

邮件合并制作批量证书

如果要制作多张同一系列的证书，可以更改每一张文稿中相应获奖者姓名和获奖等级，更改一张打印一张。还有一种更简单、快速、高效的方法，就是"邮件合并"。

Word 提供了"邮件合并"的功能，可以一次生成批量的文稿，连续打印，省时省力，效率更高。

◆ **操作流程**：制作主文档 → 选择数据源 → 插入合并域 → 完成并合并文档。

1. 制作主文档

★ **步骤1** 制作"证书"主文档。在 Word 中按照任务 10.2 的要求和格式，制作证书文档，如图 10-19 所示，获奖者姓名为空，获奖等级为空。文件另存，作为"证书"主文档。

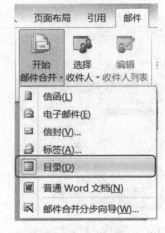

图 10-19　证书主文档　　　　　　　　　　　　图 10-20　主文档类型

★ **步骤2** 单击"邮件"选项卡的"开始邮件合并"组的"开始邮件合并"按钮→选择"目录"，如图 10-20 所示，设置主文档的类型。

2. 选择数据源

★ **步骤3** 单击"邮件"选项卡的"开始邮件合并"组的"选择收件人"按钮→选择"键入新列表"，如图 10-21 所示。打开"新建地址列表"对话框，如图 10-22 所示。

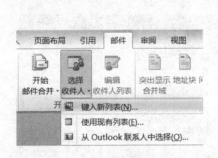

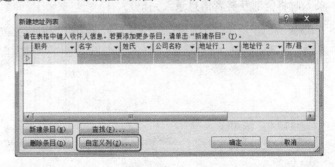

图 10-21　选择收件人　　　　　　　　　　　　图 10-22　新建地址列表

图 10-22 中的字段名不符合证书的字段，需要更改。在证书中，只需要获奖者"姓名"和"获奖等级"两个字段。

★ **步骤4** 在图 10-22 所示的对话框中，单击"自定义列"按钮，打开"自定义地址列表"对话框，如图 10-23 所示。在"字段名"列表中选择不需要的字段如"职务"，单击"删除"按钮，系统提示如图 10-24 所示，单击"是"按钮，则"职务"字段删除。保留"名字"字段。

图 10-23　自定义地址列表　　　　　　　　图 10-24　删除提示框

同样的方法，将图 10-23 所示对话框"字段名"列表中，其余不需要的字段全部删除。如图 10-25 所示。

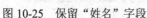

图 10-25　保留"姓名"字段　　　　图 10-26　添加域　　　　图 10-27　新地址列表

★ **步骤 5**　添加字段。在图 10-25 对话框中单击"添加"按钮，打开"添加域"对话框，如图 10-26 所示，在域名框中录入"获奖等级"字段名。单击"确定"按钮，返回到"自定义地址列表"对话框，如图 10-27 所示，有两个字段名"名字"、"获奖等级"。

★ **步骤 6**　单击图 10-27 对话框的"确定"按钮，回到图 10-28 所示的对话框中，录入获奖内容。单击"新建条目"，继续录入其他各条获奖信息的内容，如图 10-29 所示（仅举四例，自己录入时将全部获奖者信息录入完整）。

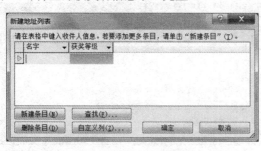

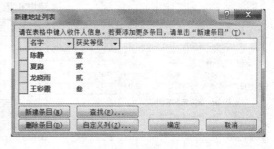

图 10-28　新建地址列表　　　　　　　　图 10-29　录入获奖内容

★ **步骤 7**　所有获奖者信息录入完成后，单击"确定"按钮，打开"保存通讯录"对话框，如图 10-30 所示。在对话框中选择保存位置（保存在"证书"主文档所在的文件夹中），录入文件名"获奖名单"，文件类型是数据库文件（*.mdb）。单击"保存"按钮。

3. 插入合并域

★ **步骤 8**　分别在证书的获奖者"姓名"、"获奖等级"空格中，单击"邮件"选项卡"编写

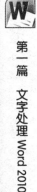

和插入域”组“插入合并域”按钮右边的三角，在打开的列表中，依次选择对应的选项，如图 10-31 所示。插入对应合并域后的结果如图 10-32 所示。

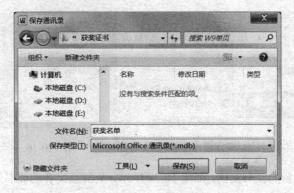

保存通讯录
« 获奖证书
搜索 W9单页
组织
新建文件夹
计算机
本地磁盘 (C:)
本地磁盘 (D:)
本地磁盘 (E:)
名称
修改日期
类型
没有与搜索条件匹配的项。
文件名(N): 获奖名单
保存类型(T): Microsoft Office 通讯录(*.mdb)
隐藏文件夹
工具(L)
保存(S)
取消

图 10-30 保存通讯录

邮件
审阅
视图
突出显示合并域
地址块
问候语
插入合并域
规则
匹配域
更新标
编写和插
名字
获奖等级

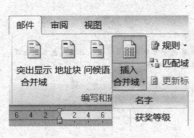

图 10-31 插入合并域

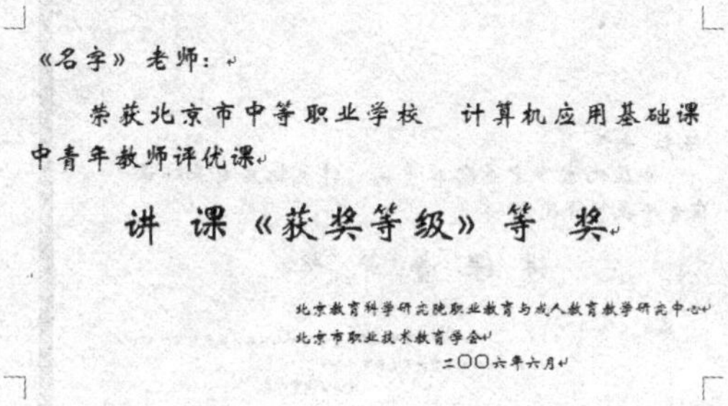

«名字» 老师：
荣获北京市中等职业学校 计算机应用基础课
中青年教师评优课
讲 课 «获奖等级» 等 奖
北京教育科学研究院职业教育与成人教育教学研究中心
北京市职业技术教育学会
二〇〇六年六月

图 10-32 插入对应合并域后的效果

★ **步骤 9** 单击“邮件”选项卡的“编写和插入域”组的“突出显示合并域”按钮和“预览结果”组中的“预览结果”按钮，如图 10-33 所示，使插入的合并域能以突出的效果（底纹）显示，并能直接显示“获奖名单.mdb”文件中的字段值，如图 10-34 所示。

邮件
审阅
视图
编辑收件人列表
突出显示合并域
地址块
问候语
插入合并域
规则
匹配域
更新标签
编写和插入域
预览结果
查找收件人
自动检查错误
预览结果
完成并合并
完成

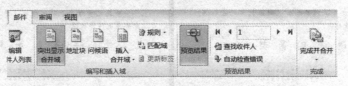

图 10-33 设置“突出显示合并域”、显示“预览结果”

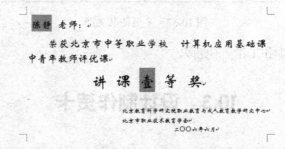

陈静 老师：
荣获北京市中等职业学校 计算机应用基础课
中青年教师评优课
讲 课 壹 等 奖
北京教育科学研究院职业教育与成人教育教学研究中心
北京市职业技术教育学会
二〇〇六年六月

图 10-34 预览结果

4. 完成并合并“证书”文档

★ **步骤 10** 单击“邮件”选项卡的“完成”组的“完成并合并”按钮，选择“编辑单个文

档"，如图 10-35 所示，打开"合并到新文档"对话框，选择合并记录为"全部"，如图 10-36 所示，单击"确定"按钮。

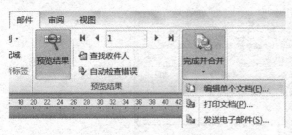
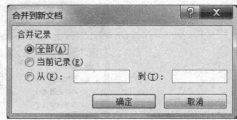

图 10-35　完成并合并——编辑单个文档　　　　　图 10-36　合并全部记录

★ **步骤11**　生成新的证书文档，如图 10-37 所示，全部获奖者的证书信息都生成逐人逐页的证书，保存生成的新文件，并将证书内芯放入打印机打印，即可得到批量的证书。

图 10-37　多页证书文档

至此，批量的证书制作工作全部完成。

10.3　设计制作贺卡

贺卡是人们表达感情、传递友谊的一种常用载体，"小小卡片寄深情"、"礼轻情义重"就是指贺卡。贺卡这种单页同样是以色彩、图片为视觉冲击力，"让图片说话，用祝福语点睛"是贺卡的特点。因此，贺卡中的文字不需要太多，简短、精练、经典的祝福语和意境深远的背景图，可以表达赠送者的感谢、问候、关心和祝福等等多种感情。

贺卡的载体有纸质的，有电脑版的。纸质的贺卡花样繁多，如图 10-38 所示，可以制作立体和音乐贺卡等别出心裁种类的贺卡给人惊喜。电脑版贺卡更加丰富多彩，可以使用众多高科技和多媒体技术，集图文声像动画互动于一体，不受印刷、纸质的限制，深受人们喜爱。

图 10-38　各种贺卡

贺卡可以传递私人之间的感情和问候，也可以用于公务和商务领域，表达企业之间的合作、感谢和祝福。贺卡的版式不受任何局限，更加随意、灵活、自由。制作贺卡的软件非常多，平面图文贺卡可以用文字处理软件和图形处理软件制作，多媒体软件可以制作多媒体贺卡。

本任务以新年贺卡为例，使用 Word 来制作平面图文贺卡。练习贺卡的版面设计和制作方法。

在 Word 2010 中制作新年贺卡，A4 纸，横向，页边距：上下左右 1 厘米。

（贺卡背景图片选自互联网）

分析任务

1. 贺卡的组成

贺卡由三部分组成：贺卡主题，背景图、插图，贺词。其中，贺词的组成和格式与信函很相似，由标题、称呼、贺词正文、落款组成。

如果是公务或商务贺卡，称呼最好写明对方的姓名和职务，表示尊重；正文要表达祝贺、感谢、对他人工作成就的赞扬、祝福等意思；落款中写明本单位名称、公司最高领导人的亲笔签名和日期。

如果是私人贺卡，可不用这么正统，越亲切越好，越自然越好，版式和字体都可以很随意。

2. 贺卡的设计特点

贺卡的背景图、插图具有很强的视觉冲击力，是贺卡的主要表现手法，背景图、插图必须突出主题，表达主题的意境，看图即明白主题，"图片会说话"、"此时无声胜有声"就是贺卡图片的神奇效果。贺词要经典、简练、精确，感情要真诚、真挚、感人，贺词是表达心声的点睛之笔。

因此，贺卡设计的两大重点就是图片和贺词，图片选择得好，贺卡就成功了一大半，加上精雕细琢的贺词，贺卡表达的祝贺之意就会更加深入人心。

3. 贺卡的版面设计

平面图文贺卡的版面比较自由和随意，不受印刷和纸质的限制，因此，版面就是以视觉美观、漂亮、赏心悦目为好。新年贺卡的背景图以红色为主色调，象征新年的吉祥、热闹、喜庆、温暖和幸福。贺词的位置可以根据背景图的结构来决定，图文搭配和谐、美观、自然即可。

作品所示的新年贺卡，是电脑版，所以没有折页或翻页的要求，不用特意考虑封面、封里的位置。如果需要打印的话，可以制作4页，按顺序在页面上排列好4封的位置，双面打印（或者封面用硬卡纸打印，内页用浅彩色纸打印）。

分析了贺卡的内容和版面结构，下面按工作过程进行操作，来制作新年贺卡。

完成任务

1. 准备工作

（1）将新文件另存、命名。

（2）设置页面格式：A4纸，横向，页边距上、下、左、右各1厘米。

2. 制作贺卡的图片部分

（1）收集、整理、选择与贺卡主题吻合的背景图和插图（可以用Photoshop制作或处理图片）。

（2）制作贺卡背景图。插入两张背景图"大福临门.jpg"和"谨贺新年.jpg"，设置"自动换行"为"衬于文字下方"，高度为21厘米，位置如作品所示，"大福临门.jpg"在"对齐页面"情况下，"左对齐"、"顶端对齐"；"谨贺新年.jpg""右对齐"、"顶端对齐"。

3. 编辑、制作、排版贺卡的文字部分

（1）确定贺卡主题、贺词的位置及文稿内容。

（2）制作贺卡主题。如果贺卡背景图中有贺卡的标题（主题），可以不用制作标题。如果没有，可以用艺术字制作贺卡主题，内容及格式如图10-39所示，位置如作品图所示。

（3）制作贺词标题。内容及格式如图10-40所示，位置如作品图所示。

（4）制作贺词。插入文本框，录入贺词文稿内容，设置贺词各部分文字的格式，如图10-41所示。文字颜色、位置与图片配合协调、美观、自然。贺词文本框大小、位置、比例、格式如作品所示。

贺卡主题"大福临门",艺术字样式:最后 1 行第 2 列,字体:
方正细珊瑚简体,54 号,加粗,单倍行距。

直线:橙色,宽度 7.5 厘米,粗细:1.5 磅,右下阴影。

英文,字体:Script MT Bold,小四号,加粗,橙色,单倍行距。

图 10-39　贺卡主题及格式

贺词标题"谨贺新年",艺术字样式:最后 1 行第 2 列,文字方向:
垂直,字体:华文行楷,初号,加粗,单倍行距。

图 10-40　贺词的标题及格式

尊敬的☆☆☆经理:

感谢您一直以来对我公司的支持与厚爱,值此新年来临之际,我谨代表公司全体员工为您送上新年的祝福:

祝贵公司事业繁荣昌盛、蒸蒸日上、前程似锦!

祝您及您的员工新年快乐、身体健康、阖家幸福、事事顺利!

东方科能机械工程有限公司

王立新

2017 年 1 月 1 日

文本框:高 10.7 厘米,宽 9.7 厘米,无填充色,无轮廓色

称呼、贺词正文:隶书,小三号,行距:固定值 22～26 磅。

落款(单位、领导签名、日期):隶书,四号,行距:固定值 20
磅,右缩进分别为:0.5 字符,3 字符,1 字符。

图 10-41　贺词内容及格式

贺卡的所有组成部分制作完成,效果如作品所示。保存文件。

4. 版面检查、调整、定版

新年贺卡全部制作完成后,打印预览,观察贺卡整体版面效果,仔细检查贺卡整体布局,图文混排,颜色搭配,排版效果等,合理调整各部分格式、位置、大小、比例等,使主题突出、贺词清晰醒目、版面简洁明快、赏心悦目。

至此,新年贺卡制作完成。保存文件。将作品与同伴交流、欣赏、分享,相互提高。自己制作的节日贺卡可以用电子邮件、微信、飞信、QQ 等方式,送给家长、师长、同学、好友等,表达新年诚挚的祝福和问候。

设计制作贺卡类文档的工作流程如下。

① 新建文件，另存，命名；
② 设置页面格式；
③ 确定贺卡主题，根据主题收集、选择合适的背景图和插图；
④ 合理制作、排版贺卡背景图；
⑤ 确定贺卡标题、贺词的位置及文稿内容；
⑥ 制作贺卡主题、标题（艺术字）；
⑦ 制作贺词（文本框）；
⑧ 检查整体布局、排版效果。

 评价反馈

作品完成后，填写表 10-3 所示的评价表。

表 10-3 "设计制作贺卡"评价表

评价模块	评 价 内 容		自评	组评	师评
	学习目标	评价项目			
专业能力	1. 管理 Word 文件	新建、另存、命名、关闭、打开、保存文件			
	2. 设置页面格式	设置纸型、方向、页边距			
	3. 制作贺卡的图片	插入背景图			
		背景图格式：衬于文字下方、大小、位置			
	4. 制作贺卡的主题、标题	插入艺术字（样式）			
		艺术字格式：字体、字号、颜色、位置			
	5. 制作贺词	插入文本框			
		贺词组成部分齐全，大小、位置、比例合理			
		设置文本框格式　字体、字号、颜色			
		行距、对齐方式			
		大小、位置			
		填充颜色、轮廓色			
	6. 版面布局：整体布局美观，颜色协调，位置、比例、视觉效果好，图片及贺词，吸引读者				
	7. 正确上传文件，发送贺卡				
可持续发展能力	自主探究学习、自我提高、掌握新技术	□很感兴趣	□比较困难	□不感兴趣	
	独立思考、分析问题、解决问题	□很感兴趣	□比较困难	□不感兴趣	
	应用已学知识与技能	□熟练应用	□查阅资料	□已经遗忘	
	遇到困难，查阅资料学习，请教他人解决	□主动学习	□比较困难	□不感兴趣	
	总结规律，应用规律	□很感兴趣	□比较困难	□不感兴趣	
	自我评价，听取他人建议，勇于改错、修正	□很愿意	□比较困难	□不愿意	
	将知识技能迁移到新情境解决新问题，有创新	□很感兴趣	□比较困难	□不感兴趣	
社会能力	能指导、帮助同伴，愿意协作、互助	□很感兴趣	□比较困难	□不感兴趣	
	愿意交流、展示、讲解、示范、分享	□很感兴趣	□比较困难	□不感兴趣	
	敢于发表不同见解	□敢于发表	□比较困难	□不感兴趣	
	工作态度，工作习惯，责任感	□好	□正在养成	□很少	
成果与收获	实施与完成任务	□☺独立完成	□☺合作完成	□☹不能完成	
	体验与探索	□☺收获很大	□☺比较困难	□☹不感兴趣	
	疑难问题与建议				
	努力方向				

复习思考

1. 如果要制作折页、打印的贺卡，封面、封底、封里在页面中的位置如何安排？可画示意图表达。

2. 不同类型、不同主题的贺卡如何选择主色调或背景图中的主色？

3. 贺卡中文字颜色与背景色搭配的原则是什么？

拓展实训

自己选择一个主题，制作一张节日贺卡（教师节、母亲节、父亲节、端午节、中秋节、圣诞节、儿童节、××生日、××纪念日、感恩节等）。贺卡的图片和贺词与主题吻合。送给老师、亲人、同学或朋友。

10.4　设计制作请柬

请柬，又称为请帖、柬帖，是为了邀请客人参加某项活动而发的礼仪性书信。请柬主要是表明对被邀请者的尊敬，同时也表明邀请者对此事的郑重态度，所以邀请双方即便近在咫尺，也必须送请柬。凡属比较隆重的喜庆活动、各种典礼、仪式，邀请客人均以请柬为准，切忌随便口头招呼，顾此失彼。

请柬一般有两种样式：一种是单面的，直接由标题、称谓、正文、敬语、落款构成；另一种是双面的，即折叠式；一面为封面，写"请柬"二字，一面为封里，写称谓、正文、敬语、落款等。

请柬可以购买，封面印了烫金主题"请柬"或"请帖"字样，内页按照书信格式印制好，发文者只需填写正文即可，如图 10-42 所示。

请柬是邀请宾客用的，所以在款式设计上，要注意其艺术性，一帧精美的请柬会使人感到快乐和亲切。选用市场上的各种专用请柬时，要根据实际需要选购合适的类别、色彩、图案。请柬要在合适的场合发送。一般说来，举行重大的活动，对方又是作为宾客参加，才发送请柬。寻常聚会，或活动性质极其严肃、郑重，对方也不作为客人参加时，不应发请柬。

本任务以观看技能展示请柬为例，练习请柬的版面设计和制作方法。

图 10-42　请柬

 提出任务

在 Word 2010 中制作观看技能展示请柬，A4 纸，折页，横式写法。如图 10-43～图 10-45 所示。

 作品展示

图 10-43　请柬外形

图 10-44　请柬封面

图 10-45　请柬封里

 **分析任务**

1. 请柬的结构和组成

（1）请柬的样式：一种是单面的；另一种是双面的，即折叠式（封面和封里）。

（2）请柬的形式：横式写法和竖式写法两种。竖式写法从右边向左边写。

（3）请柬文稿的组成部分：由标题、称谓、正文、敬语、落款五部分构成，如作品所示。

标题是封面上写的"邀请函"、"请柬"，一般要做一些艺术加工，可用美术体的文字，文字的色彩可以烫金，可以有图案装饰等。称呼要写被邀请者(单位或个人)的姓名及职务或职称。如"某某先生"、"某某单位"等，称呼后加上冒号。正文要写清活动时间、地点、内容、方式，如开座谈会、联欢晚会、生日会、国庆宴会、婚礼、寿诞等。如果是请人看戏或其他表演还应将入场券附上。若有其他要求也需注明，如"请准备发言"、"请准备节目"等。结尾要写上礼节性问候语或恭候语，如"致以——敬礼"、"顺致——崇高的敬意"、"敬请光临"等，在古代这叫做"具礼"。落款署上邀请者(单位或个人)的名称和发柬日期。

2. 请柬的文稿格式

如作品所示，请柬的文稿格式与信函很相似。

标题（请柬）……………………………………………………………… 居中

称谓（被邀请单位名称或个人姓名及职务或职称）……………………… 左对齐

正文（活动的时间、地点、内容及其他应知事项）……………………… 首行缩进 2 字符

敬语（恭候语）…………………………………………………………… 左对齐

落款（邀请单位或个人姓名，下边写日期）……………………………… 右对齐

3. 撰写请柬文稿的注意事项

（1）所用语言应恳切、热诚，用词要谦恭，要充分表现出邀请者的热情与诚意。

（2）请柬内容要精炼、准确、文雅，写清楚活动内容、性质、主要项目、主办单位即可，凡涉及时间、地点、人名等一些关键性词语，一定要核准、查实。

（3）措词务必简洁明确、文雅庄重、热情得体。

4. 请柬的版面设计特点

作品所示的请柬，采用 A4 纸、纵向、对折，因此封面和封里的版心在 A4 纸的下半页位置。

请柬在版面布局方面，突出文字内容，主次分明；文字要美观，在纸质、款式和装帧设计上，注意艺术性，做到美观、大方。选用的图片不宜太花哨，以颜色淡雅、图案简单为宜。版面整体布局简单明快。

分析了请柬的内容和版面结构，与简历封面很相似，所以制作过程和方法与简历封面相同。下面按工作过程进行操作，制作请柬。

完成任务

1. 新建文件、分页

（1）将新文件另存、命名。

（2）设置页面格式：A4 纸（29.7 厘米×21 厘米），纵向。

制作折页横式写法的请柬，纵向 A4 纸的上半页没有内容，所以上页边距=$\frac{1}{2}$纸张高度+2 厘米≈17 厘米。设置页边距为：上 17 厘米，下 2.5 厘米，左右各 3 厘米。

（3）插入分页符，生成两页纸。

◆ **操作方法** 单击"插入"选项卡中"页"组中的"分页"按钮，如图 10-46 所示，文档就

有两页纸，第一页制作请柬封面，第二页制作请柬封里。

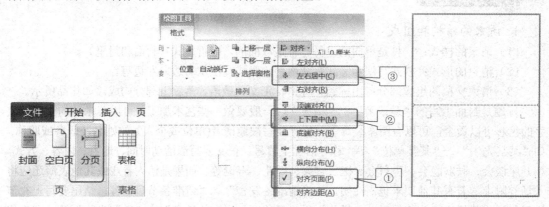

图 10-46　插入分页符　　　图 10-47　直线的对齐方式　　　图 10-48　直线的位置及格式

2. 设计、制作请柬的封面

（1）插入一条折页线。插入直线，宽度 21 厘米，对齐方式如图 10-47 所示，对齐为：① √ 对齐页面(P)；② 上下居中(M)、③ 左右居中(C)。直线在纸张的正中间，作为请柬封面的折页线，分界封面下半页的版面。直线可设置为虚线、灰色、0.75 磅，如图 10-48 所示。

（2）制作艺术字标题"邀请函"。艺术字样式：倒数第 2 行第 3 列，字体：隶书，72 号，加粗，单倍行距。位置：对齐边距，上下居中，左右居中（在封面版心的正中间）。颜色如样文所示。

（3）制作其余文字。

制作文本框①，录入"诚意邀请您的光临"，隶书，小二号，单倍行距，文本框无形状轮廓色，浮于文字上方，位置如图 10-49 所示。

制作文本框②，录入邀请单位"北京市昌平职业学校·学前教育系"，楷体，小三，加粗，单倍行距。位置：对齐边距，左右居中，浮于文字上方，如图 10-49 所示，文本框无形状轮廓色，无形状填充色。

图 10-49　请柬封面下半页效果　　　图 10-50　直线颜色

（4）制作封面图片。收集适合做请柬封面的图片，设计图片的位置、大小、版面布局。

① 直线：粗细 7.5 磅，宽度 21 厘米，高度 0 厘米。颜色如图 10-50 所示，红色 209，绿色 209，蓝色 1，衬于文字下方。位置如图 10-49 所示。

② 蝴蝶结：高度 2.1 厘米，浮于文字上方，位置如图 10-49 所示。

③ 祥云：高度 1.4 厘米，浮于文字上方，位置如图 10-49 所示。

④ 云线：高度 4.5 厘米，浮于文字上方，位置如图 10-49 所示。

请柬封面制作完成，效果如图 10-44（整页）和图 10-49（下半页）所示。

3．编辑、制作请柬的封里

（1）插入一条折页线。插入直线，宽度 21 厘米，对齐方式如图 10-47 所示，对齐页面，上下居中，左右居中。虚线、灰色、0.75 磅，如图 10-48 所示。直线在纸张的正中间，作为请柬封里的折页线，分界封里下半页的版面。

（2）录入请柬文稿内容，设置文字格式。拟好请柬的文稿，录入所有内容：称谓、正文、敬语、落款。设置各部分文字格式如图 10-51 所示。

尊敬的＿＿＿＿＿＿＿：

　　谨定于 2017 年 6 月 22 日（星期四）上午 10:00，在学校 IT 楼四层演播大厅，举办"学前教育系教学成果技能展示暨汇报演出"，届时敬请您莅临指导。

　　此致

敬礼！

北京市昌平职业学校

学前教育系

2017 年 6 月 1 日

> 称呼、正文、敬语：隶书，小二号，单倍行距。
>
> 落款（校名、系名、日期）：隶书，三号，行距为固定
> 　　值 26 磅。右缩进分别为 0 字符，3.5 字符，2 字符
>
> 正文、校名：段前 0.5 行。

图 10-51　请柬文稿内容及格式

（3）制作封里背景图。插入请柬背景图，衬于文字下方，宽度 21 厘米，位置：对齐页面，左对齐、底端对齐，如作品图 10-45 所示。

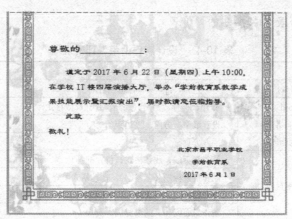

图 10-52　请柬封里下半页效果

请柬封里制作完成，效果如图 10-45（整页）和图 10-52（下半页）所示。

请柬的所有组成部分制作完成，效果如作品图 10-43～图 10-45 所示，保存文件。

4．版面检查、精确修整、打印

（1）请柬全部制作完成后，打印预览，仔细检查请柬整体布局、图文混排、颜色搭配、排版效果等，合理调整各部分格式、位置、大小、比例等，使文字清晰、醒目，版面简洁明快、赏心悦目。保存文件。

（2）打印请柬。请柬可以用彩色卡纸双面打印。设置打印属性：如果选择自动双面打印，设

置"沿短边翻转";如果设置手动双面打印,注意打印反面时,送纸的方向要正确。

也可以用两张 A4 纸,分别彩色打印请柬封面和封里,中部对折,系上丝带。

打印完成后,填写各位被邀请者的姓名及职务;或者更改每一张请柬封里文稿中被邀请者姓名及职务,更改一张打印一张;也可以采用邮件合并的方法,连续打印,效率更高。

至此,观看技能展示请柬制作完成。

 **归纳总结**

1. 设计制作请柬的工作流程
① 新建文件,另存,命名;
② 确定请柬的样式(双面折叠)、形式(横式写法),计算页边距,设置页面格式;
③ 插入分页符,形成两页纸;
④ 收集适合做请柬封面、封里的图片,设计各图片的位置、大小、版面布局;
⑤ 制作请柬封面[折页线、标题(艺术字)、其他文字(文本框)、插图];
⑥ 制作请柬封里(折页线、请柬文稿、背景图);
⑦ 检查版面、整体布局、排版效果。
2. 制作"请柬"的技术
① 双面(折叠式)请柬版心的位置、页边距的计算方法、请柬页面格式;
② 插入分页符,形成两页纸;
③ 分别制作折叠式请柬的封面、封里(折页线、艺术字、文本框、背景图、插图);
④ 设置打印机属性:双面打印(短边翻转)。

 **评价反馈**

作品完成后,填写表 10-4 所示的评价表。

表 10-4 "设计制作请柬"评价表

| 评价模块 | 评 价 内 容 | | 自评 | 组评 | 师评 |
	学习目标	评价项目			
专业能力	1. 管理 Word 文件	新建、另存、命名、关闭、打开、保存文件			
	2. 设置页面格式	设置纸型、方向、页边距			
	3. 制作两页纸	插入分页符			
	4. 制作请柬封面	插入折页线,线条格式、位置准确			
		制作请柬标题(艺术字),标题格式美观			
		制作其他文字(文本框),文字格式美观			
		制作封面图片,效果协调、美观			
	5. 制作请柬封里	插入折页线,线条格式、位置准确			
		制作请柬文稿 — 请柬文稿组成部分齐全			
		制作请柬文稿 — 文稿格式(位置)正确			
		制作请柬文稿 — 行距均匀,清晰醒目			
		制作封里背景图,图片格式正确,图文效果			
	6. 请柬版面布局	整体布局美观,协调			
		图文混排大小、位置、比例、效果美观、新颖			
		颜色搭配协调,颜色数少,淡雅,赏心悦目			
		文字及排版效果,视觉效果好,吸引读者			
	7. 正确上传文件,正确打印请柬				

第一篇 文字处理 Word 2010

续表

评价模块	评价项目	自我体验、感受、反思		
可持续发展能力	自主探究学习、自我提高、掌握新技术	□很感兴趣	□比较困难	□不感兴趣
	独立思考、分析问题、解决问题	□很感兴趣	□比较困难	□不感兴趣
	应用已学知识与技能	□熟练应用	□查阅资料	□已经遗忘
	遇到困难，查阅资料学习，请教他人解决	□主动学习	□比较困难	□不感兴趣
	总结规律，应用规律	□很感兴趣	□比较困难	□不感兴趣
	自我评价，听取他人建议，勇于改错、修正	□很愿意	□比较困难	□不愿意
	将知识技能迁移到新情境解决新问题，有创新	□很感兴趣	□比较困难	□不感兴趣
社会能力	能指导、帮助同伴，愿意协作、互助	□很感兴趣	□比较困难	□不感兴趣
	愿意交流、展示、讲解、示范、分享	□很感兴趣	□比较困难	□不感兴趣
	敢于发表不同见解	□敢于发表	□比较困难	□不感兴趣
	工作态度，工作习惯，责任感	□好	□正在养成	□很少
成果与收获	实施与完成任务	□☺独立完成	□☺合作完成	□☒不能完成
	体验与探索	□☺收获很大	□☺比较困难	□☒不感兴趣
	疑难问题与建议			
	努力方向			

1. 请柬的组成部分有哪些？各部分的内容及格式是什么？
2. A4 纸、折页、竖式写法的请柬，页边距如何计算？

拓展实训

在 Word 2010 中制作 A4 纸，竖式折页请柬。计算上下左右页边距并设置页面格式。设置请柬各部分图、文格式，所有内容大小、位置、比例合理，色彩协调，文字醒目，版面美观，视觉效果好。

样文

制作信封

如果多份贺卡或请柬需要邮寄到不同地址，填写信封将是很大的工作量，可以利用 Word 中的信封制作向导制作信封并打印，节省时间，提高效率。信封的制作方法如下。

★ **步骤1** 启动 Word 程序，单击"邮件"选项卡中"创建"组的"中文信封"按钮，如图 10-53 所示。

★ **步骤2** 打开"信封制作向导"，如图 10-54 所示，单击"下一步"。

★ **步骤3** 进入如图 10-55 所示的"信封样式"对话框，在"信封样式"列表中选择一种国内信封的样式和尺寸，如图 10-56 所示。根据贺卡或请柬的大小去邮局购买合适的标准信封，可以测量信封的尺寸，确定信封的样式。

图 10-53　创建中文信封

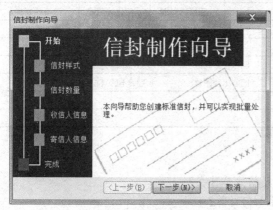

图 10-54　信封制作向导

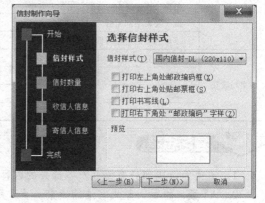

图 10-55　选择信封样式

购买的标准信封已经印刷了邮政编码框、贴邮票框以及右下角的邮政编码，所以，在"信封样式"对话框中将这些选项的"☑"都去掉，如图 10-55 所示，单击"下一步"。

图 10-56　信封样式列表

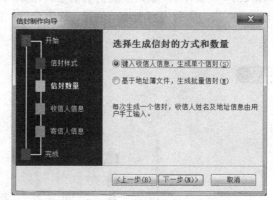

图 10-57　信封数量

★ **步骤4** 进入如图 10-57 所示的"信封数量"对话框，如果只制作一个信封，选择"生成单个信封"，单击"下一步"。

★ **步骤5** 进入如图 10-58 所示的"收信人信息"对话框。在对话框中填写收信人的姓名、称谓、单位、地址、邮编等详细内容，单击"下一步"。

★ **步骤6** 进入如图 10-59 所示的"寄信人信息"对话框。在对话框中填写寄信人的姓名、单位、地址、邮编等详细内容，单击"下一步"。

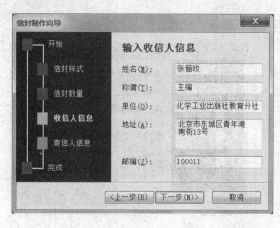

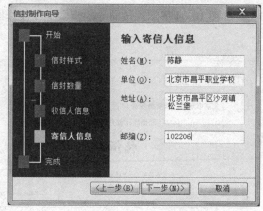

图 10-58　收信人信息　　　　　　　　　　　　图 10-59　寄信人信息

★ **步骤7**　进入如图 10-60 所示的"完成"对话框，单击"完成"按钮，则生成单个信封，如图 10-61 所示。邮政编码的位置、大小是按信封的标准位置（红色邮政编码框）生成的。

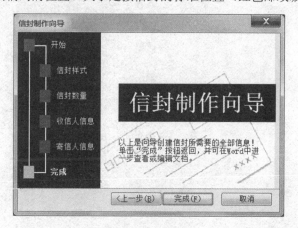

图 10-60　完成

★ **步骤8**　设置信封收信人信息的文字格式，如图 10-62 所示。

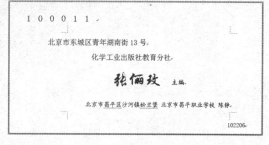

图 10-61　生成的信封　　　　　　　　　　　图 10-62　信封文字格式

★ **步骤9**　打印信封。将空白信封放入打印机打印，打印效果如图 10-63 所示。信封制作、打印完成。

如果要批量制作信封，先将所有收信人信息制作地址簿文件（Excel 工作表或以 Tab 键分割的文本文件，并且带有标题行），文件中包含收信人姓名、称谓、单位、地址、邮编字段。

在"信封向导"的"步骤 4"如图 10-57 所示的"信封数量"对话框中，选择"生成批量信封"，如图 10-64 所示。按向导的步骤继续操作即可完成批量信封的制作。

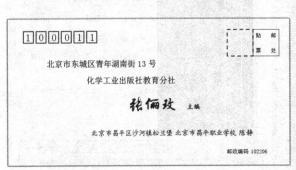

图 10-63　信封的打印效果

图 10-64　生成批量信封

任务⑪

设计制作刊物内页

 知识目标

1. 设置页面格式、页眉页脚、页面边框的方法；
2. 设置段落首字下沉、分栏、边框底纹的方法；
3. 设置文档的脚注、尾注、批注等注释的方法；
4. 编辑图片、艺术字的方法。

学习重点

1. 设置页面艺术边框的方法；
2. 设置段落首字下沉、分栏、边框底纹的方法；
3. 设置文档尾注的方法。

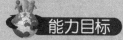 **能力目标**

1. 能熟练设置页面格式、页眉页脚、页面边框；
2. 能设置段落的首字下沉、分栏、边框底纹等格式；
3. 能设置文档的脚注、尾注、批注等注释；
4. 能合理应用艺术字、图片、艺术边框等，对文章进行版面设计和图文混排。

Word 的排版功能非常丰富多彩，应用在实际工作、生活的各个层面，如报刊、杂志、广告、宣传等的排版设计。版面设计与图文混排是 Word 的精彩部分，是利用图、文、表等各种元素进行混合排版设计的综合应用，既可以体现设计者的高超操作技能，还可以展示设计者版面设计方面独到的创新思维。

版面设计虽然不能改变文章的性质，也不能增强或削弱文章的思想内涵，但可以从视觉上造成冲击力，增加文章的可读性，使版面富有生气、活力和艺术性，吸引读者眼球，增强视觉效果，人性化的排版设计能减轻视觉疲劳。

本任务以文章《送一轮明月》为例，学习刊物内页的版面设计与排版方法；掌握页面边框、段落首字下沉、分栏、段落边框底纹等格式及文档尾注的设置方法；体验 Word 版面设计的乐趣和艺术性，学会版面设计与图文混排的设计思路和操作要领；领略 Word 图文混排与版面设计的强大功能，提高文档的编排能力和版面设计水平。

学会版面设计方法和各种排版技术，可以针对不同的文章和不同类型的刊物或页面，创新设计出不同风格的版面，吸引读者阅读。

刊物至少由刊物封面、刊物目录、刊物内页三部分组成，如图 11-1 所示。有的刊物还有封二、封三、封底、扉页、卷首语页、插页等部分。刊物内页由若干页组成，每页或每个栏目、每个板块可以有不同的版面设计和排版风格。

刊物封面的组成部分如图 11-2 所示，由刊物标题、期刊号、文章导航、书号、封面背景图等部分组成。各部分使用的元素为：

刊物封面　　　　　　　　刊物目录　　　　　　　刊物内页一　　　　　　刊物内页二

图 11-1　刊物的组成部分

刊 物 标 题——艺术字
期 刊 号——文本框
文 章 导 航——文本框
书 号——图片
封面背景图——图片

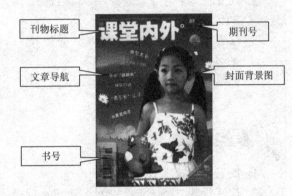

图 11-2　刊物封面的组成部分

刊物封面的设计制作方法与简历封面的设计制作方法类似（参阅"任务 5.1 设计制作简历封面"）。

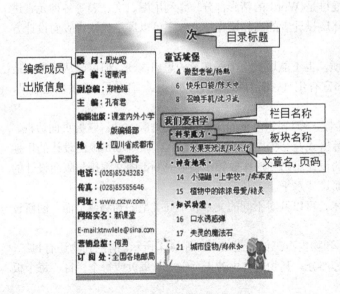

图 11-3　刊物目录的组成部分

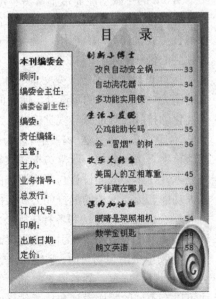

图 11-4　目录样式

刊物目录的组成部分如图 11-3 所示，由目录标题、栏目名称、板块名称、目录项（文章名，页码）、编委成员、出版信息等部分组成。各部分使用的元素或者格式为：

目录标题……………………………………………… 居中，大字，美观
栏目名称……………………………………………… 左缩进，可以加粗
板块名称……………………………………………… 左缩进
目录项（文章名，页码）………………………… 左缩进
编委成员、出版信息……………………………… 文本框

栏目名称、板块名称、目录项（文章名，页码）的缩进格式可以设置三个层次。

刊物目录的设计制作方法与书籍目录的制作方法类似（参阅任务 3 制作与编排调查问卷——扩充提高部分制作书籍目录）。其他目录样式如图 11-4 所示。

因此本任务详细学习、重点练习刊物内页的版面设计与图文混排。

在 Word 2010 录入文章内容，对文章《送一轮明月》进行版面设计和图文混排，并设置各部分格式。刊物尺寸：14 厘米×20.3 厘米，页边距：上 2 厘米，下、左、右各 1.8 厘米，左侧装订线 0.4 厘米。

分析任务

1. 刊物内页文章的组成部分

文章《送一轮明月》由标题、正文、评论、注释四部分组成，如图 11-5 所示。

图 11-5　文章的组成部分

2. 文章《送一轮明月》中应用的排版格式

　　作品中应用的版面设计和排版格式如图 11-6 所示。从作品可以看出，标题、文字、背景图、插图的颜色都是蓝色系，整个版面的主色调以蓝色为主，评论部分辅以鲜艳的黄底红字，以示醒目。全文用五号字排版。

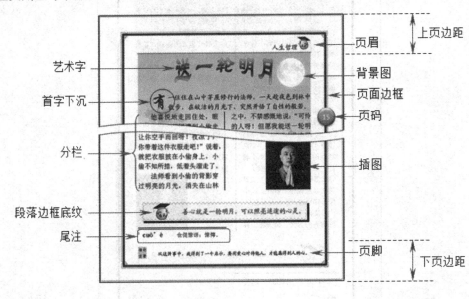

图 11-6　排版格式

3. 文章中的版面设计和排版格式类型

版面设计分类	格式	版面设计分类	格式
⊕页面版式	页面格式 页眉页脚（页码） 页面艺术边框	⊕图形图片	艺术字标题 插图 背景图
⊕文本格式	首字下沉 分栏 段落边框底纹	⊕注　释	尾注

4. 页眉和页脚

页眉和页脚是文档中每个页面页边距的顶部和底部区域。页眉页脚在文档的每一页都会出现，并且每页的内容和位置相同（也可以根据需要，设置页眉页脚为"奇偶页不同"或"首页不同"）。

页眉在页面顶部的上边距内，页脚在页面底部的下边距内，如图 11-6 所示。在页眉和页脚中可以插入文本、图形、图片，如页码、日期、图标、文档说明文字等。页眉页脚只能在页面视图方式下才能看到，其他视图方式下看不到。

页眉页脚与正文分别在两种状态中编辑，不能同时编辑（即：编辑正文时，页眉页脚是灰色；编辑页眉页脚时，正文是灰色），可以保证编辑页眉页脚时，正文不受干扰、不受影响；同样，编辑正文时，页眉页脚不受影响。但在打印预览状态下，页眉页脚和正文可以同时显示（预览、查看）。

以上分析的是文章的组成部分、各组成部分使用的版面设计格式、版面设计格式的类型等，下面按工作过程学习具体的操作步骤和操作方法。

完成任务

1. 准备工作

（1）将新文件另存、命名。

（2）设置页面格式：纸张大小为自定义，宽度 14 厘米，高度 20.3 厘米。

★ **步骤1**　单击"页面布局"选项卡"页面设置"组的对话框按钮，打开"页面设置"对话框，单击"纸张"标签页，如图 11-7 所示，在"纸张大小:""宽度"框中输入纸张宽度数值 14 厘米 ，在"高度"框中输入纸张高度的数值 20.3 厘米 ，此时"纸张大小"框中会自动出现"自定义大小"或符合要求的纸张规格名称，如"大 32 开（14 厘米×20.3 厘米)"。单击对话框中的"确定"按钮，即可完成纸张大小的设置。

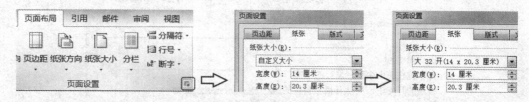

图 11-7　设置自定义纸张大小

或者，单击"页面布局"选项卡中"页面设置"组的"纸张大小"按钮 纸张大小 ，如图 11-8 所示，如果纸张列表中有符合要求的纸张规格，直接单击纸张名称，即可完成纸张大小的设置。

★ **步骤 2** 设置纸张方向纵向；设置页边距：上 2 厘米，下、左、右各 1.8 厘米，左侧装订线 0.4 厘米，页眉 1.2 厘米，页脚 1.2 厘米，如图 11-9 所示。

（3）录入文章《送一轮明月》的所有内容，随时保存文件。

（4）选择与文章主题吻合的背景图、插图素材。根据文章主题和思想内涵，选择能表达主题寓意的背景图片、插图等素材，放在文件夹中备用。设计、选择与主题、背景图相符的版面主色调。

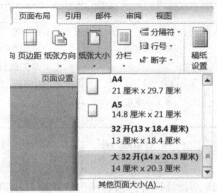

图 11-8　设置纸张大小

如果背景图不符合文章版面设计的要求，或只想选用图片中的部分区域，可以用 Photoshop 软件将图片进行合理的裁切或编辑处理，处理好、符合自己的设计意图后，保存在文件夹中备用。

背景图素材选好，版面风格、主色调确定后，就可以开始设置文章各部分的格式。

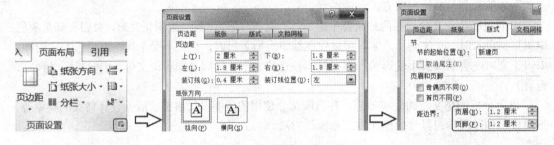

图 11-9　设置页眉页脚距离

2. 设计页面版式

（1）设置页面格式：纸型、方向、页边距、页眉页脚距离等（已设置完成）。

（2）制作页眉页脚

★ **步骤 3** 插入页眉。单击"插入"选项卡"页眉和页脚"组的"页眉"按钮，在打开的列表中选择"编辑页眉"，如图 11-10 所示，即进入页眉的编辑状态，如图 11-11 所示。

或者，用鼠标左键，双击上页边距内的空白区域，进入页眉的编辑状态，如图 11-11 所示。

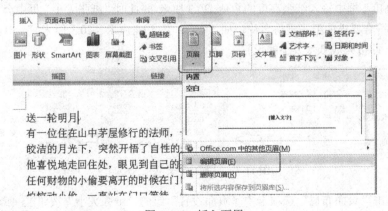

图 11-10　插入页眉

在页眉的编辑状态，如图 11-11 所示。①有一条竖线（插入点）在闪（默认居中对齐），此时可以输入文字，或插入图片，绘制图形等。

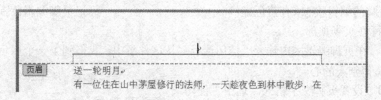

图 11-11　页眉的编辑状态

② 页眉编辑区在上页边距内。此时，正文是灰色，是不能编辑状态。

③ 进入页眉的编辑状态，有蓝色虚线--------------------标记页眉编辑范围，并有"页眉"的标签 页眉 标在页眉底部。

④ 进入页眉的编辑状态，同时打开"页眉和页脚工具""设计"选项卡，如图 11-12 所示，页眉和页脚的所有操作都在"页眉和页脚工具""设计"选项卡中进行。

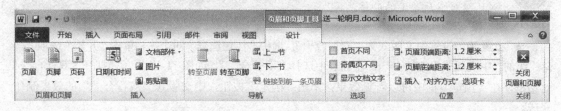

图 11-12　"页眉和页脚工具""设计"选项卡

★ **步骤 4**　在页眉编辑区内输入"人生哲理"，设置页眉文字格式：楷体，五号，右对齐，单倍行距。

★ **步骤 5**　插入图片 "小博士.jpg"，设置图片格式：图片大小为高度 0.7 厘米（锁定纵横比），"自动换行"方式为嵌入型，水平翻转。制作完成的页眉如图 11-13 所示。

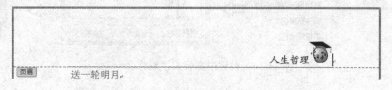

图 11-13　制作页眉

★ **步骤 6**　切换到页脚区域，制作页脚内容。页眉制作完成后，单击"页眉和页脚工具""设计"选项卡中"导航"组的"转至页脚"按钮，进入页脚编辑状态，如图 11-14 所示。

或者，用鼠标左键，双击下页边距内的空白区域，进入页脚的编辑状态，如图 11-14 所示。

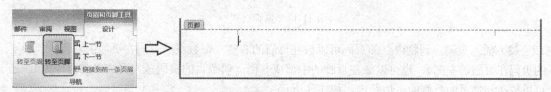

图 11-14　编辑页脚

进入页脚的编辑状态后，如图 11-14 所示。①有一条竖线（插入点）在闪（默认左对齐），此时可以输入文字，或插入页码等。

② 页脚编辑区在下页边距内。

③ 进入页脚的编辑状态，有蓝色虚线-------------------标记页脚编辑范围，并有"页脚"的标签 页脚 标在页脚顶部。

★ **步骤7** 在页脚编辑区内输入"佳句选登 从这件事中，我得到了一个启示，要用爱心对待他人，才能赢得别人的心。"

★ **步骤8** 设置页脚文字格式。选中"佳句选登"四个字，设置为"方正舒体，四号，左对齐"。

★ **步骤9** 设置字符底纹。选中"佳句选登"四个字，单击"开始"选项卡"段落"组的"底纹"按钮 ☑ 右边的箭头，如图 11-15 所示，在打开的色板中选择"深蓝，文字 2，淡色 80%"。

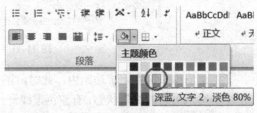
图 11-15 设置字符底纹

提示 底纹建议用浅色系，文字、边框建议用深色系 ，文字和底纹不用同一颜色，最好用对比度强或反差大的颜色。

★ **步骤10** 设置中文版式为"双行合一"。选中"佳句选登"四个字，单击"开始"选项"段落"组的"中文版式"按钮 ⬚ ，在列表中选择"双行合一"，如图 11-16 所示，打开"双行合一"对话框，在"预览"框中可以看见效果，单击"确定"按钮，中文版式"双行合一"的效果制作完成。

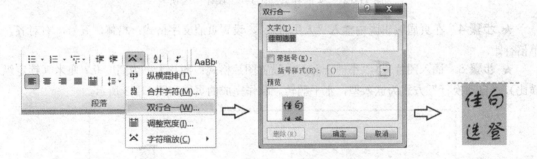
图 11-16 设置中文版式"双行合一"

★ **步骤11** 设置文字"从这件事中，……赢得别人的心。"格式为：楷体，六号，左对齐。制作完成的页脚如图 11-17 所示。

佳句选登 从这件事中，我得到了一个启示，要用爱心对待他人，才能赢得别人的心。

图 11-17 页脚格式

（3）插入页码。刊物内页的页码可以放在页眉的右侧（奇数页的页码在页眉的右侧，偶数页的页码在页眉的左侧），也可以放在页脚的中部或右侧（偶数页的页码放在页脚中部或左侧），还可以放在刊物页面外侧的页边距内，如作品所示。

插入页码方法很多，可以在正文编辑状态插入页码，也可以在页眉页脚编辑状态插入页码。

在正文编辑状态插入页码如图 11-18 所示：单击"插入"选项卡中"页眉和页脚"组的"页码"按钮，选择合适的页码位置和页码样式。

★ **步骤12** 在页眉页脚状态插入页码。如果刚才制作完页脚，没有退出页眉页脚编辑状态，可以采用如图 11-19 所示的方法，插入页码。单击"页眉和页脚工具""设计"选项卡中"页眉和页脚"组的"页码"按钮。在打开的列表中选择页码的位置"页边距"，如图 11-19 所示，在打开的页码样式中选择适合版面风格的样式，如"圆（右侧）"。

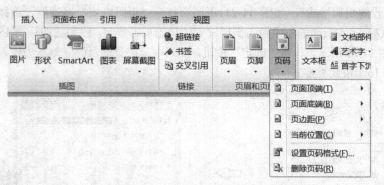

图 11-18   在正文编辑状态插入页码

图 11-19   在页眉页脚状态插入页码，选择页码位置和样式

★ **步骤 13**   插入的页码效果如图 11-20 所示。如果对页码效果不满意，可以进行修改。修改方法：选中"圆"，设置大小为高度 🔲 1 厘米，宽度 🔁 1 厘米。将页码的数字设置为"宋体，居中"。还可以移动"圆"的位置，设置"圆"的"形状样式"。最后修改完成的效果如图 11-20 所示。

图 11-20   插入的页码效果

★ **步骤 14**　设置页码格式（起始页码）。如果刊物内页不是第 1 页，可以设置页码格式来改变"起始页码"，将插入的页码设置为需要的页数。

在"插入"选项卡或"页眉和页脚工具""设计"选项卡中，单击"页码"按钮，在打开的列表中选择"设置页码格式"，如图 11-21 所示，打开"页码格式"对话框，选择"起始页码" ◉ 起始页码(A)：，在后面的框中输入需要设置的起始页码数字，比如文档从第 15 页开始，就输入"15"，如图 11-21 所示，单击"确定"按钮，文档中最前页的页码立刻变为设置的起始页码数字（下一页为 16，依此类推）。

图 11-21　设置页码格式——起始页码

★ **步骤 15**　退出页眉页脚编辑状态。页眉、页脚、页码内容全部制作完成后，检查无错误，就可以退出页眉页脚编辑状态。

① 单击"页眉和页脚工具""设计"选项卡 页眉和页脚工具设计 中"关闭页眉和页脚" ✖ 关闭页眉和页脚 按钮，即可退出页眉页脚编辑状态。返回到正文编辑状态，插入点在页面正文编辑区内闪动。此时，页眉页脚灰色，不能编辑，如图 11-22 所示。

② 或者，双击正文区，也可退出页眉页脚编辑状态，返回到正文编辑状态。

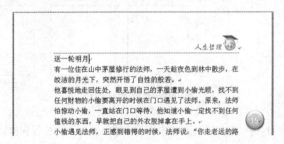

图 11-22　正文编辑状态（页眉页脚灰色，不能编辑）

★ **步骤 16**　修改页眉页脚。

① 双击页眉区域或页脚区域，即可进入页眉页脚编辑状态。

② 用插入页眉的方法：插入→页眉→编辑页眉，进入页眉页脚编辑状态。

（4）制作页面艺术边框。Word 提供了很多样式的页面艺术型边框，可以根据文章或版面设计的需要选择使用，也可以不用。插入页面艺术边框的方法如下。

★ **步骤 17**　单击"页面布局"选项卡中"页面背景"组的"页面边框"按钮，如图 11-23 所示，打开"边框和底纹"对话框的"页面边框"标签页。对话框中部的下方有"艺术型"列表框，单击列表框右边的箭头打开列表，有许多艺术型边框样式。

★ **步骤** 18 在"艺术型"列表中选择一种适合文章内容或适合版面设计的图案样式，如图 11-24 所示，选择古典型图案 ，在对话框右边的"预览"中可以看到边框效果。

图 11-23 "页面边框"按钮打开"边框和底纹"对话框

★ **步骤** 19 设置页面艺术边框图案格式：图案颜色和宽度。如图 11-25 所示，设置边框图案宽度为 12 磅，图案颜色可以选择"蓝色"（参考：页面艺术边框图案宽度以 12～16 磅为宜）。

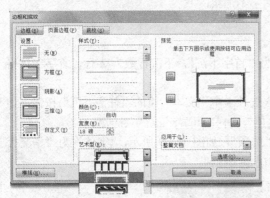

图 11-24 选择页面艺术型边框样式

图 11-25 设置页面艺术边框的颜色和宽度

★ **步骤** 20 设置页面艺术边框图案的选项——边距。单击"页面边框"对话框右下角的"选项"按钮，打开"边框和底纹选项"对话框，如图 11-26 所示，设置"测量基准"为"文字"；根据页面和文章排版的效果设置合适的边距（参考边距：距离文字 12～24 磅为宜），如图 11-26 所示，上下为 22 磅，左右为 16 磅，则页面边框以文字为准上下对称，左右对称。

将对话框中"总在前面显示"前面的☑去掉，如图 11-26 所示。单击"确定"按钮。页面艺术边框设置完成，效果如图 11-27 所示。

提示 选择页面艺术边框时，首先根据文章内容选择合适的边框图案，然后设置边框图案的格式：宽度、颜色、边距。页面边框是修饰页面的，以小巧精致为宜，所以图案宽度不能太大；边框颜色与页面主色调协调或一致为宜；边框位置以不影响页面效果、与文本对称、不遮盖文本内容为宜（不能遮盖页眉、页脚和页码）。

至此，文章的页面版式设计完成了。页面版式的所有格式（页面格式、页眉页脚、页码、页面边框等）对文档的整个页面（或所有页面）有效，如果文档有多页，则页面版式有继承性。

图 11-26　设置页面边框选项

图 11-27　页面艺术边框效果

3. 设计文本版面格式

（1）设置文章正文的文字格式。

① 文字格式：正文全文首行缩进 2 字符；

② 第 1 段：楷体，五号，蓝色，加粗，"有"字不加粗；

③ 第 2～5 段：宋体，五号，黑色；

④ 最后一段评论：楷体，五号，加粗，红色。

（2）设置首字下沉格式。设置第 1 段"有"为"首字下沉"，下沉行数为 2 行，首字字体格式为华文行楷，蓝色。

★ **步骤 21**　选中第 1 段"有"，单击"插入"选项卡中"文本"组的"首字下沉"按钮，如图 11-28 所示，在打开的列表中选择"首字下沉选项"，打开"首字下沉"对话框。

★ **步骤 22**　在"首字下沉"对话框中设置"选项"，如图 11-29 所示，"字体"为"华文行楷"，下沉行数为"2"，距正文"0 厘米"。单击"确定"按钮。

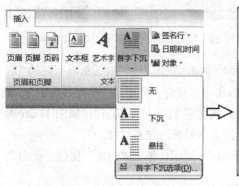

图 11-28　设置"首字下沉"

图 11-29　首字下沉选项　　图 11-30　"首字下沉"效果

"有"字的首字下沉效果如图 11-30 所示。

（3）设置段落分栏格式。如作品所示，正文的第 2～5 段文字分为两列显示，中间有竖线分隔（也可以无分隔线），这种效果称为"分栏"。分栏是一种版面设计常用的排版方法，分栏能将文档中的文本分为两栏或多栏显示，分栏后缩短每一栏的文本宽度，阅读时轻松、省力，减轻视觉疲劳，减少视线的跨度，换行时不会窄行。分栏在报纸、杂志、刊物等媒体上广泛使用。

按作品所示，设置第 2～5 段分两栏，有分隔线，栏宽度 12 字符。

★ **步骤 23** 选中文章正文的第 2～5 段。

★ **步骤 24** 单击"页面布局"选项卡中"页面设置"组的"分栏"按钮 ▦ 分栏▾ ，如图 11-31 所示，在打开的列表中选择"更多分栏"选项，打开"分栏"对话框。

★ **步骤 25** 在"分栏"对话框中设置分栏的参数，如图 11-32 所示，"栏数"选择"2"（两栏），选择 ☑ 分隔线(B)，栏间距为"2 字符"，选择 ☑ 栏宽相等(E)，应用于"所选文字"。在对话框右下角可以看到分栏的预览效果。

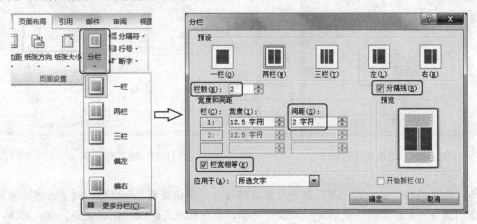

图 11-31 设置分栏　　　　　　　　　　图 11-32 "分栏"对话框

单击"确定"按钮，即可得到正文分栏的效果，如图 11-33 所示。

（4）设置段落边框底纹。设置最后一段评论的格式：左缩进 1 字符，右缩进 1 字符，右对齐。设置段落边框为阴影、绿色、波浪线，边框距正文上、下各 4 磅，左、右各 0 磅，底纹为浅黄色。

★ **步骤 26** 选中最后一段文字。设置格式：左缩进 1 字符，右缩进 1 字符，右对齐。

★ **步骤 27** 单击"开始"选项卡中"段落"组的"边框"按钮 ▦ ▾ 右边的箭头，如图 11-34 所示，在打开的列表中选择"□ 边框和底纹"选项，打开"边框和底纹"对话框。

★ **步骤 28** 在"边框和底纹"对话框的"边框"标

图 11-33 文本的分栏效果

签页中，设置边框参数，如图 11-35 所示，选择边框为"阴影"，线型样式为"波浪线"，线条颜色为"绿色"，宽度为 0.75 磅，应用于"段落"。在对话框右边可以看到段落边框的预览效果。

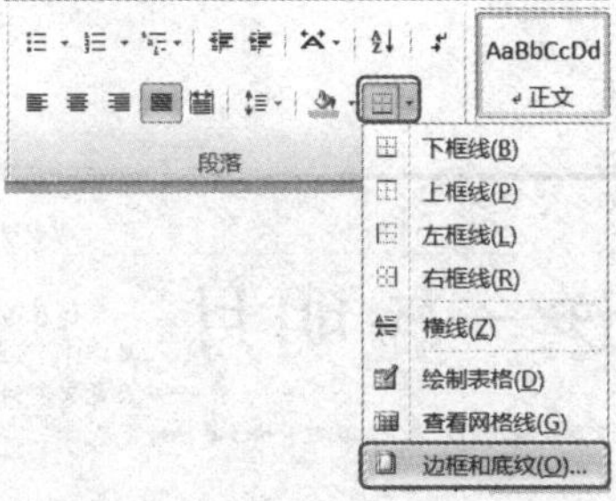

图 11-34 设置段落的边框和底纹 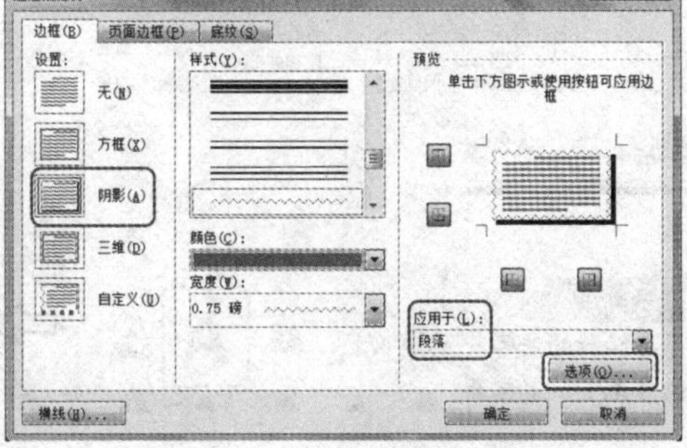　　　　　图 11-35 "边框和底纹"对话框

★ **步骤 29** 设置段落边框的边距。单击"边框"对话框右下角的"选项"按钮，打开"边框和底纹选项"对话框，如图 11-36 所示，设置段落边框"距正文间距"为：上下各 4 磅，左右各 0 磅。单击"确定"按钮。

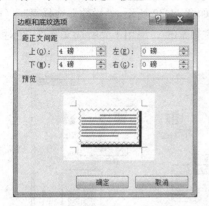
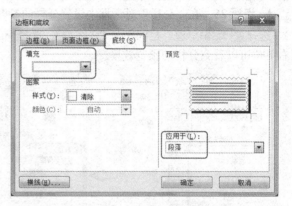

图 11-36 边框底纹选项　　　　　　　　图 11-37 底纹对话框

提示 段落边框"距正文间距"就是段落边框线与文字的距离。一般可以设置上下左右间距为 1~4 磅之间，或根据版面设计需要，合理设置或修改间距的大小，使版面美观的同时，边框线不能超出版心的尺寸，也不能紧贴着文字。

★ **步骤 30** 设置底纹。单击图 11-35 所示的"边框和底纹"对话框中的"底纹"标签页，打开"底纹"对话框，如图 11-37 所示，设置"填充"为"浅黄色"，应用于"段落"。在对话框右边可以看到段落底纹的预览效果。单击"确定"按钮。最后一段的段落边框和底纹设置完成，效果如图 11-38 所示。

至此，文档的文本版面格式全部设置完成，保存文件。

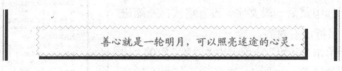

图 11-38 段落边框底纹效果

4. 应用艺术字、图片

（1）制作艺术字标题。插入文章中的艺术字标题，模仿作品设置艺术字标题格式。

★ **步骤 31** 选中标题文字"送一轮明月"（不能选标题后面的回车），设置"居中"。单击"插入"→"艺术字"，艺术字样式：第 3 行第 4 列，艺术字效果如图 11-39 所示。

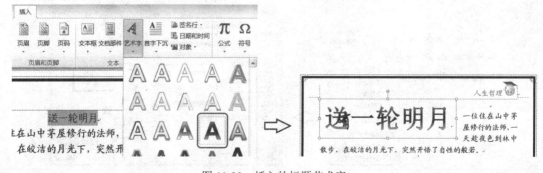

图 11-39 插入的标题艺术字

★ **步骤 32** 设置艺术字标题的"自动换行"方式为"嵌入型",艺术字效果如图 11-40 所示。

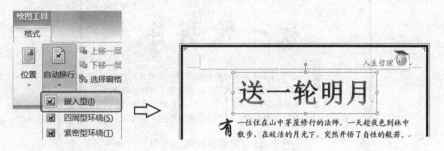

图 11-40 "嵌入型"标题艺术字

★ **步骤 33** 设置艺术字标题的字体:隶书,28 号。设置字体"间距"为"加宽""2 磅",如图 11-41 所示。

图 11-41 设置艺术字标题的字体及间距

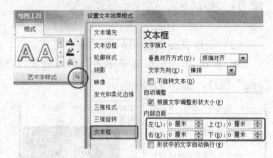

图 11-42 设置艺术字标题的内部边距

★ **步骤 34** 设置艺术字标题的"文本框""内部边距""左右上下"分别为"0 厘米",如图 11-42 所示。

★ **步骤 35** 设置艺术字标题的弯曲效果"桥型"。选中艺术字,单击"绘图工具""格式"选项卡的"艺术字样式"组中"文本效果"按钮,选择"转换"→"桥型",如图 11-43 所示。

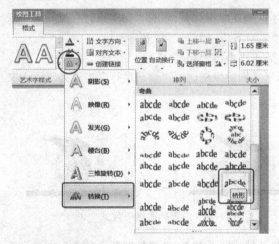

图 11-43 设置艺术字标题的弯曲效果"桥型"

图 11-44 "桥型"艺术字标题

"桥型"艺术字标题效果如图 11-44 所示。至此,标题艺术字的格式设置完成,最后效果如图 11-45 所示。

图 11-45　艺术字标题的效果

提示　艺术字标题的位置应该在正文的上方，艺术字标题不能进入上页边距，不能遮盖页眉内容，不能遮盖正文内容。可以根据版面设计的风格，将艺术字标题放在正文中合适的位置。

（2）制作文章的插图，设置插图格式。

★ **步骤 36**　单击文章第 5 段末尾处（"我终于送了他一轮明月！"之后），回车，插入"法师2.jpg"图片，如图 11-46 所示。

图 11-46　插入图片　　　　　图 11-47　设置图片大小和位置

★ **步骤 37**　设置插图格式。高度为 2.7 厘米（锁定纵横比）；查看"自动换行"方式为"嵌入型"；在"开始"选项卡中，设置图片位置为"右对齐"，如图 11-47 所示。

★ **步骤 38**　在文章第 6 段上方的空行处，插入"小博士.jpg"图片。

★ **步骤 39**　设置图片格式：高度为 0.9 厘米（锁定纵横比），"自动换行"方式为"浮于文字上方"，图片位置如图 11-48 所示。

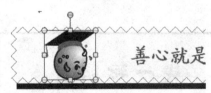

图 11-48　插图位置、大小　　　　　图 11-49　设置插图透明背景

★ **步骤 40**　设置插图的透明背景效果。【参考教材图 5-33】，选择插图的"颜色"中"设置透明色"工具（刻刀 ），单击插图背景，变成透明图片。效果和位置如图 11-49 所示。

（3）制作文章的背景图，设置背景图格式。

★ **步骤 41**　在文章空行处，插入"月夜 1.jpg"图片，"自动换行"方式为"衬于文字下方"，设置图片宽度：10厘米，位置为："对齐边距""左右居中"、"顶端对齐"。

★ **步骤42** 设置图片颜色为"冲蚀"。选中背景图，单击"图片工具""格式"选项卡"调整"组的"颜色"按钮 颜色 ，选择"重新着色"为"冲蚀"，如图11-50所示。

设置背景图颜色为"冲蚀"模式后，图片变浅变淡，更适合做背景，能将文字衬托得更清晰。背景图效果如图11-51所示。

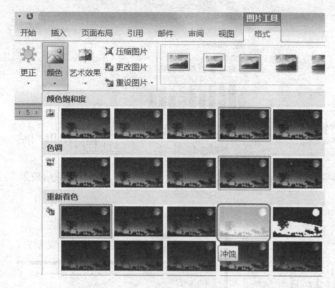

图 11-50 设置图片颜色为"冲蚀"

图 11-51 背景图效果

提示

> 选择页面背景图时，首先根据文章内容选择适合主题的图片，然后设置图片的格式：自动换行方式、颜色、大小、位置等。背景图是修饰页面、衬托文字的，以浅色、淡雅、颜色数少、图案简单的图片为宜，所以背景图不宜太花哨、不宜太复杂；背景图的颜色可以设置为"冲蚀"或其他的浅色变体模式，使背景图浅浅的、淡淡的、若隐若现，背景图的颜色不能与文字颜色相近或靠色，不能影响文字的显示效果，应使文字更突出、更醒目、更适合阅读。

至此，文章的图形图片设计制作全部完成，保存文件。

5. 制作注释

文档中的注释有脚注、尾注、批注三种。作品所示的在文档结束处（尾部）的注释为尾注；语文书中对课文中字词句的解释在页面下部，为脚注，其中文言文中脚注用得最多；在文档边上（正文之外）标注的内容为批注，批注在修改文章过程中用得较多。

为"错愕"插入尾注，设置尾注格式。

★ **步骤43** 选中文章第3自然段的"错愕"两个字，设置字符格式为下划线（蓝色双线）。

选中"错愕"，单击"开始"选项卡"字体"组的下划线按钮 **U** 右边的箭头，选择其中的"双线" ，如图11-52所示。再次单击下划线按钮 **U** 右边的箭头，选择"下划线颜色"按钮 下划线颜色(U) ，如图11-53所示，选择"蓝色"。

蓝色双线的下划线设置完成，效果如图11-54所示。

★ **步骤44** 插入尾注。选中"错愕"两字，单击"引用"选项卡中"脚注"组的"插入尾注"按钮 插入尾注 ，如图11-55所示。进入尾注编辑区（文档结尾下方），插入点在尾注编辑区（文档尾部下方）闪动，插入点左边有一个尾注的编号"i"，此编号与"错愕"两字右上角的编号一致，如图 11-56 所示，尾注与文档末尾之间有一条横线隔开，此时可以录入尾注的内容。

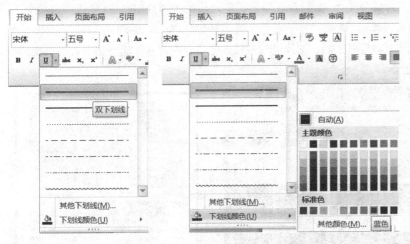

图 11-52　设置文字下划线　　　　图 11-53　设置下划线颜色　　　　图 11-54　下划线效果

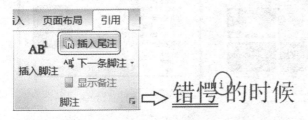

图 11-55　插入尾注

图 11-56　进入尾注编辑状态

★ **步骤 45**　在尾注编辑区录入尾注内容"cuò'è　仓促惊讶；惊愕。"如图 11-57 所示。

★ **步骤46**　汉语拼音的录入方法如图 11-58 所示。

单击"插入"→"符号"→"其他符号"，打开"符号"对话框，在"子集"列表中选择"拉丁语-1 增补"，在符号列表中选择带声调的韵母"ò"，如图 11-58 所示，单击"插入"即可录入"ò"。选择韵母"è"→单击"插入"，即可完成拼音的录入。

图 11-57　录入尾注内容

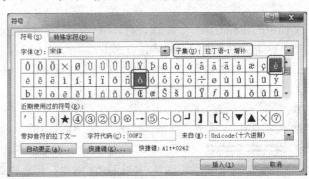

图 11-58　插入"符号"→"拼音"

★ **步骤 47**　运用软键盘录入拼音字母。单击输入法的"软件盘" 按钮→在列表中选择"拼音字母"→打开拼音字母的软键盘，如图 11-59 所示→单击正确的注音，即可完成拼音的录入。

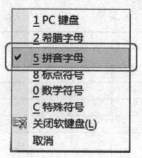

图 11-59 "拼音字母"软键盘→录入"拼音"

★ **步骤 48** 设置尾注格式。设置拼音"cuò'è"为宋体，五号，加粗。设置其他文字的格式为宋体，小五号。尾注制作完成，效果如图 11-60 所示。

6. 版面检查、精确修整、定版

刊物内页全部制作完成后，打印预览，仔细检查页面整体布局，图文混排，颜色搭配，排版效果等，合理调整各部分格式、位置、大小、比例等，使文字清晰醒目、版面新颖、简洁明快、赏心悦目、方便阅读。

图 11-60 尾注效果

至此，刊物内页文章《送一轮明月》的版面设计和图文混排设计制作完成。保存文件 💾。将作品与同伴交流、欣赏、分享，相互提高。

 归纳总结

通过这个任务，完成了设计制作刊物内页的图文混排版面工作，学习了页码、页面艺术边框、首字下沉、分栏、段落边框底纹、尾注等的操作方法，回顾整个工作过程，将此任务中的主要技术——刊物内页的版面设计和排版格式类型及设置内容总结如表 11-1 所示。

表 11-1 刊物内页版面设计和排版格式类型及设置内容

版面设计分类	格式	设置内容
⊛页面版式	页面格式	纸张大小，方向，页边距，装订线，页码范围，页眉页脚距离
	页眉页脚	页眉：文字，图片，图形；页脚：页码
	页码	位置，样式，字体，字号，对齐方式，行距，图形格式
	页面艺术边框	样式，宽度，颜色，距离文字的边距
⊛文本格式	首字下沉	下沉位置，字体，行数，距正文距离
	分栏	栏数，栏宽度，栏间距，分隔线，栏宽相等，应用范围
	段落边框	边框种类，样式，颜色，宽度，边框位置，应用范围，距正文间距
	段落底纹	底纹填充颜色，图案，应用范围
⊛图形图片	艺术字标题	艺术字样式，字体，字号，颜色，自动换行，对齐方式，文本效果
	插图，背景图	自动换行，对齐方式，大小，图片效果，颜色，亮度，图层次序
	形状	自动换行，对齐方式，大小，轮廓色，填充色，形状效果，图层次序
⊛注　释	尾注，脚注	编号样式，插入文字，文字格式

📢 评价反馈

作品完成后，填写表 11-2 所示的评价表。

表 11-2 "设计制作刊物内页"评价表

评价模块	评价内容		自评	组评	师评
	学习目标	评价项目			
专业能力	1. 管理 Word 文件	新建、另存、命名、关闭、打开、保存文件			
	2. 设置页面格式	纸型、方向、页边距、装订线			
		页眉页脚距离			
	3. 准确快速录入文稿	总字数、错字数、录入时间			
	4. 设置页面版式	插入页眉，设置页眉格式			
		插入页脚，设置页脚格式			
		插入页码，设置页码格式			
		页面艺术边框格式(样式、宽度、颜色、边距)			
	5. 设置文档各项格式	设置字符格式、段落格式			
		设置首字下沉格式			
		设置分栏格式			
		设置段落边框格式、底纹格式			
	6. 制作艺术字与图片	插入艺术字（选择样式）、录入文字			
		艺术字格式：自动换行、字体格式、字体间距、内部边距、形状			
		插入图片			
		设置插图的格式：大小、位置、自动换行			
		设置背景图格式：大小、位置、自动换行、图层次序、颜色模式			
		图文版面的整体布局协调美观			
	7. 制作尾注	插入尾注			
		设置尾注符号、格式			
	8. 根据预览整体效果和页面布局，进行合理修改、调整各部分格式				
	9. 正确上传文件				
可持续发展能力	自主探究学习、自我提高、掌握新技术		□很感兴趣	□比较困难	□不感兴趣
	独立思考、分析问题、解决问题		□很感兴趣	□比较困难	□不感兴趣
	应用已学知识与技能		□熟练应用	□查阅资料	□已经遗忘
	遇到困难，查阅资料学习，请教他人解决		□主动学习	□比较困难	□不感兴趣
	总结规律，应用规律		□很感兴趣	□比较困难	□不感兴趣
	自我评价，听取他人建议，勇于改错、修正		□很愿意	□比较困难	□不愿意
	将知识技能迁移到新情境解决新问题，有创新		□很感兴趣	□比较困难	□不感兴趣
社会能力	能指导、帮助同伴，愿意协作、互助		□很感兴趣	□比较困难	□不感兴趣
	愿意交流、展示、讲解、示范、分享		□很感兴趣	□比较困难	□不感兴趣
	敢于发表不同见解		□敢于发表	□比较困难	□不感兴趣
	工作态度，工作习惯，责任感		□好	□正在养成	□很少
成果与收获	实施与完成任务	□☺独立完成	□☺合作完成		□☹不能完成
	体验与探索	□☺收获很大	□☺比较困难		□☹不感兴趣
	疑难问题与建议				
	努力方向				

 复习思考

1. 设置页面艺术边框需要设置哪些格式？

2. 段落的边框底纹与文字的边框底纹，显示效果有什么不同？ 分别如何设置？

3. 脚注显示在页面什么位置？如何设置？批注是什么效果？如何设置？

4. 《送一轮明月》这篇文章告诉人们什么道理？

 拓展实训

1. 设计排版文章《人格者》，输入文章内容并设置各部分格式，修饰页面。

要求：纸张大小为自定义，宽度 16.9 厘米，高度 23 厘米；设置页边距，上 2 厘米，下 1.6 厘米，左 1.8 厘米，右 1.6 厘米，装订线左侧 0.5 厘米，页眉 1.6 厘米，页脚 1.0 厘米。

样文

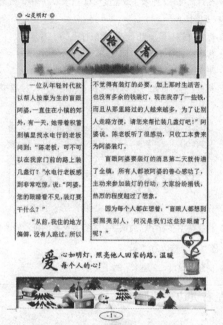

标题格式提示：

　　居中，华文行楷，一号字，阴影，深蓝色；"格"字符位置（开始→字体对话框→高级→字符间距→位置）：提升 20 磅；设置标题为带圈字符（开始→字体组→ⓐ带圈字符）：增大圈号，菱形。

2. 设计排版文章《黑人孩子的感恩信》和《光芒不会影响光芒》，可以配插图，可以装饰页面。刊物尺寸为 14 厘米×20.3 厘米，纵向，页面边距：上下各 2 厘米，左右各 1.5 厘米，装订线 0.5 厘米，页码范围：对称页边距，页码为第 22、第 23 页。页眉：1.5 厘米，页脚：1.2 厘米。

 样文1　　　　　　　　 样文2

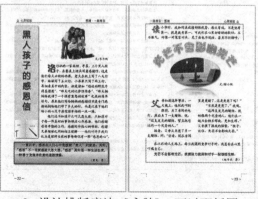

3. 设计排版唐诗《咏鹅》，可以配插图，可以装饰页面。页面格式：A5 纸（14.8 厘米×21

厘米），纵向，上下左页边距 1.8 厘米，右页边距 1.4 厘米，装订线 0.4 厘米，页眉 1.5 厘米，页脚 1.3 厘米。

样文

格式提示：

① 页眉页脚如样文所示。页面边框图案宽度 12 磅，距离文字边距上下 12 磅，左右 8 磅。

② 图片高度≤7 厘米（或宽度≤11 厘米），居中，效果：外阴影 1（右下偏移）。

③ 标题:居中，楷加粗，一号，单倍行距(字间空一格)。

④ 作者：右对齐，楷体，四号,单倍行距。

⑤ 正文：居中，楷粗，小二，单倍行距。

⑥ 标题拼音:开始→字体组→拼音指南文:标题拼音字号 13 磅。

⑦ 作者拼音：字号 10 磅。正文拼音:字号 12 磅。

⑧ 将唐诗中多音字、通假字、古今异义字的拼音修改为正确读音，将"曲"修改为"曲"。

⑨ 插图：高度≤2 厘米，衬于文字下方。

4. 制作新闻稿。要求：A4 纸，纵向，上下左右页边距 2 厘米。

 样文1

 样文2

 样文3

任务 **12** 设计制作简报

 知识目标

1. 报纸类文档划分文字块的方法；
2. 设置文本框各种格式的方法；
3. 编辑艺术字、图片、图形的方法。

 **能力目标**

1. 能灵活应用文本框对报纸类文档进行版面划分；
2. 能对报纸类文档进行整体和局部的版面设计和图文混排；
3. 能设置文本框的各种格式；
4. 能合理应用艺术字、图片、图形装饰版面。

学习重点

报纸类文档划分文字块的方法；设置文本框各种格式的方法；灵活应用艺术字、图片、图形的方法。

简报包括公司、企业的报刊以及各种类型的手抄报等，这类刊物信息量大、新闻及时、内容多样，出版周期短，版面新颖简洁。简报的版面设计，同样可以利用 Word 丰富的排版功能以及灵活多样的图文混排技巧来实现。

企业报刊有固定的版数或者有固定的栏目，可以有固定的版面风格但每期的内容不同，如图12-1 所示，信捷苑物业公司出版的报纸《信捷苑之声》的版面由 4 版组成，每版的版面设计风格和图文混排方式各具特色。

第1版（头版）

第2版

第3版

第4版

图 12-1　企业报纸《信捷苑之声》的版面

图 12-2　手抄报

手抄报的形式更加灵活多样、丰富多彩，版式不固定，风格各异，不拘形式。如图 12-2 所示的两种不同主题的手抄报的设计风格完全不同。

本任务以《迎春报》为例，学习报刊类文档的版面设计与排版方法，掌握报纸类文档划分文字块的方法，设置文本框各种格式，灵活熟练应用图形、图片、艺术字修饰版面的技巧。

提出任务

在 Word 2010 制作《迎春报》其中的第 1 版和第 4 版。报纸尺寸：A4 纸，横向，上下左右页边距 1.5 厘米。

作品展示

1. 报纸的组成部分

《迎春报》由报头、报眼、报眉、头条、导读、版位、栏目等组成，如图 12-3 所示。报纸不论大小，都由上述部分组成。

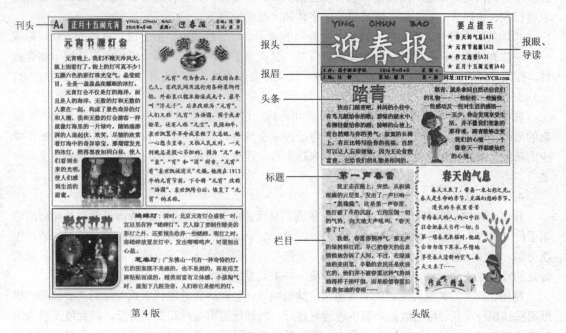

图 12-3　报纸的组成部分

报头：报头总是放在报纸最显著的位置，主要是报名（中、英文名称），一般由名人书法题写。

报眼：报头旁边的一小块版面，通称"报眼"。对"报眼"的内容安排没有规定，有的用来登内容提要、日历和气象预报，有的用来登重要新闻或图片，有的用来登广告。

报眉：报眉一般置于报头的下面、头条的上方，用小字注明报纸编辑出版部门、创刊日期、总的印行期数、当日报纸的版面数、出版日期、登记号码（代号），有的还注明主办者的名称。

头条：头条是报纸各版的头条消息，通常刊登在报纸的左上角或上半版。

导读：导读几乎成为每张报纸的必备栏目。导读有的安排在头版的右侧或左侧一栏到底；有的在报眼刊登一两则导读；有的在头版中间安排导读；有的甚至除头条外，都安排导读。导读在头版的作用除了索引的功能外，还增加了头版有限版面空间的信息含量。

报纸的版面位置叫版位。标题是报纸刊登的新闻和文章的题目。栏目是报纸定期刊登同类文章的园地，经常在报纸上看到的有"科技天地"、"国际瞭望"、"读者来信"等。

2. 报纸的版式

报纸不仅要报道出好新闻以满足读者求新、求奇、求知的需求，还必须依靠报纸的"第一眼效应"，即版式的吸引力来吸引广大读者。报纸的版式是报纸版面构成的组织和结构，是报纸的视觉形象，是报纸的广告和包装，它刺激着读者的阅读欲望，吸引着读者的视线。

从作品可以看出，《迎春报》共有 4 版，作品是第 4 版和头版，第 2 版和第 3 版在头版、4 版的背面，所以，排版时，4 版在纸的左侧，头版在右侧。

《迎春报》的版面简洁、流畅，各篇文章以矩形方块形式排列，条理清晰、整齐、主次分明。

每个文字块中有标题、文章、图片、留白等，符合简约风格。这样的版式，不穿插、不交错，使读者阅读轻松。

所有的文字块采用横排版，符合阅读习惯。

模块化版式作为现代报纸的主流版式，就是指在版式编排中基本使用一个个集装箱式的矩形方块，方块内既可以是一篇文章，也可以囊括正文、编前编后、各种链接以及图片等，然后辅之以粗标题、大照片、短文章，以及简约的字体和大胆的留白等。

模块式版面设计，把稿件比较整齐地分割成若干条，尽量减少穿插交错、破栏的方法，形成一块块独立的版块，既可以帮助读者梳理信息，又提高了阅读速度。模块式版面设计便于集合稿件，打破传统的破题、断题现象，也便于替某块稿件底纹上色，同时也释放了新闻照片的冲击力。

3. 报纸的特点

图文并茂，是报人孜孜以求的最高境界和目标。这里说的"图"，是指除照片之外的人工绘制的漫画、连环画、图表、插图等。随着电子技术在排版、印刷中的普及，图片作为一种必不可少的新闻元素，越来越受重视，品种也越来越丰富，逐渐从配角走向主角，成为新闻的重要品种之一。

4. 报纸的设计

报纸设计的最根本目的是：让内容更便读、易读。精于心，简于形，版面设计以严谨而简洁明了的"简约"为设计原则，精心梳理内容，设计明确流畅的视觉流程，力求版面条理清晰，主次分明，阅读轻松。避免喧宾夺主的装饰与虚张声势的泡沫设计。好的设计应是大象无形，恰到好处的轻描淡妆会彰显一个人的气质与丽质，如果只见华服浓妆不见其人是最大的失败。

精图、简文，是现代读者的阅读需求，简洁明快、直观清新是现代版式发展的主要趋势。报纸很忌讳那种花花绿绿的版面，颜色越清爽越好。巧妙地运用图片和文字搭配，以视线流畅为出发点，增强视觉美感，增加视觉冲击力，吸引消费者的眼球，是报刊编排者最需要做的。

《迎春报》的设计清爽、淡雅、简单，颜色数少，精图、简文，图文并茂，相得益彰，相辅相成，版面清晰，视觉上美观大方。报纸中的文章都用五号字排版。

《迎春报》各文字块中应用的元素包括艺术字标题、文本、图片。这些元素的使用和设置格式方法以前都学过，在此任务中再次灵活、熟练、综合地加以应用。

以上分析的是《迎春报》的组成部分、报纸的版式、特点、设计思路等，下面按工作过程学习具体的操作步骤和操作方法。

 完成任务

1. 准备工作

（1）将新文件另存、命名；

（2）设置页面格式：A4 纸，横向，上、下、左、右页边距 1.5 厘米。

（3）收集、选择与报纸每版相关的文章、插图等素材，放在文件夹中备用。

确定制作的版数及主题：本任务制作——头版：春天的气息；第 4 版：正月十五闹元宵。

2. 划分版面、文字块

（1）在纸面上划分版面区域。在 A4 纸的版心，插入两个 18 厘米×13 厘米的矩形，作为第 4 版和头版的版面区域，如图 12-4 所示。第 4 版在左侧，头版在右侧。

（2）在每版上粗略划分文字块区域。划分文字块使用文本框或者矩形。先用文本框将报纸中需要登载的报纸组成部分和每篇文章位置，进行大概的区域划分，如图 12-5 所示。

因为报纸中每篇文章的编辑、排版都在文本框中进行，编辑排版各篇文章时，再精确地确定

每个文本框的大小和位置。

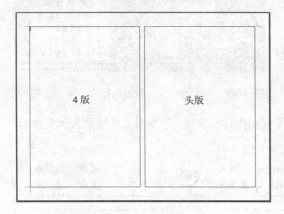

图 12-4　划分版面区域

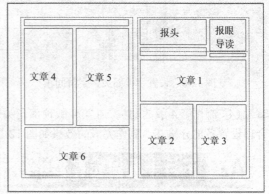

图 12-5　划分文字块区域

3. 编辑、制作、排版每一个文字块

（1）制作报头。在报头区域制作报头内容：报纸的中英文名称。使用艺术字和文本框制作。设置艺术字、文本框的各种格式（浮于文字上方）。大小、位置如图 12-6 所示。

YING CHUN BAO	① 粉色底纹[矩形]：高4厘米，宽8厘米，无轮廓色
迎春报	② 拼音[文本框]：字体 Bradley Hand ITC，17 号粗，红色，行距 15 磅
	③ 报名[艺术字]：样式为第 1 行第 3 列，楷体，64 号粗
主办：昌平职业学校　2016 年*月*日　星期*	报名、拼音与粉色底纹"左右居中"对齐
	④ 报眉[文本框]：楷体，小五粗，行距 13 磅，黑色
主编：陈静　策划：馨月　第*期	⑤ 直线：粗细 1 磅，长度 12.6 厘米，黑色
	⑥ 网址[文本框]：宋体，10 号，粗，行距 12 磅，蓝色

图 12-6　报头和报眉

（2）制作报眉、网址。在报眉文本框内录入报眉内容，在网址文本框内录入网址内容网址：HTTP：//www.YCB.com，设置各部分文字格式，文本框格式为：无形状轮廓颜色，无填充色。

插入一条黑色直线，位置在报眉两行文字之间，正好在报眼和网址之间。报眉、直线的大小、位置如图 12-6 所示。

（3）制作报眼、导读。报眼文本框高 3.5 厘米、宽 4.2 厘米。录入导读内容如图 12-7 所示。

	①"要点提示"：居中，黑体，加粗，三号，粉色，行距 26 磅，字符缩放 80%，字符间距：加宽 2 磅。
	②"★"：宋体，五号，红色。
	③"春天的气息(A1)"：华文中宋，五号，加粗，蓝色，字符缩放 80%，字符间距：加宽 1 磅，1.15 倍行距。
	其他三版的导读格式相同。

图 12-7　报眼和导读

设置字符缩放，字符间距如图 12-8 所示：选中文字→开始→字体对话框 ⌐→高级→缩放→80%，间距：加宽 2 磅。

报头、报眉、报眼、导读、网址制作完成的效果如图 12-9 所示。

图 12-8　设置字符缩放，字符间距　　　　图 12-9　头版的报头、报眉、报眼、导读、网址

（4）制作第 4 版的刊头。在第 4 版顶部刊头位置制作刊头信息，分别用文本框录入刊头内容，合理设置各部分格式。制作完成的效果如图 12-10 所示。

① 底纹[矩形]：底纹（纹理→新闻纸）为高 0.77 厘米，宽 12.6 厘米，无轮廓色，右下阴影。

② **A4** [文本框]：A(方正美黑简体，二号)，4(方正美黑简体，四号)，行距 20 磅，黑色。

③ **正月十五闹元宵**：方正美黑简体，小三，行距 16 磅，白色。

④ 拼音日期[文本框]：拼音字体 Bradley Hand ITC，小五粗，行距 11 磅；日期字体为仿宋，六号粗，行距 11 磅。

⑤ **迎春报**：方正舒体，小二粗，行距 23 磅，深紫色。

⑥ 责编、策划：楷体，六号粗，行距 10 磅，深绿色。

图 12-10　刊头效果

设置形状的填充纹理如图 12-11 所示。选中形状→"绘图工具""格式"→形状填充→纹理→新闻纸。

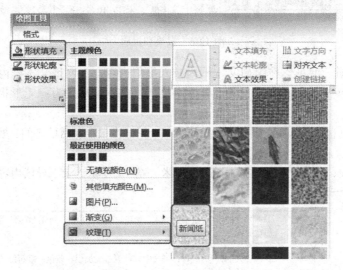

图 12-11　设置形状的填充纹理

（5）制作头版头条，文章 1《踏青》。文章中包含艺术字标题、正文文本和插图、版块底纹。

① 正文采用两列排版，格式：宋体，五号字，行距 16 磅。

提示

同一个文本框内的文本不能分栏，所以利用两个文本框将文字分成两列。

212

第一篇　文字处理 Word 2010

② 版块的底纹可以利用矩形——"衬于文字下方"来实现，设置轮廓色、填充纹理→新闻纸。或者将文本框、图片置于顶层。

③ 文本框内的插图不能设置环绕方式，因此设置插图的"自动换行"方式为"浮于文字上方"，再根据图片轮廓位置，手工设置文本的每行行首或行尾文字位置，使文本看上去有紧密型环绕的效果。

图 12-12　文章 1 排版效果

（6）制作其余栏目、版块：文章 2、3、…、6。同样的方法制作其他各篇文章。

① 合理设置艺术字标题的格式，使版面生动、活泼、有生气；

② 根据文本框的大小，合理设置文本框内文章的行距，使文本均匀分布在文本框之内；

③ 合理设置文字颜色与背景颜色的搭配，文字——深颜色，背景——浅颜色或无色；

④ 合理设置图片的位置、大小及图片格式，使文本与图片巧妙环绕、形式多样，使版面紧凑、有特色、有创意。

报纸的所有组成部分和所有文字版块制作完成，效果如作品所示。

4. 版面检查、精确修整、定版

《迎春报》头版和第 4 版全部制作完成后，打印预览，仔细检查报纸整体布局，图文混排，颜色搭配，排版效果等，对每个文本框、矩形的外形尺寸和位置进行精确的调整、对齐，使版面整齐划一，所有边线对齐对准；精确调整艺术字标题和插图的大小、位置、颜色、效果等，使图文混排效果更加美观，更具有视觉冲击力，符合报纸排版设计的要求和标准；合理调整每篇文章的行距，调整文字字体、颜色，使文字清晰醒目，版面更便于阅读、减轻视觉疲劳、吸引读者、赏心悦目（报纸中文字、背景、边框底纹颜色数不能太多，越少越好）。

精益求精、好上加好、追求卓越、力求完美，是设计者的工作态度。在标准和要求范围内，大胆创新、勇于变化，是设计者智慧和灵感的源泉。

至此，报纸《迎春报》的头版和第 4 版设计制作完成。保存文件。

归纳总结

通过这个任务，完成了设计制作简报《迎春报》的工作，学习了报纸的组成部分、设计思路及划分版面、文字块的方法，学会了运用文本框进行文字块的编辑、排版操作及艺术字标题、插图与文字的混合排版技巧，回顾整个工作过程，将此任务中设计制作报纸类文档的工作流程总结如下。

① 确定报纸的纸张、栏目和版面；

② 收集、整理、确定新闻、文章和图片素材；

③ 在纸面上划分版面区域；

④ 在每个版面划分文字块区域；

⑤ 制作每一个文字块（艺术字标题、正文文本、插图），合理运用艺术字、图形、图片、文本框；

⑥ 版面检查、精确修整、定版。

评价反馈

作品完成后，填写表 12-1 所示的评价表。

表 12-1　"设计制作简报"评价表

评价模块	评价内容		自评	组评	师评
	学习目标	评价项目			
专业能力	1. 管理 Word 文件	新建、另存、命名、关闭、打开、保存文件			
	2. 设置页面格式	设置纸型、方向、页边距			
	3. 正确划分版面区域和文字块	正确划分版面区域			
		正确划分报纸各组成部分的文字块			
		正确划分每篇文章的文字块			
		文字块布局整齐、清晰、有条理			
	4. 设计制作每一个文字块	报纸组成部分齐全，大小、位置符合要求			
		报头、报眼、报眉、导读等美观、有特色			
		合理使用艺术字标题，标题格式美观			
		合理使用文本框编辑、排版文章			
		文章行距均匀，文字清晰醒目，便于阅读			
		合理使用图片与文章搭配			
		图片与文字合理环绕，图片格式新颖			
		文字块的边框线合理、美观			
		文字块的背景效果清爽、淡雅，使文字醒目			
	5. 根据预览效果进行精确修改、调整各部分格式。	整体布局，整齐划一，对齐对准			
		图文混排，大小、位置、比例、环绕合适，效果美观、新颖、有特色			
		颜色搭配协调，颜色数少，淡雅，赏心悦目			
		文字及排版效果，便于阅读，吸引读者			
		版块不穿插，不交错			
	6. 正确上传文件				
可持续发展能力	自主探究学习、自我提高、掌握新技术	□很感兴趣	□比较困难	□不感兴趣
	独立思考、分析问题、解决问题	□很感兴趣	□比较困难	□不感兴趣
	应用已学知识与技能	□熟练应用	□查阅资料	□已经遗忘
	遇到困难，查阅资料学习，请教他人解决	□主动学习	□比较困难	□不感兴趣
	总结规律，应用规律	□很感兴趣	□比较困难	□不感兴趣
	自我评价，听取他人建议，勇于改错、修正	□很愿意	□比较困难	□不愿意
	将知识技能迁移到新情境解决新问题，有创新	□很感兴趣	□比较困难	□不感兴趣
社会能力	能指导、帮助同伴，愿意协作、互助	□很感兴趣	□比较困难	□不感兴趣
	愿意交流、展示、讲解、示范、分享	□很感兴趣	□比较困难	□不感兴趣
	敢于发表不同见解	□敢于发表	□比较困难	□不感兴趣
	工作态度，工作习惯，责任感	□好	□正在养成	□很少
成果与收获	实施与完成任务	□☺独立完成　□☺合作完成	□☹不能完成	
	体验与探索	□☺收获很大　□☺比较困难	□☹不感兴趣	
	疑难问题与建议			
	努力方向			

复习思考

1. 报纸的组成有哪些部分？
2. 如何划分报纸的版面区域和文字块？
3. 文字块用什么来编辑、排版？
4. 文本框内的文字能设置分栏吗？文本框内插入的图片能设置环绕方式吗？
5. 如果想实现第4题的效果，如何巧妙操作，达到上述的视觉效果？

拓展实训

在 Word 2010 中制作不同主题的简报。A4 纸，上下左右页边距为 1～1.5 厘米。设置简报各部分图、文格式，所有内容大小、位置、比例合理，色彩协调，文字醒目，版面美观，视觉效果好。

样文1

样文2

编辑排版书籍

任务 ⑬

知识目标

1. 书籍的各级标题格式；
2. 设置自定义文本样式的方法和使用方法；
3. 自动生成目录的方法；
4. 设置奇偶页不同、首页不同页眉页脚的操作方法。

能力目标

1. 能按规范格式排版书籍；
2. 能自定义文本样式，并使用文本样式；
3. 能插入自动目录；
4. 能设置奇偶页不同、首页不同的页眉和页脚。

学习重点

设置书籍各级标题格式、自定义文本样式、自动生成目录的方法及设置奇偶页不同、首页不同页眉页脚的方法。

随着办公自动化的加速发展，图书出版前的制版工艺，已由铅与火的年代进入到光和电的时代，各种电子出版系统应运而生，国内外流行的电子出版系统有北大方正、华光、文渊阁、PageMaker 等。这些系统都很专业，对广大有出版要求的作者来说，需要的是一个简单实用的软件，而 Word 就是一个很好的工具软件，简单的操作也可达到专业出版的要求。

书籍由封面、前言、目录、正文、封底等部分组成，如图 13-1 所示。

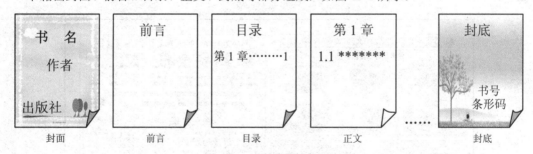

图 13-1　书籍的组成部分

本任务以一篇书籍文稿为例，学习书籍正文的编辑排版方法以及自动生成目录的方法。编辑排版书籍的方法，同样适用于编辑排版论文等长文档。

提出任务

在 Word 2010 中录入一篇书籍文稿，按书籍的格式进行排版。纸张为 16 开，上下左右页边距为 2 厘米，左侧装订 0.5 厘米，双面打印，页眉 1.5 厘米，页脚 1.3 厘米。奇偶页的页眉页脚不同，设置各级标题样式，自动生成书籍目录，目录页无页眉。目录的页码与正文的页码分别设置，各自都从第 1 页开始。

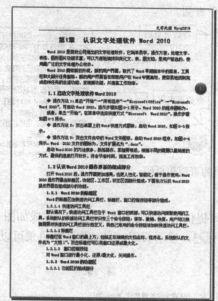

分析任务

1. 书籍的标题级别和样式

作品所示的书籍文稿中的标题级别和样式如图 13-2 所示，有三个级别的标题：分别是 1 级标题、2 级标题和 3 级标题。每个级别标题的样式（包括位置、字体、字号、行距、段前距、段后距等）都不一样。标题的级别和样式既可以区分内容的层次和从属关系，还可以作为自动生成目录的依据。

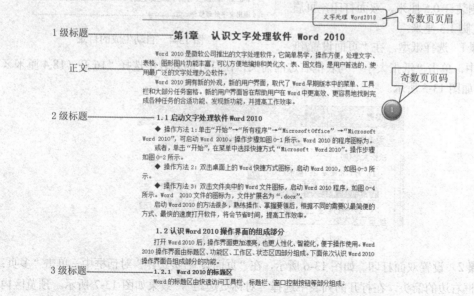

图 13-2　标题级别和样式

2. 书籍奇偶页的页眉和页码

作品所示的书籍文稿，双面打印，奇数页和偶数页的页眉内容、位置以及页码的位置是不同的，如图 13-3 所示，可以分别设置。

奇数页的页眉文字、页码在纸张正面的外侧（页面的右边）；偶数页的页眉文字、页码在纸张反面的外侧（页面的左边），翻阅书籍时，便于查阅。

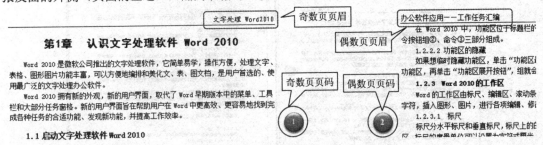

图 13-3　奇偶页的页眉和页码

3. 自动生成目录

设置了作品所示的标题样式，可以利用 Word 提供的自动生成目录功能，生成如图 13-4 所示的目录，简单、快捷、省时省力。目录显示 3 级标题，显示页码。自动生成的目录可以随着正文和标题的变化自动更新。

以上分析的是书籍文稿的标题样式、奇偶页的页眉页码、自动生成目录等，下面按工作过程学习具体的操作步骤和操作方法。

目　录

图 13-4　自动生成的目录

1. 准备工作

（1）将新文件另存、命名。

（2）页面设置为 16 开，上下左右边距为 2 厘米，左侧装订 0.5 厘米，双面打印，页眉 1.5 厘米，页脚 1.3 厘米。

★ **步骤1**　选择纸型。在"页面设置/纸张"对话框中，单击"纸张大小"列表框右边的箭头，在打开的列表中选择"16 开（18.4 厘米×26 厘米）"，如图 13-5 所示。

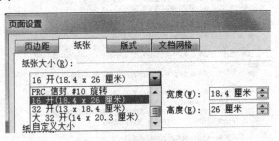

图 13-5　选择纸型为 16 开

★ **步骤2**　设置双面打印。如图 13-6 所示，在"页面设置/页边距"对话框中，单击"多页：普通"列表框右边的箭头，在打开的列表中选择"对称页边距"，效果如图 13-7 所示。预览区内可以看到双面打印的效果，装订边在页面的内侧，纸张沿长边翻转；页边距区内，"左边距"变为

"内侧边距","右边距"变为"外侧边距"。

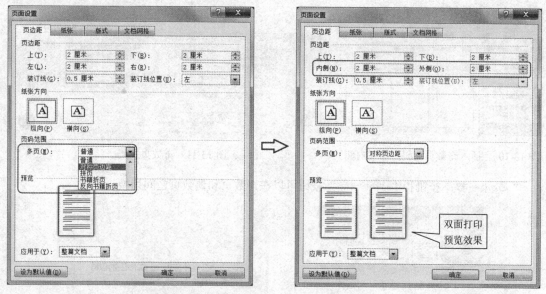

图 13-6　设置对称页边距　　　　　　　　图 13-7　对称页边距效果

（3）参考作品，录入书籍文稿中的文字内容，随时保存文件。

录入带有序号的文稿之前，要先撤销自动编号，以免后续的排版混乱和麻烦。（参考教材图0-9）。

2. 设置奇偶页不同的页眉和页码

（1）进入页眉页脚编辑状态，首先设置"奇偶页不同"。

★ **步骤 3**　单击"插入"选项卡"页眉和页脚"组的"页眉"按钮，或双击上页边距内的空白区域，进入页眉的编辑状态。

★ **步骤 4**　在"页眉和页脚工具""设计"选项卡中，单击"选项"组的"奇偶页不同"前面的复选框，变为" ☑ 奇偶页不同"，如图 13-8 所示。此时，页眉标签变为"奇数页页眉"，如图 13-9 所示。

（2）制作奇数页页眉。

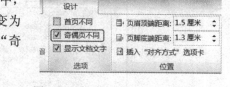

图 13-8　设置页眉页脚"奇偶页不同"

★ **步骤 5**　在奇数页页眉编辑状态，录入页眉文字"文字处理　Word 2010"，设置文字格式为楷体，五号，右对齐，如图 13-9 所示。

文字处理 Word2010

奇数页页眉　第 1 章　认识文字处理软件 Word 2010

图 13-9　奇数页页眉

（3）插入奇数页页码。

★ **步骤 6**　在奇数页页眉编辑状态，单击"页码"按钮，选择"页边距"→"圆（右侧）"，如图 13-10 所示。

★ **步骤 7**　设置页码格式，将"圆"的大小设置为高 1 厘米，宽 1 厘米，页码数字居中，如图 13-11 所示。奇数页的页眉和页码在纸张正面的外侧(页面的右边)。

（4）制作偶数页页眉。

★ **步骤 8**　在"页眉和页脚工具""设计"选项卡中，单击"导航"组的"下一节"按钮 下一节，如图 13-12 所示，进入偶数页页眉状态，如图 13-13 所示。

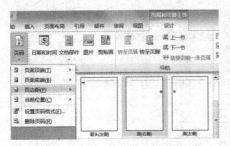

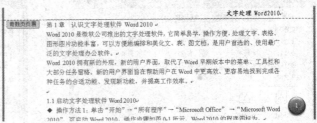

图 13-10　插入奇数页页码：圆（右侧）　　　　　　图 13-11　奇数页页码

"上一节"按钮和"下一节"按钮可以在奇数页和偶数页之间切换。

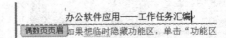

图 13-12　单击"下一节"按钮　　　　　　图 13-13　偶数页页眉

　★ **步骤 9**　在偶数页页眉编辑状态，录入页眉文字"办公软件应用——工作任务汇编"，设置文字格式为宋体，五号，左对齐，如图 13-13 所示。

　（5）插入偶数页页码。

　★ **步骤 10**　在偶数页页眉编辑状态，单击"页码"按钮，选择"页边距"→"圆（左侧）"。设置页码格式，将"圆"的大小设置为高 1 厘米，宽 1 厘米，页码数字居中，如图 13-14 所示。偶数页的页眉和页码在纸张反面的外侧(页面的左边)。

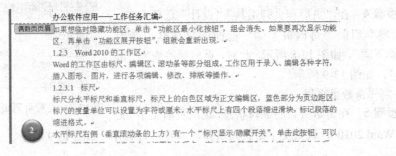

图 13-14　偶数页页码

　奇偶页不同的页眉和页码制作完成，单击"关闭页眉和页脚"按钮 ，退出页眉页脚状态。

　3. 设置书籍各级标题及正文格式

　（1）设置章标题格式：黑体，三号字，加粗，居中，单倍行距，段前距 0.5 行，段后距 0.5 行。如"**第 1 章　认识文字处理软件 Word 2010**"。

　（2）设置节标题格式：宋体，小四号字，加粗，左对齐，首行缩进 2 字符，1.5 倍行距，段前距 0.5 行。如"**1.1 启动文字处理软件 Word 2010**"。

　（3）设置小节标题格式：宋体，五号字，加粗，左对齐，首行缩进 2 字符，1.15 倍行距。如"**1.2.1 Word 2010 的标题区**"。

（4）设置文稿其余部分正文的格式：宋体，五号字，左对齐，首行缩进2字符，单倍行距。

4. 自定义文本样式

文本样式是应用于文档中的文本、表格和列表的一套格式特征，它是指一组已经命名的字符和段落格式。它规定了文档中标题、题注以及正文等各个文本元素的格式。文本样式要手动设置，设置好后可以应用到文章的某个段落，或者段落中选定的字符上。使用文本样式定义文档中的各级标题，如标题1、标题2、标题3、…、标题9，可以智能化地制作出文档的标题目录。

用户可以创建自己喜欢的文本样式来提高工作效率。使用文本样式能减少许多重复的操作，在短时间内排出高质量的文档。文本样式具有自动更新的功能，只要修改文本样式属性，所有应用此文本样式的实例都会自动更新。

（1）将章标题定义为"1级标题"样式。

★ **步骤11** 选中已设置好格式的章标题"**第1章 认识文字处理软件 Word 2010**"。

★ **步骤12** 单击"开始"选项卡"样式"组的对话框按钮，打开"样式"对话框，如图13-15所示。

图13-15 打开"样式"对话框

★ **步骤13** 单击"样式"对话框中的"新建样式"按钮，打开"创建新样式"对话框，如图13-16所示。在样式属性的"名称："框中输入新样式名称"1级标题"；"样式类型"选择"段落"，可以看到样式的各项格式和预览效果，如图13-16中部"格式"所示的详细内容；选择"☑自动更新(U)"，如图13-16所示。单击"确定"按钮，新样式"1级标题"生效，并显示在快速样式列表中。

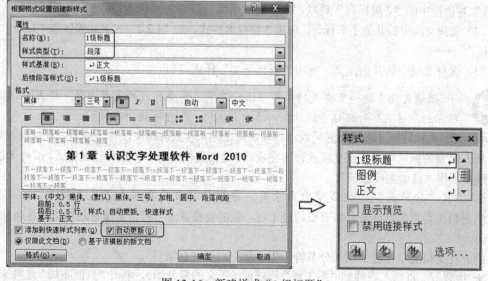

图13-16 新建样式"1级标题"

（2）将节标题定义为"2 级标题"样式。

★ **步骤** 14   同样的方法，选择已设置好格式的节标题"**1.1 启动文字处理软件 Word 2010**"，单击"样式"对话框中的"新建样式"按钮 ，命名为"2 级标题"，"确定"。

（3）将小节标题定义为"3 级标题"样式。

★ **步骤** 15   选择已设置好格式的小节标题"**1.2.1 Word 2010 的标题区**"，单击"新建样式"按钮 ，命名为"3 级标题"，"确定"。

本文稿中的 3 个新的标题样式定义完成后，样式名称会显示在快速样式列表中，如图 13-17 所示，同时显示在"样式"对话框中，如图 13-18 所示。

图 13-17　快速样式列表 　　　　　　　　　　图 13-18　"样式"对话框

如果文稿中还有其他级别的标题，可以设置好格式后自定义为新样式，并命名。

（4）将正文的格式自定义为"书籍正文"样式，如图 13-19 所示。

5. 应用样式

（1）选择文稿中的其他节标题，应用 2 级标题样式。

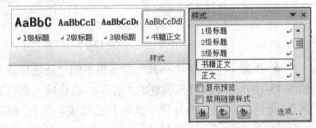

图 13-19　自定义书籍正文样式

★ **步骤** 16   选中其他节标题，如"1.2 认识××"、"1.3 根据××"、"1.4 退出××"，单击图 13-17 快速样式列表中的"2 级标题"样式按钮，或者单击图 13-18 "样式"对话框中的"2 级标题"选项，则样式应用成功。

（2）选择文稿中的其他小节标题，应用 3 级标题样式，如"1.2.2 　××功能区"、"1.2.3 　××工作区"、……。

（3）选择文稿中的其余正文，应用"书籍正文"样式。

提示

① 撤销文稿中的所有样式的操作方法：选中不需要样式的文字内容，单击图 13-18 所示的"样式"对话框中的"全部清除"选项，即可撤销所有样式。

② 文稿的所有格式设置完成后，单击图 13-18 右上角的×，将"样式"对话框关闭。

所有级别的标题样式和正文样式设置完成后，检查文稿的所有标题和正文格式，准确无误后，可以继续制作"自动生成目录"。

6. 插入"分节符"，生成空白目录页，分别计数目录页码和正文页码

当书籍内容很多，目录页的页数超过 1 页，就需要设置分节符，实现目录与正文各自独立计数页码。

（1）在文稿的章标题前插入分节符，生成新空白页（目录页）。

★ **步骤** 17   将插入点移到"第 1 章"标题前（正文的最开始），单击"页面布局"选项卡"页面设置"组的"分隔符"按钮 分隔符 ，如图 13-20 所示，选择其中的"奇数页"选项（插入分节符并在下一奇数页上开始新节），生成新空白页（目录页）。

新的空白页保留了原文档的页眉、页脚、页码内容和格式，页码为第 1 页；原正文页面的页码由第 1 页自动变成第 3 页（奇数页）如图 13-21 所示。

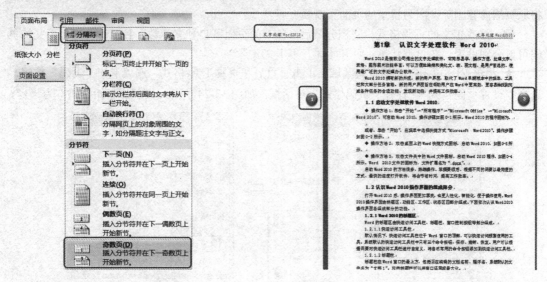

图 13-20　插入"奇数页"分节符　　　　　　　　图 13-21　生成新空白页

（2）修改正文的页眉页脚格式。

★ **步骤 18**　双击正文的页眉区域，即可进入页眉页脚编辑状态，空白页和正文页分别显示不同的节，如图 13-22 所示。文档分节后，各节的页眉页脚内容可以分别设置，互不干扰。

图 13-22　分节后的页眉页脚编辑状态

★ **步骤 19**　撤销正文页的页眉链接。单击正文的页眉区域，如图 13-23 所示，单击"页眉和页脚工具/格式"选项卡"导航"组的"链接到前一条页眉"按钮 链接到前一条页眉 ，撤销奇数页的页眉链接，正文页的页眉编辑区"与上一节相同"的标记消失。

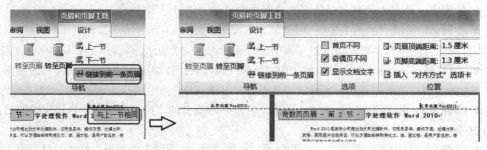

图 13-23　撤销页眉链接

同样的方法，撤销偶数页的页眉链接，可以分别制作空白页（第1节）、正文页（第2节）不同的页眉内容和格式。

（3）修改空白页的页眉。

★ **步骤20** 单击"页眉和页脚工具/格式"选项卡"上一节"按钮，进入空白页的页眉区域，将原页眉内容删除，因为目录的页面不需要页眉。

（4）修改正文的页码格式。文档分节后，各节的页码各自独立计数，目录的页码与正文的页码可以分别设置，各自都从第1页开始，互不干扰。

★ **步骤21** 单击正文的页眉区域，单击"页眉和页脚工具/格式"选项卡的"页码"按钮，选择"设置页码格式"，打开"页码格式"对话框，如图13-24所示，设置"起始页码"为"1"。

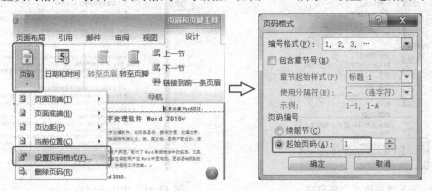

图13-24 设置正文页码格式

同样的方法，设置空白页的页码格式："起始页码"为"1"。设置空白页和正文的页码格式后，各页面的页码如图13-25所示，各自都从第1页开始相互独立分别计数，目录的页码按"第1节"的页码顺序往下排；正文的页码按"第2节"的页码顺序往下排，互不干扰。

空白页（目录页）　　　　　　　　正文第1页　　　　　　　　正文第2页

图13-25 空白页页码和正文各页面页码

"目录页码和正文页码都从第1页开始、独立计数"制作完成，单击"关闭页眉和页脚"按钮，退出页眉页脚状态。

7. 制作自动生成的书籍目录

★ **步骤22** 将插入点移到最前面的空白页中，录入"目录"，回车。

★ **步骤23** 单击"引用"选项卡中"目录"按钮，如图13-26所示，选择其中的"插入目录"选项，打开"目录"对话框，设置对话框中的项目如图13-27所示。

★ **步骤24** 单击图13-27对话框中的"选项"按钮，打开如图13-28所示的"目录选项"对话框。选择编制目录所需要的标题样式，并设置"目录级别"如图13-28所示。

★ **步骤25** 单击"确定"按钮，单击"目录"对话框的"确定"按钮，自动生成的目录如图13-29所示。

★ **步骤26** 修改目录页面的格式和版面。设置"目录"为"1级标题"样式。目录内容：宋体，小四号。设计目录的版面：根据目录行数，设置合适的字体、字号、行距（1～1.5 倍，固定值 20～26 磅），如图 13-30 所示。

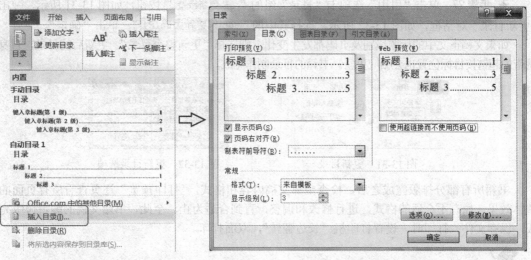

| 图 13-26　插入目录 | 图 13-27　"目录"对话框 |

| 图 13-28　目录选项 | 图 13-29　自动生成的目录 |

图 13-30　设置格式和版面的目录

　　自动生成的目录，自动具备超链接的检索功能，每条目录项页码对应的目标位置就是标题所在的页面和位置。在目录页面，按住【Ctrl】，鼠标放在页码上会变成小手形，单击页码，即可立即进入标题所在的页面，插入点在标题左侧闪动。

8. 更新目录

书籍文稿的内容或页码发生变化，目录就需要更新。

★ **步骤 27** 单击"引用"选项卡"目录"组的" 更新目录 "按钮，如图 13-31 所示，弹出"更新目录"对话框，如图 13-32 所示，选择其中的" 只更新页码(P) "，单击"确定"。

如果文稿正文中的标题级别及页码都发生变化，则选择"更新整个目录"。更新后的目录，自身携带的超链接目标位置也会相应更新。书籍的目录制作完成。

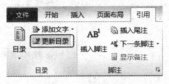

图 13-31　更新目录

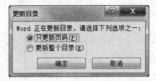

图 13-32　更新目录选项

书籍所有部分排版完成之后，检查全部文稿内容和格式，"打印预览"逐页查看所有页面的整体效果，如有不合适的格式，进行修改和调整，直到合适为止。至此，书籍文稿的编辑排版完成，保存文件。打印时，设置打印机"长边翻转"，双面打印。

 归纳总结

总结"编辑排版书籍"的操作技术如下。

① 设置双面打印的页面格式，页面设置／页边距→多页：对称页边距；

② 设置奇偶页不同的页眉、页脚、页码：→☑ 奇偶页不同；

③ 分别制作奇数页的页眉、页码和偶数页的页眉、页码；

④ 设置书籍各级标题格式；

⑤ 自定义样式，应用样式；

⑥ 插入分节符，分别设置目录页码、正文页码各自都从第 1 页开始；

（插入分节符"奇数页"→撤销正文页眉页脚链接→清除目录页的页眉页脚→设置正文"起始页码"为"1"→设置目录"起始页码"为"1"）

⑦ 自动生成书籍目录、更新目录；

⑧ 设置打印机属性：双面打印（长边翻转）。

 评价反馈

作品完成后，填写表 13-1 所示的评价表。

表 13-1　"编辑排版书籍"评价表

评价模块	评 价 内 容		自评	组评	师评
	学习目标	评价项目			
专业能力	1. 管理 Word 文件	新建、另存、命名、关闭、打开、保存文件			
	2. 设置页面格式	设置纸型、方向、页边距、装订线			
		对称页边距，页眉页脚距离			
	3. 录入书籍文稿	准确、快速、无错字			
	4. 设置奇偶页不同的页眉页脚	设置奇偶页不同			
		制作奇数页页眉（位置）			
		制作奇数页的页码（位置）			
		切换奇、偶页眉页脚状态（下一节/上一节）			
		制作偶数页页眉（位置）			
		制作偶数页的页码（位置）			

续表

评价模块	评价内容		自评	组评	师评
	学习目标	评价项目			
专业能力	5. 设置书籍文稿格式	设置不同级别标题及正文的字体、字号、字形、对齐方式、行距、段前距、段后距等			
	6. 自定义文本样式并应用	自定义各个级别的标题、正文样式			
		应用不同级别的标题、正文样式			
	7. 插入"分节符"，分别计数目录页码和正文页码	插入分节符，生成新空白页（目录页）			
		撤销正文页眉页脚链接			
		修改空白页（目录页）的页眉页脚			
		分别设置目录和正文的"起始页码"			
	8. 制作自动生成的目录	在空白页录入"目录"标题			
		插入目录，设置目录选项			
		修改目录页的格式和版面			
		更新目录			
	9. 检查、修改全文的内容及格式				
	10. 正确上传文件				
可持续发展能力	自主探究学习、自我提高、掌握新技术	□很感兴趣	□比较困难	□不感兴趣	
	独立思考、分析问题、解决问题	□很感兴趣	□比较困难	□不感兴趣	
	应用已学知识与技能	□熟练应用	□查阅资料	□已经遗忘	
	遇到困难，查阅资料学习，请教他人解决	□主动学习	□比较困难	□不感兴趣	
	总结规律，应用规律	□很感兴趣	□比较困难	□不感兴趣	
	自我评价，听取他人建议，勇于改错、修正	□很愿意	□比较困难	□不愿意	
	将知识技能迁移到新情境解决新问题，有创新	□很感兴趣	□比较困难	□不感兴趣	
社会能力	能指导、帮助同伴，愿意协作、互助	□很感兴趣	□比较困难	□不感兴趣	
	愿意交流、展示、讲解、示范、分享	□很感兴趣	□比较困难	□不感兴趣	
	敢于发表不同见解	□敢于发表	□比较困难	□不感兴趣	
	工作态度，工作习惯，责任感	□好	□正在养成	□很少	
成果与收获	实施与完成任务	□☺独立完成	□☺合作完成	□☒不能完成	
	体验与探索	□☺收获很大	□☺比较困难	□☒不感兴趣	
	疑难问题与建议				
	努力方向				

复习思考

1. 如何设置双面打印？奇偶页不同的页眉页脚和页码如何设置？

2. 如何自定义文本样式？怎样应用样式？如何撤销所有样式？

3. 如何分别设置目录的页码与正文的页码各自都从第 1 页开始？

4. 如何制作自动生成的目录？

扩充提高

编辑数学公式

在编辑排版书籍过程中，有时需要编辑数学公式，Word 提供了数学公式编辑器，可以编辑各种类型的数学公式、物理公式、化学式等。

如：二次公式：$x = \dfrac{-b \pm \sqrt{b^2 - 4ac}}{2a}$；　　　　二项式定理：$(x + a)^n = \sum\limits_{k=0}^{n}\binom{n}{k}x^k a^{n-k}$

傅立叶级数：$f(x) = a_0 + \sum\limits_{n=1}^{\infty}(a_n \cos\dfrac{n\pi x}{L} + b_n \sin\dfrac{n\pi x}{L})$

下面以单边拉氏变换公式为例，学习数学公式的编辑方法和公式设计工具的使用方法。

【实例】编辑单边拉氏变换公式 $f(t) = \dfrac{1}{2\pi j}\displaystyle\int_{\sigma-j\infty}^{\sigma+j\infty}F(s)e^{st}\mathrm{d}s$ 。

公式结构分析：单边拉氏变换公式的等号右边，由一个分数、一个积分、积分内包含一个上标等结构和符号组成。

明确了公式的结构组成，编辑时，按照从左向右、从上至下的顺序顺次录入。

★ **步骤**1　单击"插入"选项卡"符号"组的"公式"按钮上半部分 **π**，如图 13-33 所示。进入公式编辑状态：文档正文编辑区出现公式编辑区的标记；同时打开"公式工具""设计"选项卡，如图 13-34 所示，公式中的所有符号和结构都可以在"公式工具""设计"选项卡中选用。

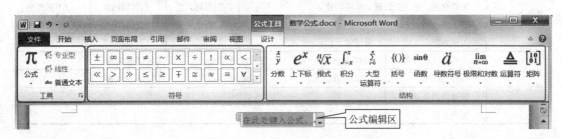

图 13-33　插入→公式

图 13-34　公式编辑状态，公式工具/设计

图 13-34 所示的"公式工具""设计"选项卡由三部分组成：最左侧是"工具"组，包含一些内置的常用数学公式，可以直接调用；中部是"符号"组，包含数学符号、希腊字母等常用符号；右侧是"结构"组，包含分数、上下标、根式等 11 种数学公式的结构。

"公式工具""设计"选项卡的用法：

（1）单击最左侧的"公式"按钮 **π**，打开内置数学公式列表，如图 13-35 所示，有二次公式、二项式定理、傅立叶级数、勾股定理等，可以直接单击公式，公式进入编辑区；也可以将编辑好的公式保存到公式库。

（2）中部的"符号"组中有两行常用的基础数学符号。单击符号列表右下角的 ▼ 按钮，可将基础数学的符号全部显示，如图 13-36 所示；单击" **基础数学 ▼** "右边的箭头，打开符号类型列表：基础数学、希腊字母、运算符、几何学等，如图 13-37 所示，在列表中选择符号类型，会打开对应的符号列表。

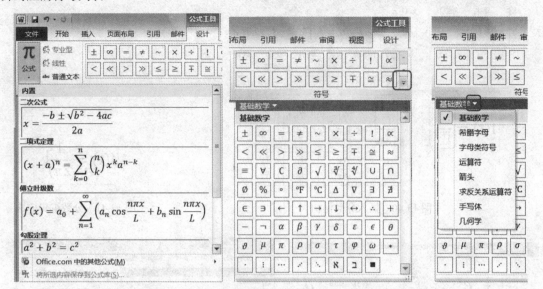

图 13-35 内置公式库　　图 13-36 符号组显示基础数学符号　图 13-37 符号类型列表

（3）右侧的结构组包含 11 种数学公式的结构，单击每个结构名称下面的箭头，可以打开这个结构的全部类型，如图 13-38 所示，使用简单、快捷、方便。

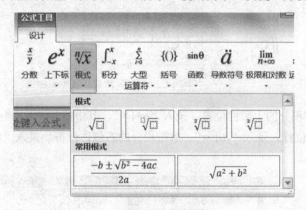

图 13-38 "根式"结构的类型　　　　　　图 13-39 在公式编辑区中录入

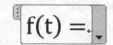

了解了"公式工具""设计"选项卡的组成和基本用法，下面继续编辑【实例】单边拉氏变换公式。

★ **步骤 2**　在公式编辑区中录入"f(t)="，如图 13-39 所示。

★ **步骤 3**　编辑分数。单击"结构"组的"分数"按钮，单击其中的"分数（竖式）"，编辑区中出现分数结构，如图 13-40 所示。分数结构中的虚线框表示分子、分母的占位符。

★ **步骤 4**　单击分子的占位符，录入分子"1"；单击分母的占位符，录入"2"，单击"符号"组的 按钮，单击符号"π"录入到分母中，继续录入字母"j"，分数编辑完成，如图 13-41 所示。

★ **步骤 5**　编辑积分。单击分数最右端，或按键盘上的"→"键，将插入点移到分数外面，继续编辑积分部分。单击"结构"组的"积分"按钮，单击其中有上下限的积分结构，如图 13-42 所示，积分结构进入公式编辑区。

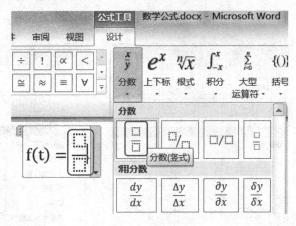

图 13-40　插入分数结构

图 13-41　分数编辑完成

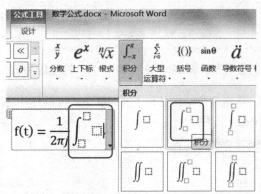

图 13-42　插入积分结构

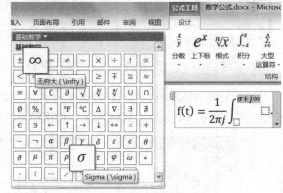

图 13-43　插入符号"σ""∞"

★ **步骤 6**　单击公式编辑区中积分的上限占位符，录入"σ+j∞"，其中符号"σ""∞"如图 13-43 所示。单击积分的下限占位符，录入"σ-j∞"。单击积分的右侧占位符，录入"F(s)"，如图 13-44 所示。

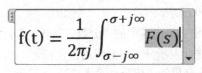

图 13-44

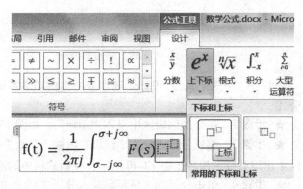

图 13-45　插入上标结构

★ **步骤 7**　编辑上标。单击"结构"组的"上下标"按钮，单击其中只有上标的结构，如图 13-45 所示，上标结构进入公式编辑区。单击底数占位符，录入"e",单击幂（上标）占位符，录入"st"，如图 13-46 所示。

★ **步骤 8**　单击上标结构最右端，或按键盘上的"→"键，将插入点移到上标结构外面，继

续录入 "ds"，如图 13-47 所示。

$$f(t) = \frac{1}{2\pi j} \int_{\sigma-j\infty}^{\sigma+j\infty} F(s)e^{st}$$

$$f(t) = \frac{1}{2\pi j} \int_{\sigma-j\infty}^{\sigma+j\infty} F(s)e^{st}\,ds$$

$$f(t) = \frac{1}{2\pi j} \int_{\sigma-j\infty}^{\sigma+j\infty} F(s)e^{st}\,ds$$

图 13-46   图 13-47   图 13-48   编辑完成的公式

★ **步骤 9** 将公式中的英文字母设置为斜体，如图 13-48 所示。

至此，公式编辑完成，单击公式外侧空白处，即可退出公式编辑状态。公式具有文本的特性，可以设置字号，设置段落对齐方式为 "左对齐"，将公式移动到页面左侧。修改公式时，单击公式中的任意位置，即可进入公式编辑状态，进行修改。

◆ **练习**

编辑下列数学公式。

$$F(s) = \int_{0_-}^{\infty} |f(t)e^{-st}|\,dt < \infty \qquad\qquad \frac{n!}{(s+\alpha)^{n+1}}$$

$$\lim_{n\to\infty} f(n) = \lim_{z\to 1}(z-1)F(z) \qquad\qquad \frac{1}{|a|}F(\frac{j\omega}{a})$$

$$y(n) = \sum_{m=n-1}^{1} f(m)h(n-m) \qquad\qquad U = \sqrt{\frac{1}{T}\int_0^T u^2(t)dt}$$

第二篇　电子表格 Excel 2010

任务 ⑭ 设计制作学生档案

 知识目标

1. 管理 Excel 文件、工作表更名、录入各种数据的方法；
2. 用填充柄填充各种类型序列的方法；
3. 利用批注添加相片的方法；
4. 设置单元格、工作表各部分格式的方法；
5. 设置页面、打印选项的方法；
6. 数据排序、数据筛选、分类汇总的方法。

 **能力目标**

1. 会设计制作学生档案，能设计学生档案的表头字段名；
2. 能快速录入档案中的各种数据，能解决、处理数据录入过程中的问题；
3. 能用填充柄快速填充各种类型的序列；
4. 能在档案中添加相片信息；
5. 能按规范设置档案的各部分格式；
6. 会设置页面格式及打印选项；
7. 能按要求进行数据排序和筛选；
8. 能按要求进行数据分类汇总。

学习重点

1. 录入日期型数据的方法；录入"身份证号"的方法；设置数字格式的方法；
2. 用填充柄填充序列的方法；
3. 利用批注添加相片的方法；
4. 设置打印标题行的方法；
5. 筛选日期型数据、字符型数据的方法；
6. 数据分类汇总的操作方法。

Excel 可以编辑处理各种数据，生成各类报表，在实际工作和日常生活中，用途非常广泛。利用 Excel 的强大数据管理功能，可以帮助各单位或部门解决档案的信息管理问题。管理档案是办公室工作人员必须具备的工作能力之一，因此为了将来的工作需要应先学会如何管理档案。

本任务以"学生档案"为例，学习 Excel 2010 的基本操作和管理档案的基本方法。

"设计制作学生档案"任务分为三部分：

14.1 设计学生档案、录入数据与填充序列

14.2 美化学生档案格式

14.3 排序、筛选、分类汇总学生档案

14.1　设计学生档案、录入数据与填充序列

　　档案是很常见、很实用的一种信息管理文档，每种档案都有各自的特色和重点信息。学生档案是其中比较简单的一种，是大家在接受学校教育过程中经常填写的信息和报表，其中的栏目、字段大家都很熟悉，格式也不陌生，因此从简单、常见的"学生档案"开始，进入 Excel 2010 的学习。

　　在此任务中，将学到 Excel 2010 的基本操作和档案管理的基本方法。学会学生档案的设计制作，可以利用 Excel 2010 管理其他同类的人事档案，如工作单位的员工档案、街道的离退休人员档案等，或者管理其他类型的档案或信息。

提出任务

　　在 Excel 2010 中建立本班的学生档案，包含"基本信息"、"选修课名单"、"课外小组"、"住宿生" 4 页工作表。

　　设计制作"基本信息"工作表。在"基本信息"工作表中录入标题，合理设计基本信息的表头字段名，并录入本班所有学生的信息和数据，设置合理的数字格式，添加每名学生的相片信息。

作品展示

	A	B	C	D	E	F	G	H	I	J	K	L	M	N
1	学前教育专业2015-6班学生档案													
2		班主任：陈静					电话：13269880577				填表日期：2016年9月12日			
3	学号	姓名	性别	民族	政治面貌	出生日期	身份证号	本人电话	家长电话	家庭住址	户籍	中考总分	是否入住	入学日期
4	2015160601	张文珊	女	汉族	团员	2000/6/21	110221200006210328	13569299858	13916401539	昌平区天通苑	北京	469	是	2015/9/1
5	2015160602	徐蕊	女	汉族	团员	2000/3/12	110221200003126824	15912763680	15261260255	昌平区锦绣家园	北京	465		2015/9/1
6	2015160603	董媛媛	女	汉族	团员	1999/9/28	371423199909284120	16810947869	17286207198	怀柔区九渡河镇	河北	435	是	2015/9/1
7	2015160604	姜瑞	女	汉族	群众	1999/12/30	110102199912300026	15910587267	17522617868	昌平区安福苑	北京	408	是	2016/9/1
8	2015160605	赵子佳	女	回族	群众	2000/8/27	220721200008270824	15811680868	18501690868	海淀区白石桥路	北京	415		2015/9/1
9	2015160606	陈鑫	女	汉族	团员	1999/7/1	110109199907012220	15861317982	13883570699	门头沟区东辛房街	北京	432	是	2015/9/1
10	2015160607	王陈杰	女	汉族	群众	1999/4/18	110221199904185046	17520213653	13561190772	昌平区南邵镇	北京	368	是	2015/9/1
11	2015160608	张莉迎	女	汉族	团员	2001/4/21	110221200104212622	16523595832	13221695632	昌平区回龙观	北京	407		2015/9/1
12	2015160609	秦秋萍	女	汉族	团员	2000/1/20	110221200001205918	15010685868	17691018595	昌平区回龙观	北京	422	是	2015/9/1
13	2015160610	崔相秆湿	男	汉族	团员	2001/2/27	110108200102275303	17901389619	18601528978	昌平区一街	北京	431		2015/9/1
14	2015160611	戴婷雅	女	汉族	团员	1999/8/31	110221199908218356	17581779801	18329267586	昌平区百善镇	北京	472		2015/9/1
15	2015160612	佘静文	女	汉族	团员	2000/6/18	110112200006186628	18911261983	13935586756	通州区梨园镇	北京	497	是	2015/9/1
16	2015160613	何研雅	女			2001/9/7	110104200109073058	19521852567	18901632665	海淀区铁医路	北京	536		2015/9/1
17	2015160614	王梓政	男			1998/12/7	110109199812071943	15901206406	17681252020	门头沟区石门营	北京	351	是	2015/9/1
18	2015160615	史婧欢	女			1999/11/16	110111199911168742	15813682637	17910896076	房山区良乡	北京	407	是	2015/9/1
19	2015160616	张繁聪	女			2001/1/27	110108200101273572	13257273869	18966325791	海淀区永泰庄	北京	416		2015/9/1
20	2015160617	曾欢	女			2000/8/6	130301200008062724	17501320258	17693380539	昌平区回龙观	河北	405		2015/9/1
21	2015160618	王爱	女			2001/3/16	120109200103160026	15816926937	13691372016	昌平区中山口路21号院	天津	439	是	2015/9/1
22	2015160619	姜梦妍	女			1999/6/27	110221199906272728	15901736856	13939662687	昌平区宁夏苑	北京	431	是	2015/9/1
23	2015160620	王悦	女	汉族	团员	2000/3/28	110227200003283026	16910956658	13736809190	怀柔区雁栖镇	北京	425	是	2015/9/1
24	2015160621	张思杰	女	汉族	群众	1999/12/28	220202199912282128	18811967768	18801683219	顺义区建新小区	北京	421		2015/9/1
25	2015160622	阿馨	女	汉族	群众	1999/10/8	530103199910080028	13510267356	13910597678	云南省昆明市	云南			2016/3/16
26	2015160623	阿丽	女	白族	团员	1999/4/21	210905199904215426	18210286105	13691165127	辽宁省阜新市	辽宁			2016/3/16
27	2015160624	班利娟	女			1998/8/12	150202199808123628	17801256907	13255976952	内蒙古包头市	内蒙古			2016/3/16
28	2015160625	秦怀旺	男			1999/12/11	370101199912113623	15701688657	13910257759	山东省济南市	山东			2016/9/10
29	2015160626	王一帆	男			1999/5/19	371701200005190051	15810657858	17316350679	山东省菏泽市	山东			2016/9/10
30	2015160627	徐荣慧	女			2000/6/10	371701200006102728	15301596246	13810776391	山东省菏泽市	山东			2016/9/10
31	2015160628	张珍	女			2000/9/5	370201200009052126	18716723356	15911263159	山东省青岛市	山东			2016/9/10

基本信息　选修课名单　课外小组　住宿生

分析任务

1. 学生档案中"基本信息"工作表的组成部分

"基本信息"工作表由工作表标题、班级信息、数据表三部分组成。

2. "基本信息"工作表的数据表结构

如图 14-1 所示，在数据表中，第一行是表头，包含所有的字段名。数据表中除表头外的每一行叫记录。数据表中的每一列叫字段，对应的表头中的名称叫字段名；每条记录中的数据叫字段值。

学号	姓名	性别	民族	政治面貌	出生日期	本人电话	家庭住址	户籍
2015160601	张文珊	女	汉族	团员	2000/6/21	13569299858	昌平区天通苑	北京
2015160602	徐蕊	女	汉族	团员	2000/3/12	15912763680	昌平区锦绣家园	北京
2015160603	董嫒嫒	女	汉族	团员	1999/9/28	16810947869	怀柔区九渡河镇	河北
2015160604	姜珊	女	汉族	群众	1999/12/30	15910587267	昌平区安福苑	北京
2015160605	赵子佳	女	回族	群众	2000/8/27	15811680868	海淀区白石桥路	北京
2015160606	陈鑫	女	汉族	团员	1999/7/1	15861317982	门头沟区东辛房街	北京
2015160607	王陈杰	女	汉族	群众	1999/4/18	17520213653	昌平区南邵镇	北京
2015160608	张莉迎	女	汉族	团员	2001/4/21	16523595832	昌平区回龙观	北京

学前教育专业2015-6班学生档案
班主任：陈静 电话：13269880577 填表日期：2016年9月12日

工作表标题 — 班级信息 — 第一行：表头 — 除表头外的每行：记录 — 字段值 — 字段名 — 字段

图 14-1 "基本信息"工作表的组成部分及各部分名称

3. 数据的类型

在数据表中，如果字段值是文字、字符串，称为字符型数据，如姓名、性别、民族等；如果是日期，称为日期型数据，如出生日期、入学日期等；如果是数字，能进行四则运算的，如总分、助学金等，称为数值型数据；还有一类数字串，不进行四则运算，如电话号码、身份证号码、银行卡号、邮政编码等，属于字符型数据。

4. "基本信息"工作表中的相片

Excel 可以在"基本信息"工作表中包含相片信息，使信息内容更完整、更丰富，既不影响工作表数据，还可以灵活、随时看到每名学生的相片。

以上分析的是"基本信息"工作表的基本组成部分、数据表结构和数据类型，下面按工作过程学习具体的操作步骤和操作方法。

 完成任务

一、打开 Excel 软件，保存文件，更改工作表名称

1. 另存、命名文件

进入 Excel 2010 程序后，将新建的 Excel 2010 文件"工作簿 1"另存在自己姓名的文件夹中；命名为"学前 2015-6 档案"。

提示 每当进入程序开始工作的时候，要养成先保存文件的良好习惯，千万不要等工作全做完了再保存，以免中途遇到停电、死机、误操作等意外事故而造成工作的损失和浪费时间。所以，先保存文件就是提高效率、节省时间的良好工作习惯！

新文件的保存，可以用"另存为"或"保存"命令，就是为新文件选择保存位置（存放到磁盘上指定的文件夹中）；给文件起恰当的名字，文件名要与文件内容符合，便于管理和查找。

"另存为"与"保存"命令的区别："另存为"是为文件选保存位置、起文件名、保存文件内容；对于已经有名字的文件，"保存"只是存储修改后的内容，不会改变保存位置和文件名。也就是说，如果想给文件改名字、换保存位置就使用"另存为"命令；如果想同名、同位置保存修改的内容，就使用"保存"命令。

新文件的保存步骤、方法如图 14-2 所示。

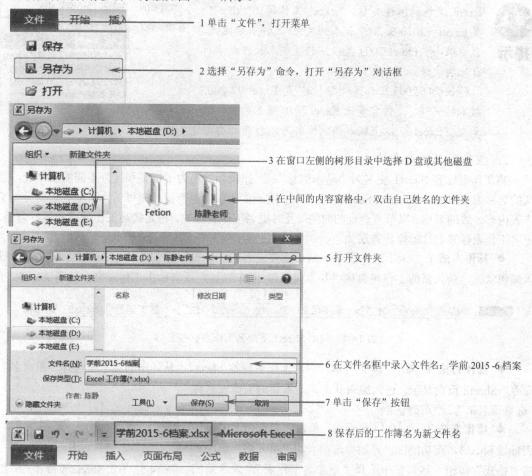

图 14-2 Excel 文件另存、命名的方法

文件另存命名后，Excel 的标题栏中，文件的名称变为命名后的文件名"学前 2015-6 档案.xlsx"，如图 14-2 所示。

如果 D 盘没有自己的文件夹，在图 14-2"另存为"对话框中，选择 D 盘后，单击工具栏中的"新建文件夹"按钮，如图 14-3 所示，在"新建文件夹"的"名称"框中，录入文件夹的名称后，单击"打开"，然后按照图 14-2 中的第 6 步继续操作。

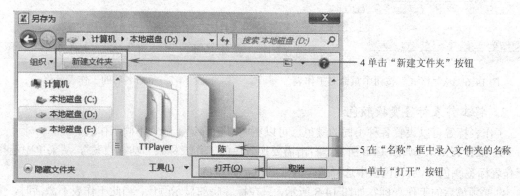

图 14-3 在"另存为"对话框中新建文件夹

提示

Excel 文件的保存类型："Excel 工作簿（*.xlsx）"是 Excel 2010 及 2007 版本的文件，文件压缩比大，容量很小。Excel 2003 及以下的低版本软件无法打开此类文件。

"Excel 97-2003 工作簿（*.xls）"是 Excel 97-2003 版本的文件，文件容量比 Excel 2010 版本的文件容量大，Excel 97 以上版本的软件都可以打开此类文件（向下兼容）。

文件名(N):	学前2015-6档案.xlsx
保存类型(T):	Excel 工作簿(*.xlsx)
作者:	Excel 工作簿(*.xlsx) Excel 启用宏的工作簿(*.xlsm) Excel 二进制工作簿(*.xlsb) Excel 97-2003 工作簿(*.xls) XML 数据(*.xml)

2. 重命名工作表名称

将工作表标签 Sheet1 更名为"基本信息"。工作表标签是为了标记和区分不同的工作表，默认的名称为 Sheet1，Sheet2，Sheet3 等，为了便于管理和方便查找，应将工作表标签更名为与工作表内容一致的名称，以节省查询的时间。及时更名工作表标签，也是提高工作效率的良好习惯。更名工作表标签名称的操作方法如下。

◆ **操作方法 1**　如图 14-4 所示，双击需要更名的工作表标签 Sheet1，Sheet1 反白显示，进入编辑状态，录入新的工作表名称"基本信息"，回车确认，或者单击工作表空白处确认。

图 14-4　双击 Sheet1 重命名工作表标签名称

◆ **操作方法 2**　如图 14-5 所示，右击工作表标签 Sheet2，从弹出的菜单中选择"重命名"命令，Sheet2 反白显示，进入编辑状态，录入新的工作表名称"选修课名单"，回车确认。

◆ **操作方法 3**　如图 14-6 所示，单击需要重命名的工作表标签 Sheet3，在功能区"开始"选项卡的"单元格"组中单击"格式"按钮，从菜单中选择"重命名工作表"，录入新的工作表名称"课外小组"，回车确认，如图 14-7 所示。

基本信息	Sheet2		插入(I)...
			删除(D)
			重命名(R)

图 14-5　右击 Sheet2 重命名工作表

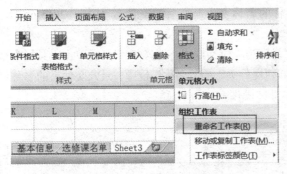

图 14-6　从"格式"按钮中重命名工作表

图 14-7　重命名后的工作表名称

3. 将工作表标签变换颜色

工作表标签可以设置各种不同的颜色，可以更明显地标记、区分不同工作表。

◆ **操作方法 1**　如图 14-8 所示，右击需要换颜色的工作表标签"基本档案"，从菜单中选择"工作表标签颜色"，从调色板中选择适合的浅颜色，如黄色。

设置颜色后的工作表标签如图 14-8 所示，只在标签底部显示颜色；当此工作表不激活时，颜色会充满整个标签。

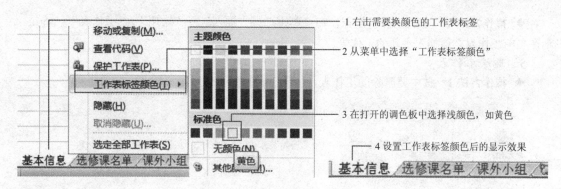

图 14-8　设置工作表标签颜色

提示　工作表标签的颜色应选择浅色系，如浅黄色、浅绿色、浅蓝色等，这样才能衬托工作表标签名称的文字更醒目、更突出、更容易识别。

◆ **操作方法 2**　单击选中需要换颜色的工作表标签"选修课名单"，在"开始"选项卡的"单元格"组中单击"格式"按钮，从菜单中选择"工作表标签颜色"，在打开的调色板中选择另外一种合适的浅颜色，如浅绿色。三张工作表标签设置为不同的浅颜色。 基本信息 选修课名单 课外小组

4. 插入新工作表

系统默认的新建工作簿（或新建文件），包含的工作表数为 3 个，如果不够用，可以随时插入新的工作表。

本任务"学生档案"中需要 4 个工作表，而文件中只有 3 个，因此要插入一个新的工作表。

◆ **操作方法 1**　如图 14-9 所示，单击工作表标签右侧的"插入工作表"按钮 □ ，在最后一页工作表右侧插入了一个新的工作表 Sheet1，将新工作表更名为"住宿生"，可以设置标签颜色为浅色。

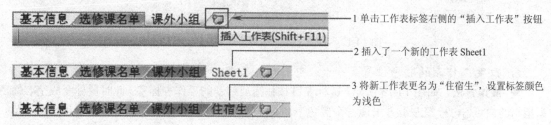

图 14-9　插入新工作表

◆ **操作方法 2**　在当前工作表之前插入新工作表，如图 14-10 所示。

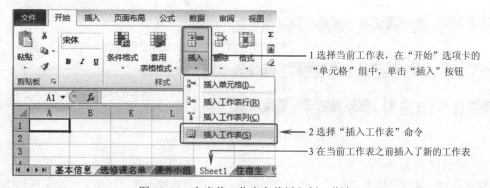

图 14-10　在当前工作表之前插入新工作表

◆ **操作方法 3** 右击当前工作表，在菜单中选择"插入"→"常用"/"工作表"→确定，则在当前工作表之前插入了新的工作表。

5. 删除工作表

◆ **操作方法 l** 选中要删除的工作表，如图 14-11 所示。

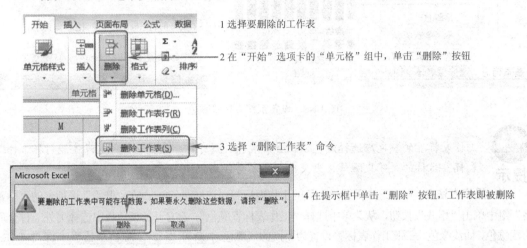

图 14-11 删除工作表

◆ **操作方法 2** 右击需要删除的工作表标签，在菜单中选择"删除"命令 删除(D)，在图 14-12 所示的提示框中单击"删除"按钮，即可删除工作表。

图 14-12 右击工作表标签，删除工作表

6. 改变工作表的顺序位置

◆ **操作方法** 如图 14-13 所示，鼠标左键按住需要移动的工作表标签，此时鼠标变成空心箭头指示的白纸 ，标签左上方出现一个黑色三角形▼；左右移动鼠标，白纸型鼠标 和黑色三角形跟着鼠标一起移动，黑色三角形▼表示工作表移动的目标位置；选好目标位置后，松开鼠标，工作表移动完成。

图 14-13 移动工作表

7. 随时保存文件

每当对文件进行了修改或录入，要养成随时保存文件的良好习惯，以免丢失需重新制作。虽

然设置了自动保存时间间隔，但也要养成每次完成操作、或修改、或录入、或间隔 2～3 分钟，都单击保存按钮的习惯，将新增的内容存入文件，方法如图 14-14 所示。快速保存是提高工作效率的好习惯！

保存文件方法一：单击快速访问工具栏中的"保存"按钮

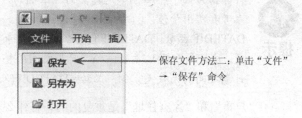

保存文件方法二：单击"文件" → "保存"命令

图 14-14　单击"保存"按钮随时保存文件

二、录入"基本信息"工作表的各部分信息和数据

1. 录入工作表标题文字

在"基本信息"工作表中，单击 A1 单元格，录入"基本信息"工作表的标题"学前教育专业 2015-6 班学生档案"，录入完回车确认，如图 14-15 所示。标题文字内容比较长，超出了 A1 单元格的宽度，不管多长，都在 A1 一个单元格内录入。

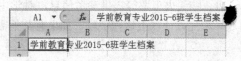

图 14-15　在 A1 单元格中录入工作表标题

2. 录入班级信息文字

分别在 B2，G2，K2 中录入班级信息，如图 14-16 所示。

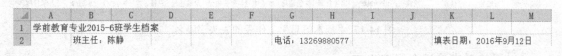

图 14-16　录入班级信息

3. 设计"基本信息"工作表的表头，并录入字段名

学生的"基本信息"工作表包含的信息（字段）需要合理设计。

① "学号"必须有，这是唯一不重复的字段，即没有任何两个或两个以上的学生共用相同的学号，但"姓名"可能会重名，甚至可能会出现同名同姓同字，而学号不能重复，是区分同名学生、每一名学生的唯一标记。

② 学生"基本信息"中还必须有"姓名"、"性别"字段，还可以根据需要设计"民族"、"政治面貌"、"出生日期"、"身份证号"、"本人电话"、"家长电话"、"家庭住址"、"户籍"、"中考分数"、"是否住宿"、"入学日期"等字段。

③ 为什么设计"出生日期"字段，而不是"年龄"字段呢？

因为年龄是个动态变化的数据，学生一天天长大，年龄就在一天天变化，不同时间看档案，学生的实际年龄是不一样的。而"年龄"字段值录入的是静态的数字，不会跟着学生的成长而变化；另一方面，年龄是个近似数值，有人说周岁，有人说虚岁，周岁与虚岁之间相差 1～3 岁；另外，年龄是个模糊数，只能近似到"年"，不能反映出多出周岁或不足周岁的部分。所以静态的"年龄"是个很不准确的数据，在档案文件中，不能使用不准确数据。

"出生日期"反映的是真实年龄的准确数据，不管任何时间查看档案，都可以准确计算出每名学生的真实年龄，而且可以精确到"天"。因此，虽然"出生日期"录入的是静态数据，但反映出来的年龄却是动态变化的。

所以，在档案文件中，要设计"出生日期"字段，而不用"年龄"字段。

> **提示**
> 如果需要"工龄"、"教龄"、"年龄"等字段，可以运用 DATEDIF 函数计算"年龄值"，计算出来的"年龄值"是真实的、准确的、动态变化的数据，可以精确到"天"，有参考和实用价值。
> DATEDIF 函数：DATEDIF（起始日期，结束日期，参数），计算两个日期之间的差（年数、月数或天数）。参数："Y"日期之间的整年数差；"M"日期之间的整月数差；"D"日期之间的天数差。例：工龄＝DATEDIF(入职日期单元格，NOW( ),"y")

④"户籍"和"家庭住址"是重复的吗？有什么意义？

现在城市很开放，允许外地人口流动，"家庭住址"只是当前的居住地，"户籍"是原出生地、申报户口、管理户口的地方，执行当地的户籍政策。户籍在学生的助学金、奖学金、医疗保险、高考、应聘、就业、工作后的福利待遇等方面会有一些差异，所以要明确每名学生的户籍，不能与家庭住址混同。

家庭住址是当前的居住地，这个地址可能会发生变化，如搬家。家庭住址只对是否住宿、家访、购买火车票等提供参考信息，对学生的其他方面没有影响。

先设计以上这些字段，如果有其他需求，再添加或补充。

⑤ 在"基本信息"工作表中，从第 3 行的 A3 单元格开始，在对应单元格中，录入"基本信息"的表头字段名，如图 14-17 所示。

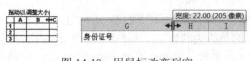

	A	B	C	D	E	F	G	H	I	J	K	L	M	N
1	学前教育专业2015-6班学生档案													
2	班主任：陈静					电话：13269880577				填表日期：2016年9月12日				
3	学号	姓名	性别	民族	政治面貌	出生日期	身份证号	本人电话	家长电话	家庭住址	户籍	中考总分	是否住宿	入学日期

图 14-17 "基本信息"工作表的表头字段名

4. 调整列宽以适合文字内容

从图 14-17 的表头可以看出，每列字段值的字数长度不一样，相应列宽的宽度也应该不一样。可以先调整好各列合适的宽度，以适应文字内容的多少。

如"性别"列，只录入一个字，男或女，所以列宽可以相对窄一些，节省视图显示区、打印时节约用纸；"民族"列也同样窄吗？要想到少数民族哦，来自五湖四海的少数民族同学，有的民族字数很长哦，列宽适当就好，"政治面貌"录入两个字，所以适当窄一些；"身份证号"是 18 位的数字串，所以列宽要足够宽，以便放下 18 位数字；"电话"多数都是手机号码，所以列宽要宽一些，以便装下 11 位数字；"家庭住址"是个很长的字符串，要多留一些宽度；"户籍"只填写到"省"就可以了，列宽不用太宽；"是否住宿"只填"是"或空白，列宽可以窄一些。

列宽的调整方法如图 14-18 所示：将鼠标放在需要改变列宽的列标右边界线上，鼠标变成水

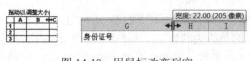

图 14-18 用鼠标改变列宽

平双向箭头，此时按住左键（列标上方显示列宽的实际像素值，列标下方会出现列宽位置的虚线），左右拖动鼠标（像素值和虚线会跟着一起变化），移动列标的右侧边界，直到达到所需列宽松手。

调整后工作表的各列宽度如图 14-19 所示。

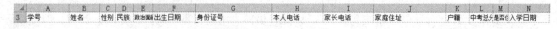

	A	B	C	D	E	F	G	H	I	J	K	L	M	N
3	学号	姓名	性别	民族	政治面貌	出生日期	身份证号	本人电话	家长电话	家庭住址	户籍	中考总分	是否住宿	入学日期

图 14-19 调整后工作表的各列宽度

各列的列宽调整好了，收集需要的各项数据和信息，为录入“基本信息”工作表的数据做准备。

5. 收集信息（准备工作）

收集本班同学的各项个人基本信息，并记录在本、纸、纸条上，锻炼自己收集、获取、交流信息的能力。注意节省时间，加快速度，提高工作效率。

每人都要收集至少 20 人吗？时间来不及，要懂得合作与共享。小组内分工，每名小组成员收集自己和周围 1～2 人的信息；录入时，小组内、组与组之间互相交换记录的纸条，将自己的收集成果与他人分享。大家分工、合作、交流、共享，即可得到全班所有同学的信息，培养自己与伙伴合作的能力。

数据收集好了，开始录入吧！

6. 录入内容

录入本班所有学生记录的各字段值，“学号”、“入学日期”的字段值不录入，如图 14-20 所示。

	A	B	C	D	E	F	G	H	I	J	K	L	M	N
1	学前教育专业2015-6班学生档案													
2		班主任：陈静					电话：13269880577				填表日期：2016年9月12日			
3	学号	姓名	性别	民族	政治面	出生日期	身份证号	本人电话	家长电话	家庭住址	户籍	中考总	是否	入学日期
4		张文珊	女	汉族	团员	2000/6/21	110221200006210328	13569299858	13916401539	昌平区天通苑	北京	469	是	
5		徐蕊	女	汉族	团员	2000/3/12	110221200003126824	15912763680	15261260255	昌平区锦绣家园	北京	465		
6		董媛媛	女	汉族	团员	1999/9/28	371423199909284120	16810947869	17286207198	怀柔区九渡河镇	河北	435	是	
7		姜珊	女	汉族	群众	1999/12/30	110102199912300026	15910587267	17522617868	昌平区安福苑	北京	408	是	
8		赵子佳	女	回族	群众	2000/8/27	220721200008270824	15811680868	18501690868	海淀区白石桥路	北京	415		
9		陈鑫	女	汉族	团员	1999/7/1	110109199907012220	15861317982	13883570699	门头沟区东辛房街	北京	432	是	
10		王陈杰	女	汉族	群众	1999/4/18	110221199904185046	17520213653	13561190772	昌平区南邵镇	北京	368	是	
11		张莉迎	女	汉族	团员	2001/4/21	110221200104212622	16523595832	13221695632	昌平区回龙观	北京	407	是	
12		秦秋萍	女	汉族	团员	2000/1/20	110221200001205918	15010685868	17691018595	昌平区天通苑	北京	422	是	
13		崔相杍湜	男	汉族	团员	2001/2/27	110108200102275303	17901389619	18601528978	昌平区一街	北京	431		
14		戴婷雅	女	汉族	团员	1999/9/21	110221199909218356	17581779801	18329267586	昌平区百善镇	北京	472		
15		佟静文	女	汉族	团员	2000/6/18	110112200006186628	18911261983	13935586756	通州区梨园镇	北京	497	是	
16		何研雅	女	汉族	团员	2001/9/7	110104200109073058	19521852567	18901632665	海淀区铁医路	北京	536		
17		王梓政	男	汉族	群众	1998/12/7	110109199812071943	15901206406	17681252020	门头沟区石门营	北京	351	是	
18		史雅文	女	汉族	群众	1999/11/16	110111199911168742	15813682637	17910896076	房山区良乡	北京	407	是	
19		张智聪	女	回族	群众	2001/1/27	110108200101273572	13257273869	18966325791	海淀区永泰庄	北京	416		
20		曾欢	女	汉族	团员	2000/8/6	130301200008062724	17501320258	17693380539	昌平区回龙观	河北	405		
21		王昱	女	汉族	群众	2001/3/16	120109200103160026	15816926937	13691372016	昌平区中山口路21号院	天津	439	是	
22		秦梦妍	女	汉族	团员	1999/6/27	110221199906272728	15901736856	13939662687	昌平区宁馨苑	北京	431	是	
23		王悦	女	汉族	团员	2000/3/28	110227200003283026	16910956658	13736809190	怀柔区雁栖镇	北京	425	是	
24		张思杰	女	汉族	群众	1999/12/28	220202199912282128	18811967768	18801683219	顺义区建新小区	北京	421	是	
25		奇慧	女	白族	群众	1999/10/8	530103199910083730	13510267356	13910597678	云南省昆明市	云南		是	
26		阿丽	女	鲜族	团员	1999/4/21	210905199904215426	18210286105	13691165127	辽宁省阜新市	辽宁		是	
27		班利娟	女	蒙族	群众	1998/8/12	150202199808123628	17801256907	13255976952	内蒙古包头市	内蒙古		是	
28		秦怀旺	男	满族	群众	1999/12/11	370101199912113623	15701688657	13910257759	山东省济南市	山东		是	
29		王一帆	男	汉族	团员	2000/5/19	371701200005190051	15810657858	13716350679	山东省菏泽市	山东		是	
30		徐荣慧	女	汉族	群众	2000/6/10	371701200006102728	15301596246	13810776391	山东省菏泽市	山东		是	
31		张珍	女	汉族	团员	2000/9/5	370201200009052126	18716723356	15911263159	山东省青岛市	山东		是	

基本信息 / 选修课名单 / 课外小组 / 住宿生

图 14-20 “基本信息”工作表的数据

录入过程中可能会出现一些问题，如果遇到了，就按下面的方法操作，解决这些问题。

（1）活动单元格的移动方向。录入数据时，回车确认的同时，活动单元格向下移动，激活下一行的单元格。

按 Tab 键，活动单元格向右移动；按键盘上的方向键←↑↓→，可以控制活动单元格的移动方向；按“Shift”与上述键组合，实现反方向移动。

（2）为单元格添加下拉列表。“基本信息”工作表中，“性别”、“政治面貌”、“是否住宿”字段，录入的内容是固定的值，可以添加下拉列表和选项，提高录入速度、准确性和效率。添加下拉列表方法如下。

★ **步骤 1** 选中“性别”下面的单元格区域，如图 14-21 所示。

★ **步骤 2** 单击“数据”选项卡“数据工具”组的“数据有效性”按钮，如图 14-22 所示。

图 14-21　选中单元格区域

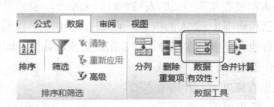

图 14-22　单击"数据有效性"按钮

★ **步骤3**　打开"数据有效性"对话框，如图 14-23 所示，在"设置"选项卡的"允许"列表中选择"序列"；在"来源"文本框中输入"男,女"【必须用英文逗号分隔】，选择"☑ 提供下拉箭头(I)"。

★ **步骤4**　单击"确定"按钮。在选择的单元格右侧会出现下拉箭头，将在下拉列表中选择的选项直接输入到单元格中，如图 14-24 所示。

图 14-23　设置"数据有效性"

图 14-24　选择要输入的选项

★ **步骤5**　同样的方法，为"政治面貌"、"是否住宿"添加下拉列表，如图 14-25 所示。

图 14-25　"政治面貌"、"是否住宿"下拉列表

（3）修改错误内容。录入错误时，如果还没有回车确认，可以直接在单元格内修改，也可以在编辑栏内修改；

回车确认后的错误，选中错误单元格，在编辑栏中修改；或者双击错误的单元格，在单元格内修改。

修改完成后，回车确认；或者单击编辑栏左侧的 ✓ 确认，如图 14-26 所示。

图 14-26　单元格编辑按钮

删除错误内容：单击选中单元格，单击键盘上的 Delete 键（删除键），可将错误内容删除。

（4）误操作或输错位置。如果操作失误，将信息录入到其他位置，则需要将内容移动到正确位置，以减少重新录入的工作和时间，采用移动单元格内容的方法来解决。移动单元格内容操作方法如下。

◆ **操作方法** l　单击错位单元格，例如：选中 1992-4-15 →鼠标放在选中单元格的任意边框线上，鼠标变成十字双向箭头 1992-4-15 →按住鼠标左键→拖动到正确位置，即可移动单元格内容。

◆ **操作方法 2**　先将选定的单元格内容剪切（单击剪切按钮 或按 Ctrl+X 键），再单击需要移动到的目标单元格位置，把内容粘贴到目标单元格位置（单击粘贴按钮 或按 Ctrl+V 键）。

（5）复制相同内容

如果遇到相同的文字内容，为减少重复录入的工作和时间，可以采用复制单元格内容的方法来快速解决。复制单元格内容的操作方法如下。

◆ **操作方法** l　选中需要复制的单元格→按住 Ctrl 键，同时在选中单元格的任意边框线上按鼠标左键 →拖动到目标位置，即可复制单元格内容。例如："民族"字段中的内容可以复制。

◆ **操作方法 2**　选中需要复制的单元格，将鼠标放在选中的单元格边框线上，鼠标变成十字双向箭头 ，按住鼠标右键拖动鼠标，当虚线框到达目标位置时，松开鼠标右键，在打开的菜单中选择"复制到此位置"，选定的单元格内容即被复制到目标位置。

◆ **操作方法 3**　先将选定的单元格内容复制到剪贴板（单击复制按钮 或按 Ctrl+C 键），再单击需要复制到的目标单元格位置，把剪贴板上的文字粘贴到目标位置（单击粘贴按钮 或按 Ctrl+V 键）。

（6）撤销与恢复。在录入数据或编辑时，往往会出现各种误操作，此时不用慌乱，可以使用撤销与恢复功能来挽救。

① 撤销操作：如果要对操作进行撤销，则单击"快速访问工具栏" 中的"撤销"按钮 ，执行一步撤销操作。可以多次单击该按钮执行多次撤销操作。

② 恢复操作：对于执行过撤销操作的文档，还可以对其执行恢复操作，单击"快速访问工具栏"中的"恢复"按钮 ，执行一步恢复操作。可以多次单击该按钮执行多次恢复操作。

如果还想再补充其它的字段，就需要在工作表中的某位置插入列；如果还想在表中间某位置添加一个学生的记录，就需要在工作表中插入行；录入对应数据即可。

（7）插入行、列、单元格

① 插入行：选中某单元格，单击"开始"选项卡中"单元格"组的"插入"按钮，在打开的菜单中选择"插入工作表行"，如图 14-27 所示，插入的新行在选中位置的上方。

② 插入列：方法同上，在打开的菜单中选择"插入工作表列"，插入的新列在选中位置的左侧。

③ 插入单元格：方法同上，在打开的菜单中选择"插入单元格"，插入的新单元格有四种选择，如图 14-28 所示，根据需要选择即可，插入的新单元格在选中位置的相应位置。

（8）删除行、列、单元格。选中不需要的行、列、单元格，单击"开始"选项卡"单元格"

组的"删除"按钮，在打开的菜单中选择需要的删除命令即可删除，如图 14-29 所示。

图 14-27　插入行、列、单元格　　　图 14-28　插入单元格位置选择　　　图 14-29　删除命令列表

（9）录入"出生日期"，设置日期的显示格式。录入"出生日期"时，用"2000/6/21"格式录入，系统能自动识别出日期类型日期；不能用"，"""." "、"来分隔或代替"年"或"月"。

日期型数据既可以显示为完整的长日期格式"2000 年 6 月 21 日"，也可以显示为简单的短日期格式"2000/6/21"，可以改变单元格的数字格式来设置不同的显示方式。

◆　**操作方法 1**　选中需要设置日期的单元格，在"开始"选项卡的"数字"组中，单击数字格式"日期"按钮的右箭头，在列表中有"长日期"和"短日期"两个选项，根据需要设置不同的日期格式，如图 14-30 所示。同一张工作表中，所有的日期型数据的格式应保持一致。

◆　**操作方法 2**　选中需要设置日期的单元格，在"开始"选项卡中，单击"数字"组的对话框按钮，打开图 14-31 所示的"设置单元格格式"对话框，在"数字"选项卡的左侧"分类"列表中选择"日期"，在右边的"类型"列表中有多种日期格式，根据需要设置或选择日期格式。

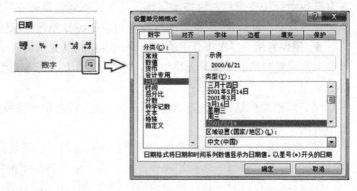

图 14-30　设置日期型数据的格式　　　图 14-31　在"单元格格式"对话框中设置日期格式

（10）单元格内出现 ####### 。出现 ####### 情况，是因为日期型数据或数值型数据的单元格列宽太小，不能完全显示日期型/数值型数据，所以出现 ####### 符号。怎么解决？别急，很好解决。

① 只要将这一列的列宽调整得宽一些，足够显示日期型/数值型数据的所有内容，####### 就自然消失了。

② 或者选中有 ####### 符号的一列，单击"开始"选项卡"单元格"组的"格式"按钮，选择"自动调整列宽"命令，####### 就自己消失了。

③ 或者，选中有 ####### 符号的单元格，将字号调小，让数据完全、完整地显示，#######就消失了。

（11）录入"身份证号码"等长数字串。

在 Excel 工作表中录入数字时，如电话号码、身份证号码、银行卡号等号码类数字，如果数字长度超过了 11 位，单元格中的数字将会自动以科学计数的形式显示，如 1.357E+10；当数字超过了 15 位，如 1.10221E+17，则多于 15 位的数字都会当作 0 处理，无法还原为原数字。

解决方法：先将这些数据单元格的数字格式设为"文本"，如图 14-32 所示，调整足够的列宽，再录入长数字串，或 0 开头的数字。录入完成，单元格的左上角出现绿色小三角的文本格式标记。

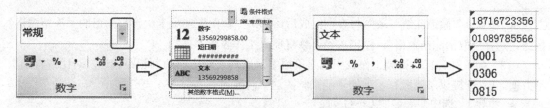

图 14-32　设置单元格的数字格式为"文本"

提示

身份证号码、电话号码、银行卡号的快速录入文本方法（数字以文本形式录入）：英文输入法状态下，先输入单引号'，再输入长数字，如 G8 ▼ (fx '2207212000008270824，Excel 会将数字作为文本处理，并使之左对齐。单元格的左上角出现绿色小三角的文本格式标记 2207212000008270824。

（12）"冻结窗格"固定表头行、姓名列。如果工作表数据较多，当前窗口中无法显示所有数据，在录入数据或查询时，表头会随着滚动条的移动而消失，录入或查询数据时极为不方便。Excel 提供了"冻结窗格"的功能解决这个问题。

★ **步骤 1**　选中表头下面、姓名右侧的单元格。

★ **步骤 2**　单击"视图"选项卡"窗口"组的"冻结窗格"按钮，选择"冻结拆分窗格"，如图 14-33 所示。

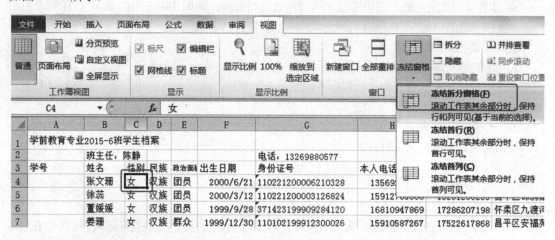

图 14-33　冻结拆分窗格

★ **步骤 3**　冻结窗格后，固定了表头行、姓名列，如图 14-34 所示。移动垂直滚动条和水平滚动条时，表头所在的行、姓名所在的列，将不再滚动，数据可以与它们一一对应地显示出来，方便录入与查询。

	A	B	F	G	H	I	J	K	L	M	N
1	学前教育专业2015-6班										
2		班主任：		电话：13269880577				填表日期：2016年9月12日			
3	学号	姓名	出生日期	身份证号	本人电话	家长电话	家庭住址	户籍	中考总分	是否	入学日期
13		崔相籽湜	2001/2/27	110108200102275303	17901389619	18601528978	昌平区一街	北京	431		
14		戴婷雅	1999/9/21	110221199909218356	17581779801	18329267586	昌平区百善镇	北京	472		
15		佟静文	2000/6/18	110112200006186628	18911261983	13935586756	通州区梨园镇	北京	497	是	
16		何研雅	2001/9/7	110104200109073058	19521852567	18901632665	海淀区铁医路	北京	536		
17		王梓政	1998/12/7	110109199812071943	15901206406	17681252020	门头沟区石门营	北京	351	是	
18		史雅文	1999/11/16	110111199911168742	15813682637	17910896076	房山区良乡	北京	407	是	

图 14-34 固定表头行、姓名列

★ **步骤 4** 撤销冻结。录入与查询完成后，单击"视图"选项卡"窗口"组的"冻结窗格"按钮，选择"取消冻结窗格"，撤销冻结，恢复原来工作表状态。

（13）隐藏列、行。如果工作表中的字段很多，而需要对比的两列相距较远，对比或查询很不方便。Excel 提供了隐藏行、列的功能来解决这个问题。

★ **步骤 1** 选中要隐藏的 C~G 列。

★ **步骤 2** 右击列标，选择"隐藏"，选中的列即被隐藏，效果如图 14-35 所示，B 列后面显示 H 列，"姓名"和"本人电话"之间的 C~G 列被隐藏，学生的电话号码就很方便查询，不会出错，不会看错行。

	A	B	H	I	J
3	学号	姓名	本人电话	家长电话	家庭住址
4		张文珊	13569299858	13916401539	昌平区天通苑
5		徐蕊	15912763680	15261260255	昌平区锦绣家园
6		董媛媛	16810947869	17286207198	怀柔区九渡河镇
7		姜珊	15910587267	17522617868	昌平区安福苑
8		赵子佳	15811680868	18501690868	海淀区白石桥路
9		陈鑫	15861317982	13883570699	门头沟区东辛房街
10		王陈杰	17520213653	13561190772	昌平区南邵镇

图 14-35 隐藏列的效果

★ **步骤 3** 撤销隐藏。选中要显示的列两边的相邻列，如图 14-35 中的 B 列和 H 列，右击列标，选择"取消隐藏"，被隐藏的列显示出来。隐藏行的方法同上。

三、选定工作表区域

1. 选定单个单元格

将鼠标放在要选的单元格上，鼠标变成空心十字型时，单击即可选中。选中单元格的特征：四周都是粗黑色实线边框。

2. 选择行

单击对应的行号，选定整行。

3. 选择列

单击对应的列标，选定整列。

4. 选择连续区域

单击首单元格，按住 Shift 键，再单击尾单元格，即可选中首尾之间的连续区域，如选中 B2:D6 连续区域（冒号"："表示首尾两单元格之间的连续区域范围）。选中的连续区域外边框是黑色粗实线，单元格区域颜色变深，但第一个格不变色。

或者鼠标放在首单元格上，按住左键，拖动到尾单元格，即可选中首尾之间的连续区域。

5. 选择不连续（不相邻）区域

先选第一个区域，按住 Ctrl 键，再选其他区域，直到选完为止。选中的不连续区域颜色变深，但没有黑粗外边框。

6. 选择整个工作表

单击工作表窗口左上角（列标、行号交界处）按钮 ▧ ，选取整个工作表。

四、自动填充序列

1. 自动填充"学号"序列

学号"2015160601"由入学年份 2015、专业代码（学前教育专业为 16）、班级编号 06、学生编号 01 组成。同一班级学生的学号前 8 位固定不变，后两位从小到大按顺序编排，是一组非常规则的数字序列。

由此看出，学号是一个等差数列，公差为 1。在 Excel 中采用"填充序列"的方法将这组规则的序列添加到工作表中。第一位学生的学号用键盘录入"2015160601"，其他学生的学号不用录入，也不用复制粘贴，用填充序列的方式快速添加。

◆ **操作方法** i

★ **步骤 1** 在 A4 单元格录入学号：2015160601 回车。

★ **步骤 2** 选中 A4 单元格，在选中单元格外边框右下角有个黑色小方块，叫"填充柄"，如图 14-36 所示。

★ **步骤 3** 鼠标放在 A4 单元格右下角的填充柄(黑色小方块)上，鼠标变成黑色十字 ➕，如图 14-37 所示。

图 14-36 录入学号，选中 A4 　　图 14-37 鼠标放在填充柄上

★ **步骤 4** 按住鼠标右键，向下拖动，到最后一名学生松手，在弹出的快捷菜单中选择"填充序列"，如图 14-38 所示。

所有学生的学号按顺序快速添加完成，如图 14-39 所示。

◆ **操作方法 2** 如图 14-40 所示，在 A4 单元格录入 2015160601，在 A5 单元格录入 2015160602，把两个单元格全部选中，鼠标放在右下角的"填充柄"（黑色小方块），鼠标变成黑色十字 ➕，双击"填充柄"，学号序列会按递增的方式自动填充完成。

图 14-38 使用填充柄填充"学号"序列　　图 14-39 自动填充的学号序列　　图 14-40 自动填充学号序列

填充序列的方法学会了，以后遇到各种有规则的数字序列（等差、等比）、日期序列，都可以采用填充的方式自动添加。对于日期型序列，有多种填充方式：以天数填充、以工作日填充、以月填充、以年填充等。

2．添加"入学日期"序列（复制）

"入学日期"列中，如果大部分是相同的日期，同样可以使用填充柄进行复制，快速、简便、省时，高效。

◆ **操作方法** 如图 14-41 所示。

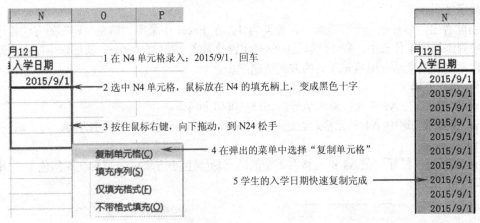

图 14-41 快速复制入学日期

3．填充复制相同文字

对于文字内容完全相同的连续区域的字段值，比如"户籍"一列，很多学生都是"北京"，可以使用填充柄，按住鼠标左键，向下拖动，进行连续区域文字内容的复制。

至此，"基本信息"工作表的数据录入完成，如图 14-42 所示。

A	B	C	D	E	F	G	H	I	J	K	L	M	N
1 学前教育专业2015-6班学生档案													
2	班主任：陈静				电话：13269880577					填表日期：2016年9月12日			
3 学号	姓名	性别	民族	政治面貌	出生日期	身份证号	本人电话	家长电话	家庭住址	户籍	中考总分	是否住	入学日期
4 2015160601	张文珊	女	汉族	团员	2000/6/21	110221200006210328	13569299858	13916401539	昌平区天通苑	北京	469	是	2015/9/1
5 2015160602	徐蕊	女	汉族	团员	2000/3/12	110221200003126824	15912763680	15261260255	昌平区锦绣家园	北京	465		2015/9/1
6 2015160603	董媛媛	女	汉族	团员	1999/9/28	371423199909284120	16810947869	17286207198	怀柔区九渡河镇	河北	435	是	2015/9/1
7 2015160604	姜珊	女	汉族	群众	1999/12/30	110102199912300026	15910587267	17522617868	昌平区安福苑	北京	408	是	2015/9/1
8 2015160605	赵子佳	女	回族	群众	2000/8/27	220721200008270824	15811680868	18501690868	海淀区白石桥路	北京	415		2015/9/1
9 2015160606	陈鑫	女			1999/7/1	110109199907012220	15861317982	13883570699	门头沟区东辛房街	北京	432	是	2015/9/1
10 2015160607	王陈杰	女	汉族	团员	1999/4/18	110221199904185046	17520213653	13561190772	昌平区南邵镇	北京	368	是	2015/9/1
11 2015160608	张莉迎	女	汉族	团员	2001/4/21	110221200104212622	16523595832	13221695632	昌平区回龙观	北京	407	是	2015/9/1
12 2015160609	桑秋萍	女	汉族	团员	2000/1/20	110221200001205918	15010685868	17691018595	昌平区天通苑	北京	422	是	2015/9/1
13 2015160610	崔相柽湜	男	汉族	团员	2001/2/27	110108200102275303	17901389619	18601528978	昌平区一街	北京	431		2015/9/1
14 2015160611	戴婷雅	女	汉族	团员	1999/9/21	110221199909218356	17581779801	18329267586	昌平区百善镇	北京	472		2015/9/1
15 2015160612	佟静文	女	汉族	团员	2000/6/18	110112200006186628	18911261983	13935586756	通州区梨园镇	北京	497	是	2015/9/1
16 2015160613	何研雅	女	汉族	团员	2001/9/7	110104200109073058	19521852567	18901632665	海淀区铁医路	北京	536		2015/9/1
17 2015160614	王梓欲	男	汉族	群众	1998/12/7	110109199812071943	15901206406	17681252020	门头沟区石门营	北京	351	是	2015/9/1
18 2015160615	史雅文	女	汉族	群众	1999/11/16	110111199911168742	15813682637	17910896076	房山区良乡	北京	407	是	2015/9/1
19 2015160616	张智聪	女	回族	群众	2001/1/27	110101200101273572	13257273869	18966325791	海淀区永泰庄	北京	416		2015/9/1
20 2015160617	曾欢	女	汉族	群众	2000/8/6	130301200008062724	17501320258	17693380539	昌平区回龙观	河北	405		2015/9/1
21 2015160618	王昱	女	汉族	群众	2001/3/16	120109200103160026	15816926937	13691372016	昌平区中山口路21号院	天津	439	是	2015/9/1
22 2015160619	秦梦妍	女	汉族	群众	1999/6/21	110221199906216786	15901736856	13939662687	昌平区宁馨苑	北京	431	是	2015/9/1
23 2015160620	王悦	女	汉族	团员	2000/3/28	110227200003283026	16910956658	13736809190	怀柔区雁栖镇	北京	425	是	2015/9/1
24 2015160621	张思杰	女	汉族	群众	1999/12/28	220202199912282128	18811967768	18801683219	顺义区建新小区	北京	421	是	2015/9/1
25 2015160622	奇慧	女	白族	团员	1999/10/8	530103199910083730	13510267356	13910597678	云南省昆明市	云南		是	2016/3/16
26 2015160623	阿丽	女	鲜族	群众	1999/4/21	220299199904215424	18210286105	13691165127	辽宁省阜新市	辽宁		是	2016/3/16
27 2015160624	班利娟	女	蒙族	群众	1998/8/12	150202199808123628	17801256907	13255976952	内蒙古包头市	内蒙古		是	2016/3/16
28 2015160625	秦怀旺	男	满族	群众	1999/12/11	370101199912113623	15701688657	13910257759	山东省济南市	山东		是	2016/9/10
29 2015160626	王一帆	男	汉族	团员	2000/5/19	371701200005190051	15810657858	17716350679	山东省菏泽市	山东		是	2016/9/10
30 2015160627	徐菜慧	女	汉族	群众	2000/6/10	371701200006102728	15301596246	13810776391	山东省菏泽市	山东		是	2016/9/10
31 2015160628	张珍	女	汉族	团员	2000/9/5	370201200009052126	18716723356	15911263159	山东省青岛市	山东		是	2016/9/10

基本信息 选修课名单 课外小组 住宿生

图 14-42 录入完数据的"基本信息"工作表

五、添加学生的相片信息

在 Excel 的档案表中，可以利用批注添加学生的相片信息，并且在工作表中显示学生相片。

在添加相片之前，先要收集好所有人员相片的电子文件，并且用 Photoshop 等软件，将相片的尺寸和分辨率调整一致，规格为 1 寸相片：2.5 厘米×3.6 厘米，分辨率可以设置为 72 像素/英寸（1 英寸=2.54 厘米）。放在专用的文件夹中备用。利用批注添加相片的操作方法如下。

★ **步骤1** 选中学生姓名"何研雅"B16 单元格，单击"审阅"选项卡中"批注"组的"新建批注"按钮，如图 14-43 所示，打开批注编辑框。

★ **步骤2** 如果批注编辑框中有文字，将文字删除。右击批注编辑框的边框，在弹出的菜单中选"设置批注格式"，如图 14-44 所示，打开设置批注格式对话框。

图 14-43 新建批注

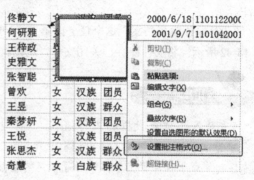

图 14-44 设置批注格式

★ **步骤3** 在对话框中单击"大小"选项卡，在"高度"框中录入 3.6 厘米，在"宽度"框中录入 2.5 厘米（1 寸相片的尺寸），如图 14-45 所示。

★ **步骤4** 单击"颜色与线条"选项卡，单击"颜色"框右边的箭头，在菜单中选择"填充效果"，如图 14-46 所示，打开"填充效果"对话框，如图 14-47 所示。

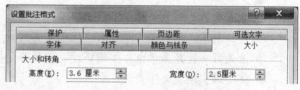

图 14-45 设置批注边框大小

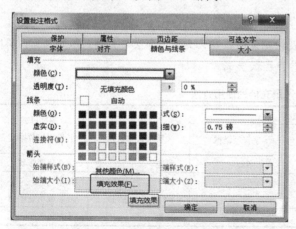

图 14-46 设置批注的填充效果

图 14-47 批注填充效果对话框

★ **步骤5** 在对话框中选择"图片"选项卡，单击"选择图片"按钮，如图 14-47 所示，找到事先准备好（处理好尺寸）的此学生的相片，单击"插入"；单击"填充效果"对话框的"确定"
按钮；再单击"设置批注格式"对话框的"确定"按钮。

图 14-48　工作表中显示相片

批注中的相片添加完成，由于批注框大小与相
片尺寸（2.5 厘米×3.6 厘米）一致，所以批注中的
相片不失真不变形！操作完成后，单元格右上方显
示一个红色三角形，这是批注的标记。用鼠标指向
学生姓名时，批注中的相片显示（相片以批注编辑
框的背景形式显示）。如图 14-48 所示。

按照同样的方法为所有学生的姓名添加相片
批注。

"设计制作学生档案"这个任务的第 1 部分：录入数据与填充序列，就操作完成了，如作品
图 14-42 所示。将文件保存，关闭文件，退出程序。下次将美化"基本信息"工作表的格式。

1. 录入工作表数据的工作流程

通过这个任务，完成了学生档案中"基本信息"工作表的收集信息、设计表头、录入数据、
填充序列、添加相片等工作，学习了很多的新技术和档案的基本管理方法，回顾整个工作过程，
将此任务的工作流程总结如下。

① 打开 Excel 程序，将文件另存、命名；

② 更名工作表标签；

③ 录入标题、班级信息；

④ 设计表头，录入表头字段名，调整表头列宽；

⑤ 录入每一行数据记录，编辑修改，设置单元格数字格式；

⑥ 使用填充柄填充序列；

⑦ 添加批注——相片信息；

⑧ 检查修改，保存文件。

2. 填充柄的使用方法（表 14-1）

学习了使用填充柄填充数字序列，以及快速复制日期、文字，那么填充柄对不同内容、不同
类型的数据，使用方法、操作效果一样吗？自己试一试。

表 14-1　填充柄的使用方法

数据内容或类型 操作效果 填充柄使用方法	数字		文字 （字符型数据）	各种日期 （日期型数据）
	数值型数据	字符型数据		
鼠标左键拖动填充柄	复制	填充序列	复制	填充日期序列
鼠标右键拖动填充柄	菜单选项： 复制或填充序列	菜单选项： 复制或填充序列	菜单选项：复制 （不能填充序列）	菜单选项： 复制或填充序列
鼠标左键双击填充柄	复制	填充序列	复制	填充日期序列

作品完成后，填写表 14-2 所示的评价表。

表 14-2 "录入档案数据与填充序列" 评价表

评价模块	评 价 内 容		自评	组评	师评
	学习目标	评价项目			
专业能力	1. 管理 Excel 文件	新建、另存、命名、关闭、打开、保存文件			
	2. 工作表操作	更名工作表标签、设置工作表标签颜色			
		新建、删除工作表，移动工作表位置			
	3. 设计档案表头	合理设计档案表头字段名			
		合理安排表头各字段的顺序和位置			
		合理调整各列的宽度			
	4. 准确、快速录入数据	录入字符型、数值型、日期型数据			
		录入电话号码、身份证号码等长数字串			
		设置各类型数据的数字格式：日期、文本			
		准确率、录入时间			
		插入、删除行、列、单元格			
		选定行、列、连续区域、不连续区域、工作表			
	5. 使用填充柄填充序列、复制文字	使用填充柄填充数字序列			
		使用填充柄复制日期、填充日期序列			
		使用填充柄复制文字			
	6. 使用批注添加相片	新建批注			
		设置批注格式：添加批注背景——相片			
	7. 正确上传文件				
可持续发展能力	自主探究学习、自我提高、掌握新技术		□很感兴趣	□比较困难	□不感兴趣
	独立思考、分析问题、解决问题		□很感兴趣	□比较困难	□不感兴趣
	应用已学知识与技能		□熟练应用	□查阅资料	□已经遗忘
	遇到困难，查阅资料学习，请教他人解决		□主动学习	□比较困难	□不感兴趣
	总结规律，应用规律		□很感兴趣	□比较困难	□不感兴趣
	自我评价，听取他人建议，勇于改错、修正		□很愿意	□比较困难	□不愿意
	将知识技能迁移到新情境解决新问题，有创新		□很感兴趣	□比较困难	□不感兴趣
社会能力	能指导、帮助同伴，愿意协作、互助		□很感兴趣	□比较困难	□不感兴趣
	愿意交流、展示、讲解、示范、分享		□很感兴趣	□比较困难	□不感兴趣
	敢于发表不同见解		□敢于发表	□比较困难	□不感兴趣
	工作态度，工作习惯，责任感		□好	□正在养成	□很少
成果与收获	实施与完成任务	□☺独立完成 □☺合作完成 □☹不能完成			
	体验与探索	□☺收获很大 □☺比较困难 □☹不感兴趣			
	疑难问题与建议				
	努力方向				

📖 **复习思考**

1. 如何快速录入号码类数字，并让 Excel 自动识别为文本？
2. 如何快速移动工作表的行、列？
3. 填充柄可以向下拖动填充序列或复制，还可以怎么拖动？效果如何？

☕ **拓展实训**

1. 在本班的学生档案 Excel 文件中，设计制作"选修课名单"、"课外小组"、"住宿生"3 页工作表。在每页工作表中录入对应的工作表标题、班级信息，合理设计每页工作表的表头字段名，并录入本班所有学生的信息和数据，设置合理的数字格式和下拉列表，体验不同档案的管理方法。

 "选修课名单"工作表

 "课外小组"工作表

 "住宿生"工作表

2. 在 Excel 中设计制作某公司"员工档案"文件中的"员工信息"工作表。将文件保存在自己姓名文件夹中，工作表标签、标题、填表信息如样文所示，合理设计表头的字段名，并录入所有员工的信息和数据（员工"工龄"、"年龄"不录入，利用函数计算得到结果），设置合理的数字格式和下拉列表，学习公司员工档案的管理方法。

 "员工信息"工作表

	A	B	C	D	E	F	G	H	I	J	K	L
1	东方科能机械工程有限公司　员工个人信息表											
2		填表日期: 2016年1月22日										
3	编号	部门	姓名	性别	出生日期	职务	职称	办公电话	手机号码	工作日期	工龄	年龄	民
4	A1001	技术部	李俊	男	1969/9/25	技术总监	高级工程师	01064597286	13371753343	1994/7/1			汉
5													

员工信息　培训记录

	M	N	O	P	Q	R	S	T	U	V
冷	民族	政治面貌	学历	专业	户籍	现住址	婚姻状况	身份证号	毕业学校	毕业时间
	汉族	党员	博士	机械设计	北京	海淀区魏公村18号院	已婚	110108196909257741	北京理工大学	1994/7/1

3. 在 Excel 中设计制作某幼儿园的"幼儿档案"文件中的"幼儿信息"、"家庭信息"工作表。工作表标签、标题、班级信息如样文所示，合理设计表头的字段名，并录入班级所有幼儿的信息和数据（幼儿"年龄"、"营养状况"不录入，利用函数计算得到结果），设置合理的数字格式和下拉列表，学习幼儿园幼儿档案的管理方法和管理内容。

样文5 "幼儿信息"工作表

样文6 "幼儿家庭信息"工作表

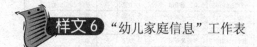

14.2 美化学生档案的格式

打开上次操作完成的工作簿"学前 2015-6 档案.xlsx"文件中的"基本信息"工作表，如图 14-42 所示。仅完成录入数据，还不符合报表的规范，需要设置规范的格式及打印选项。本任务美化"基本信息"工作表，学习 Excel 2010 中设置工作表格式、页面格式、打印选项的方法。

提出任务

打开文件"学前 2015-6 档案.xlsx"，设置"基本信息"工作表中标题、班级信息及数据表的各部分格式，选用 A4 纸，合理设置页面格式，并设置标题至表头为打印标题行。页眉为校名、学年学期，页脚内设置页码。

作品展示

学号	姓名	性别	民族	政治面貌	出生日期	身份证号	本人电话	家长电话	家庭住址	户籍	中考总分	是否住宿	入学日期
2015160601	张文珊	女	汉族	团员	2000/6/21	110221200006210328	13569299858	13916401539	昌平区天通苑	北京	469		2015/9/1
2015160602	徐 蕊	女	汉族	团员	2000/3/12	110221200003126824	15912763680	15261260255	昌平区锦绣家园	北京	465		2015/9/1
2015160603	董媛媛	女	汉族	团员	1999/9/28	371423199909284120	16810947869	17286207198	怀柔区九渡河镇	河北	435	是	2015/9/1
2015160604	费 珊	女	汉族	群众	1999/12/30	110102199912300026	15910587267	17522617868	昌平区安福苑	北京	408		2015/9/1
2015160605	赵子佳	女	回族	群众	2000/8/27	220721200008270824	15811680868	18501690868	海淀区白石桥路	北京	415		2015/9/1
2015160606	陈 鑫	女	汉族	团员	1999/7/1	110109199907012220	15861317982	13883570699	门头沟区东辛房街	北京	432	是	2015/9/1
2015160607	王陈杰	女	汉族	群众	1999/4/18	110221199904185046	17520213653	13561190772	昌平区南邵镇	北京	368		2015/9/1
2015160608	张莉迎	女	汉族	团员	2001/4/21	110221200104212622	16523595832	13221695632	昌平区回龙观	北京	407		2015/9/1
2015160609	粟秋萍	女	汉族	团员	2000/1/20	110221200001205918	15010685868	17691018595	昌平区天通苑	北京	422		2015/9/1
2015160610	崔相籽滟	男	汉族	团员	2001/2/27	110108200102275303	17901389619	18601528978	昌平区一街	北京	431		2015/9/1
2015160611	戴婷雅	女	汉族	团员	1999/9/21	110221199909218356	17581779801	18329267586	昌平区百善镇	北京	472		2015/9/1
2015160612	佟静文	女	汉族	团员	2000/6/18	110112200006186628	18911261983	13935586756	通州区梨园镇	北京	497	是	2015/9/1
2015160613	何研雅	女	汉族	团员	1999/9/7	110104200109073068	19521852567	18901632665	海淀区铁医路	北京	536		2015/9/1
2015160614	王梓政	男	汉族	群众	1998/12/7	110109199812071943	15901206406	17681252020	门头沟区石门营	北京	351		2015/9/1
2015160615	史雅文	女	汉族	群众	1999/11/16	110111199911168742	15813682637	17910896076	房山区良乡	北京	407		2015/9/1
2015160616	张智聪	女	回族	群众	2001/1/27	110108200101273572	13257273869	18966325791	海淀区永泰庄	北京	416		2015/9/1
2015160617	曾 欢	女	汉族	团员	2000/8/6	130301200008062724	17501320258	17693380539	昌平区回龙观	河北	405		2015/9/1
2015160618	王 呈	女	汉族	群众	2001/3/16	120109200103160026	15816926937	13691372016	昌平区中山口路21号院	天津	439	是	2015/9/1
2015160619	粟梦妍	女	汉族	团员	1999/6/27	110221199906272728	15901736856	13939662687	昌平区宁馨苑	北京	431	是	2015/9/1
2015160620	王 悦	女	汉族	团员	2000/3/28	110227200003283026	16910956658	13736809190	怀柔区雁栖镇	北京	425	是	2015/9/1
2015160621	张思杰	女	汉族	群众	1999/12/28	220202199912282128	18811967768	18801683219	顺义区建新小区	北京	421		2015/9/1
2015160622	奇 慧	女	白族	群众	1999/10/8	530103199910083730	13510267356	13910597678	云南省昆明市	云南		是	2016/3/16
2015160623	阿 丽	女	鲜族	团员	1999/4/21	210905199904215426	18210286105	13691165127	辽宁省阜新市	辽宁		是	2016/3/16

北京市昌平职业学校   2016～2017学年度第一学期

学前教育专业2015-6班学生档案

班主任: 陈静   电话, 13269880577   填表日期, 2016年9月12日

第 1 页, 共 2 页

分析任务

数据报表各部分的位置和格式如作品所示（单页的报表可以没有页码），简单分析如下。

1. 标题格式

标题应在整个数据表宽度的正中间，字号大一些，字体采用标题适用的字体，美观、醒目。

2. 数据表格式

数据表包括表头和字段值，表头行适当高一些，字段名的位置水平垂直居中，字体字号略比字段值醒目一些。表头中的字段名应完全显示，不能隐藏，如"性别"、"政治面貌"、"是否住宿"，如果列宽很窄，字段名应自动换行，以显示完整。

数据表中的字段值，应整齐、规范，不同列或不同数据类型对齐方式的要求和规范不一样，应分别设置。

数据表应有表格线，规范的表格线包括外边框、内边框、分隔线，它们的线型、粗细都不一样，应分别设置。

在数据表中，为标记或查询方便，也为了清晰，可在需要的列或行适当设置浅色的底纹。

3. 页面格式、页眉页脚、页码

对于不同的数据表应采用合适的纸型、方向，以使数据字段能完整显示；从节约的角度考虑，参考打印机允许的最小页边距范围，数据表的页边距要适当（或尽量小），以尽量扩大数据表打印区域。

如果数据表中没录入标题，在页眉中必须设置标题（如果数据表中有标题，页眉的内容与标题不能重复）；如果数据表超过一页纸，必须设置页码，页码的位置根据常规要求和标准设置，便于标识和快速查询。

如果数据表的记录超过一页纸，必须要设置打印标题行或打印标题列，便于查阅数据。

以上分析的是数据报表的基本格式和规范，下面按工作过程学习设置数据表格式的操作步骤和方法。

一、打开 Excel 文件中的工作表

★ **步骤** 1 打开 Excel 文件"学前 2015-6 档案.xlsx"。

◆ **操作方法** 1 单击"开始"→计算机→单击存放文件的驱动器→打开文件夹→双击"学前2015-6 档案.xlsx"文件图标，打开 Excel 文件，如图 14-49 所示。

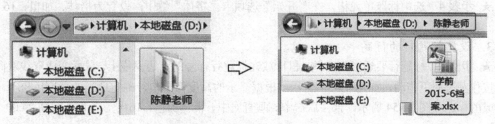

图 14-49 双击文件图标，打开 Excel 文件

◆ **操作方法** 2 启动 Excel 2010 软件→单击"文件"→单击"打开"按钮→在"打开"对话框左侧选择保存文件的盘符→在右侧双击文件夹→选择"学前 2015-6 档案.xlsx"文件图标→单击"打开"按钮，即可打开 Excel 文件，如图 14-50 所示。

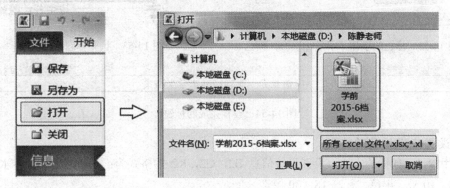

图 14-50 使用"打开"命令打开文件

★ **步骤** 2 在 Excel 文件"学前 2015-6 档案.xlsx"中，单击"基本信息"工作表标签，打开工作表，进入工作表编辑状态。

二、设置标题格式

1. 设置标题位置（对齐方式：合并后居中，垂直居中）

工作表标题的位置应该在工作表数据宽度范围的正中间，标题单元格高度的正中间，因此需要设置标题的对齐方式：合并后居中、垂直居中。

★ **步骤** 3 选中标题所在行的数据列宽度范围：A1:N1→单击"开始"选项卡"对齐方式"组中的"合并后居中"按钮、"垂直居中"按钮。如图 14-51 所示。

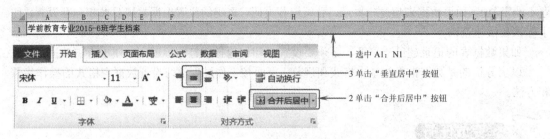

图 14-51　设置标题位置——对齐方式：合并后居中、垂直居中

2. 设置标题文字属性（字体、字号、字形、颜色）

标题的字体可以采用楷体加粗、隶书、行楷、黑体等笔画较粗、字形美观、适合标题的字体，可设置深颜色；数据表中标题的字号可选用 16～18 号。

★ **步骤 4** 选中标题单元格，在"开始"选项卡"字体"组中，设置为楷体、加粗、16 号、蓝色。如图 14-52 所示。

3. 设置标题行的行高

★ **步骤 5** 标题行要适当高一些，鼠标放在标题行行号的下边界线上，鼠标变成双线双向箭头，按住左键向下拖动，如图 14-53 所示，根据显示的高度像素值，确定适当的高度后松手。设置完成的标题如图 14-54 所示，合并后居中、垂直居中、楷体加粗、16 号、蓝色、行高 24.00（40 像素）。

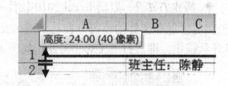

图 14-52　标题的字体、字号、字形、颜色　　　　图 14-53　调整标题行的高度

图 14-54　设置完成的标题

4. 设置班级信息的格式

★ **步骤 6** 同样的方法，设置班级信息 B2，G2，K2 的格式为：垂直居中、文本水平左对齐、宋体、10 号、黑色、行高 18（30 像素）。

三、设置数据表内文字格式

1. 设置表头格式（对齐方式、文字属性、行高）

★ **步骤 7** 设置表头字段名的位置（对齐方式：垂直居中、水平居中、自动换行）。对于列宽较窄，不能完全显示的字段名，如"性别"、"政治面貌"、"是否住宿"，要设置对齐方式为自动换行，通过多行显示，使单元格所有内容都可见。

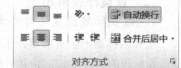

选中表头 A3:N3→单击"开始"选项卡"对齐方式"组中的"垂直居中"按钮 ⊟、"水平居中"按钮 ☰、"自动换行"按钮 ☰，如图 14-55 所示。

图 14-55　表头字段名的对齐方式

★ **步骤 8** 设置表头文字属性（字体、字号、字形、颜色）。表头字段名的字体可以采用：

楷体加粗或宋体加粗，字号可选用 10～12 号，可设置深颜色。设置方法与标题设置方法相同，如图 14-56 所示：楷体 10 号加粗，深蓝色。

★ 步骤 9　设置表头行高为：自动调整行高，以便完全显示自动换行的字段名。选中表头 A3:N3，单击"开始"选项卡"单元格"组中的"格式"按钮，在菜单中选择"自动调整行高"命令，如图 14-57 所示。

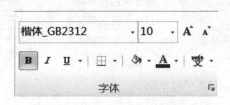　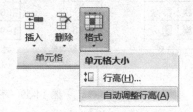

图 14-56　表头字段名的字体格式　　　图 14-57　表头自动调整行高

提示
如果表头字段名需要换行（多行显示），可以在字段名中输入换行符"Alt+回车"，使字段名单元格所有内容都可见，整齐排列，不随列宽改变而变化，如

设置完成的表头如图 14-58 所示。

图 14-58　设置完成的表头格式

2. 设置字段值/记录的文字属性（字体、字号、颜色）

数据表中的字段值，一般用宋体 10～12 号字，如果有特殊需求，可以根据要求设置。"基本信息"工作表的所有字段值/记录设置为宋体，10 号字，黑色。

3. 设置字段值/记录的位置（对齐方式）

在没有设置字段值对齐方式之前，仔细观察数据表，Excel 默认的对齐方式是什么？

观察发现，默认的水平对齐方式：字符为左对齐，数字和日期为右对齐；默认的垂直对齐方式为垂直居中。

★ 步骤 10　不同数据类型的字段值有不同的水平对齐方式，应分别设置。所有记录的字段值垂直对齐方式为垂直居中 。

（1）字数相同（等长）的字符型数据或短字符串，水平对齐方式设置为居中 ，如学号、性别、民族、政治面貌、身份证号、联系电话、户籍、是否住宿等。

（2）数值型数据（因为参与运算，要显示个、十、百、千位的位数差异），水平对齐方式应设置为右对齐 ，并设置相同的小数位数，如总分。

（3）日期型数据长度不等，有长有短，因此水平对齐方式设置为左对齐 比较美观，如"出生日期"；位数相同、非常整齐的日期型数据可设置为水平居中，如入学日期。

（4）字数不等、字符长度较长的字符型数据，参差不齐，水平对齐方式应设置为左对齐 ，视觉效果整齐、美观，如"家庭住址"。

（5）"姓名"字段中，各学生名字字数不等，水平对齐方式设置为"居中"或"分散对齐"，使所有名字的最左最右端对齐，中间的间隔适当且均匀，如图 14-59 所示。

性别	民族	政治面貌
女	汉族	团员
女	汉族	团员
女	汉族	团员
女	汉族	群众
女	回族	群众
女	汉族	团员

中考总分
469
465
435
408
415
432

出生日期
2000/6/21
2000/3/12
1999/9/28
1999/12/30
2000/8/27
1999/7/1

家庭住址
昌平区天通苑
昌平区锦绣家园
怀柔区九渡河镇
昌平区安福苑
海淀区白石桥路
门头沟区东辛房街

姓名
张文珊
徐蕊
董媛媛
姜珊
赵子佳
陈鑫

（1）等长字符型　　（2）数值型数据　　（3）日期型数据　　（4）长字符型数据　　（5）姓名字段水
数据水平居中　　　　水平右对齐　　　　水平左对齐　　　　水平左对齐　　　　平分散对齐

图 14-59　不同字段的水平对齐方式

★ **步骤 11**　设置"姓名"字段"分散对齐"，如图 14-60 所示。

（1）将"姓名"列 B 列的列宽调整到合适的宽度 6.22（63 像素），参考值 6～7（60～70 像素）（"姓名"列如果太宽，设置分散对齐后，字间距太大、间隔太远，很难看，而且浪费显示区域，浪费纸）。

（2）选中所有姓名 B4:B31，单击"开始"选项卡"对齐方式"组的对话框按钮，打开"设置单元格格式/对齐"对话框，在"水平对齐"列表中选择"分散对齐"，设置后的效果如图 14-60 所示。

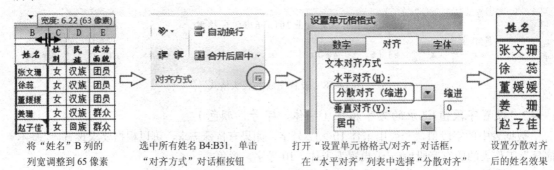

将"姓名"B 列的　　　　选中所有姓名 B4:B31，单击　　　打开"设置单元格格式/对齐"对话框，　　设置分散对齐
列宽调整到 65 像素　　　"对齐方式"对话框按钮　　　　在"水平对齐"列表中选择"分散对齐"　　后的姓名效果

图 14-60　设置"姓名"字段"分散对齐"

4. 设置记录行合适的行高、列宽

Excel 工作表中，行高的度量单位是"磅"，同时在括号中显示像素值，`高度: 24.00 (40 像素)`；列宽的度量单位是"字符"，同时在括号中显示像素值，`宽度: 6.22 (63 像素)`。

（1）为了使数据清晰，便于查询，减轻视觉疲劳；也为了使打印出来的空表格便于手工填写，可以根据数据记录的数量和纸型，将记录行的行高设置适当的值，行高一般可设置为 15～28。

★ **步骤 12**　设置所有记录的行高。选中所有的记录行（第 4 行至第 31 行）→单击"开始"选项卡"单元格"组的"格式"按钮→选择"行高"命令→在"行高"框中录入合适的数值，如"20"，如图 14-61 所示。

图 14-61　设置记录行的行高

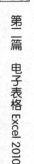

（2）数据表中各字段值（列）的宽度一般根据列数、单元格中文字的数量，合理、灵活地调整合适的列宽，以适合文字宽度。既要让字段值完全显示、不隐藏、不断行，还要让列宽适应页面布局。

★ **步骤 13**　设置所有字段值的列宽。列宽设置方法可以手动调整；也可以选中"民族"、"政治面貌"字段值（列）→单击"开始"选项卡"单元格"组的"格式"按钮→选择"列宽"命令→在"列宽"框中设置列宽的数值，如"4.5"，如图 14-62 所示。

图 14-62　设置字段值的列宽

四、设置数据表边框线格式

Excel 工作表的编辑区显示的是默认的灰色网格线，用于标记、显示和区分行、列、单元格；预览和打印时，工作表无边框线，如图 14-63 所示。因此规范的报表要设置数据表的边框线。

图 14-63　工作表编辑区视图和打印预览效果（无边框线）

数据表的边框线分外边框、内边框、分隔线三种，它们的线型、位置如表 14-3 所示。

表 14-3　数据表边框线的类型、位置、线型

边框线类型	位置	对应线型	标准	选用框线类型
外边框	数据表最外面四周边线	粗实线	1.5 磅	粗匣框线
内边框	数据表内部所有线	细实线	0.5 磅	所有框线
分隔线	需要分层、分类、分隔、分界的位置	细双线	0.5 磅	双底框线

★ **步骤 14**　设置数据表边框线的操作方法如图 14-64 所示。（工作表标题和班级信息不能设边框线）。

提示

采用上述"框线" ⊞ 列表中的框线类型选项直接设置边框线时，先设置内边框，后设置外边框。

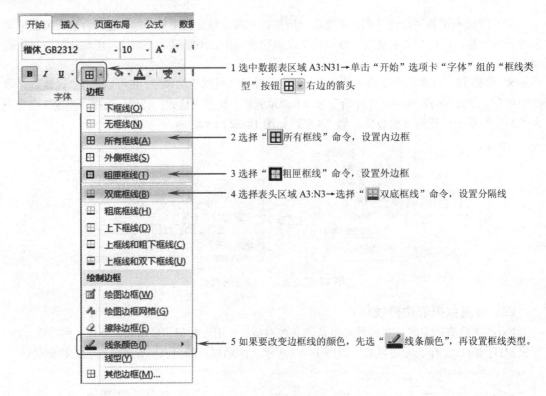

1 选中数据表区域 A3:N31→单击"开始"选项卡"字体"组的"框线类型"按钮 田▼ 右边的箭头

2 选择"田所有框线(A)"命令，设置内边框

3 选择"田粗匣框线(T)"命令，设置外边框

4 选择表头区域 A3:N3→选择"田双底框线(B)"命令，设置分隔线

5 如果要改变边框线的颜色，先选" 线条颜色"，再设置框线类型。

图 14-64　设置数据表边框线

★ **步骤 15**　设置数据表边框线还可以这样操作：选中数据表区域，单击"开始"选项卡"字体"组"框线类型"按钮 田▼ 右边的箭头→选择"其他框线"命令，打开"设置单元格格式/边框"对话框，如图 14-65 所示，在对话框中设置所需边框线：先选线条样式（细线或粗线）→再选颜色→最后再选边框类型（内部或外边框）。

设置分隔线要重新选择数据区域，再打开对话框，再选线条样式（细双线）→选边框的具体位置。

图 14-65　"边框"对话框设置数据表边框线

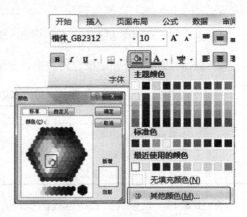

图 14-66　设置单元格底纹

五、设置数据表底纹格式

在数据表中，为标记或查询方便，也为了清晰、醒目，可在需要的列或行或单元格，适当设置浅色的底纹。

★ **步骤** 16 设置表头底纹为浅黄色。选中表头区域 A3:N3→单击"开始"选项卡"字体"组的"填充颜色"按钮 右边的箭头→在打开的调色板中选择"其他颜色"命令→选择浅黄色→确定，如图 14-66 所示。

设置好工作表的标题格式、班级信息格式、表头格式、字段值格式、边框线格式、底纹格式的"基本信息"工作表如图 14-67 所示。

学前教育专业2015-6班学生档案

班主任：陈静　　　　　　电话：13269880577　　　　　　　　　　　填表日期：2016年9月12日

学号	姓名	性别	民族	政治面貌	出生日期	身份证号	本人电话	家长电话	家庭住址	户籍	中考总分	是否住宿	入学日期
2015160601	张文珊	女	汉族	团员	2000/6/21	110221200006210328	13569299858	13916401539	昌平区天通苑	北京	469	是	2015/9/1
2015160602	徐　蕊	女	汉族	团员	2000/3/12	110221200003126824	15912763680	15261260255	昌平区锦绣家园	北京	465		2015/9/1
2015160603	董媛媛	女	汉族	团员	1999/9/28	371423199909284120	16810947869	17286207198	怀柔区九渡河镇	河北	435	是	2015/9/1
2015160604	娄　珊	女	汉族	群众	1999/12/30	110102199912300026	15910587267	17522617868	昌平区安福苑	北京	408	是	2015/9/1
2015160605	赵子佳	女	回族	群众	2000/8/27	220721200008270824	15811680868	18501690868	海淀区白石桥路	北京	415	是	2015/9/1
2015160606	陈　鑫	女	汉族	团员	1999/7/1	110109199907012220	15861317982	13883570699	门头沟区东辛房街	北京	432	是	2015/9/1
2015160607	王陈杰	女	汉族	群众	1999/4/18	110221199904185046	17520213653	13561190772	昌平区南邵镇	北京	368	是	2015/9/1
2015160608	张莉迎	女	汉族	团员	2001/4/21	110221200104212622	16523595832	13221695632	昌平区回龙观	北京	407	是	2015/9/1
2015160609	秦秋萍	女	汉族	团员	2000/1/20	110221200001205092	15010818596	17691018596	昌平区天通苑	北京	422	是	2015/9/1
2015160610	崔相粁潭	男	汉族	团员	2001/2/27	110108200102275303	17901389619	18601528978	昌平区一街	北京	431		2015/9/1
2015160611	戴婷雅	女	汉族	团员	2000/9/21	110221199909218356	17581779801	18329267586	昌平区百善镇	北京	472	是	2015/9/1
2015160612	佟静雯	女	汉族	团员	2000/6/18	110112200006186628	18911261983	13935586756	通州区梨园镇	北京	497	是	2015/9/1
2015160613	何研雅	女	汉族	团员	2001/9/7	110104200109073058	19521852567	18901632665	海淀区铁医路	北京	536	是	2015/9/1
2015160614	王梓政	男	汉族	群众	1998/12/7	110109199812071943	15901206406	17681252020	门头沟区石门营	北京	351	是	2015/9/1
2015160615	史雅文	女	汉族	群众	1999/11/16	110111199911168742	15813682637	17910896076	房山区良乡	北京	407	是	2015/9/1
2015160616	张智聪	女	回族	群众	2001/1/27	110108200101273572	13257273869	18966325791	海淀区永泰庄	北京	416	是	2015/9/1
2015160617	曾　欢	女	汉族	团员	2000/8/6	130301200008062724	17501320258	17693380539	昌平区回龙观	河北	405	是	2015/9/1
2015160618	王　昱	女	汉族	团员	2001/3/16	120102001031600026	15816926937	13691372016	昌平区中山口路21号院	天津	439	是	2015/9/1
2015160619	秦梦娜	女	汉族	团员	1999/6/27	110221199906272728	15901736856	13939662687	昌平区宝苑	北京	431	是	2015/9/1
2015160620	王　悦	女	汉族	团员	2000/3/28	110227200003283026	16910956658	13736809190	怀柔区雁栖镇	北京	425	是	2015/9/1
2015160621	张思杰	女	汉族	群众	1999/12/28	220202199912282128	18811967768	18801683219	顺义区建新小区	北京	421	是	2015/9/1
2015160622	奇　慧	女	白族	群众	1999/10/8	530103199910083730	13510267356	13910597678	云南省昆明市	云南		是	2016/3/16
2015160623	阿　丽	女	鲜族	团员	1999/4/21	210905199904215426	18210286105	13691165127	辽宁省阜新市	辽宁		是	2016/3/16

图 14-67　设置好各种格式的"基本信息"工作表

六、设置页面格式

1. 设置纸型、页边距、眉脚距

"基本信息"数据表的字段比较多，A4 纸纵向使用，字段显示不完整，会被分隔成多页，不方便查阅，因此应选择 A4 纸横向，以使数据字段能完全显示；页边距要根据字段的数量合理设置，还要从节约的角度考虑，同时参考打印机允许的最小页边距范围，数据表的页边距要适当（或尽量小），以尽量扩大数据表打印区域。

页面的所有格式，都在"页面布局"选项卡的"页面设置"组中设置或选择，如图 14-68 所示，如纸型、方向、页边距、页眉页脚、打印区域、打印标题等。

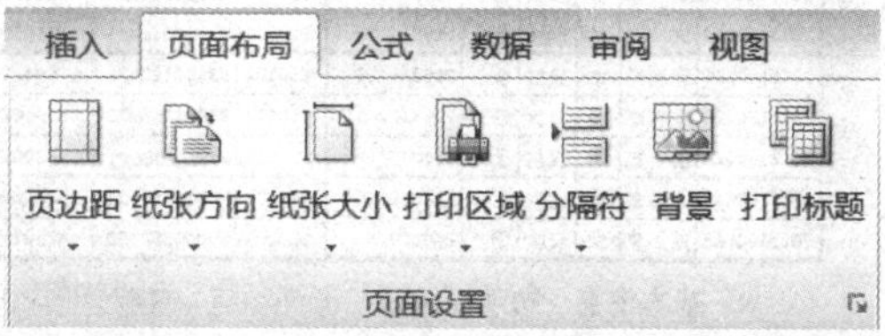

★ **步骤** 17 设置纸型、方向。单击"页面布局"选项卡"页面设置"组中的"纸张大小"按钮，在列表中选择"A4（21 厘米×29.7 厘米）"纸；单击"纸张方向"按钮，在列表中选择"横向"。

★ **步骤** 18 设置页边距、页眉页脚距。单击

图 14-68　"页面布局"选项卡"页面设置"组

"页边距"按钮，在列表中选择一种适合工作表的页边距数值，如"普通"，其中包含页眉页脚距离。

★ **步骤** 19 如果"普通"页边距中的各项边距数值不合适，可以在"页边距"列表中选择

"自定义边距"，打开"页面设置/页边距"对话框，如图 14-69 所示。在对话框中可以设置适合数据表的各项页边距值，更改页眉页脚的距离。一般上下页边距内要留页眉页脚距离，所以设置为 1.4～2 厘米，左右页边距可以设置为 1.0～2 厘米，或更小（只要打印机允许）。

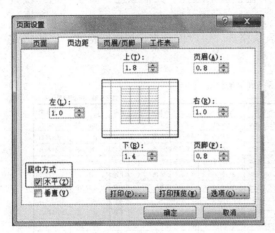

图 14-69 "页面设置/页边距"对话框

★ **步骤 20** 在图 14-69 所示的"页面设置/页边距"对话框中，设置"居中方式"为"☑ 水平(Z)"，则数据表在页面水平方向居中。

设置完纸型、方向、页边距后的普通视图如图 14-70 所示，图中的虚线表示页面的边界（页面分隔线），显示工作表的分页状态。根据边界的范围，可以适当调整数据表的各列列宽或者每行的行高，使数据表能完整地打印在一页 A4 纸内，或合理分成多页。图 14-70 所示的"基本信息"数据表，宽度正好在 1 页 A4 纸内，没超界也没浪费，说明页边距、各列列宽都比较合适；"基本信息"数据表的记录较多，被分成两页。

图 14-70 设置完成纸型、方向、页边距后的普通视图显示状态

★ **步骤 21** 设置好各部分格式的数据表，单击文件→打印，或快速访问工具栏中的预览按钮，可以预览，查看整体效果和页面布局，根据整体效果进行合理的调整（页边距、列宽、行高），使页面美观、合理。

2. 添加页眉，设置页眉格式

根据报表的需要，可以设置页眉和页脚。数据表中有标题时，页眉的内容与标题不能重复。

★ **步骤 22** 单击视图工具栏中的"页面布局"按钮 ▦▣▢，显示页面视图状态，如图 14-71 所示，在视图中显示了页边距和页眉区域"单击可添加页眉"。

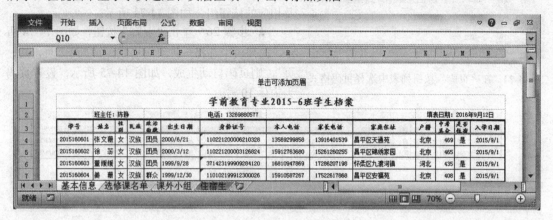

图 14-71 "页面布局"视图状态

★ **步骤 23** 设计页眉的内容和位置，例如，在页眉左侧是校名，页眉中间是学年学期。设计好之后可以开始操作：单击页眉左侧区域，录入校名"北京市昌平职业学校"；单击页眉中间区域，录入学年学期"2016～2017学年度第一学期"，设置格式为宋体 12 号。设置页眉后的视图如图 14-72 所示。

提示

> 页眉中部的文字字号为 10～12 号之间，应比标题的字号小。页眉两侧文字的字号比中部的文字字号小，可设为 10 号。

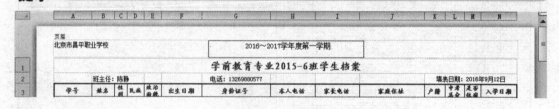

图 14-72 设置页眉后的视图

3. 添加页脚（插入页码，设置页码格式）

★ **步骤 24** 在"页面布局"视图内，拖动滚动条到页面底部，如图 14-73 所示，在页面底部显示下页边距和页脚区域"单击可添加页脚"；单击页脚的左、中、右区域，即可编辑页脚内容。

图 14-73 "页面布局"视图的页脚区域

如果数据表超过一页纸，必须设置页码，页码的位置根据常规要求和标准进行设置，一般在

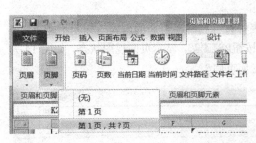

图 14-74 在"页脚"按钮列表中选择页码格式

页脚的中部或右侧，便于标识和快速查询。页码也可以设置在页眉的右侧。插入页码方法如下。

★ **步骤 25** 单击页脚需要插入页码的位置（中部或右侧），自动打开"页眉页脚工具/设计"选项卡，及相应的按钮组，如图 14-74 所示。

★ **步骤 26** 单击"页脚"按钮，如图 14-74 所示，在列表中选择一种页码格式，如"第 1 页，共？页"，则页码自动生成，如图 14-75 所示，设置页码为宋体 10 号。

图 14-75 插入页码后的页码显示格式

设置完页眉页脚、插入页码后，还有一个小问题，如果数据记录很多，超过一页，预览结果如图 14-76 所示，只有第 1 页有标题、班级信息、表头，而第 2 页之后的所有页，都没有标题和表头，既不符合报表规范，也不方便数据查询和阅览，看不出有些数据是什么项目，怎么办呢？

Excel 提供了"打印标题行"的功能，很容易就能解决这个问题。

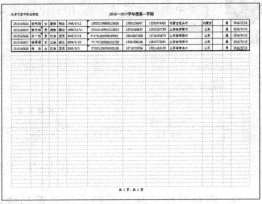

图 14-76 未设"打印标题行"、分成 2 页的预览效果

4. 设置打印标题行

如果数据表的记录超过一页纸，必须设置打印标题行或打印标题列，便于查阅数据。

打印标题行，就是不管数据表有多少页，打印时每页都有表头的字段名（也可以有标题），这种效果需要设置才能生效。设置方法如下：

★ **步骤 27** 单击"页面布局"选项卡"页面设置"按钮组中的"打印标题"按钮，打开"页面设置"/"工作表"对话框，如图 14-77 所示。

★ **步骤 28** 如果想在每页都显示标题和表头字段名，在图 14-77 所示的"页面设置/工作表"对话框中的"顶端标题行"框中，单击右侧的工作表缩略图按钮，选择"基本信息"表头所在的第 1 行至第 3 行，显示为"$1:$3"，如图 14-78 所示。

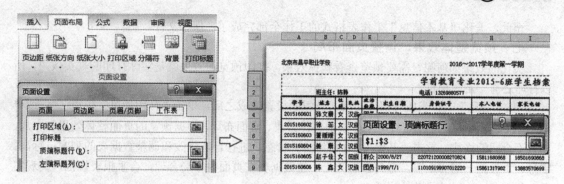

图 14-77 "打印标题"按钮打开"工作表"对话框　　图 14-78 选择"顶端标题行"为第 1 行至第 3 行

★ **步骤 29** 单击 按钮，返回到"页面设置"/"工作表"对话框，如图 14-79 所示，单击"确定"按钮。

图 14-79 设置打印标题行为第 1 行至第 3 行 "$1:$3"

设置打印标题行后的预览效果如图 14-80 所示，每页都显示标题和表头字段名，方便查阅，符合报表要求和规范。

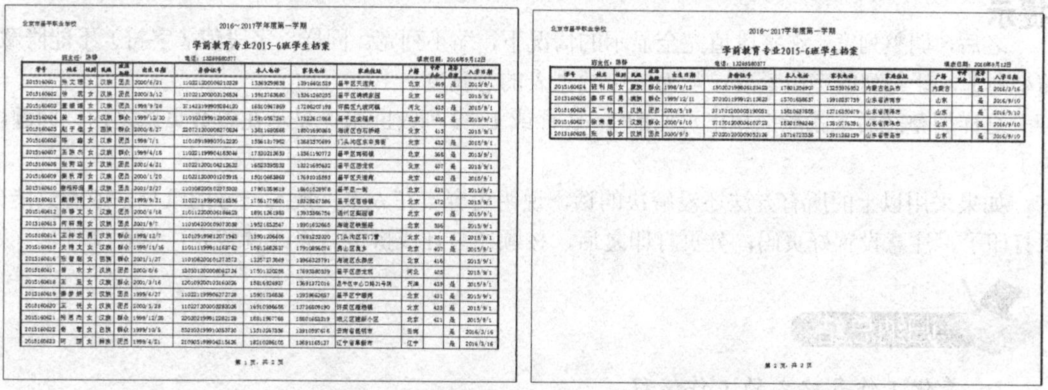

图 14-80 设置打印标题行后的预览效果

Office 2010 办公软件应用教程**工作任务汇编**

至此，美化"基本信息"工作表格式的工作全部完成了，保存文件。

七、预览整体效果、调整页面布局

美化的效果如何呢？需要预览查看整体效果。打印预览的效果就是实际打印的真实效果，所以打印之前一定要预览。

"基本信息"工作表所有部分的格式及版面设置完成之后，单击"打印预览"按钮 ，或单击"文件"→"打印"，预览查看工作表的整体效果、页面布局，根据预览的页面整体效果和布局，如有不合适的格式，单击"开始"，返回到编辑状态，进行合理修改和调整数据表的列宽、行高、字号、页边距、眉脚距等，直到合适为止，使数据表在页面内布局合理，合乎报表规范，美观实用，使打印一次成功，节约用纸。

如果遇到下列问题，可根据具体情况进行合理的解决。

（1）数据表内容完整，但不足 1 页。说明内容少、字小、格密，数据表不足 1 页，效果不好。解决办法如下：

按规范调整标题字号为 16～18 号，表头字号为 10～12 号，字段值字号为 10～12 号，记录的行高为 15～27，在允许的范围内，适当增大字号，增加行高，增加列宽，即可将数据表扩大，直到几乎占满 1 页纸或略有富裕即可，此时的打印效果会比较好。

如果内容实在很少，半页或多半页打印是可以的。

（2）数据表内容不完整，超出纸边界 1～3 行，或超出 1～2 列。出现这种情况，说明字比较大，格比较大，或者页边距比较大。这样的情况需要调整、修改。解决办法如下。

① 调整页边距：首先看页边距是否在 2 厘米以下，将左右页边距设置为 1～1.6 厘米（如果打印机允许）；如果没有页眉页脚，上下页边距也可以设置为 1～1.6 厘米；如果有页眉页脚页码，根据页眉页脚字号，适当减小上下页边距的距离，但页眉不能与标题或第 1 行重叠，页脚不能与边框线重叠。

调整了页边距后，预览查看，如果数据表完整且在整数页纸之内，就解决问题了。如果还没解决，继续调整字号、行高、列宽。

② 在合理的范围内，适当缩小字号、行高、列宽。

数据表中字段值的字号范围在 10～12 号之间，在字号的合理范围内，适当减少字号。然后，在行高的范围内，减少每条记录的行高的数值。

> 字段值（字符）不能与边框线重叠。减小行高，以让记录紧凑，从而减少数据表的总高度。

提示

之后，调整列宽，在字段值完全显示的情况下，缩小列宽。同样，字段值（字符）不能隐藏。缩小列宽，让每列的字段紧凑，从而减少数据表的总宽度。

这样调整之后，就能把超出页面的 1～3 行或 1～2 列收回来，显示在整数页纸之内，问题解决了。

如果采用以上的所有方法还没解决的话，说明内容实在太多，换大一号的纸型，或者只能分页打印了，注意设置好页码，分页打印之后，按顺序装订或拼接。修改调整完，保存文件。

 归纳总结

1. 美化工作表格式的工作流程

通过这个任务，完成了美化学生档案中"基本信息"工作表格式的工作，包括标题格式、数

据表内文字格式、数据表边框底纹、页面格式等，学习了很多的新技术和设置数据表格式的常规标准，在工作中学会了解决、处理遇到的问题，回顾整个工作过程，将此任务的工作流程总结如下。

① 设置标题格式、班级信息格式；

② 设置数据表内文字格式，包括表头格式、字段值格式；

③ 设置数据表边框线格式；

④ 设置数据表底纹格式；

⑤ 设置页面格式：纸型、方向、页边距、眉脚距、打印标题行；

⑥ 添加页眉、页脚、页码；

⑦ 预览、调整、修改，保存文件。

2．标题、数据表中表头（字段名）、表内各部分字段值的对齐方式

工作表不同部分、不同数据类型的字段值，对齐方式总结如表 14-4 和表 14-5。

表 14-4　工作表不同部分的对齐方式

对齐方式 ＼ 组成部分	工作表 标题	数据表 表头(字段名)
垂直方向	居中	居中
水平方向	合并后居中	居中、自动换行

表 14-5　数据表内不同数据类型字段值的对齐方式

对齐方式 ＼ 数据类型	字符型数据			数值型数据	日期型数据
	"姓名"列	等长字符串（短字符串）	长字符串		
垂直方向	居中	居中	居中	居中	居中
水平方向	分散对齐	居中	左对齐、自动换行	右对齐	左对齐
字段举例	姓名	学号、性别、民族、政治面貌、身份证号、联系电话、户籍、是否住宿等	家庭住址	总分、学费、金额等	出生日期、入学日期

 评价反馈

作品完成后，填写表 14-6 所示的评价表。

表 14-6　"设计制作学生档案"评价表

评价模块	评价内容		自评	组评	师评
	学习目标	评价项目			
专业能力	1. 管理 Excel 文件	打开、保存、关闭文件			
	2. 设置标题格式、班级信息格式	标题位置(对齐方式)：合并居中，垂直居中			
		标题文字属性：字体、字号、字形、颜色			
		标题行的行高			
		班级信息格式(对齐、文字属性、行高)			
	3. 设置数据表内文字格式	表头对齐方式及字体			
		字段值对齐方式及字体			
		合适的行高、列宽			
	4. 设置数据表边框线格式：外边框、内边框、分隔线				
	5. 设置数据表底纹格式：表头适当浅色的底纹				

续表

评价模块	评价内容		自评	组评	师评
	学习目标	评价项目			
专业能力	6. 设置页面格式	设置纸型、方向、页边距、眉脚距			
		添加页眉，设置页眉格式			
		添加页脚，插入页码，设置页码格式			
		设置打印标题行			
	7. 根据预览整体效果和页面布局，进行合理修改、调整各部分格式				
	8. 正确上传文件				
可持续发展能力	自主探究学习、自我提高、掌握新技术		□很感兴趣	□比较困难	□不感兴趣
	独立思考、分析问题、解决问题		□很感兴趣	□比较困难	□不感兴趣
	应用已学知识与技能		□熟练应用	□查阅资料	□已经遗忘
	遇到困难，查阅资料学习，请教他人解决		□主动学习	□比较困难	□不感兴趣
	总结规律，应用规律		□很感兴趣	□比较困难	□不感兴趣
	自我评价，听取他人建议，勇于改错、修正		□很愿意	□比较困难	□不愿意
	将知识技能迁移到新情境解决新问题，有创新		□很感兴趣	□比较困难	□不感兴趣
社会能力	能指导、帮助同伴，愿意协作、互助		□很感兴趣	□比较困难	□不感兴趣
	愿意交流、展示、讲解、示范、分享		□很感兴趣	□比较困难	□不感兴趣
	敢于发表不同见解		□敢于发表	□比较困难	□不感兴趣
	工作态度，工作习惯，责任感		□好	□正在养成	□很少
成果与收获	实施与完成任务	□☺独立完成	□☺合作完成	□⊗不能完成	
	体验与探索	□☺收获很大	□☺比较困难	□⊗不感兴趣	
	疑难问题与建议				
	努力方向				

复习思考

1. 什么情况下需要设置打印标题行、打印标题列？如何设置？
2. 数据表设置完各部分格式后，预览发现超界了，超出了 2 行或超出了 1 列，怎么处理？

拓展实训

1. 在本班的学生档案 Excel 文件中，按标准和规范美化"选修课名单"、"课外小组"、"住宿生" 3 页工作表的格式。A4 纸，横向，合理设置页边距和眉脚距，页眉左侧为校名，页眉中部为"学年学期"，页脚中部添加页码"第 1 页，共? 页"，设置标题至表头为打印标题行。

2. 在公司"员工档案"文件中，按标准和规范美化"员工信息"工作表。A4 纸，横向，合理设置页边距和眉脚距，页脚中部添加页码"第 1 页，共? 页"，设置标题至表头为打印标题行。

3. 在幼儿园的"幼儿档案"文件中，按标准和规范美化"幼儿信息"、"家庭信息"工作表。A4 纸，横向，合理设置页边距和眉脚距，页脚中部添加页码"第 1 页，共? 页"，设置标题至表头为打印标题行。

4. 在 Excel 中制作样文所示的"图书信息"工作表，学习图书的管理方法。按标准和规范美化各部分格式。A4 纸，横向，合理设置页边距和眉脚距，页脚中部添加页码"第 1 页，共? 页"，设置标题至表头为打印标题行。

样文 "图书信息"工作表

图书信息表

序	货号	书 名	价格	作者	出版社	存量	层-架	出版日期	开本
1	9787535476890	狼图腾-修订版	39.80	姜戎	长江文艺出版社	2055	四层-中外文学-文学平台C-47803	2014/12/1	16开
2	9787534256646	狼图腾·小狼小狼	23.00	姜戎	浙江少年儿童	21	三层-少儿部-儿童故事-33205	2010/1/1	16开
3	9787122129260	图解金字塔原理	27.00	王友龙	化学工业出版社	1	二层-经济管理-(撤)会展咨询-7723712	2012/2/1	32开
4	9787533938666	武则天传	28.00	林语堂	浙江文艺出版社	2	二层-政治法律-中国古代人物传-21704	2014/4/1	16开
5	9787544727037	秘密	26.00	饶雪漫	译林出版社	2	四层-中外文学-当代小说-46207	2012/4/1	16开
6	9787546326764	犹记惊鸿照影	29.80	风凝雪舞	吉林出版集团有限公司	已售完		2010/5/1	16开
7	9787503952784	田家父子	39.80	孙金岭	文化艺术出版社发行部	已售完	四层-中外文学-(撤)当代小说-7746602	2012/3/1	16开
8	9787551551236	海外剩女	39.80	张西	新疆青少年出版社	1	四层-中外文学-纪实文学-45102	2014/8/1	16开
9	9787122245366	Office 2010 办公软件应用教程-工作任务汇编(第二版)	59.00	陈静	化学工业出版社	158	四层-计算机-办公软件-41109	2015/9/1	16开
10	9787300129082	牛奶可乐经济学-完整版	39.80	弗兰克	中国人民大学出版社	19	二层-经济管理-生活中的经济学-23108	2010/12/1	16开
11	9787300175201	牛奶可乐经济学-原书第7版-教材版	89.90	弗兰克	中国人民大学出版社	1	二层-经济管理-生活中的经济学-23109	2013/6/1	16开
12	9787517109174	乱世枭雄-民国那些军阀	38.00	欧阳悟道	言实出版社	3	二层-政治法律-中国近现代人物传-21803	2015/1/1	16开

14.3 排序、筛选、分类汇总学生档案

Excel 2010 提供了很多管理数据的工具,比如数据排序、筛选、分类汇总等。用户可以通过这些管理数据的方式,得到需要的结论或者数据。本任务以"基本信息"数据表为例,学习排序、筛选、分类汇总数据的基本方法,认识这些数据管理工具的功能、作用和应用。

打开文件"学前2015-6档案.xlsx"的"基本信息"工作表,按要求对不同数据进行排序操作,并总结排序规律。按要求对不同数据进行筛选,学会应用筛选条件。按要求对不同数据进行分类汇总,记录汇总结果。

学前教育专业2015-6班学生档案

班主任:陈静　　电话:13269880577　　填表日期:2016年9月12日

学号	姓名	性别	民族	政治面貌	出生日期	身份证号	本人电话	家长电话	家庭住址	户籍	中考总分	是否住宿	入学日期
2015160601	张文珊	女	汉族	团员	2000/6/21	110221200006210328	13569299858	13916401539	昌平区天通苑	北京	469	是	2015/9/1
2015160602	徐 茜	女	汉族	团员	2000/3/12	110221200003126824	15912763680	15261260255	昌平区锦绣家园	北京	465		2015/9/1
2015160603	董婉婉	女	汉族	团员	1999/9/28	371423199909284120	16810947869	17286207198	怀柔区九渡河镇	河北	435	是	2015/9/1
2015160604	费 珊	女	汉族	群众	1999/12/30	110102199912300026	15910587267	17522617868	昌平区安福苑	北京	408	是	2015/9/1
2015160605	赵子佳	女	回族	群众	2000/8/27	220721200008270824	15811680868	18501690868	海淀区白石桥路	北京	415		2015/9/1
2015160606	陈 鑫	女	汉族	团员	1999/7/1	110109199907012202	15861317982	13883576699	门头沟区东宇房街	北京	432	是	2015/9/1
2015160607	王陈杰	女	汉族	群众	1999/4/18	110221199904185046	17520213653	13561190772	昌平区南邵镇	北京	368	是	2015/9/1
2015160608	张莉迎	女	汉族	团员	2001/4/21	110221200104212622	16523595832	13221695632	昌平区回龙观	北京	407	是	2015/9/1
2015160609	秦秋萍	女	汉族	团员	2000/1/20	110221200001205918	15010685868	17691018595	昌平区天通苑	北京	422	是	2015/9/1
2015160610	崔相轩潘	男	汉族	群众	2001/2/27	110108200102275430	17901389619	18601528978	昌平区一街	北京	431		2015/9/1
2015160611	戴博雅	女	汉族	团员	1999/9/21	110221199909218356	17581779801	18329267586	昌平区百善镇	北京	472	是	2015/9/1
2015160612	佟静文	女	汉族	群众	2000/6/18	110112200006186628	18911261983	13935586756	通州区梨园镇	北京	497	是	2015/9/1
2015160613	何研雅	女	汉族	团员	2001/9/7	110104200109073058	19521852567	18901632665	海淀区铁医路	北京	536		2015/9/1
2015160614	王梓政	男	汉族	群众	1998/12/7	110109199812071943	15901206406	17681252020	门头沟区石门营	北京	351	是	2015/9/1
2015160615	史雅文	女	汉族	群众	1999/11/16	110111199911168742	15813682637	17910896076	房山区良乡	北京	407	是	2015/9/1
2015160616	张誓聪	女	回族	群众	2001/1/27	110108200101273572	13257273869	18966325791	海淀区永泰庄	北京	416		2015/9/1
2015160617	曹 欢	女	汉族	团员	2000/8/6	130301200008062724	17501320258	17693380539	昌平区回龙观	河北	405	是	2015/9/1
2015160618	王 星	女	汉族	群众	2001/3/16	120109200103160026	15816926937	13691372016	昌平区中山2路21号院	天津	439	是	2015/9/1
2015160619	秦梦妍	女	汉族	团员	1999/6/27	110221199906272728	15901736856	13939662687	昌平区宁馨苑	北京	431	是	2015/9/1
2015160620	王 悦	女	回族	群众	2001/2/28	110221200002283026	15906956658	13736809190	怀柔区雁栖镇	北京	416	是	2015/9/1
2015160621	姜思杰	女	汉族	群众	1999/12/28	220202199912282128	18811967768	18801683219	顺义区建新小区	北京	421	是	2015/9/1
2015160622	奇 慧	女	白族	团员	1999/10/8	530103199910083730	13510267356	13910597678	云南省昆明市	云南		是	2016/3/16
2015160623	阿 面	女	鲜族	团员	1999/4/21	210905199904215426	18210286105	13691165127	辽宁省阜新市	辽宁		是	2016/3/16

1. 排序数据

排序数据可以让所有记录按某种规律重新排列显示，方便查找、分析。在"基本信息"数据表中，数据有字符型、数值型、日期型，每种类型数据的排序规律各不相同。如数字数据（数值型或字符型），是按数字大小排序。其他类型数据的排序，操作完成后，观察显示结果，总结排序规律。

2. 筛选数据

筛选数据可以查询符合某种条件的记录，多用于查询检索。筛选数据时，筛选条件表达式（不等式）一般写法为："字段名　运算符　字段值"，不同类型数据筛选条件的写法（运算符）不一样。如"中考总分大于或等于 450"，"性别　包含　男"。

3. 分类汇总数据

分类汇总数据可以将数据按某种规律自动分类，并在同类型中进行各种统计、计算，显示统计、计算结果，多用于统计、分析、汇总。分类汇总数据时，汇总的目的和方式不全一样，但它们的操作却很简单。

下面通过操作来学习这些数据管理的工具和使用方法。

完成任务

一、排序"基本信息"的数据

Excel 排序数据可以让所有记录按某种规律重新排列显示，方便查找、分析。排列顺序有两种：从小到大，称为升序↑；从大到小，称为降序↓。

1. 认识排序数据的工具

"工欲善其事，必先利其器"，要想对数据进行快速、准确地排序，必须先要了解和认识排序的工具及其用法。排序数据的操作需要打开"数据"选项卡，在"排序和筛选"按钮组中有"升序"按钮，"降序"按钮，"排序"按钮，如图 14-81 所示。

图 14-81　"数据"选项卡的"排序"按钮

如果工作表内没有合并的单元格，单击数据表内任意单元格，单击"升序"按钮或"降序"按钮可以直接对数据列中的字段值进行排序操作。如果工作表内有合并的单元格，则需要选中数据表区域，单击"排序"按钮，打开如图 14-82 所示的"排序"对话框，在对话框中设置排序的条件和要求。

认识了排序数据的工具、明确了使用方法后，通过具体的题目来进一步熟练掌握排序数据的操作方法，并总结不同数据内容或数据类型的排序规律。

图 14-82 "排序"对话框

2. 排序单字段数据

（1）排序数字（数值型或字符型）数据

【题目 1】将"中考总分"按从高到低的顺序排序，观察学生成绩的分布情况及成绩层次。

★ **步骤 1** 选中数据表区域 A3:N31，单击"数据"选项卡"$\frac{A}{Z}$ 排序"按钮，在打开的"排序"对话框中，选择"主要关键字"为"中考总分"，选择"次序"为"降序"，如图 14-83 所示。

图 14-83 "排序"对话框排序"中考总分"

★ **步骤 2** 单击"确定"按钮，得到中考总分从高到低的排序结果，如图 14-84 所示。

学号	姓名	性别	民族	成治面貌	出生日期	身份证号	本人电话	家长电话	家庭住址	户籍	中考总分	是否住宿	入学日期
2015160613	何研雅	女	汉族		2001/9/7	110104200109073058	19521852567	18901632665	海淀区铁医路	北京	536		2015/9/1
2015160612	佟静文	女	汉族	团员	2000/6/18	110112200006186628	18911261983	13935586756	通州区梨园镇	北京	497	是	2015/9/1
2015160611	戴婵雅	女	汉族	团员	1999/9/21	110221199909218356	17581779801	18329267586	昌平区百善镇	北京	472		2015/9/1
2015160601	张文珊	女	汉族	团员	2000/6/21	110221200006210328	13569299858	13916401539	昌平区天通苑	北京	469	是	2015/9/1
2015160602	徐茜	女	汉族	团员	2000/3/12	110221200003126824	15912763680	15261260255	昌平区锦绣家园	北京	465		2015/9/1

图 14-84 "中考总分"降序排序结果

排序后，不是仅"中考总分"一列重新排列，而是所有对应记录跟着一起重新排列；否则就张冠李戴，没有意义。从排序结果中可以看出最高分、最低分及不同分数段的人数和对应的学生，了解本班学生的学习情况。从图 14-84 的排序结果观察、分析出，数字内容的字段值（数值型数据或字符型数据）的排序规律是：按数字的大小顺序排列。

（2）排序文字（字符型）数据

【题目 2】将"姓名"按升序排列，观察排序结果，总结排序规律。

★ **步骤 3** 操作方法与上面相同。排序结果如图 14-85 所示。

学号	姓名	性别	民族
2015160623	阿画	女	鲜族
2015160624	班利娟	女	蒙族
2015160617	曾欢	女	汉族
2015160606	陈鑫	女	汉族
2015160610	董相籽潼	男	汉族
2015160611	戴婵雅	女	汉族
2015160603	董媛媛	女	汉族
2015160613	何研雅	女	汉族
2015160604	姜珊	女	汉族

图 14-85 "姓名"升序排序结果

从排序结果观察，"姓名"字段按"姓"和"名"的汉语拼音字母顺序 A→Z 的规律排列，若第 1 个字母相同，按第 2 个字母顺序排列，依次类推。由此总结，文字内容的字段值（字符型数据）的排序规律：按字母的前后顺序排列。

其实，文字（字符型数据）还可以用另外一种方式排列，就是笔画多少的顺序排列。如何操作呢？

★ **步骤 4** 在"排序"对话框中，选好关键字和次序后，单击"选项"按钮，打开"排序选项"对话框，将"方法"选为"笔画顺序"（Excel 默认的顺序是"字母顺序"），如图 14-86 所示。

★ **步骤 5** 单击"确定"两次，即可得到如图 14-87 所示的姓名笔画顺序的排列结果，笔画少的姓在前，笔画多的姓在后；相同笔画的姓，再比较后面的名，按笔画升序排序，如图 14-87 所示。所以文字（字符型数据）的另一个排序规律：按笔画的多少顺序排列。

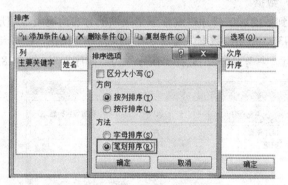

图 14-86 "排序选项"对话框设置"笔画顺序"　　　　图 14-87 姓名笔画序排序结果

将"姓名"排序有什么用呢？如果人员名单是按姓名排序，那查找姓名就很容易，根据字母顺序位置直接找到姓名，省时省力，简单快捷方便，提高管理效率。奥运会各国家运动员的入场顺序，按国家名称的字母顺序入场，主办国（东道主）国家最后入场。公布各种名单时，比如书籍的作者、领导干部的名单，既可以按照字母顺序排列，也可以按照笔画顺序排列。

操作练习

1. 将"性别"按降序排列，验证字符型数据的排序规律；
2. 将"政治面貌"按升序排列，验证字符型数据的排序规律。
（3）排序日期型数据
【题目3】将"出生日期"按升序排列，观察排序结果，总结排序规律。

★ **步骤6** 操作方法与上面相同。排序结果如图 14-88 所示。

学号	姓名	性别	民族	政治面貌	出生日期
2015160624	班利娟	女	蒙族	群众	1998/8/12
2015160614	王梓政	男	汉族	群众	1998/12/7
2015160607	王陈杰	女	汉族	群众	1999/4/18
2015160623	阿　丽	女	鲜族	团员	1999/4/21
2015160619	秦梦妍	女	汉族	团员	1999/6/27
2015160606	陈　鑫	女	汉族	团员	1999/7/1
2015160611	戴婷雅	女	汉族	团员	1999/9/21
2015160603	董媛媛	女	汉族	团员	1999/9/28
2015160622	奇　慧	女	白族	群众	1999/10/8

图 14-88 "出生日期"升序排序结果

从排序结果观察，"出生日期"字段是按照年、月、日的顺序分别排序，先按数字大小顺序排列年份，年份相同的排列月份，年月都相同的排列日期，如图 14-88。从"出生日期"排序结果可以看出年龄的大小，排在前面的先出生年龄大，排在后面的后出生年龄小。

由此总结日期型数据的排序规律：分别按年、月、日的数字大小顺序排列。

排序的用途很广，明确了不同内容（或不同类型）数据的排序规律后，可以根据需要进行合理的排序，提高检索、查询、管理数据的效率、速度和准确度。

排序一个字段的数据容易操作，那两个字段或更多字段呢？如何排序？

3. 排序双字段数据

【题目4】先按"性别"升序排列，"性别"相同的按"出生日期"降序排列。

用"升序"按钮 或"降序"按钮 只能排序无合并单元格的单字段的数据，遇到两个字段同时排序，这两个按钮不能实现排序要求，用排序对话框来完成。

★ **步骤7** 选中数据表区域 A3:N31，单击"数据"选项卡" 排序"按钮，在打开的"排序"对话框中，设置第一个排序要求："性别"升序。

★ **步骤8** 单击"添加条件"按钮，对话框中显示"次要关键字"，在次要关键字中设置第二个排序要求："出生日期"降序，如图 14-89 所示，单击"确定"按钮。

双字段排序结果如图 14-90 所示。从排序结果看出：先按性别升序将学生排序，男生在前，女生在后；性别相同的学生，再按出生日期降序排列，男生的最晚、最早出生日期、女生的最晚、最早出生日期很直观、很醒目，一目了然，男女生的出生日期分布也很明显。这就是双字段的排序方法和排序结果，以及排序的目的和用途。

图 14-89　设置次要关键字　　　　　　图 14-90　双字段排序结果

在这个例子中，可以看出，排序可以将记录分类，比如分为"男"、"女"两类，这是排序的另一大用途：分类。分类在后面的分类汇总操作中很重要，要先排序，才能分类汇总；否则没有意义。

提示　双字段排序时，主要关键字（第一个排序要求）必须有相同的字段值，将数据记录进行分类；在主要关键字的同类型中，才能进行次要关键字（第二个排序要求）的排序，否则没有意义。

操作练习

1. 先按"政治面貌"降序排序，面貌相同的再按"出生日期"升序排序，观察排序结果，分析排序目的；

2. 先按"民族"升序排序，民族相同的再按"性别"降序排序，观察排序结果，分析排序目的；

3. 自己出一些双字段排序的题目，并操作，观察排序结果，分析排序目的。

所有的排序操作完成后，要按"学号"升序排序，将数据表恢复原状。

二、筛选"基本档案"的数据

当需要在众多的数据记录中搜索、查找某一类记录时，应该如何快速、精确地查询到符合条件的记录呢？

Excel 提供了一个相当好用的数据管理工具——筛选数据，可以快速、精确地查询挑选符合各种条件的记录，将不满足条件的记录暂时隐藏，主要用于查询检索。筛选数据有自动筛选和高级筛选两种方式。

1. 认识筛选工具

筛选数据的操作需要打开"数据"选项卡，在"排序和筛选"按钮组中有"筛选"按钮 和"高级"筛选按钮 ，如图 14-91 所示。

图 14-91 "数据"选项卡"排序和筛选"按钮组中的"筛选"按钮

选中数据表的表头区域 A3:N3，单击"筛选"按钮 ，如图 14-92 所示，在数据表的表头每个字段名右下角出现筛选按钮 ，进入自动筛选数据状态，单击任意一个字段名的筛选按钮 ，可以选择筛选条件，或者自定义筛选条件。

图 14-92 自动筛选数据状态

下面通过具体的筛选任务来学习筛选的操作方法，并学会筛选条件表达式的写法。

2. 筛选单字段数据

（1）筛选数字数据（数值型或字符型）

【题目5】筛选中考总分为 450 分以上（含 450 分）的记录，写出筛选条件表达式。

★ **步骤9** 在图 14-92 所示的自动筛选状态，单击"中考总分"的筛选按钮，如图 14-93 所示，在菜单中选择"数字筛选"命令中的"大于或等于"，打开如图 14-94 所示的"自定义自动筛选方式"对话框，在对话框中录入筛选条件的字段值"450"，单击确定，得到筛选结果，如图 14-95 所示。

由图 14-94 看出，筛选条件表达式为"中考总分 大于或等于 450"，即筛选表达式（条件不等式）一般写法为：字段名 运算符 字段值。

图 14-93 "中考总分"筛选菜单

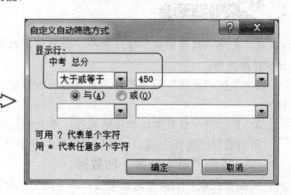

图 14-94 自定义筛选条件

图 14-95 显示，被筛选后的字段，筛选按钮发生变化，变为有漏斗型的按钮 <u>▼</u>，标示此列字段值有筛选结果，跟其他字段区分。

通过筛选结果可以得到满足条件的记录，如何恢复全部记录？

★ **步骤 10**　清除筛选的方法一：单击"数据"选项卡"排序和筛选"按钮组的"清除"按钮 <u>▼ 清除</u>，即可将筛选清除，恢复全部记录，同时，筛选按钮的漏斗消失。

★ **步骤 11**　清除筛选的方法二：单击"中考总分"筛选按钮 <u>▼</u>，在菜单中选择"从'中考 总分'中清除筛选"命令，如图 14-96 所示，恢复全部记录。

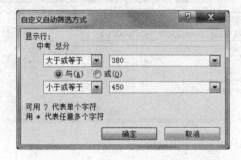

图 14-95　中考总分≥450 的筛选结果

图 14-96　清除筛选

★ **步骤 12**　清除筛选的方法三：在图 14-96 所示的菜单中，选择"☑（全选）"，单击"确定"按钮，恢复全部记录。

如果筛选的字段值在某一数值区间，需要在图 14-94 中正确选择、书写筛选条件表达式，即可得到筛选结果。

例如，查找中考总分介于 380～450 分之间的学生记录，条件表达式为：380 分≤中考总分≤450 分，自定义筛选方式如图 14-97 所示；如果要筛选总分小于 380 分或大于 500 分的记录，自定义筛选方式如图 14-98 所示。

图 14-97　筛选 380 分≤中考总分≤450 分

图 14-98　筛选中考总分<380 分，或>500 分

数值型数据筛选时，还可以在菜单中选择"10 个最大的值"、"高于平均值"、"低于平均值"等筛选方式。

（2）筛选文字数据（字符型）

【题目 6】查找姓"王"的学生记录。

提示

字符型数据的筛选条件运算符应该选"包含"，【字符型数据筛选条件的写法：字段名"姓名""包含""某个字"】。

★ 步骤 13　筛选方式如图 14-99 所示。

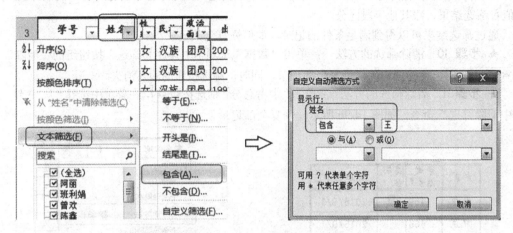

图 14-99　筛选姓"王"的记录

（3）筛选日期型数据

【题目 7】筛选 2000 年以后出生的学生记录。

日期型数据的条件写法：①年月日写完整；②分界日理解正确（包含或不包含）。

分析：2000 年以后，就是 2000 年 1 月 1 日之后出生的，含 2000 年 1 月 1 日；或者 1999 年 12 月 31 日之后出生的，不含 1999 年 12 月 31 日。

日期型条件写法："出生日期　在以下日期之后或与之相同　2000 年 1 月 1 日"

或者："出生日期　在以下日期之后　1999 年 12 月 31 日"

★ 步骤 14　筛选方式如图 14-100 所示。

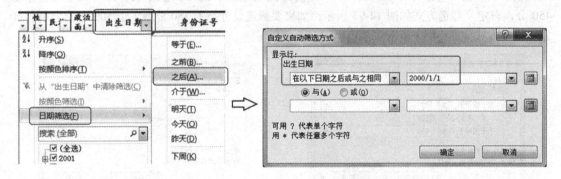

图 14-100　筛选 2000 年以后出生的学生记录

日期型数据筛选方式还可以选择天、周、月、季度、年等多种方式。

3. 筛选双字段数据

【题目 8】筛选女团员记录。

分别用两个字段，筛选两次。两个字段的筛选顺序，对结果没有影响。双字段筛选是筛选两个字段的交集。

★ 步骤 15　在"性别"字段中筛选"女"，在筛选结果中继续从"政治面貌"中筛选"团员"，两次筛选后的结果，就是女团员的记录。

★ 步骤 16　清除筛选。单击"清除"按钮 清除 ，即可将两次筛选都清除，恢复全部记录。

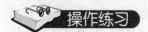

操作练习

1. 筛选男住宿生记录；
2. 筛选 1999 年 9 月 1 日以前出生的女生；
3. 户籍是北京市的少数民族学生记录；
4. 自己出一些双字段筛选的题目，并操作，观察筛选结果。

★ **步骤 17** 撤销筛选。在自动筛选状态，单击“数据”选项卡的“筛选”按钮，即可撤销筛选状态，表头每个字段名右下角的筛选按钮消失，恢复数据表原状。

三、分类汇总“基本信息”的数据

分类汇总可以将数据按某种规律自动分类，并在同类型中进行各种统计、计算，显示统计、计算结果，多用于统计、分析、汇总。

1. 分类统计个数

【题目 9】按性别分类，分别统计男住宿生、女住宿生、男生、女生的人数。

分析任务

从题目中可以看出：①分类的字段是性别，所以先按“性别”排序，分成男生和女生两类；②汇总的方式是：计数（统计个数就是“计数”）；③汇总的项目：两项——“性别”字段按男生、女生两类分别统计个数和“是否住宿”字段按男生、女生两类分别统计住宿个数。采用分类汇总的方法很容易实现。

完成任务

★ **步骤 1** 选中数据表区域 A3:N31，先按“性别”升序排序，进行分类。

★ **步骤 2** 继续选中数据表区域 A3:N31，单击“数据”选项卡“分级显示”按钮组中的“分类汇总”按钮，打开“分类汇总”对话框，如图 14-101 所示。

★ **步骤 3** 在对话框中：“分类字段”选“性别”；“汇总方式”选“计数”；“选定汇总项”选“性别”、“是否住宿”两项，单击“确定”按钮，分类汇总结果如图 14-102 所示。

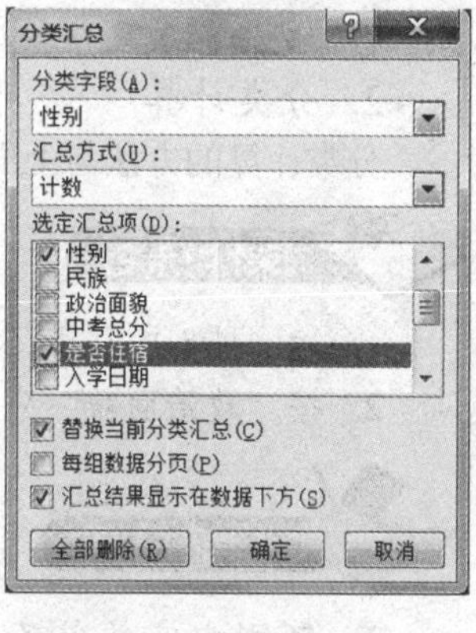

图 14-101 分类汇总对话框

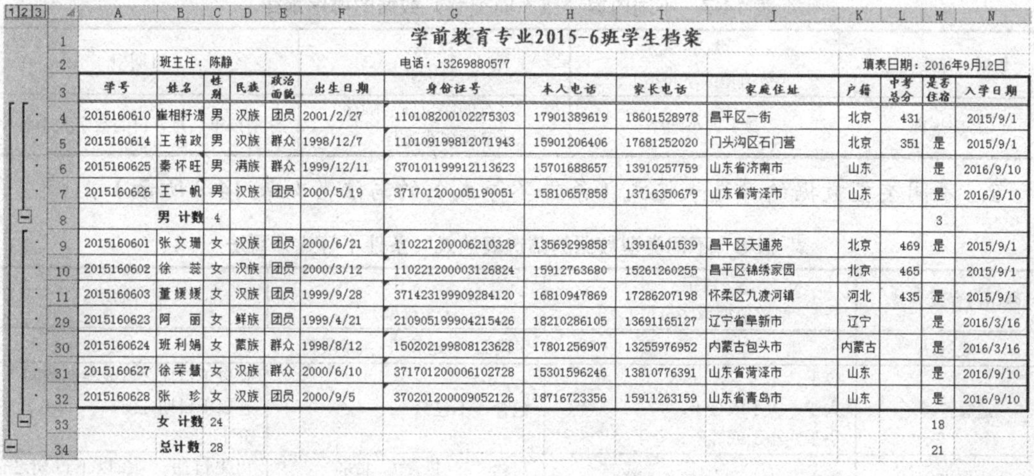

	A	B	C	D	E	F	G	H	I	J	K	L	M	N
1	学前教育专业2015-6班学生档案													
2		班主任：陈静					电话：13269880577				填表日期：2016年9月12日			
3	学号	姓名	性别	民族	政治面貌	出生日期	身份证号	本人电话	家长电话	家庭住址	户籍	中考总分	是否住宿	入学日期
4	2015160610	崔相籽湜	男	汉族	团员	2001/2/27	110108200102275303	17901389619	18601528978	昌平区一街	北京	431		2015/9/1
5	2015160614	王梓政	男	汉族	群众	1998/12/7	110109199812071943	15901206406	17681252020	门头沟区石门营	北京	351	是	2015/9/1
6	2015160625	秦怀旺	男	满族	群众	1999/12/11	370101199912113623	15701688657	13910257759	山东省济南市	山东		是	2016/9/10
7	2015160626	王一帆	男	汉族	团员	2000/5/19	371701200005190051	15810657858	13716350679	山东省菏泽市	山东		是	2016/9/10
8		男 计数	4										3	
9	2015160601	张文珊	女	汉族	团员	2000/6/21	110221200006210328	13569299858	13916401539	昌平区天通苑	北京	469	是	2015/9/1
10	2015160602	徐 蕊	女	汉族	团员	2000/3/12	110221200003126824	15912763680	15261260255	昌平区锦绣家园	北京	465		2015/9/1
11	2015160603	董媛媛	女	汉族	团员	1999/9/28	371423199909284120	16810947869	17286207198	怀柔区九渡河镇	河北	435	是	2015/9/1
29	2015160623	阿 丽	女	鲜族	团员	1999/4/21	210905199904215426	18210286105	13691165127	辽宁省阜新市	辽宁		是	2016/3/16
30	2015160624	班利娟	女	蒙族	群众	1998/8/12	150202199808123628	17801256907	13255976952	内蒙古包头市	内蒙古		是	2016/3/16
31	2015160627	徐荣慧	女	汉族	群众	2000/6/10	371701200006102728	15301596246	13810776391	山东省菏泽市	山东		是	2016/9/10
32	2015160628	张 珍	女	汉族	团员	2000/9/5	370201200009052126	18716723356	15911263159	山东省青岛市	山东		是	2016/9/10
33		女 计数	24										18	
34		总计数	28										21	

图 14-102 分类汇总结果

图 14-102 所示的分类汇总结果，显示了按"性别"分类后统计"性别"、"是否住宿"个数的结果：男生共计 4 人，男住宿生 3 人；女生共计 24 人，女住宿生 18 人；总计人数 28 人，总住宿生人数 21 人。

提示

> 图中隐藏了 12～28 行，否则记录太多，显示不全。

图 14-102 中，行号左侧是分类汇总控制区域。每个控制按钮对应一个汇总行，在上方控制区顶端对应分级显示符号 1 2 3。

★ **步骤 4**　使用 + 和 − 可以显示或隐藏单个分类汇总的明细行。

（1） − 按钮表示该组中的数据处于显示状态，单击 − 按钮，则折叠（隐藏）该组中的数据，只显示分类汇总结果，同时该按钮变成 +；

（2） + 按钮表示该组中的数据处于隐藏（不显示）状态，单击 + 按钮，则展开该组中的数据，显示该组中的全部数据，同时该按钮变成 −；

（3）单击分类汇总控制区顶端的某个数字按钮 1 或 2，只显示该级别的分类汇总结果。

★ **步骤 5**　删除分类汇总结果。选中数据表区域 A3:N31，单击"数据"选项卡"分级显示"按钮组中的"分类汇总"按钮，在打开的"分类汇总"对话框中，单击"全部删除"按钮，即可删除全部分类汇总结果，恢复到分类汇总前的状态。

操作练习

按"政治面貌"分类，分别统计不同政治面貌的学生人数、不同政治面貌的住宿生人数。

2. 分类计算

分类计算的方法与上面相同，计算的项目（汇总方式）有求和、平均值、最大值、最小值等。

操作练习

1. 按"性别"分类，分别计算男生、女生的"中考总分"的最大值、平均值。
2. 按"政治面貌"分类，分别计算不同政治面貌的"出生日期"的最小值。

归纳总结

1. 不同内容（或不同类型）数据的排序规律（如表 14-7 所示）

表 14-7　不同内容（或不同类型）数据的排序规律

数据内容或类型	数字 （数值型或字符型）	文字 （字符型）	日期型
排序规律	数字大小顺序	字符的字母前后顺序 或笔画多少顺序	分别按年、月、日的数字大小顺序

2. 不同类型数据的筛选表达式（条件不等式）的写法（如表 14-8 所示）

表 14-8　不同类型数据的筛选表达式（条件不等式）写法

数据内容或类型	数字 （数值型或字符型）	文字 （字符型）	日期型
一般写法		字段名　运算符　字段值	
运算符	等于，不等于， 大于，大于或等于， 小于，小于或等于，介于	包含，不包含	在以下日期之后或与之相同， 在以下日期之前， 介于
应用举例	中考总分　大于或等于　450	户籍　　包含　　北京 民族　　不包含　　汉	出生日期　　在以下日期之前 1999/9/1

3. 总结分类汇总的操作流程

①排序，分类；②打开分类汇总对话框；③选择分类字段、汇总方式、汇总项；④统计、控制汇总结果；⑤删除分类汇总结果。

 评价反馈

完成各项操作后，填写表 14-9 所示的评价表。

表 14-9 "排序、筛选、分类汇总学生档案"评价表

评价模块	评价内容			自评	组评	师评
	学习目标	评价项目				
专业能力	1. 管理 Excel 文件	打开、保存、关闭文件				
	2. 排序数据	单字段排序	数字排序操作、规律			
			文字排序操作、规律			
			日期排序操作、规律			
		双字段排序				
		撤销排序，恢复数据表原状				
	3. 筛选数据	单字段筛选	数值型数据筛选			
			数值区间筛选：与条件、或条件			
			字符型数据筛选			
			日期型数据筛选			
			会写筛选表达式（条件不等式）			
		双字段筛选				
		撤销筛选				
	4. 分类汇总数据	会分类统计个数				
		会分类计算				
		会操作分类汇总控制区的各按钮				
		删除分类汇总结果				
	5. 正确上传文件					
可持续发展能力	自主探究学习、自我提高、掌握新技术	□很感兴趣	□比较困难	□不感兴趣		
	独立思考、分析问题、解决问题	□很感兴趣	□比较困难	□不感兴趣		
	应用已学知识与技能	□熟练应用	□查阅资料	□已经遗忘		
	遇到困难，查阅资料学习，请教他人解决	□主动学习	□比较困难	□不感兴趣		
	总结规律，应用规律	□很感兴趣	□比较困难	□不感兴趣		
	自我评价，听取他人建议，勇于改错、修正	□很愿意	□比较困难	□不愿意		
	将知识技能迁移到新情境解决新问题，有创新	□很感兴趣	□比较困难	□不感兴趣		
社会能力	能指导、帮助同伴，愿意协作、互助	□很感兴趣	□比较困难	□不感兴趣		
	愿意交流、展示、讲解、示范、分享	□很感兴趣	□比较困难	□不感兴趣		
	敢于发表不同见解	□敢于发表	□比较困难	□不感兴趣		
	工作态度，工作习惯，责任感	□好	□正在养成	□很少		
成果与收获	实施与完成任务	□☺独立完成	□☺合作完成	□☒不能完成		
	体验与探索	□☺收获很大	□☺比较困难	□☒不感兴趣		
	疑难问题与建议					
	努力方向					

制作样文所示的商品销售表，设置各部分格式，按要求进行分类汇总。

流水号	商品名称	类别	单位	销售日期	单价	数量	金额
				4S店 2016年1月 销售记录表			
1	汽车方向盘套	内饰	个	2016/1/15	¥120.00	2	¥240.00
2	真皮钥匙包	用品	个	2016/1/15	¥88.00	3	¥264.00
3	脚垫	内饰	套	2016/1/15	¥150.00	2	¥300.00
4	真皮钥匙包	用品	个	2016/1/16	¥88.00	5	¥440.00
5	颈枕	用品	个	2016/1/16	¥99.00	4	¥396.00
6	门腕	改装产品	个	2016/1/16	¥25.00	4	¥100.00
7	汽车方向盘套	内饰	个	2016/1/17	¥120.00	3	¥360.00
8	颈枕	用品	个	2016/1/17	¥99.00	2	¥198.00
9	装饰条	改装产品	个	2016/1/17	¥26.00	8	¥208.00
10	擦车拖把	清洁用品	个	2016/1/17	¥25.00	3	¥75.00
11	真皮钥匙包	用品	个	2016/1/17	¥88.00	1	¥88.00
12	汽车方向盘套	内饰	个	2016/1/18	¥120.00	1	¥120.00
13	擦车毛巾	清洁用品	条	2016/1/18	¥10.00	2	¥20.00
14	雨刮水105ml	清洁用品	瓶	2016/1/18	¥7.00	2	¥14.00
15	高压洗水枪	清洁用品	个	2016/1/19	¥68.00	1	¥68.00
16	香水座	香水系列	个	2016/1/19	¥68.00	1	¥68.00

"类别"分类 "销售日期"分类 "商品名称"分类

（1）按"类别"分类，分别计算不同类别商品的"数量"、"金额"的总和。

（2）按"销售日期"分类，分别计算不同日期的"数量"、"金额"的总和。

（3）按"商品名称"分类，分别计算不同商品的"数量"、"金额"的总和。

高 级 筛 选

高级筛选和自动筛选一样，也是用来筛选数据的。高级筛选不显示字段的筛选按钮，而是在数据表中单独的条件区域中键入筛选条件，系统会根据条件区域中的条件进行筛选。例如筛选男住宿生记录。

★ **步骤 1** 在数据表空白处，录入筛选条件，如图 14-103 所示。条件区域与数据清单至少留一个空白行或空白列，筛选条件的字段名必须与数据表中的字段名完全相同，条件中的字段值必须是数据表中的字段值。

★ **步骤 2** 录入好筛选条件后，单击"数据"选项卡"排序和筛选"组的"高级"筛选按钮 高级，打开"高级筛选"对话框，如图 14-104 所示。在对话框的"列表区域"选择整个数据表区域 A3:N31，在对话框的"条件区域"选择录入好的条件区域 P4:Q5，单击"确定"按钮，筛选结果如图 14-105 所示。

图 14-103 筛选条件　　　　图 14-104 高级筛选对话框

	A	B	C	D	E	F	G	H	I	J	K	L	M	N
1	学前教育专业2015-6班学生档案													
2		班主任：陈静					电话：13269880577				填表日期：2016年9月12日			
3	学号	姓名	性别	民族	政治面貌	出生日期	身份证号	本人电话	家长电话	家庭住址	户籍	中考总分	是否住宿	入学日期
17	2015160614	王梓政	男	汉族	群众	1998/12/7	110109199812071943	15901206406	17681252020	门头沟区石门营	北京	351	是	2015/9/1
28	2015160625	秦怀旺	男	满族	群众	1999/12/11	370101199912113623	15701688657	13910257759	山东省济南市	山东		是	2016/9/10
29	2015160626	王一帆	男	汉族	团员	2000/5/19	371701200005190051	15810657858	13716350679	山东省菏泽市	山东		是	2016/9/10

图 14-105　高级筛选“男住宿生”结果

★ **步骤** 3　清除高级筛选。单击“清除”按钮 清除，即可将高级筛选都清除，恢复全部记录。

高级筛选如果只筛选 1~2 个“与”条件时，与自动筛选相同，没有显出高级筛选的优势；当筛选多个条件，尤其是多个“或”条件，就能发挥出高级筛选的优势，而且是自动筛选无法实现的筛选。在“任务 16.3　统计分析成绩单——筛选补考名单”中将会详细体验高级筛选的用法。

任务 ⑮ 设计计算工资表

 知识目标

1. 分析数据运算的数学含义的方法；
2. Excel 公式的表达方式；
3. 使用四则运算的公式计算各数据的操作方法；
4. 在 Excel 中解决数学问题的思维方法和实施步骤及方法；
5. 复制公式的方法、设置数据格式的方法；
6. 保护工作表的方法。

 **能力目标**

1. 能设计制作工资表，能设置工资表各部分格式；
2. 会分析数据运算的数学含义，会将数学公式转化为 Excel 公式表达式；
3. 能利用 Excel 公式进行四则运算，计算工资表中应发工资、公积金、工资税、实发工资等项目；
4. 能在 Excel 中解决数学问题；
5. 能复制公式，设置数据的数字格式；
6. 能设置工作表保护。

学习重点

1. 数据运算的数学意义，Excel 公式的表达式；
2. Excel 公式计算的操作方法，复制 Excel 公式；
3. 在 Excel 中解决数学问题的思维方式；
4. 用公式计算的操作流程。

Excel 除了进行数据管理以外，还有很强大、很完善的数据运算功能，可以利用公式或函数对数据进行各种四则运算、简单运算或复杂运算，解决日常办公、财务、金融、商业、经济等各种领域的各类数据运算问题。

本任务以"员工工资表"为例，学习 Excel 2010 的公式计算方法，领略 Excel 快速、高效、准确的数据运算功能，体验在 Excel 中解决数学问题的思维方式和实施步骤及方法，实现快速、高效的办公自动化。

掌握了 Excel 的数据运算方法，可以在工作中、生活中及各领域灵活地解决各种数学问题。

"设计计算工资表"任务分为两部分：

15.1 设计、制作、美化工资表
15.2 公式计算工资表

15.1 设计、制作、美化工资表

工资表是财务管理中最基本的应用，除了基本的管理数据、美化格式外，还要进行大量的数据运算，用 Excel 的公式可以很方便地对各项数据进行计算、汇总或简单的统计分析。

提出任务

在 Excel 2010 中设计制作某单位 2015 年 9 月的"员工工资表"。工资表标签、标题及各部分数据如作品所示，设置工作表各部分格式及页面格式。

作品展示

编号	姓名	基本工资	岗位工资	补贴	加班费	出勤奖励	应发工资	住房公积金	养老保险	医疗保险	失业险	应税所得额	个人所得税	实发工资
											2015年9月8日		
001	孙媛	6000	2000	200	1000	300								
002	刘志翔	6500	2200	200	1000	300								
003	桂君	10000	4000	1800	700	500								
004	阎媛媛	4000	1500		200	-400								
005	肖涛	6000	2000	200		-100								
006	王孝龙	7000	2400	700										
007	宣喆	7500	2600	1100										
008	杨志明	8000	2800	1300	600	100								
009	朱丹	7000	2400	700	450									
010	尹雪飞	4000	1500		800	-550								
011	李俊	8000	2800	1300										
012	黄锦	7500	2600	1100		-350								
013	李贞慧	6000	2000	200	900									
014	景东升	7000	2400	700	600	-100								
015	郊奕	6500	2200	200		-200								
016	刘彤	6000	2000	200										
017	王立新	7500	2600	1100	1000									
018	汪彩成	6500	2200	200		-200								
019	赵仁荣	6500	2200		500									
020	裴立辉	8000	2800	1300	600	-150								
合计														
制表人：					审核：					主管领导：				

工作表标签：工资汇总　补贴　加班费　出勤奖励

分析任务

（1）工资表的组成。此工资表由标题、日期、数据表、制表信息四部分组成。其中只有数据表有表格线。

（2）工资表中"编号"的字段值是文本格式，单元格左上角的绿色小三角是文本格式的标记。需要先将单元格设置为文本格式，然后录入以零开头的数字，可以填充文本格式的数字序列。

（3）工资表中"出勤奖励"的数值，如果是扣款，直接录入负数。

（4）工资表中"应发工资"之后的所有字段不能录入数据，要根据已知数据计算得到。

以上分析的是工资表的基本组成部分、数据表和字段值的特殊情况，下面按工作过程完成设计、制作、美化工资表所有的操作和设置。

完成任务

（1）另存、命名文件：将文件保存在 D 盘自己姓名的文件夹中，文件名为"工资表.xlsx"。

（2）文件中 4 页工作表标签依次分别更名为"工资汇总"，"补贴"，"加班费"，"出勤奖励"。

（3）按作品录入数据，"编号"的字段值为文本格式，其他数字都是数值型数据。

（4）标题格式为：合并居中、垂直居中，楷体 16 号加粗，行高 30（50 像素）。

（5）日期格式：宋体 10 号，位置如作品所示。

（6）数据表文字格式

① 表头格式：楷体 10 号加粗，垂直居中，水平居中，自动换行。

② 字段值格式：所有数据区域 A4:O24，宋体 11 号，垂直居中；"编号"的字段值水平居中；"姓名"列宽 5.5，字段值水平分散对齐；其他数值保持默认的水平右对齐。

③ 表头、所有字段值、"合计"的行高 20，调整适当的列宽。

（7）制表人一行格式：宋体 12 号，行高 30，垂直底端对齐。

（8）数据表边框线格式：内框 0.5 磅细线；外框 1.5 磅粗线；分隔线 0.5 磅细双线，如作品所示。

（9）数据表底纹格式："应发工资"H3:H23 设置浅绿色，"应税所得额"M3:M23 设置浅黄色，"实发工资"O3:O23 设置浅蓝色。

（10）页面格式：A4 纸横向，页边距：上下 1.4 厘米、左右 1.2 厘米，页眉页脚 0.8 厘米；数据表在页面水平方向居中。页脚插入页码"第 1 页，共 ? 页"。设置标题、日期、表头（前 3 行）为打印标题行。

（11）根据预览效果，调整数据表整体布局，使工资表在一页 A4 纸内完全显示。保存文件。

15.2 公式计算工资表

数据的运算、管理、统计、分析都可借助 Excel 的强大计算功能来进行，使工作精确、高效、快速、省时省力。本任务将通过"公式计算工资表"学习 Excel 的重要功能：公式计算功能。学会此项技能，可以在 Excel 中进行数据的各种四则运算，胜任数据处理工作，在 Excel 中解决各种数学问题。

打开文件"工资表.xlsx"，利用 Excel 公式计算工资表中的应发工资、住房公积金、养老保险、医疗保险、失业险、应税所得额、个人所得税、实发工资、合计等项目，设置数据格式，并对工资表进行保护设置。

编号	姓名	基本工资	岗位工资	补贴	加班费	出勤奖励	应发工资	住房公积金	养老保险	医疗保险	失业险	应税所得额	个人所得税	实发工资
001	孙媛	6000	2000	200	1000	300								
002	刘志翔	6500	2200	200	1000	300								
003	桂君	10000	4000	1800	700	500								
004	阎嫂嫂	4000	1500		200	−400								
005	肖涛	6000	2000	200		−100								
006	王孝龙	7000	2400	700										
007	宣赫	7500	2600	1100										
008	杨志明	8000	2800	1300	600	100								
009	朱丹	7000	2400	700	450									
010	尹雷飞	4000	1500		800	−550								
011	李俊	8000	2800	1300										
012	黄橘	7500	2600	1100		−350								
013	李贞慧	6000	2000	200	900									
014	景东升	7000	2400	700	600	−100								
015	郗奕	6500	2200	200		−200								
016	刘彤	6000	2000	200										
017	王立新	7500	2600	1100	1000									
018	汪彩成	6500	2200	200		−200								
019	赵仁东	6500	2200	200	500									
020	聂立辉	8000	2800	1300	600	−150								
	合计													

制表人：   审核：   主管领导：

某单位   2015年9月   员工工资表   2015年9月8日

 分析任务

工资表中的具体项目根据各企业的薪酬制度而定。本任务将工资表的结构简化为基本工资、岗位工资、补贴、加班费、出勤奖励、应发工资、住房公积金、……、个人所得税、实发工资等项目，其中"应税所得额"是为了方便计算"个人所得税"而设计的。这些项目中，基本工资、岗位工资、补贴、加班费、出勤奖励是已知数据，其余的需要计算。工资表各项目（字段）的含义如下：

（1）"应发工资"是理论上的所有收入。

应发工资＝基本工资＋岗位工资＋补贴＋加班费＋出勤奖励（负数表示扣款）

（2）"五险一金"是指用人单位给予劳动者的几种保障性待遇的合称。"五险"是五种保险，包括养老保险、医疗保险、失业保险、工伤保险和生育保险；"一金"是住房公积金。其中养老保险、医疗保险、失业保险，这三种保险和住房公积金是由企业和个人共同缴纳的保费，工伤保险和生育保险完全由企业承担，个人不需要缴纳。

自 2014 年起，北京社会保险缴费年度调整为每年 7 月 1 日至次年 6 月 30 日，"五险一金"缴纳基数为上一年度每月税前工资的平均值，本地和外地城镇户口的"五险一金"缴纳比例如表 15-1 所示。

表 15-1　2014 年北京"五险一金"缴纳比例（本地和外地城镇户口）

项目	养老保险	医疗保险	失业保险	工伤保险	生育保险	住房公积金
企业缴纳比例	20%	10%+大额互助 1%	1%	0.2%～2%	0.8%	12%
个人缴纳比例	8%	2%+3 元	0.2%	0	0	12%

（3）"个人所得税"是公民依法向国家缴纳的个人收入所得税。缴纳个人所得税是收入达到缴纳标准的公民应尽的义务。按国家税法的要求，职工的工资所得税需要交纳的金额由企业在发放工资时，予以扣除后，代替上缴给国家税务机关。"个人所得税"是收入所得额在个税起征点以上部分按不同比例分段扣除：2011 年 9 月 1 日起，中国内地个税起征点调至 3500 元。

应税所得额＝收入所得额－个人所得税起征点

＝应发工资－（三险一金）－ 3500

个人所得税＝应税所得额×适用税率－速算扣除数

"个人所得税"缴纳标准如表 15-2 所示。

表 15-2　个人所得税缴纳标准

级数	全月应纳税所得额（含税所得额）	税率	速算扣除数
1	不超过 1500 元	3%	0
2	超过 1500～4500 元	10%	105
3	超过 4500～9000 元	20%	555
4	超过 9000～35000 元	25%	1005
5	超过 35000～55000 元	30%	2755
6	超过 55000～80000 元	35%	5505
7	超过 80000 元以上	45%	13505

（4）实发工资就是从应发工资中扣除所有扣款剩余的部分。

实发工资＝应发工资－（三险一金）－ 个人所得税

理解和明确这些数据关系，才能准确应用 Excel 公式和函数，保证数据运算的精确。数据计

算是严谨的工作，不能马虎，绝不能出错。对计算结果、对这项工作，操作者要有很强的责任心。

以上分析的是工资表中各字段的含义及相互之间的关系，下面按工作过程完成工资表中所有字段值的计算和格式设置。

 完成任务

一、使用加法公式计算"应发工资"

首先以"应发工资"为例，体会 Excel 公式计算的思维方法和操作流程。

1. 应用加法公式计算"应发工资"

（1）算法分析（数学含义）

应发工资＝基本工资＋岗位工资＋补贴＋加班费＋出勤奖励（负数表示扣款）

提示 "出勤奖励"字段中负数表示扣款，所以可以直接进行加法运算，使计算简化、简便、易操作。

（2）转化为 Excel 公式表达式（用单元格表示）。孙媛的应发工资：

$$H4＝C4+D4+E4+F4+G4$$

（3）输入 Excel 公式的操作方法。单击 H4 选中（结果所在的单元格）→关闭汉字输入法，用英文状态输入"＝C4+D4+E4+F4+G4"→检查无误后，回车确认。如图 15-1 所示。

	A	B	C	D	E	F	G	H	I
3	编号	姓名	基本工资	岗位工资	补贴	加班费	出勤奖励	应发工资	住房公
4	001	孙 媛	6000	2000	200	1000	300	=C4+D4+E4+F4+G4	

图 15-1 输入孙媛"应发工资"的公式

提示 ① 公式的输入必须以"＝"开头；否则认为是字符。
② 公式中的所有字符都是英文状态输入。
③ 公式中的"单元格 C4"可以单击此单元格完成录入，所有的运算符需要用键盘输入。

（4）确认或取消。在单元格编辑栏左侧有三个按钮：✖表示取消；✔表示确认，相当于回车；𝑓𝑥表示插入函数。如图 15-2 所示。

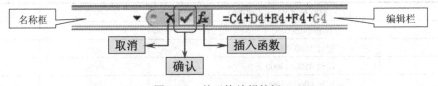

图 15-2 单元格编辑按钮

提示 在电脑操作中，尤其是数据运算时，前期的头脑思考、思维分析很重要。分析正确，操作很简单，畅通无阻，准确无误；分析错误，全部操作都是前功尽弃。所以数据运算时，算法分析非常重要，不能忽视，算法是决定成败的关键。

（5）修改与删除。如果输入公式错误，选中错误单元格，在编辑栏中修改；或者双击错误的单元格，在单元格内修改。

删除错误公式。单击选中单元格，单击键盘上的 Delete 键（删除键），可将错误公式删除。

（6）观察公式及结果

①回车确认之后，计算结果放在什么地方？公式留在什么地方？目的是什么？

回车确认之后，H4 单元格中出现公式计算的结果，而公式保留在编辑栏中。如图 15-3 所示。计算结果放在单元格，使数据更直观，而公式留在编辑栏，便于检查、核对、修改、编辑。

H4		=C4+D4+E4+F4+G4					
	A	B	C	D	E	F	G	H
3	编号	姓名	基本工资	岗位工资	补贴	加班费	出勤奖励	应发工资
4	001	孙媛	6000	2000	200	1000	300	9500

图 15-3 孙媛应发工资 H4 的计算结果

②如果更改原始数据，仔细观察结果的变化，得出什么结论？

如果更改原始数据，回车确认后，H4 单元格中的计算公式会自动重新计算，得到新的计算结果，这就是 Excel 自动更新功能。

（7）思考问题

其余人的"应发工资"怎么计算？是一个个用公式吗？

显然不是，Excel 提供了复制公式的功能，利用复制公式，使相同规则的运算变得简单、快捷、准确，下面学习复制公式的方法。

2. 使用填充柄复制公式

（1）复制公式的前提条件：如果同一列或同一行的数据算法完全相同，可以复制公式。

（2）复制公式方法：利用填充柄复制公式。

因为所有员工的应发工资的算法都是相同的，因此，可以将孙媛的应发工资 H4 的公式复制到每个人。

（3）操作方法

★ **步骤1** 选中已输入正确公式的单元格 H4；

★ **步骤2** 鼠标放在单元格右下角的"填充柄"[黑色小方块]上，鼠标变成黑色十字；

★ **步骤3** 按住左键（复制的功能），向下拖动鼠标（鼠标一直是黑色十字），直到最后一个需要计算的单元格为止，松手；

★ **步骤4** 复制公式完成后，单击任意单元格，检查编辑栏中的公式是否正确。

复制公式后，一定要逐个检查复制的公式是否正确，严把质量关。

归纳总结

从"应发工资"的思考、分析、计算、操作过程，学会了 Excel 公式计算的流程：

算法分析→转化为 Excel 公式表达式→输入公式→复制公式→检查核对→……

下面以同样的思维方式和操作步骤，计算工资表的其他项目。

二、使用乘法公式计算"三险一金"

①"三险一金"的个人缴纳比例参照表 15-1 计算，其中北京市职工和单位月缴存公积金上限均为 1880 元。

②为简化、方便计算，假设缴纳基数为本月的应发工资。

1. 计算"住房公积金"

（1）"住房公积金"算法分析：住房公积金＝应发工资×12%

（2）转化为 Excel 公式表达式： I4＝H4*0.12

（3）输入乘法公式：单击 I4 → 输入"＝H4*0.12"→检查无误后，回车确认

"住房公积金"的计算过程、乘法公式、计算结果如图 15-4 所示。

			▼ × ✔ ƒ×	=H4*0.12			I4	▼	ƒ×	=H4*0.12
	G	H	I			G	H	I
3	出勤奖励	应发工资	住房公积金		3	出勤奖励	应发工资	住房公积金
4	300	9500	=H4*0.12		4	300	9500	1140

图 15-4　乘法公式计算"住房公积金"及计算结果

（4）复制公式：计算、检查完成后，利用填充柄将 I4 的公式复制到每个人。

（5）检查核对。逐个检查每人的"住房公积金"公式是否正确，严把质量关，养成质量监督、检查、控制的意识。

2. 计算"养老保险"、"医疗保险"、"失业险"

"三险"的算法会吗？跟"住房公积金"是同样的道理和过程。

（1）"养老保险"算法分析：养老保险＝应发工资×8%

（2）Excel 公式表达式：J4＝H4*0.08

（3）输入乘法公式：单击 J4 → 输入"＝H4*0.08"→检查无误后，回车确认

（4）复制公式：计算、检查完成后，利用填充柄将 J4 的公式复制到每个人。

（5）检查核对。逐个检查每个单元格的公式是否正确，严把质量关。

	J	K	L	
	L4	▼	ƒ×	=H4*0.002
3	养老保险	医疗保险	失业险	应
4	760	193	19	
5	816	207	20.4	
6	1360	343	34	
7	424	109	10.6	
8	648	165	16.2	
9	808	205	20.2	
10	896	227	22.4	
11	1024	259	25.6	

图 15-5　"失业险"计算结果

同理："医疗保险"K4＝H4*0.02＋3；"失业险"L4＝H4*0.002

"失业险"的乘法公式、计算结果、复制结果如图 15-5 所示。

发现问题　"失业险"的公式复制完成之后，发现单元格内计算结果的数据，小数位数长短不一，参差不齐。怎么处理？

职业意识　遇到数据的小数位数长短不一，参差不齐时，要根据数据表的实际情况设置统一的小数位数。对于工资表设置 2 位小数合适（金额数据以"元"为单位，两位小数表示精确到"分"）。

3. 设置单元格数字格式：数字 2 位小数格式

设置方法　选中需要设置格式的数据区域 L4:L23→单击"开始"选项卡"数字"组的数字格式按钮 常规 的右箭头→选"数字"（2 位小数），如图 15-6 所示。

三、使用减法公式计算"应税所得额"

个人所得税的起征点是 3500 元，计算个人所得税之前，先要知道应税所得额，才能决定纳税的对应税率，因为不同的应税所得额，纳税税率是不一样的，如表 15-2 所示。

（1）"应税所得额"算法分析：

应税所得额＝收入所得额－个税起征点＝应发工资－（三险一金）－ 3500

（2）Excel 公式表达式：M4＝H4－I4－J4－K4－L4－3500

（3）输入减法公式：单击 M4 → 输入"＝H4－I4－J4－K4－L4－3500"，检查无误后，回车确认。

（4）复制公式：计算、检查完成后，其他人的"应税所得额"算法和规律与 M4 相同，所以利用填充柄将 M4 的公式复制到每个人。

（5）检查核对。逐个检查每个单元格的公式是否正确，严把质量关。

（6）设置"应税所得额"区域的数字格式为"数字 2 位小数"，如图 15-7 所示。

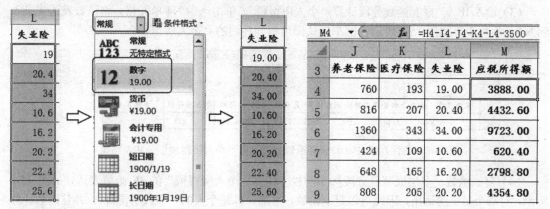

图 15-6 设置"失业险"为"数字"2 位小数格式   图 15-7 "应税所得额"计算公式、结果及数字格式

四、利用条件判断函数 IF（）分段计算"个人所得税"

2011 年 9 月 1 日后，个人所得税的起征点为 3500 元，超出部分的纳税税率如表 15-2 所示。

（1）"个人所得税" 算法分析：个人所得税＝应税所得额×适用税率－速算扣除数

根据表 15-2"个人所得税税率表"可得不同"应税所得额"的"个人所得税"算法如表 15-3 所示。

表 15-3 "个人所得税"算法

级数	"应税所得额" M4 数值	"个人所得税" N4 计算公式
0	M4≤0	N4＝0
1	0＜M4≤1500	N4＝M4*0.03
2	1500＜M4≤4500	N4＝M4*0.10－105
3	4500＜M4≤9000	N4＝M4*0.20－555
4	9000＜M4≤35000	N4＝M4*0.25－1005
5	35000＜M4≤55000	N4＝M4*0.30－2755
6	55000＜M4≤80000	N4＝M4*0.35－5505
7	M4＞80000	N4＝M4*0.45－13505

"个人所得税"根据"应税所得额"分段计算，由图 15-7 看出，每名员工的"应税所得额"各不相同，而且不在同一个税率范围内，因此不能用同样的比例、同样的公式计算所有人，那怎么办？

每人分别计算不同的比例吗？那公式就不能复制，也不会自动更新了。

（2）Excel 函数表达式。Excel 提供了条件判断函数 IF( )，来解决分段计算"个人所得税"的问题。因为税率对应的"应税所得额"是分段的，所以需要在 IF 函数中嵌套 IF，具体函数表达式如下：

N4＝IF(M4<=0,0,IF(M4<=1500,M4*0.03,

                    IF(M4<=4500,M4*0.1-105,

                    IF(M4<=9000,M4*0.2-555,

IF(M4<=35000,M4*0.25−1005,M4*0.3−2755)))))

从工资表看出，目前员工收入的"应税所得额"没有超出 55000，所以，"个人所得税"的 IF 条件语句先嵌套到<=55000 部分；如果工资中有更高的应税所得额，IF 条件语句应按照上面的语法结构和表 15-3，继续嵌套下去，直到最后一档。

（3）输入 IF（）嵌套函数分段计算"个人所得税"。单击选中 N4 单元格，将函数表达式录入到 N4 编辑栏中，如图 15-8 所示，回车确认即可得到孙媛的"个人所得税"。

| N4 | | fx | =IF(M4<=0, 0, IF(M4<=1500,M4*0.03, IF(M4<=4500,M4*0.1-105, IF(M4<=9000,M4*0.2-555, IF(M4<=35000,M4*0.25-1005,M4*0.3-2755))))) | | | | | |

	H	I	J	K	L	M	N	O	P
3	应发工资	住房公积金	养老保险	医疗保险	失业险	应税所得额	个人所得税	实发工资	
4	9500	1140	760	193	19.00	3888.00	283.8		

图 15-8　条件判断 IF（）嵌套函数分段计算"个人所得税"公式及结果

（4）复制函数。多层嵌套、分段按不同税率计算"个人所得税"的 IF 函数表达式如图 15-8 所示，对每个员工都适用，因此可以复制函数，准确计算每个人的"个人所得税"，并且函数计算结果能自动更新。

计算 N4、检查完成后，其他人的"个人所得税"算法和规律与 N4 相同，所以将 N4 的 IF（）函数复制到每一个人。

（5）检查核对。逐个检查复制的函数表达式是否正确。

（6）设置"个人所得税"区域的数字格式为"数字 2 位小数"。

如图 15-8 所示，"个人所得税"计算完成，所有的扣款就计算完了，可以计算"实发工资"了。

五、使用减法公式计算"实发工资"

在应发工资中将所有扣款（三险一金、个人所得税）扣除后，剩余的就是实发工资，因此用减法计算"实发工资"。

（1）"实发工资"算法分析：

实发工资＝应发工资－（三险一金）－ 个人所得税

　　　　＝应发工资－住房公积金－养老保险－医疗保险－失业险－个人所得税

（2）Excel 公式表达式：O4=H4－I4－J4－K4－L4－N4

（3）输入减法公式：单击 O4 → 输入"＝H4－I4－J4－K4－L4－N4"→检查无误后，回车确认

（4）复制公式：其他人的"实发工资"算法和规律与 O4 相同，所以将 O4 的公式复制到每一个人。

（5）检查核对。逐个检查复制的公式表达式是否正确。

（6）设置"实发工资"区域的数字格式为"数字 2 位小数"，如图 15-9 所示。

| O4 | | fx | =H4-I4-J4-K4-L4-N4 | | | | | |

	H	I	J	K	L	M	N	O
3	应发工资	住房公积金	养老保险	医疗保险	失业险	应税所得额	个人所得税	实发工资
4	9500	1140	760	193	19.00	3888.00	283.80	7104.20
5	10200	1224	816	207	20.40	4432.60	338.26	7594.34
6	17000	2040	1360	343	34.00	9723.00	1425.75	11797.25
7	5300	636	424	109	10.60	620.40	18.61	4101.79
8	8100	972	648	165	16.20	2798.80	174.88	6123.92

图 15-9　"实发工资"计算公式、结果及格式

至此，四则运算中的加、减、乘运算都进行了练习，通过工资表以上项目的思考、分析、计算、操作过程，学会了 Excel 四则运算公式表达式的正确书写方法，掌握了公式计算的操作流程和方法。

最后计算工资表中的"合计"。

思考：如果"合计"中的计算项目比较多，如 C24=C4+C5+C6+……+C23，显然用公式方法不是最好。可以使用函数来进行各种数学运算。

六、利用求和函数 SUM( )计算"合计"

求和函数：SUM( )（连加运算）计算单元格区域中所有数值的和。计算"基本工资的合计"方法如下。

（1）算法分析：合计 C24 ＝ C4+C5+C6+……+C23

"基本工资"的合计＝ 所有员工的基本工资的总和

（2）Excel 求和函数表达式：合计 C24=SUM(C4:C23)

函数名 参数(求和的连续数据区域)

表示计算从 C4 开始到 C23 为止的连续区域所有值的和。函数 SUM(C4:C23)中的冒号"："表示从 C4 开始到 C23 为止的连续区域。

（3）插入函数：如图 15-10 所示，单击 C24 选中→单击"公式"选项卡"函数库"中的"自动求和"按钮 Σ →在编辑栏中出现求和函数"＝SUM(C4:C23)"→检查函数及参数是否正确→回车确认。

提示
如果系统自动给出的参数或参数区域不正确，直接在编辑栏中修改，正确后，再回车确认。

回车确认后，运算结果显示在 C24 单元格中，函数（公式）留在编辑栏中，便于检查校对。如图 15-11 所示。

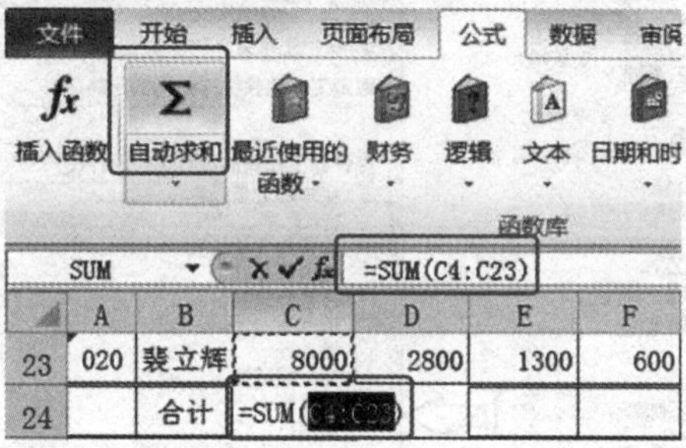

图 15-10　自动求和按钮 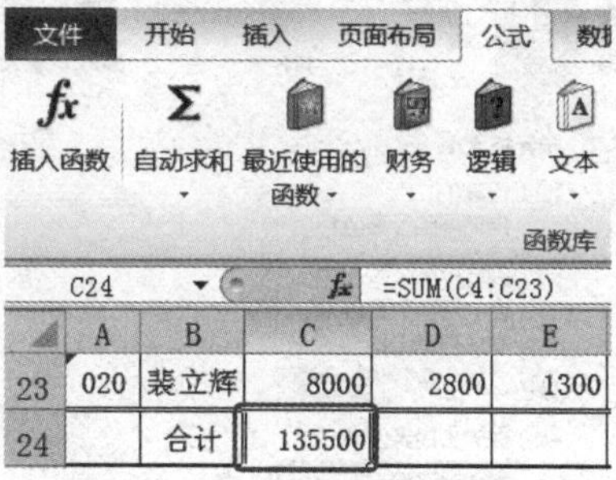　　　　图 15-11　求和函数 SUM( )计算"合计"

（4）复制函数。第 24 行其他各项的"合计"算法和规律与 C24 相同，所以可以复制函数，复制函数方法与复制公式方法相同。将 C24 的函数复制到同一行的每一项。

（5）检查核对。逐一检查复制的函数表达式是否正确。如图 15-12 所示。

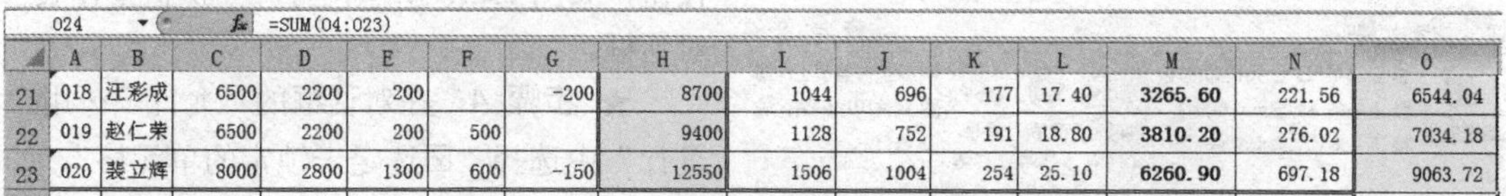

	A	B	C	D	E	F	G	H	I	J	K	L	M	N	O
21	018	汪彩成	6500	2200	200		−200	8700	1044	696	177	17.40	3265.60	221.56	6544.04
22	019	赵仁荣	6500	2200	200	500		9400	1128	752	191	18.80	3810.20	276.02	7034.18
23	020	裴立辉	8000	2800	1300	600	−150	12550	1506	1004	254	25.10	6260.90	697.18	9063.72
24		合计	135500	47200	12700	8350	−850	202900	24348	16232	4118	405.80	87796.20	8158.04	149638.16

图 15-12　复制求和函数及计算结果、格式

293

（6）设置格式。将计算结果中出现小数的单元格区域 L24:O24，设置数字格式为"数字 2 位小数"，如图 15-12 所示。

启发

求和函数是连续区域的连加运算，那"应发工资"的运算 H4＝C4+D4+E4+F4+G4，是否可以采用求和函数呢？可以。

① "应发工资"的求和函数表达式：H4＝SUM(C4:G4)

② 同理"应税所得额"的减法运算：M4＝H4－I4－J4－K4－L4－3500

转化为函数表达式：M4＝H4－SUM(I4:L4) －3500

③ "实发工资"的减法运算：O4＝H4－I4－J4－K4－L4－N4

转化为函数表达式：O4＝H4－SUM(I4:L4)－N4 （L4 与 N4 是不连续区域,不能用冒号连接）

至此，工资表的数据全部计算完成了，准确、快速、高效，提高了办公的效率和品质。

检查各项目的运算公式及函数是否准确，打印预览，查看整体效果，检查页面格式及数据表各部分格式、打印选项等设置得是否合适，应该正好一页 A4 纸，保存文件。在"制表人："后面签名。最后，对工资表进行结构保护。

七、保护工作表

为防止用户意外或故意更改、移动或删除重要数据，可以保护工作表或工作簿元素，可以使用或不使用密码。

1. 保护工作表

★ **步骤1**　选定不能更改的单元格（受保护的数据）→单击"开始"选项卡"单元格"组的"格式"按钮→在菜单中选择"锁定单元格"，如图 15-13 所示。

★ **步骤2**　依次锁定所有受保护的数据单元格。

★ **步骤3**　单击"开始"选项卡"单元格"组的"格式"按钮→在菜单中选择"保护工作表"→打开"保护工作表"对话框，如图 15-14 所示。

图 15-13　锁定单元格　　　　　　　　　　　图 15-14　保护工作表

或者：锁定所有受保护的数据单元格后，单击"审阅"选项卡"更改"组的"保护工作表"按钮，如图 15-15 所示，打开"保护工作表"对话框。

图 15-15　"审阅"选项卡"保护工作表"按钮

★ **步骤4**　在对话框的"允许……用户进行"中选择"☑选定未锁定的单元格"，如图 15-14 所示。

★ **步骤5**　如果要防止其他用户取消工

作表保护，在"密码"框中键入密码→单击"确定"，然后重新键入密码确认（可以不设置密码）。

设置"保护工作表"后，可以防止对工作表中的信息进行修改。若设定了密码，只有输入此密码才可取消对工作表的保护，并允许进行上述更改。

2. 撤销工作表保护

★ **步骤6** 单击"开始"选项卡"单元格"组的"格式"按钮→在菜单中选择"撤销工作表保护"。

或者：单击"审阅"选项卡"更改"组的"撤销工作表保护"按钮。

3. 文件加密

如果 Excel 工作簿中有很重要的数据需要保密，可以采用 Microsoft Office 提供的"文件加密"——为文件设置"打开密码"的措施来进行保密。

★ **步骤1** 单击"文件"→"另存为"。

★ **步骤2** 在"另存为"对话框中，选择保存位置，命名文件名，选择保存类型。再单击"工具"按钮，在列表中单击"常规选项"，如图 15-16 所示。

★ **步骤3** 在打开的"常规选项"对话框中，键入"打开权限密码"或"修改权限密码"，如图 15-17 所示。

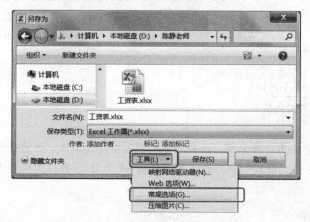

图 15-16　另存为→工具→常规选项

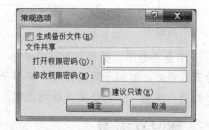

图 15-17　设置工作簿密码

★ **步骤4** 输入密码后，单击"确定"按钮。出现提示时，重新键入密码确认，单击"确定"。

★ **步骤5** 单击"保存"，如果出现提示，单击"是"替换已有的工作簿文件。

记住密码很重要。如果忘记了密码，Microsoft 将无法找回。设置工作簿密码的文件，不妨碍文件被删除。

提示

4. 删除或修改文件密码

方法同上，在"常规选项"对话框中选择要删除的密码，按 Delete，即可将密码删除。或输入新密码，即可将原密码修改为新密码。单击"保存"→"是"替换已有文件。

归纳总结

1. Excel 四则运算公式表达式的结构

Excel 中的公式由等号、操作数、运算符组成。公式以等号开始，表明之后的字符为公式，

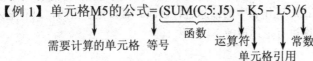

紧挨等号的是需要计算的元素（操作数），各项操作数之间用运算符连接。

【例1】单元格M5的公式=(SUM(C5:J5) − K5 − L5)/6

需要计算的单元格　等号　函数　运算符　常数

单元格引用

2. Excel 公式计算的思维、分析过程和计算、操作流程

① 算法分析；

② 转化为 Excel 公式表达式；

③ 输入公式；

④ 复制公式；

⑤ 检查核对；

⑥ 设置数据格式。

3. Excel 函数的结构

函数结构：函数名（参数1，参数2，…）。函数名是函数的名称，参数可以是常量、单元格引用、表达式等，各个参数之间用逗号分隔。有的函数可以不带参数。

【例2】求和函数 SUM（）

开始单元格　连续区域　结束单元格　　　　SUM 是求和函数的函数名；括号中的C4:C23 是

C24=SUM(C4 : C23)　　　　　　参数，表示单元格引用从 C4 开始到 C23 为止的连续

计算结果　函数名　参数（求和的连续区域）　区域。

【例3】条件判断函数 IF（）

N4=IF(M4<=1500, M4*0.03, M4*0.1 − 105)

　　条件表达式　　不满足条件时的值

函数名　满足条件时的值

IF是函数名；括号中有三个参数，之间用逗号分隔。函数功能：根据指定的条件，计算条件为真或假时，返回不同的结果。多用于条件判断或检测。最多可以使用 64 个 IF 函数作为后两个参数进行嵌套，以构造更详尽的测试。

评价反馈

完成各项操作后，填写表 15-4 所示的评价表。

表 15-4 "设计计算工资表"评价表

评价模块	评价内容		自评	组评	师评
	学习目标	评价项目			
专业能力	1. 管理 Excel 文件	新建、另存、命名、关闭、打开、保存文件			
	2. 准确、快速录入数据	新建、更名工作表			
		录入所有数据，设置数据格式，填充序列			
		录入准确率，录入时间			
	3. 设置工作表各部分格式	标题格式，日期格式			
		数据表表头格式			
		数据表字段值格式			
		数据表边框底纹格式			
		页面、边距、打印标题行、插入页码			
	4. 利用公式计算工资表的各项数据	各数据的算法分析			
		转化为 Excel 公式表达式：四则运算			
		加法公式计算"应发工资"，复制公式			

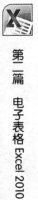

续表

评价模块	评价内容		自评	组评	师评
	学习目标	评价项目			
专业能力	4. 利用公式计算工资表的各项数据	乘法公式计算"三险一金"			
		设置单元格的数字格式: 2位小数			
		减法公式计算"应税所得额"			
		条件判断函数 IF( ) 分段计算"个税"			
		减法公式计算"实发工资"			
	5. 求和函数 SUM( ) 计算合计	求和函数 SUM( ) 计算"合计"			
		能复制函数,并核对			
	6. 根据预览整体效果和页面布局,进行合理修改、调整各部分格式				
	7. 保护工作表: 锁定单元格,保护工作表,撤销保护				
	8. 正确上传文件				
可持续发展能力	自主探究学习、自我提高、掌握新技术	□很感兴趣 □比较困难 □不感兴趣			
	独立思考、分析问题、解决问题	□很感兴趣 □比较困难 □不感兴趣			
	应用已学知识与技能	□熟练应用 □查阅资料 □已经遗忘			
	遇到困难,查阅资料学习,请教他人解决	□主动学习 □比较困难 □不感兴趣			
	总结规律,应用规律	□很感兴趣 □比较困难 □不感兴趣			
	自我评价,听取他人建议,勇于改错、修正	□很愿意 □比较困难 □不愿意			
	将知识技能迁移到新情境解决新问题,有创新	□很感兴趣 □比较困难 □不感兴趣			
社会能力	能指导、帮助同伴,愿意协作、互助	□很感兴趣 □比较困难 □不感兴趣			
	愿意交流、展示、讲解、示范、分享	□很感兴趣 □比较困难 □不感兴趣			
	敢于发表不同见解	□敢于发表 □比较困难 □不感兴趣			
	工作态度,工作习惯,责任感	□好 □正在养成 □很少			
成果与收获	实施与完成任务	□☺独立完成 □☺合作完成 □☒不能完成			
	体验与探索	□☺收获很大 □☺比较困难 □☒不感兴趣			
	疑难问题与建议				
	努力方向				

复习思考

1. Excel 中除法运算会做吗?举例说明,并写出 Excel 表达式。

2. "保护工作簿"有什么功能?如何操作?

3. "保护工作表"与"保护工作簿"有何区别?分别在什么情况下使用?

拓展实训

1. 计算【样文1】的"通过率",百分比格式,保留两位小数。写出 Excel 表达式。

 样文1

	A	B	C	D	E	F	G	H	I
1	旅游专业历届考证班--考证情况统计表								
2	年份	2006年	2007年	2008年	2009年	2010年	2011年	2012年	2013年
3	报名人数	54	44	34	61	63	64	65	71
4	考取人数	5	5	12	41	43	24	21	23
5	通过率								

2. 计算【样文2】"不合格率"，保留7位小数。写出 Excel 表达式。

东方电子公司质量统计表

产品名称	编号	生产数量	不合格数量	不合格率	不合格原因
UC两相插头	UC-121	3800	130		露芯线
三相插头	CH-131	1890	42		缩水、银丝
两相插头	CH-121	1680	100		缩水、有融接痕
UC三相插头	UC-131	3000	14		端子位置不到位
音视频插头	YSP-131	2460	50		端子过长、冲胶
五位插座	CZ-5	3000	49		未通过安全测试

仓库存货表

编号	商品名称	上月库存（台/部）	本月入库（台/部）	本月出库（台/部）	现存量（台/部）
SM001	笔记本电脑	100	80	160	
SM002	手机	500	400	800	
SM003	数码相机	300	0	150	
SM004	充电宝	200	600	460	
SM005	内存卡	1000	500	710	

3. 计算【样文3】"现存量"，写出 Excel 表达式。

4. 计算【样文4】"每月支出"、"每月余额"，货币格式；计算各项支出、每月支出、每月余额占收入的比例，百分比格式，保留两位小数。写出 Excel 表达式。

平价超市销售表

商品	单位	规格	单价	折扣率	打折价
五香煮瓜子	袋	1.25千克	¥17.00	80%	
可口可乐	瓶	2.5升	¥6.00	70%	
鲜橙多	瓶	2升	¥5.50	70%	
伊利纯牛奶	袋	1升	¥4.00	95%	
色拉油	壶	5升	¥47.00	90%	
雪花啤酒	件	12瓶	¥30.00	85%	
福德牛肉干	袋	1千克	¥69.00	65%	
湾仔码头水饺	袋	720克	¥34.90	95%	
清风卷纸	提	10卷	¥28.90	70%	
稻花香大米	袋	2.5千克	¥45.00	85%	

5. 计算【样文5】的"打折价"，货币格式，写出 Excel 表达式。

6. 计算【样文6】的"利润"，货币格式，写出 Excel 表达式。按要求进行分类汇总。

（1）按"销售员姓名"分类，分别计算不同销售员的销售"数量"、"利润"的总和。

（2）按"年月"分类，分别计算不同月份的销售"数量"、"利润"的总和。

（3）按"商品名称"分类，分别计算不同商品的销售"数量"、"利润"的总和。

华光五店商品销售记录单

年月	商品名称	销售员姓名	数量	进价	零售价	利润
2015年10月	创新音箱	李世民	12	120.00	158.00	
2015年10月	七喜摄像头	李世民	9	110.00	138.00	
2015年10月	COMO小光盘	萧　峰	10	1.80	4.20	
2015年10月	戴尔1442笔记本电脑	李世民	2	4380.00	4620.00	
2015年10月	电脑桌	萧　峰	4	75.00	120.00	
2015年10月	COMO小光盘	杨　过	2	1.80	4.10	
2015年10月	明基光盘	杨　过	5	1.50	3.50	
2015年11月	COMO小光盘	李世民	2	1.80	4.20	
2015年11月	COMO小光盘	萧　峰	11	1.80	4.20	
2015年11月	电脑桌	杨　过	3	75.00	120.00	
2015年11月	方正MP4	萧　峰	5	320.00	380.00	
2015年11月	COMO小光盘	李世民	10	1.80	4.20	

7.计算【样文7】的"正确速度"，保留两位小数。写出 Excel 表达式。

	A	B	C	D	E	F	G	H
1	2014年汉字录入比赛　成绩表							
2								2014年12月11日
3	座号	姓名	专业班级	准确率1 (%)	录入速度1 (字/分钟)	准确率2 (%)	录入速度2 (字/分钟)	正确速度 (字/分钟)
4	25	张文珊	学2014-3	100%	118	99%	92	
5	26	徐蕊	学2014-3	98%	99	98%	94	
6	4	张宇	汽修13-2	100%	110	98%	79	
7	14	闫雪	学2013-4	97%	94	98%	88	
8	15	杨茜	学2013-4	98%	94	97%	84	
9	17	杜鑫	航空13-3	95%	86	93%	68	

8. 计算【样文8】的"本月电费"、"本月水费"、"本月煤气费"、"本月物业费"、"合计"、"总计"等项目，保留两位小数，写出 Excel 表达式。提示：计算"总计"时，所有的"单价"（电费单价、水费单价、煤气单价、物业费单价）不计算"总计"。

	A	B	C	D	E	F	G	H	I	J	K	L	M	N	O
1	阳光花园F座15单元居民月消费表														
2													2015年10月F座15单元		
3	门号	户主姓名	用电度数	电费单价	本月电费	用水吨数	水费单价	本月水费	煤气字数	煤气单价	本月煤气费	建筑面积	物业费单价	本月物业费	合计
4	101	王清浩	980	0.6600		30	4.80		69	3.50		148	2.90		
5	102	林晨	1245	0.6600		42	4.80		72	3.50		180	2.90		
6	103	梁赫文	1090	0.6600		35	4.80		80	3.50		156	2.90		
7	201	付江山	280	0.5483		21	3.20		27	2.50		96	2.10		
8	202	付文华	320	0.5483		19	3.20		35	2.50		75	2.10		
9	203	胡影	390	0.5483		25	3.20		19	2.50		117	2.10		
10	301	付亚楠	400	0.5483		20	3.20		32	2.50		96	2.10		
11	302	乐婷	197	0.5483		18	3.20		20	2.50		75	2.10		
12	303	燕利	310	0.5483		27	3.20		21	2.50		117	2.10		
13	401	龚海蓉	360	0.5483		18	3.20		32	2.50		96	2.10		
14	402	李超	298	0.5483		23	3.20		30	2.50		75	2.10		
15	403	闫博文	361	0.5483		25	3.20		29	2.50		117	2.10		
16	501	周娜	1025	0.5483		30	3.20		46	2.50		210	2.10		
17	502	张永旭	1100	0.5483		32	3.20		52	2.50		165	2.10		
18	503	陈碧玉	1300	0.5483		29	3.20		71	2.50		263	2.10		
19		总计													

9. 计算【样文9】的"累计小时数"，保留一位小数。计算"停车费"（3 元/小时），货币格式。写出 Excel 表达式。提示："累计小时数"根据"分钟"分段计时如表 15-5 所示。

	A	B	C	D	E	F	G	H
1	计时停车收费表							
2	车牌号	停车时间	离开时间	累计时间				停车费
3				天数	小时	分钟	累计小时数	
4	京A677**1	2016/1/12 8:01	2016/1/12 11:50	0	3	49		
5	京B696**6	2016/1/13 8:52	2016/1/16 7:13	2	22	21		
6	川A136**7	2016/1/14 8:50	2016/1/15 13:02	1	4	12		
7	渝A440**2	2016/1/14 10:38	2016/1/14 19:56	0	9	18		
8	沪A711**7	2016/1/14 11:07	2016/1/14 13:19	0	2	12		
9	粤K364**4	2016/1/14 13:45	2016/1/15 9:47	0	20	2		
10	渝A667**7	2016/1/14 15:16	2016/1/16 15:34	2	0	18		

表 15-5　"分钟"分段计时表

"分钟"F4 数值	计为小时数
F4＜15	0
15≤F4＜30	0.5
F4≥30	1

Excel 表达式：
累计小时数
G4＝

停车费 H4＝

299

10. 打开"工资表.xlsx"文件，制作"出勤奖励"工作表【样文 10】，计算表中的"全勤奖"、"出勤奖励"项目，写出 Excel 表达式。提示："全勤奖"根据"工龄"分段奖励如表 15-6 所示，病事假每天扣 150 元，迟到每次扣 50 元。

表 15-6	"全勤奖"分配方案
"工龄"D4 数值	"全勤奖"E4 奖励金额(元)
D4≤1	100
1<D4≤5	200
5<D4≤10	300
10<D4≤20	400
D4>20	500

Excel 表达式：

全勤奖　E4＝

出勤奖励 H4＝

11. 打开"工资表.xlsx"文件，制作"年终奖"工作表【样文 11】，上网查询年终奖的个税计算方法，计算表中员工年终奖的"个人所得税"和"实发年终奖"。写出 Excel 表达式。（可以设置中间变量）

年终奖的个税计算方法：

年终奖个人所得税
F4＝

实发年终奖 G4＝

扩充提高

工资表转化为工资条

如何将 Excel 的工资表转化为每人一张的工资条？在 Excel 中有很多种方法可以实现，如分别选择表头和每行数据为"打印区域"，逐人逐条打印；或者在 Excel 中编写程序，都可以转化为工资条。

还有一种方法，可以更方便、更简单、更快速、更高效地将 Excel 工资表转化为工资条，就是在 Word 中利用邮件合并的功能来实现，简化操作，使用方便。邮件合并的方法参考"任务 10.2 设计制作证书"。

安装 Excel 小插件"Excel 新增工具集"能将每人的工资条免费发送到员工本人的电子邮箱与手机。

任务 **16**

统计分析成绩单

　　Excel 的数据运算功能很强大，除了可以使用公式进行四则运算外，还可以借助函数进行各种复杂的运算和统计分析。Excel 的函数非常丰富、详细，用途非常广泛，涉及各个领域，可以帮助用户解决各种各样的简单或疑难数学问题和统计分析问题。

　　本任务以"学生成绩单"为例，学习 Excel 的函数使用方法，感受 Excel 函数将复杂的数学问题和庞大的运算过程变得迎刃而解，体验轻松、精确、快速、高效的办公效率。

　　掌握了 Excel 的函数使用方法，可以使思维更加灵活，解决数学问题的方法更加多样、更加科学化，灵活解决工作中、生活中及各领域的疑难、复杂数学问题对你不再是难事。

　　"统计分析成绩单"任务分为四部分。

16.1　设计、制作、美化成绩单

16.2　函数计算成绩单

16.3　统计分析成绩单

16.4　绘制、美化成绩图表

16.1 设计、制作、美化成绩单

成绩单是很常见、很典型的一种数据运算、统计分析工作任务，成绩单中的很多运算、统计很具有代表性，掌握它们的函数运算方法，可以解决很多同类的报表运算、统计问题。因此从简单、常见、实用的"成绩单"开始，进入 Excel 2010 函数的学习。

在此任务中，将学到 Excel 2010 常用函数、统计函数的基本操作和函数使用方法，学会条件格式的设置、高级筛选、图表制作等功能。通过这个典型的工作任务，完整地操作全部过程，可以掌握数据报表的设计、制作、运算、统计、分析、筛选、绘制图表等一系列工作流程，顺利实现其他各类数据报表的全部工作。

在 Excel 2010 中建立本班的学生成绩单工作簿（文件），包含"学期总评"、"统计分析"、"优秀生名单"、"补考名单"、"成绩图表" 5 页工作表。

设计制作其中的第 1 页工作表"学期总评"成绩表。在表中录入标题、班级信息及本班所有学生的各单科成绩，如作品所示。设置成绩表各部分格式及页面格式。

学号	姓名	语文	数学	英语	计算机	专业课	总分	名次

学前教育专业2015-6班 学期总评成绩单
班主任：陈静 电话：13269880577 填表日期：2017年1月16日

学号	姓名	语文	数学	英语	计算机	专业课	总分	名次
2015160601	张文珊	90	96	90	100	92		
2015160602	徐茜	92	90	92	100	90		
2015160603	董媛媛	89	100	92	89	86		
2015160604	姜珊	76	84	90	91	90		
2015160605	赵子佳	64	78	72	70	83		
2015160606	陈鑫	91	92	99	85	100		
2015160607	王陈杰	84	57	79	82	85		
2015160608	张莉谊	69	76	85	75	88		
2015160609	栗秋萍	85	61	70	69	74		
2015160610	蒽相籽徽	60	89	90	88	66		
2015160611	戴娉雅	71	75	80	85	80		
2015160612	佟静文	82	84	89	97	63		
2015160613	何研雅	97	100	100	100	99		
2015160614	王梓政	88	74	56	66	55		
2015160615	史雅文	65	88	75	82	82		
2015160616	张智聪	85	60	64	74	88		
2015160617	曾欢	89	84	88	87	92		
2015160618	王昱	90	88	86	85	84		
2015160619	秦梦妍	83	84	78	80	83		
2015160620	王悦	76	79	81	80	85		
2015160621	张思杰	55	80	76	90	76		
2015160622	奇慧	54	70	49	60	84		
2015160623	阿丽	74	60	73	45	86		
2015160624	班利娟	57	65	70	55	50		
2015160625	蔡作旺	86	90	88	99	88		
2015160626	王一帆	85	58	79	95	90		
2015160627	徐荣慧	86	88	92	95	91		
2015160628	张珍	90	84	88	78	85		

各科成绩统计分析

	语文	数学	英语	计算机	专业课
平均分					
最高分					
最低分					
考试人数					
0～59					
60～74					
75～84					
85～99					
100					
优秀率					
及格率					
补考人数					

学期总评 统计分析 优秀生名单 补考名单 成绩图表

 分析任务

1. 成绩表的组成

在"学期总评"工作表中有两个数据表"学期总评成绩单"和"各科成绩统计分析",各数据表由标题(说明是什么成绩)、班级信息、数据表组成。"各科成绩统计分析"表放在"学期总评成绩单"的下方,并且"各科成绩统计分析"表的课程与上方成绩单中的课程对应(同一列),是为了计算时选择数据方便,也为了观察、对照、分析方便。

2. 成绩表的数据

"学期总评成绩单"中各课程的分数是已知数据,其他为计算结果。"总分"是"名次"统计的依据。

"各科成绩统计分析"表中统计的项目有平均分、最高分、最低分、考试人数、各分数段人数、优秀率、及格率、补考人数。这些统计项目便于分析考试情况和学生学习效果。在各分数段单元格左边对应的数字是分段数的区间点,是为 FREQUENCY 函数统计不同分数段人数时使用的。

以上分析的是成绩表的基本组成部分、数据表结构和项目,下面按工作过程快速完成所有的操作。

完成任务

(1)另存、命名文件:将文件保存在 D 盘自己姓名的文件夹中,文件名为"成绩单.xlsx"。

(2)新建 2 页工作表,将工作表标签 Sheet1 更名为"学期总评",后面依次更名为"统计分析"、"优秀生名单"、"补考名单"、"成绩图表",共计 5 页工作表。

(3)按作品所示录入所有数据,"学号"、"姓名"字段可以参考"学前 2015-6 档案.xlsx"中的数据。

(4)标题格式为:合并居中、垂直居中,楷体 16 号加粗,行高 24(40 像素)。

(5)班级信息格式为:垂直居中,文本左对齐,宋体 10 号,行高 15(25 像素)。

(6)数据表文字格式

① 表头格式:楷体 10 号加粗,垂直居中,水平居中,自动换行,行高 22。

② 字段值格式:数据区域:宋体 10 号,垂直居中;"学号"的字段值水平居中,"姓名"列宽 6.4(65 像素),字段值水平分散对齐;其它分数数值保持默认的水平右对齐。

③ 所有字段值的行高 18,调整适当的列宽。

(7)数据表边框线格式:内框 0.5 磅细线;外框 1.5 磅粗线;分隔线 0.5 磅细双线,如作品所示。

(8)数据表底纹格式:表头 A3:I3 设置浅黄色。

(9)"各科成绩统计分析"表格式:标题格式:楷体 14 号加粗,表头、所有字段值的行高 16,其它与"学期总评"格式相同。

(10)页面格式:A4 纸纵向,页边距:上下 1.4 厘米,左右 1.8 厘米,页眉页脚 0.8 厘米;数据表在页面水平方向居中。页眉左侧为校名,页眉中部为学年学期名,宋体 12 号加粗;页脚插入页码"第 1 页,共 ? 页"。设置标题至表头(前 3 行)为打印标题行。

(11)根据预览效果,调整数据表整体布局,使成绩表在一页 A4 纸内完全显示。保存文件。

16.2 函数计算成绩单

函数是 Excel 强大的数据处理功能中的重要部分，Excel 函数包括"财务函数"、"逻辑函数"、"文本函数"、"日期和时间函数"、"数学和三角函数"等，如图 16-1 所示。函数是预定义的计算公式或计算过程，按要求传递给函数一个或多个数据（每个数据称作参数），就能计算出一个唯一的结果。

图 16-1　Excel 的函数库

函数的一般结构是：函数名（参数 1，参数 2，…）。函数名是函数的名称，参数可以是常量、单元格引用、表达式等。有的函数可以不带参数。

打开文件"成绩单.xlsx"中的"学期总评"工作表，利用 Excel 函数计算"学期总评成绩单"中的总分，计算"各科成绩统计分析"表中的平均分、最高分、最低分、考试人数等项目，合理设置数据格式。

	A	B	C	D	E	F	G	H	I
1	学前教育专业2015-6班			学期总评成绩单					
2	班主任：陈静		电话：13269880577			填表日期：2017年1月16日			
3	学号	姓名	语文	数学	英语	计算机	专业课	总分	名次
4	2015160601	张 文 珊	90	96	90	100	92		
5	2015160602	徐 蕊	92	90	92	100	95		
31	2015160628	张 珍	90	84	88	78	85		
32									
33			各科成绩统计分析						
34			语文	数学	英语	计算机	专业课		
35		平均分							
36		最高分							
37		最低分							
38		考试人数							
39	59	0～59							
40	74	60～74							
41	84	75～84							
42	99	85～99							
43	100	100							
44		优秀率							
45		及格率							
46		补考人数							

学期总评　统计分析　优秀生名单　补考名单　成绩图表

 **分析任务**

本任务使用的函数及其计算的项目如下。

求和函数 SUM( )	总分
平均值函数 AVERAGE( )	平均分
最大值函数 MAX( )	最高分
最小值函数 MIN( )	最低分
计数函数 COUNT( )	考试人数

 **完成任务**

一、使用求和函数 SUM( )计算"总分"

求和函数 SUM( )：（连加运算）计算连续单元格区域中所有数值的和。计算"总分"方法如下。

（1）算法分析：总分＝语文＋数学＋英语＋计算机＋专业课

总分 H4 ＝ C4+D4+E4+F4+G4

（2）Excel 求和函数表达式：总分 H4 ＝ SUM（C4:G4）

求和的数据区域

表示计算从 C4 语文开始到 G4 专业课为止的连续区域（所有课程成绩）的总和。函数 SUM(C4:G4)中的冒号"："表示从 C4 开始到 G4 为止的连续区域。

（3）插入函数：如图 16-2 所示，单击 H4 选中→单击"公式"选项卡"函数库"中的"自动求和"按钮 **∑** →在编辑栏中出现求和函数"=SUM(C4:G4)"→检查函数及参数是否正确→回车确认。

 提示 如果系统自动给出的参数或参数区域不正确，直接在编辑栏中修改正确后，回车确认。

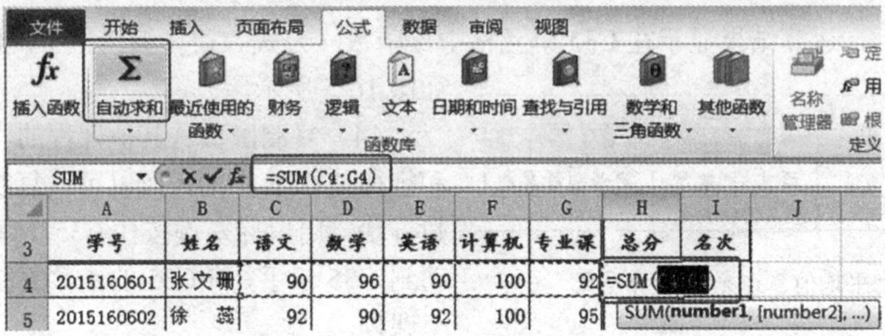

图 16-2 求和函数计算总分 H4

回车确认后，运算结果显示在 H4 单元格中，函数（公式）留在编辑栏中，便于检查校对。如图 16-3 所示。

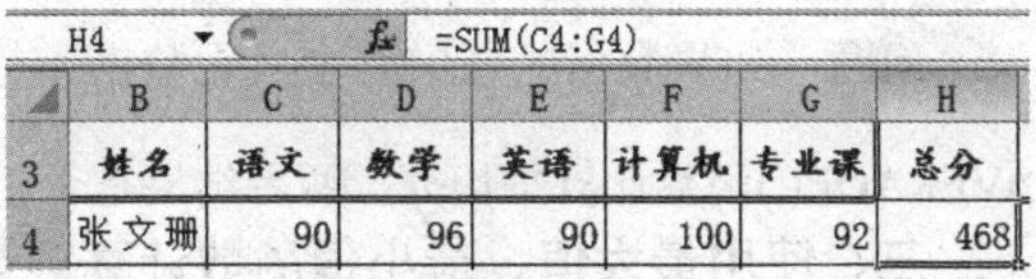

（4）复制函数。H 列中其他同学的"总分"算法和规律与 H4 相同，所以可以复制函数。复制函数方法：双击 H4 右下角的"填充柄"（黑色小方块），将 H4 的函数复制到同一列的每一项。

图 16-3 "总分"的求和函数及计算结果

（5）检查核对。逐一检查复制的函数表达式是否正确。

鼠标左键双击填充柄的复制方法，只适用于向下复制，水平方向的横向复制，此法无效，需要用鼠标左键按住填充柄，向右拖动复制。

求和函数的应用：求和函数可以计算"合计"、"小计"、"总计"、"总和"等数据。

二、使用平均值函数 AVERAGE（ ）计算"平均分"

平均值函数 AVERAGE( )：计算参数的算术平均值。计算语文的"平均分"方法如下。

（1）算法分析：语文平均分=所有语文成绩的总和÷考试人数

语文平均分 C35＝(C4+C5+C6+……+C31)/人数

（2）Excel 平均值函数表达式：平均分 C35 ＝ AVERAGE(C4:C31)

求平均值的数据区域

表示计算所有语文成绩从 C4 开始到 C31 为止的连续区域的平均值。

（3）插入函数：如图 16-4 所示，单击 C35 选中→单击"公式"选项卡"函数库"的"自动求和"按钮的下箭头→在菜单中选择"平均值"函数→ 在单元格和编辑栏中出现平均值函数表达式"= AVERAGE（）"→在函数的括号内选择或输入计算区域"C4:C31"→检查函数及参数是否正确→回车确认或单击✔确认。

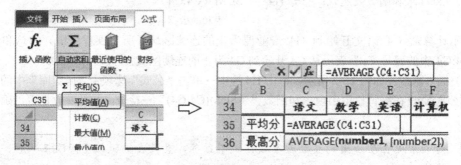

图 16-4　平均值函数计算语文平均分 C35

回车确认后，运算结果显示在 C35 单元格中，函数（公式）留在编辑栏中，便于检查校对。如图 16-5 所示。

图 16-5　"平均值"函数及计算结果

（4）复制函数。其他课程的"平均分"算法和规律与 C35 相同，所以可以复制函数。复制函数方法：用鼠标左键按住 C35 的填充柄，向右拖动到 G35 松手，将 C35 的函数复制到同一行的各个课程。

（5）检查核对。逐一检查复制的函数表达式是否正确。

（6）设置数据格式。将计算结果中出现小数的单元格区域 C35:G35，设置数字格式为"数字2位小数"。

问题　如果数据区域中有空（无数据）的单元格[___]，或者有"0"的单元格[___]，利用 AVERAGE( )函数计算平均分，两者结果是否相同？自己操作试试看。

三、使用最大值、最小值函数计算"最高分"、"最低分"

最大值函数 MAX( )：返回一组数值中的最大值，忽略逻辑值及文本。

最小值函数 MIN( )：返回一组数值中的最小值，忽略逻辑值及文本。

计算语文的"最高分"：函数表达式：最高分 C36 ＝ MAX(C4:C31)

计算语文的"最低分"：函数表达式：最低分 C37 ＝ MIN(C4:C31)

操作方法与上面相同。

四、使用计数函数 COUNT( )统计"考试人数"

考试人数不用数，用计数函数 COUNT（）即可实现精确、高效的统计。

计数函数 COUNT( )：计算区域中包含数字的单元格的个数。

统计语文的"考试人数"：函数表达式：C38 ＝ COUNT(C4:C31)

操作方法与上面相同。

问题 如果有学生缺考，如何处理？是否影响统计考试人数？

思考 单元格中如果没有数据，是否统计其个数？单元格中如果是"0"，是否统计其个数？单元格中如果是文字，是否统计其个数？

分析 COUNT( )函数的功能是计算（统计）数据区域中包含数字的单元格的个数。因此，如果单元格中没有数据，则不计算此单元格的个数；如果单元格中是"0"，则计算此单元格的个数。如果单元格中是文字，则 COUNT( )函数不计算文字单元格的个数。

解决方法 如果学生缺考，单科成绩的单元格为空，则不影响考试人数的统计；而单元格内填写"0"，则表示单科成绩为 0 分，统计考试人数时，要将 0 分的个数计算在内。

至此，五个常用函数：求和 SUM、平均值 AVERAGE、最大值 MAX、最小值 MIN、计数 COUNT 的运算都学会应用了。保存文件。

归纳总结

Excel 函数计算的思维、分析过程和计算、操作流程。

① 算法分析；

② 确定 Excel 函数表达式；

③ 调用函数；

④ 检查参数区域或选择（录入）参数；

⑤ 复制函数；

⑥ 检查核对；

⑦ 设置数据格式。

16.3　统计分析成绩单

提出任务

打开文件"成绩单.xlsx"，在"学期总评"成绩表中，完成下列各项操作。

1. 标记单科不及格成绩为红色加粗字体格式，优秀成绩为蓝色加粗倾斜字体格式；

2. 统计"各科成绩统计分析"表中的各分数段人数；

3. 计算优秀率、及格率、补考人数等项目，合理设置数据格式；

4. 利用 Excel 的排名次函数 RANK 计算"学期总评"成绩单中的名次；

5. 筛选"优秀生"，并生成"优秀生名单"工作表；筛选"补考名单"，并生成"补考名单"

工作表；

    6．选择性粘贴生成"统计分析"工作表。

作品展示

学前教育专业2015-6班		学期总评成绩单						
班主任：陈静		电话：13269880577				填表日期：2017年1月16日		
学号	姓名	语文	数学	英语	计算机	专业课	总分	名次
2015160601	张文珊	90	96	90	100	92		
2015160602	徐 蕊	92	90	92	100	95		
2015160624	班利娟	57	65	70	55	50		
2015160625	秦怀旺	86	90	88	99	88		
2015160626	王一帆	85	58	79	95	90		

		各科成绩统计分析				
		语文	数学	英语	计算机	专业课
	平均分					
	最高分					
	最低分					
	考试人数					
59	0～59					
74	60～74					
84	75～84					
99	85～99					
100	100					
	优秀率					
	及格率					
	补考人数					

学期总评 / 统计分析 / 优秀生名单 / 补考名单 / 成绩图表

分析任务

    1．Excel 统计、分析数据的方法

    成绩表中的各项计算、统计、分析、筛选等数据运算工作，全部使用函数来完成，借助函数的强大自动运算功能，实现计算结果精确和自动更新，提高工作效率。

    （1）标记不及格成绩时，用"条件格式"进行设置，不用手动一个个设置或标记；

    （2）统计各分数段人数时，使用 FREQUENCY（ ）函数自动计算，自动更新，不用人为计数；

    （3）排列名次时，使用 RANK（ ）函数自动计算，自动更新，不用手工添加名次序列；

    （4）筛选优秀生名单时，用高级筛选，设置好优秀生条件，一次筛选完成，并能自动更新，不用手工从工作表中一个个挑选；补考生名单也是如此；

    （5）统计各科的补考人数和每人的补考科数，使用 COUNTIF（ ）函数自动统计，自动更新，不用手动一个一个数。

    2．本任务使用的函数及其统计的项目

频率分布函数 FREQUENCY（ ）   统计"各分数段人数"

排名次函数 RANK（ ）   排列"名次"

条件计数函数 COUNTIF（ ）   统计"各科补考人数"和"每人的补考科数"

 完成任务

一、利用"条件格式"标记特殊数据（不及格成绩、优秀成绩）

1. 标记不及格成绩

对于不及格成绩，希望用醒目的颜色或底纹将不及格成绩进行标记，以示区分和提醒，Excel 提供了"条件格式"，可以实现这个功能。

一般情况会将不及格成绩用红色加粗字体显示，与其他成绩对比效果明显，容易区分。

将所有单科成绩中＜60 的不及格数据进行标记，标记的字体格式为"红色加粗"，设置"条件格式"的操作步骤如下。

★ **步骤1** 选择 C4:G31 的数据区域（全部的单科成绩）。

★ **步骤2** 单击"开始"选项卡"样式"组的"条件格式"按钮→在菜单中选择"突出显示单元格规则"→"小于"，打开"小于"对话框，如图 16-6 所示。

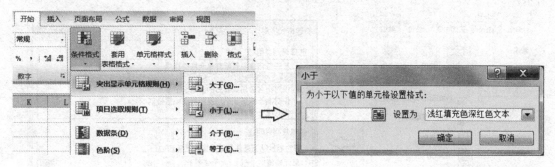

图 16-6 设置条件格式→打开"小于"对话框

★ **步骤3** 在"小于"对话框的"小于值"框中输入"60"，在"设置为"列表中选择需要设置的格式，如果这些格式都不符合需要，单击"自定义格式"，打开"设置单元格格式"对话框，如图 16-7 所示。

★ **步骤4** 在"设置单元格格式"对话框"字体"选项中，设置字形为"加粗"，颜色为"红色"，如图 16-7 所示。

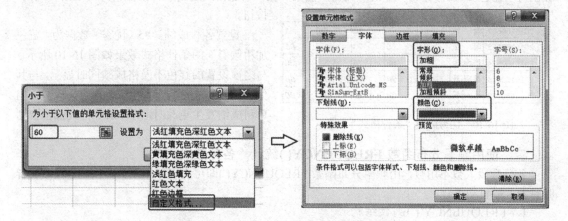

图 16-7 设置"自定义格式"→"红色加粗"

★ **步骤5** 设置完成，单击"确定"按钮；在"小于"对话框中，再单击"确定"按钮。

设置各科成绩＜60（不及格）数据为"红色加粗"的条件格式效果如图 16-8 所示，与其他成

绩区别非常醒目、明显，很容易区分、查找。当单科成绩发生更改时，这种条件格式自动更新。

2. 标记优秀成绩

对于所有单科成绩中≥85 的优秀数据也可以进行标记，标记的字体格式应有别于其他格式，例如标记为"蓝色加粗斜体"，操作方法如下。

25	2015160622	奇 慧	54	70	49	60	84
26	2015160623	阿 丽	74	60	73	45	86
27	2015160624	班利娟	57	65	70	55	50
28	2015160625	秦怀旺	86	90	88	99	88
29	2015160626	王一帆	85	58	79	95	90

图 16-8 不及格成绩"条件格式"效果

★ **步骤6** 选择 C4:G31 的数据区域（全部的单科成绩）。

★ **步骤7** 单击"开始"选项卡"样式"组的"条件格式"按钮→在菜单中选择"新建规则"，打开"新建格式规则"对话框，如图 16-9 所示。

★ **步骤8** 在"新建格式规则"对话框的"选择规则类型"中选择"只为包含以下内容的单元格设置格式"，在"设置格式"中选择运算符为"大于或等于"，数值框中输入"85"，如图 16-9 所示。

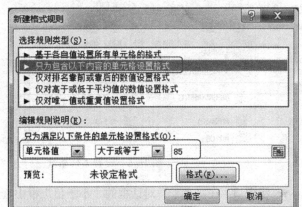

图 16-9 条件格式→新建格式规则

★ **步骤9** 单击"格式"按钮，在"设置单元格格式"对话框中，设置字形为"加粗倾斜"，颜色为"蓝色"，设置完成，单击"确定"按钮；在"新建格式规则"对话框中，再单击"确定"按钮。

25	2015160622	奇 慧	54	70	49	60	84
26	2015160623	阿 丽	74	60	73	45	*86*
27	2015160624	班利娟	57	65	70	55	50
28	2015160625	秦怀旺	*86*	*90*	*88*	*99*	*88*
29	2015160626	王一帆	*85*	58	79	*95*	*90*

图 16-10 优秀成绩"条件格式"效果

设置各科成绩≥85（优秀）数据为"蓝色加粗倾斜"的条件格式效果如图 16-10 所示，与之前设置的红色不及格成绩同时显示，与其他成绩区别非常醒目、明显，很容易区分。当单科成绩发生更改时，两种条件格式都会自动更新。

二、使用频率分布函数 FREQUENCY( )统计"各分数段人数"

各分数段人数不用数，用频率分布函数 FREQUENCY( )即可实现频率统计，精确、高效、省时省力，能自动更新。

1. FREQUENCY ( )函数结构

频率分布函数 FREQUENCY ( )：函数以一列垂直数组的形式，返回某个区域中数据的频率分布。

函数表达式为：FREQUENCY (data_array，bins_array)

① Data_array 用来计算频率的数组，或对数组单元区域的引用（空格及字符串忽略）。

② Bins_array 设定对 data_array 进行频率计算的分段点，为一数组或对数组区域的引用。

2. 统计"各分数段人数"

（1）算法分析

① 本任务统计频率的数据区域为 C4:C31（语文单科成绩）；

② 各分数段如图 16-11 所示，分为 0～59、60～74、75～84、85～99、100 五个档次，每个分数段的分段点区域为 A39:A43（59、74、84、99、100），放在分数段左侧的单元格内（备用）；

③ 统计语文"各分数段人数"(频率分布)的结果放在 C39:C43 区域内（结果为垂直数组）。

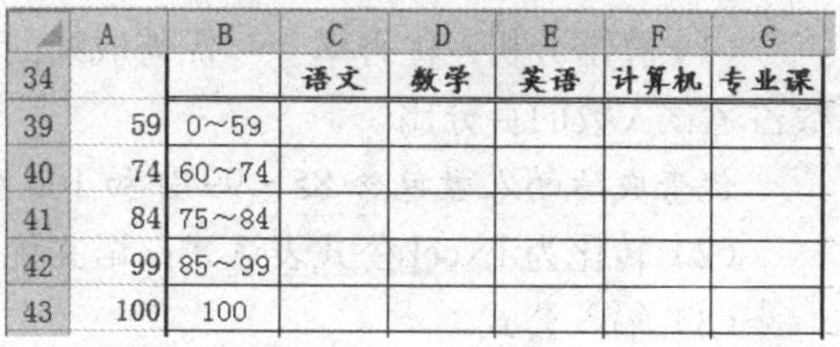

	A	B	C	D	E	F	G
34			语文	数学	英语	计算机	专业课
39	59	0～59					
40	74	60～74					
41	84	75～84					
42	99	85～99					
43	100	100					

图 16-11　各分数段及分段点

（2）函数表达式 <u>C39:C43</u>＝FREQUENCY(<u>C4:C31</u>, <u>$A$39:$A$43</u>
　　　　　　　　结果区域　　　函数名　语文统计区域　分段点区域

提示

函数特点：频率分布函数 FREQUENCY ( )是数组函数，计算结果、两个参数都是数据区域；不能用回车确认，必须同时按下"Ctrl + Shift + Enter"组合键确认；函数的参数"$A$39:$A$43"表示绝对引用；数组函数可以复制。

（3）插入（调用）频率函数

★ **步骤** 10　选中 C39:C43 单元格区域（结果区域）。

★ **步骤** 11　在编辑栏中输入或插入函数表达式"＝FREQUENCY（C4:C31,$A$39:$A$43）"，如图 16-12 所示。

★ **步骤** 12　同时按下"Ctrl + Shift + Enter"组合键确认，得到"语文"各分数段人数的统计结果，显示在单元格 C39:C43 区域中，如图 16-13 所示，频率分布的数组函数 FREQUENCY（）表达式留在编辑栏中，便于检查校对。

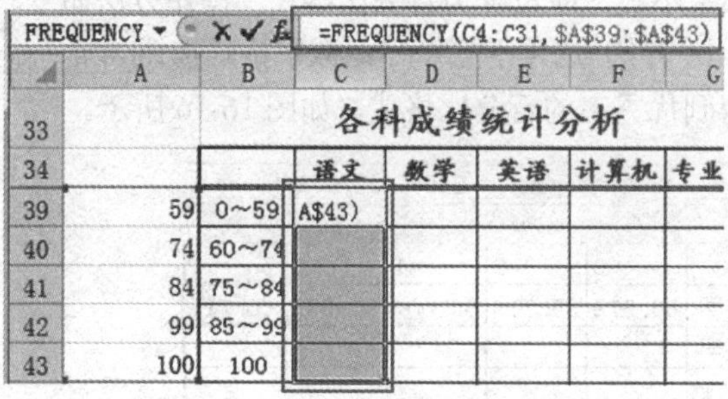

图 16-12　选择语文分数段区域，输入函数表达式 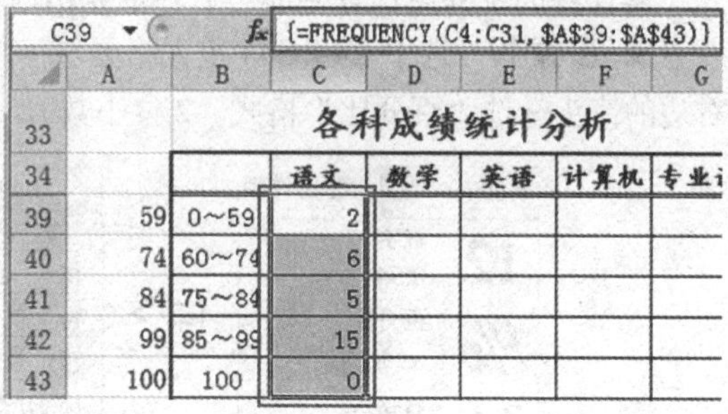　图 16-13　"语文"各分数段人数的统计结果

（4）复制频率函数。其他课程的"各分数段人数"统计方法和规则与语文相同，统计区域是各课程的分数区域，分段点区域$A$39:$A$43 不变，可以复制频率函数。

★ **步骤** 13　选中 C39:C43 单元格区域，用鼠标左键按住右下角的填充柄，向右拖动到 G39:G43 松手，将频率函数复制到各个课程的分数段区域。

（5）检查核对复制结果。

★ **步骤** 14　逐个选中各课程的"分数段区域"，检查复制的频率函数表达式是否正确。

如统计数学的"各分数段人数"：D39:D43＝FREQUENCY(D4:D31,$A$39:$A$43)

统计计算机的"各分数段人数"：F39:F43＝FREQUENCY(F4:F31,$A$39:$A$43)

★ **步骤** 15 改变各科成绩的分数值,观察频率分布结果(各分数段的人数),发现能自动更新,总是与数据表保持一致。

三、使用除法公式计算"优秀率"和"及格率"

1. 除法公式计算"优秀率"

(1)算法分析:优秀率 = 优秀成绩的人数(≥85分的人数)/考试总人数,表示优秀成绩人数占考试人数的百分比。

优秀成绩的人数包含85~99分和100分两个档次的人数之和,即C42+C43。

(2)转化为Excel公式表达式:语文优秀率C44 =(C42+C43)/C38

(3)输入公式。

★ **步骤** 16 单击C44,选中→在编辑栏中输入"=(C42+C43)/C38"→回车确认或单击✔确认,计算结果如图16-14所示。

(4)复制公式,检查核对。

★ **步骤** 17 将C44的除法公式复制到同一行的各个课程,如图16-15所示。

C44		fx	=(C42+C43)/C38	
	A	B	C	D	E
			语文	数学	英语
34					
38		考试人数	28	28	28
41	84	75~84	5	10	7
42	99	85~99	15	8	13
43	100	100	0	2	1
44		优秀率	0.5357		

图16-14 语文"优秀率"计算公式及结果

G44		fx	=(G42+G43)/G38		
	A	B	C	D	E	F	G
34			语文	数学	英语	计算机	专业课
38	考试人数		28	28	28	28	28
41	75~84		5	10	6	6
42	85~99		15	8	13	12	16
43	100		0	2	1	3	1
44	优秀率	0.5357	0.3571	0.5	0.5357	0.6071

图16-15 "优秀率"复制结果

★ **步骤** 18 逐一检查复制的公式表达式是否正确,得到所有课程的"优秀率"。

(5)设置"百分比"格式。

各课程的优秀率计算完成之后,单元格内都是小数,应设置为百分比格式,操作方法如下。

★ **步骤** 19 选中C44:G44单元格区域→单击"开始"选项卡"数字"组数字格式按钮 常规 ▼ 右边的箭头→选"百分比"格式(2位小数),得到优秀率的百分比格式,如图16-16所示。

图16-16 设置单元格"百分比"格式

2. 除法公式计算"及格率"

(1)算法分析:及格率=所有及格的人数(≥60分的人数)/考试总人数,表示及格成绩人数占考试人数的百分比。

及格成绩的人数包含60~74分、75~84分、85~99分和100分四个档次的人数之和,即C40+C41+C42+C43,或用求和函数表示为SUM(C40:C43)。

(2)转化为Excel公式表达式:

语文及格率C45 =(C40+C41+C42+C43)/C38 或者 C45=SUM(C40:C43)/C38。

也可以用另一种方式表达:C45=1–C39/C38 其中C39/C38表示不及格率,"1–不及格率"

就是及格率。

所以，计算"及格率"有三种表达式： C45 ＝(C40+C41+C42+C43)/C38

C45 ＝SUM(C40:C43)/C38

C45 ＝1−C39/C38

三种表达式都可以计算出及格率，结果相同，用哪一种都可以，自己选最简便的方式。

（3）输入公式的方法与上面相同。

（4）复制公式、检查核对与上面相同，得到所有课程的"及格率"。

（5）设置"及格率"为"百分比"格式。

3. 计算"补考人数"

（1）分析："补考人数"就是不及格的人数，即 0～59 分数段的人数。

（2）表达式：语文补考人数 C46＝C39，即补考人数等于 0～59 分数段的人数。

（3）输入公式的方法与上面相同。

（4）复制公式、检查核对与上面相同，得到所有课程的"补考人数"。

四、使用排名次函数 RANK( )计算"名次"

如何对总分排名次？先排序再填充序列吗？如果个别人的单科成绩发生变化怎么办？重新排序吗？

不是的，在 Excel 中有一个非常高效、有用的办法可以解决这类问题——名次排序函数。

所以，学生总分的名次不用排序后再输入序列的人为、手工方法，用排名次函数 RANK( )即可实现排列名次，精确、高效、省时省力，而且能自动更新。

1. 排名次函数结构

排名次函数 RANK( )：返回某一个数字在一列数字列表中相对于其他数值的大小排名。

函数表达式为：RANK（number，ref，order）

Number 为需要排名次的数字；Ref 为排名次的数据范围，或对数字列表的引用（非数字值将被忽略）；Order 为一数字，指明排位的方式，如果为 0（零）或省略，降序；非零值，升序。

函数 RANK( )对重复数的排位相同，后续的排位顺延。

例如：学生 1 的名次　I4 =　RANK　(H4,　$H$4:$H$31)

名次结果　函数名　学生 1　所有学生的
的总分　总分区域

函数表示学生 1 的总分在所有学生总分区域中的排名。

2. 单元格引用的类型（绝对引用，相对引用）

函数表达式中出现的"所有学生的总分"数据区域"$H$4:$H$31"，与前面的单元格表示法"H4"不一样，这种表示法称为"绝对引用"。

（1）绝对引用：在复制公式时，公式中始终保持不变的引用单元格地址，称为"绝对引用"，需要使用绝对引用方式"$列标$行号"。

① 绝对引用的表示方法：在单元格的列标、行号前加"$"符号，如$H$4 表示绝对引用单元格，$H$4:$H$31 表示绝对引用区域。

② 作用：使用绝对引用时，复制公式后，公式中的单元格引用地址始终不发生变化。

③ 绝对引用的切换方法：在编辑栏中，选中需要设置绝对引用的单元格，按 F4 键进行切换。

例如：I4=RANK(H4, $H$4:$H$31)，表示在复制函数时，每一位学生总分排名次，总分范围 H4:H31 不管复制到哪都不会改变，都在同一个数据范围内排名，保证排名次的同一性，准确性。复制后函数表达式如下：

I5 ＝ RANK(H5, $H$4:$H$31)

I6 ＝ RANK(H6, $H$4:$H$31)

I7 ＝ RANK(H7, $H$4:$H$31)

……

（2）相对引用：相对引用是 Excel 默认的引用方式。相对引用是指将一个含有单元格地址的公式复制到一个新位置时，公式中的单元格地址会随着一起改变，称为相对地址。如上例 I4＝RANK(H4, $H$4:$H$31)中的 H4。

3．排名次函数 RANK 统计"名次"

（1）算法分析：学生 1 的总分 H4 在所有学生总分区域 H4:H31 中的排名或名次。

（2）函数表达式：I4＝RANK(H4, $H$4:$H$31)

（3）插入（调用）函数

★ **步骤 20**　单击 I4 单元格选中。

★ **步骤 21**　在编辑栏中输入或插入函数表达式"＝RANK(H4, $H$4:$H$31)"。

★ **步骤 22**　切换绝对引用。在函数表达式的数据区域"H4:H31"的单元格 H4 前单击鼠标，按 F4，变成绝对引用$H$4，再单击 H31 前，按 F4，变成绝对引用$H$31。

★ **步骤 23**　回车确认或单击✓确认，排名次结果显示在 I4 单元格，RANK（）函数表达式留在编辑栏，便于检查校对，如图 16-17 所示。

I4		fx	=RANK(H4, $H$4:$H$31)			
	C	D	E	F	G	H	I
3	语文	数学	英语	计算机	专业课	总分	名次
4	90	96	90	100	92	468	3

图 16-17　"名次"排列函数及结果

（4）复制函数。其它学生的"名次"算法和规律与 I4 相同，并且表达式中所有学生的总分区域不变，设置为绝对引用$H$4:$H$31，所以可以复制排名次函数。

★ **步骤 24**　选中 I4 单元格，双击 I4 右下角的"填充柄"（黑色小方块），将 I4 的函数复制到同一列的每一项。

（5）检查核对。逐个选中单元格，检查复制的排名次函数表达式是否正确。

（6）分析总结 RANK( )函数的特点。

① 观察利用函数 RANK( )排列名次的结果，发现有重复数据时，则排位相同，并且后续的排位顺延。

② 改变各科成绩的分数值，观察"名次"结果，发现名次能自动更新。

至此，"学期总评"成绩表中需要计算和统计的项目全部计算、统计完毕，利用函数实现了数据计算、复杂统计的自动化、高效、精确、快速。保存文件。下面，筛选优秀生名单和补考名单。

五、使用高级筛选功能筛选"优秀生名单"和"补考名单"

1．筛选"优秀生名单"

符合优秀生的条件是：各门功课的成绩必须都在 85 分以上（同时满足的条件，称为"与"条件）。如何筛选呢？用自动筛选功能虽然可以，但操作繁琐，用 Excel 的高级筛选功能来实现，既快又准。

先做准备工作：在数据表外侧录入优秀生条件，如图 16-18 所示：

	I	J	K	L	M	N	O
3	名次						
4	3		优秀生条件				
5	2		语文	数学	英语	计算机	专业课
6	5		>=85	>=85	>=85	>=85	>=85
7	10						

图 16-18　优秀生条件

提示

☑高级筛选的条件区域与数据表至少留一个空白行或空白列；

☑条件区域要包含所有课程的字段名；并且必须与数据表中的字段名完全相同；

☑多列上具有的优秀生条件 " > =85" 写在同一行内，表示同时满足这些条件，即所有课程的成绩都必须同时满足 > =85分。（"与"条件的写法）

筛选"优秀生名单"操作方法如下。

★ **步骤25** 单击数据表中的任意单元格。

★ **步骤26** 单击"数据"选项卡"排序和筛选"组中的"高级"筛选按钮 ，打开"高级筛选"对话框，如图16-19所示；

	B	C	D	E	F	G	H	I	J	K	L	M	N	O
3	姓名	语文	数学	英语	计算机	专业课	总分	名次						
4	张文珊	90	96	90	100	92	468	3		优秀生条件				
5	徐蕊	92	90	92	100	95	469	2		语文	数学	英语	计算机	专业课
6	董媛媛	89	100	92	89	86	456	5		>=85	>=85	>=85	>=85	>=85
7	姜珊	76	84	90	91	90	431	10						
8	赵子佳	64	78	72	70	83	367	23						
9	陈鑫	91	92	99	85	100	467	4						
10	王陈杰	84	57	79	82	85	387	21						
11	张莉迎	69	76	85	75	88	393	17						
12	秦秋萍	85	61	70	69	74	359	22						
13	崔相籽滟	60	89	90	88	66	393	17						
14	戴婷雅	71	75	80	85	80	391	20						
15	佟静文	82	84	89	97	63	415	12						
16	何研雅	97	100	100	100	99	496	1						
17	王梓政	88	74	56	66	55	339	25						

高级筛选

方式
- ○ 在原有区域显示筛选结果(F)
- ○ 将筛选结果复制到其他位置(O)

列表区域(L)：$A$3:$I$31

条件区域(C)：$K$5:$O$6

复制到(T)：

☐ 选择不重复的记录(R)

确定　　取消

图16-19 设置优秀生名单的"高级筛选"

★ **步骤27** 在对话框中 "列表区域"选择A3:I31，条件区域选择 K5:O6；

★ **步骤28** 单击"确定"按钮，得到如图16-20所示的高级筛选结果。

	A	B	C	D	E	F	G	H	I
3	学号	姓名	语文	数学	英语	计算机	专业课	总分	名次
4	2015160601	张文珊	90	96	90	100	92	468	3
5	2015160602	徐蕊	92	90	92	100	95	469	2
6	2015160603	董媛媛	89	100	92	89	86	456	5
9	2015160606	陈鑫	91	92	99	85	100	467	4
16	2015160613	何研雅	97	100	100	100	99	496	1
21	2015160618	王昱	90	88	86	85	87	436	9
28	2015160625	秦怀旺	86	90	90	99	88	451	7
30	2015160627	徐荣慧	86	88	92	95	91	452	6

图16-20 "优秀生"高级筛选结果

从图16-20看出，高级筛选结果的记录中各门功课都在85分以上，均符合优秀生条件，高级筛选准确、快速、高效。

2. 生成"优秀生名单"工作表

★ **步骤29** 将图16-20所示的"学期总评"成绩表中"优秀生"高级筛选的结果，复制，粘贴到"优秀生名单"工作表A3中，添加标题"学前教育专业2015-6班 优秀生名单"、班级信息，如图16-21所示，并补充相应字段和项目。

学号	姓名	语文	数学	英语	计算机	专业课	总分	名次	平均分
			学前教育专业2015-6班　优秀生名单						
	班主任：陈静		电话：13269880577			填表日期：2017年1月16日			
2015160601	张文珊	90	96	90	100	92	468	3	
2015160602	徐　蕊	92	90	92	100	95	469	2	
2015160603	董媛媛	89	100	92	89	86	456	5	
2015160606	陈　鑫	91	92	99	85	100	467	4	
2015160613	何研雅	97	100	100	100	99	496	1	
2015160618	王　昱	90	88	86	85	87	436	8	
2015160625	秦怀旺	86	90	88	99	88	451	7	
2015160627	徐荣慧	86	88	92	95	91	452	6	
优秀生人数									

学期总评　统计分析　优秀生名单　补考名单　成绩图表

图 16-21　"优秀生名单"工作表

★ **步骤 30**　设置工作表各部分格式与"学期总评"工作表相同。

★ **步骤 31**　计算每名优秀生的平均分，统计优秀生人数，保存文件。【优秀生人数 C12=COUNT(C4:C11)】

★ **步骤 32**　撤销"学期总评"成绩表中的高级筛选结果。单击"数据"选项卡"排序和筛选"组中的"清除"按钮 ❋ 清除，即可将高级筛选撤销，恢复所有数据。保存文件。

至此，"优秀生名单"工作表制作完成。

3. 筛选"补考名单"

需要补考的条件是：各门功课的成绩只要有 60 分以下的，就必须要补考（"或"条件）。如何筛选呢？用自动筛选功能根本无法实现，用 Excel 的高级筛选功能来实现，既快又准。

先做准备工作：在数据表外侧录入补考条件，如图 16-22 所示。

		补考条件				
8	23					
9	4					
10	21	语文	数学	英语	计算机	专业课
11	17	<60				
12	24		<60			
13	17			<60		
14	20				<60	
15	12					<60

图 16-22　补考条件

☑高级筛选的条件区域与数据表至少留一个空白行或空白列；

☑补考条件区域要包含所有课程的字段名；并且必须与数据表中的字段名完全相同；

☑多列上具有的补考条件"<60"不能写在同一行内，必须写在多行，表示语文<60，或数学<60，或英语<60，或计算机<60，或专业课<60，只要有一科成绩<60 就需要补考。（"或"条件的写法）

筛选"补考名单"操作方法如下。

★ **步骤 33**　单击数据表中的任意单元格。

★ **步骤 34**　单击"数据"选项卡"排序和筛选"组中的"高级"筛选按钮 ❖ 高级，打开"高级筛选"对话框，如图 16-23 所示；

★ **步骤 35**　在对话框中"列表区域"选择 A3:I31，条件区域选择 K10:O15；

★ **步骤 36**　单击"确定"按钮，得到如图 16-24 所示的高级筛选结果。

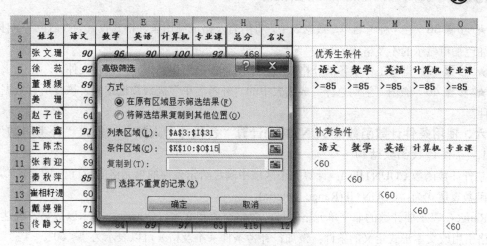

图 16-23　设置补考名单的“高级筛选”

	A	B	C	D	E	F	G	H	I
3	学号	姓名	语文	数学	英语	计算机	专业课	总分	名次
10	2015160607	王陈杰	84	57	79	82	85	387	21
17	2015160614	王梓政	88	74	56	66	55	339	25
25	2015160622	奇　慧	54	70	49	60	84	317	27
26	2015160623	阿　丽	74	60	73	45	86	338	26
27	2015160624	班利娟	57	65	70	55	50	297	28
29	2015160626	王一帆	85	58	79	95	90	407	14

图 16-24　“补考名单”高级筛选结果

从图 16-24 看出，高级筛选结果的记录中只要单科成绩在 60 分以下，就符合补考条件，共计 10 人次补考。所以高级筛选准确、快速、高效，可以实现自动筛选不能筛选的条件，高级筛选对数据统计有很大的作用。

4. 生成“补考名单”工作表

★ **步骤 37**　将图 16-24 所示的“学期总评”成绩表中“补考名单”高级筛选的结果，复制，粘贴到“补考名单”工作表 A3 中，添加标题“学前教育专业 2015-6 班　补考名单”、班级信息，并补充相应字段和项目，如图 16-25 所示。

	A	B	C	D	E	F	G	H	I	J
1	学前教育专业2015-6班　补考名单									
2	班主任：陈静		电话：13269880577				填表日期：2017年1月16日			
3	学号	姓名	语文	数学	英语	计算机	专业课	总分	名次	补考科数
4	2015160607	王陈杰		57				387	2	
5	2015160614	王梓政			56		55	339	3	
6	2015160622	奇　慧	54		49			317	5	
7	2015160623	阿　丽				45		338	4	
8	2015160624	班利娟	57			55	50	297	6	
9	2015160626	王一帆		58				407	1	
10	各科补考人数									
11	补考总人次									

学期总评 / 统计分析 / 优秀生名单 / 补考名单 / 成绩图表

图 16-25　“补考名单”工作表

★ **步骤38** 在"补考名单"数据表中，将所有及格成绩用条件格式设置为"白色"字体（只留下红色加粗显示的不及格成绩）。

★ **步骤39** 设置工作表各部分格式与"学期总评"工作表相同，保存文件。

★ **步骤40** 撤销"学期总评"成绩表中的"补考名单"高级筛选结果，恢复所有数据。保存文件。

六、使用条件计数函数 COUNTIF( )计算"各科补考人数"、每人"补考科数"

1. 条件计数函数结构

条件计数函数 COUNTIF( )：计算某个区域中满足给定条件的单元格的数目。

函数表达式为：COUNTIF(Range, criteria)

Range：表示要计数的非空单元格区域，忽略空值和文本。Criteria：表示以数字、表达式、单元格引用或文本形式定义的条件。例如，补考条件（不及格）可以表示为 "<60"。

2. 统计"各科补考人数"、每人"补考科数"、"补考总人次"

（1）算法分析：在"补考名单"工作表中，统计从 C4 开始到 C9 为止的连续区域中，语文成绩<60（不及格）的人数。

（2）Excel 条件计数函数表达式：语文补考人数　C10＝　COUNTIF　（C4:C9，　"<60")

　　　　　　　　　　　　　　　　　　统计结果　　函数名　　统计区域　　补考条件

其中补考条件<60 用英文定界符 " " 标记，即"<60"。

（3）插入（调用）函数

★ **步骤41** 在"补考名单"工作表中，单击 C10 单元格选中。

★ **步骤42** 单击编辑栏左侧的"插入函数 *fx*"按钮，打开"插入函数"对话框，如图 16-26 所示，在"类别"列表中选择"统计"，在"函数"列表中选择"COUNTIF"，单击"确定"。

★ **步骤43** 打开 COUNTIF"函数参数"对话框，如图 16-27 所示，在 Range 框中选择 C4:C9 区域，在 Criteria 框中输入"<60"，单击"确定"。

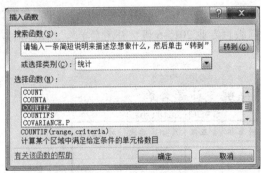

图 16-26 "插入函数"对话框

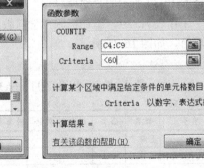

图 16-27 COUNTIF"函数参数"对话框

★ **步骤44** 单击"确定"后，条件计数结果显示在单元格 C10 中，函数表达式留在编辑栏中，如图 16-28 所示。

（4）复制函数、检查核对。其他科目的"补考人数"（不及格人数）的统计方法与 C10 相同，所以可以复制条件计数函数。

★ **步骤45** 将 C10 复制到各个课程，至 G10。

★ **步骤46** 逐个选中单元格，检查复制的函数表达式是否正确。

（5）条件计数函数的应用

★ **步骤47** 每人的"补考科数"会计算吗？自己试试。如图 16-29 所示。【J4= COUNTIF (C4:G4, "<60")】。

	C10	▼	fx	=COUNTIF(C4:C9,"<60")	
▲	A	B	C	D	E	F
8	2015160624	班利娟	57			55
9	2015160626	王一帆		58		
10	各科补考人数		2			
11	补考总人次					

图 16-28 "语文补考人数"条件计数结果

	J4	▼	fx	=COUNTIF(C4:G4,"<60")			
	C	D	E	F	G	H	I	J
3	语文	数学	英语	计算机	专业课	总分	名次	补考科数
4		57				387	2	1
5			56		55	339	3	2
6	54		49			317	5	2

图 16-29 "补考科数"条件计数结果

★ **步骤48** "补考总人次"的算法用求和函数计算，自己试试。【C11=SUM(C10:G10)】

至此，"补考名单"工作表制作完成。

七、选择性粘贴生成"统计分析"工作表

从上面的操作可以看出，可以将"学期总评"工作表中的部分数据复制、粘贴到新的工作表中，如"优秀生名单"、"补考名单"，那么"学期总评"中的统计分析数据可以复制、粘贴到新的工作表中吗？

"统计分析"结果，直接复制、粘贴操作是不成功的，因为"统计分析"中的数据都是函数、公式计算得到的，粘贴到别的位置后，公式、函数都失效了，因此不能直接粘贴。有什么办法可以利用这些数据呢？

Excel 提供了"选择性粘贴"这个功能，可以解决这个问题，能将计算结果的数据在别的地方利用。下面学习"选择性粘贴"生成"统计分析"工作表的操作方法。

★ **步骤49** 在"学期总评"工作表中，选择"各科成绩统计分析"的标题及数据区域 B33:G46。

★ **步骤50** 单击"复制"按钮 📋复制。

★ **步骤51** 在"统计分析"工作表中，单击 A3 单元格（A3 是粘贴的目标位置）选中。

★ **步骤52** 单击"开始"选项卡"剪贴板"组的"粘贴"按钮的下箭头，在列表中选择"值和数字格式"按钮，如图 16-30 所示。

或者，在"粘贴"按钮的列表中单击"选择性粘贴"命令，在"选择性粘贴"对话框中，选择"值和数字格式"选项，单击"确定"按钮，如图 16-31 所示。

图 16-30 "值和数字格式"按钮

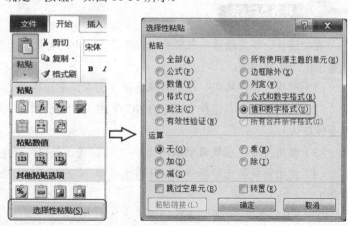

图 16-31 选择性粘贴→"值和数字格式"

★ **步骤 53** 选择性粘贴的结果，如图 16-32 所示，所有的单元格中都是数值（计算结果的值），而不是公式或函数。

★ **步骤 54** 添加标题、班级信息，设置工作表各部分格式后的"统计分析"工作表，如图 16-33 所示，保存文件。

	A	B	C	D	E	F
1						
2						
3	各科成绩统计分析					
4		语文	数学	英语	计算机	专业课
5	平均分	80.11	79.79	81.11	82.21	82.96
6	最高分	97	100	100	100	100
7	最低分	54	57	49	45	50
8	考试人数	28	28	28	28	28
9	0～59	2	2	2	2	2
10	60～74	6	6	5	5	3
11	75～84	5	10	7	6	6
12	85～99	15	8	13	12	16
13	100	0	2	1	3	1
14	优秀率	53.57%	35.71%	50.00%	53.57%	60.71%
15	及格率	92.86%	92.86%	92.86%	92.86%	92.86%
16	补考人数	2	2	2	2	2

学期总评 统计分析 优秀生名单 补考名单

图 16-32 "选择性粘贴"结果

	A	B	C	D	E	F	G
1	学前教育专业2015-6班			学期总评			
2	班主任：陈静		电话:13269880577			2017/1/16	
3	各科成绩统计分析						
4		语文	数学	英语	计算机	专业课	
5	平均分	80.11	79.79	81.11	82.21	82.96	
6	最高分	97	100	100	100	100	
7	最低分	54	57	49	45	50	
8	考试人数	28	28	28	28	28	
9	0～59	2	2	2	2	2	
10	60～74	6	6	5	5	3	
11	75～84	5	10	7	6	6	
12	85～99	15	8	13	12	16	
13	100	0	2	1	3	1	
14	优秀率	53.57%	35.71%	50.00%	53.57%	60.71%	
15	及格率	92.86%	92.86%	92.86%	92.86%	92.86%	
16	补考人数	2	2	2	2	2	

学期总评 统计分析 优秀生名单 补考名单 成绩

图 16-33 设置格式后的工作表

补充 "粘贴"的下拉列表中"粘贴值"和"选择性粘贴"的区别："粘贴值"只粘贴计算的结果，而数字格式如"2 位小数"、"百分比"格式等不会粘贴，需要重新设置；"选择性粘贴"可以选择各种粘贴的项目，如选"值和数字格式"，就将"2 位小数"、"百分比"格式自动跟随，不用重新设置这些格式。

至此，成绩单的数据计算、统计、分析、筛选、生成其他各工作表等的工作全部完成，得到了成绩单的所有数据和结果，保存文件。下次将根据统计分析结果绘制各种图表。

在"统计分析成绩单"任务中，应用了 Excel 的函数完成数据的复杂运算、统计、分析、筛选等工作，总结如下。

（1）利用"条件格式"标记特殊数据（优秀、不及格）。

（2）使用频率分布函数 FREQUENCY( )统计"各分数段人数"（同时按"Ctrl + Shift + Enter"组合键确认）。

（3）使用排名次函数 RANK( )计算"名次"（函数中运用绝对引用，如$H$4:$H$31）;

（4）使用高级筛选功能筛选"优秀生名单"（多个"与"条件）和"补考名单"（多个"或"条件）。

① "与"条件、"或"条件的录入方法如下。

	"与"条件	"或"条件
图例	(表格：I、J、K、L、M、N、O列) 3 名次 4 3 优秀生条件 5 2 语文 数学 英语 计算机 专业课 6 5 >=85 >=85 >=85 >=85 >=85 7 10	(表格：I、J、K、L、M、N、O列) 8 23 9 4 补考条件 10 21 语文 数学 英语 计算机 专业课 11 17 <60 12 24 <60 13 17 <60 14 20 <60 15 12 <60
说明	多列上具有的优秀生条件">=85"写在同一行内，表示同时满足这些条件，即所有课程的成绩都必须同时满足>=85分。（"与"条件的写法）	多列上具有的补考条件"<60"必须写在多行，表示语文<60，或数学<60，或英语<60，或计算机<60，或专业课<60，只要有一科成绩<60就需要补考。 （"或"条件的写法）

② 高级筛选的工作流程　正确分析筛选条件；准确录入筛选条件；进行高级筛选操作；检查筛选结果，复制结果；撤销筛选。

③ 高级筛选的用途　用于各种复杂或简单的数据检索：自动筛选无法实现的多条件的复杂筛选；多个"与"条件的筛选；多个"或"条件的筛选；多个"与"条件和"或"条件混合的筛选。

（5）利用条件计数函数 COUNTIF( )统计符合条件的数目。

（6）利用"选择性粘贴"将函数、公式计算结果的数据粘贴在别的地方利用。

16.4　绘制、美化成绩图表

数据分析还可以通过数字到图表的转换，从生动形象的图表中得出更加清晰的结论。

图表就是将数据表中的数据以各种图的形式显示出来，使数据更加直观。Excel 2010 的图表类型很丰富，可以满足用户的多种需求。图表具有较好的视觉效果，它可以更加清晰地显示数据之间的关系，使数据结果更加直观明了，可方便用户比较数据，预测趋势。Excel 2010 提供了方便快捷的图表工具，利用它可以方便地创建图表。建立好图表后，还可以对其进行美化（设置图表各种格式），使其更适合阅读、对比、分析，更加美观。

本任务以"各科成绩统计分析"数据表为例，绘制各种需要的图表，学习 Excel 数据图表的绘制过程和方法，学习设置图表格式的方法，学会图表选项卡的使用方法。

提出任务

打开文件"成绩单.xlsx"，在"成绩图表"工作表中，绘制以下图表，并按作品效果设置图表各部分格式。

（1）各科成绩"平均分"、"最低分"、"各分数段人数"迷你图；

（2）"各科成绩平均分、最高分、最低分"雷达图；

（3）"各科成绩人数分布"簇状柱形图；

（4）"各科成绩优秀率、及格率"折线图；

（5）"计算机成绩各分数段人数分布"饼图；

（6）"各科成绩优秀人数对比"圆环图。

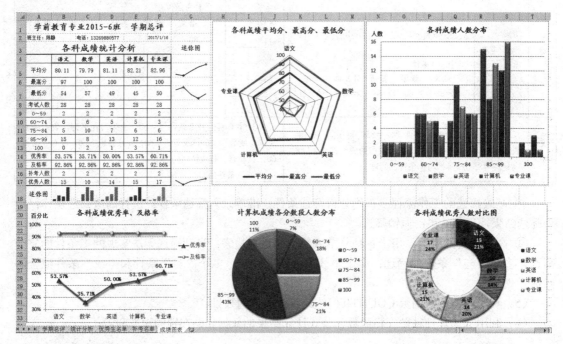

分析任务

1. 图表的概念

图表是"数据可视化"的常用手段，以各种几何图形的形式显示工作表中的数值数据系列，使用户更容易理解大量数据以及不同数据系列之间的关系。

2. 图表的组成部分（图表元素）

图表由图表区、图表标题、绘图区、垂直（值）轴、水平（类别）轴、数据点、数据标签和图例等部分（图表元素）组成，如图 16-34 所示。

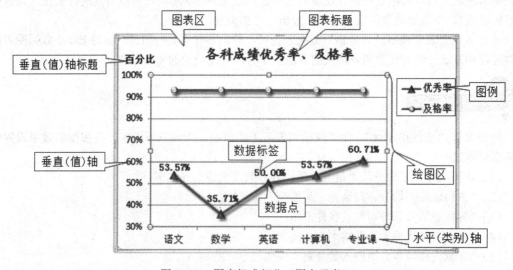

图 16-34 图表组成部分（图表元素）

（1）图表区：整个图表的画布，包含图表所有组成部分（图表元素）的区域，单击可激活图表，边框有控制点，可缩放、可移动。

（2）图表标题：在图表的顶端，用来说明图表的名称、种类或性质。

（3）绘图区：是图表中数据的图形显示，包括网格线和数据图示。

（4）垂直轴：用来区分数据的大小。包括垂直轴标题和刻度值。
水平轴：用来区分数据的类别。包括水平轴标题和分类名称。

（5）数据点：以图形显示的数据系列。

（6）数据标签：用来标识数据系列中数据点数值大小的说明文本。

（7）图例：用于区分数据各系列的彩色小方块和名称。

图表的以上这些组成部分，有的是在图表绘制过程中自动生成的，如图表区、绘图区、图例、垂直轴、水平轴等；有的组成部分在图表绘制完成后需要添加或设置，如图表标题、垂直轴标题、水平轴标题、类别名称等。所有组成部分都可以在图表绘制完成后进行修改或设置格式。

3. 图表类型及常用图表适用场合

（1）图表的类型很多，每一种类型又有若干子类型，如图 16-35 所示；还可以使用多种图表类型来创建组合图，如图 16-36 所示为组合的柱线图。

图 16-35　图表类型

图 16-36　柱线图

（2）常用图表的适用场合

① 柱形图和条形图：用于比较相交于类别轴上的数值大小。

② 折线图：显示数据随时间变化的趋势和起伏。

③ 饼图：显示各部分数据占整体的比例。

④ 雷达图：多指标体系比较分析的专业图表，显示相对于中心点的数值，指标的实际值与参照值的偏离程度。

⑤ 柱线图：同一图表中同时显示较多数据间的比较和另一相关数据的变化趋势和起伏。

（3）迷你图与图表的区别

迷你图是嵌入在单元格内部的微型图表，图表类型只有折线图、柱形图和盈亏图 3 种，如图

16-35 所示，数据源只能是某行或某列，图表的设置项较少。

图表是浮于工作表上方的图形对象，可同时对多组数据进行分析，图表类型多，且设置项多。

认识了图表的组成部分，图表类型及适用场合，可以开始绘制图表了。绘制时，要正确选择数据区域；美化图表格式时，要选择对应的图表组成部分分别美化。

准备工作：将保存的"成绩单.xlsx"文件打开，将"统计分析"工作表的内容复制到"成绩图表"工作表中，作为绘制各种类型图表的数据源。在"补考人数"下面添加一行"优秀人数"，计算各科的优秀人数，如作品所示。按照下面的工作流程开始操作。

一、绘制各科成绩"平均分"、"最低分"、"各分数段人数"的迷你图

1. 选择数据

迷你图的数据源只能是某行或某列，必须正确选择需要的数据。

★ **步骤 1** 绘制各科成绩"平均分"（B5:F5）的迷你折线图。选择"成绩图表"工作表中"平均分"的数据区域 B5:F5。

2. 插入迷你图

★ **步骤 2** 单击"插入"选项卡，在"迷你图"组中选择"折线图"，打开"创建迷你图"对话框，如图 16-37 所示。

图 16-37 插入迷你图——折线图

★ **步骤 3** 在对话框的"迷你图位置"框中选择 G5 单元格，单击"确定"按钮，迷你折线图出现在 G5 单元格中，如图 16-38 所示。设置 G5 单元格的行高为 26，列宽为 13。

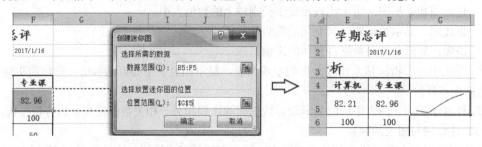

图 16-38 迷你折线图

3. 美化迷你图（设置迷你图的各部分格式）

插入迷你图后，自动打开"迷你图工具/设计"选项卡，如图 16-39 所示，迷你图的所有格式都在这个选项卡中设置。

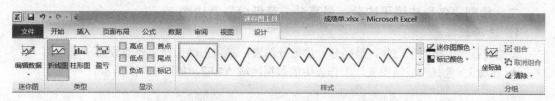

图 16-39 "迷你图工具/设计"选项卡

★ **步骤 4** 设置迷你图样式。选中迷你图，单击"迷你图工具/设计"选项卡"样式"按钮 ，在列表中选择一种样式，如图 16-40 所示。

★ **步骤 5** 设置迷你图颜色。在"迷你图工具/设计"选项卡中单击"迷你图颜色"按钮，选择一种深颜色。

★ **步骤 6** 设置迷你图粗细。在"迷你图颜色"列表中，单击"粗细 粗细(W) ▶"按钮，选择一种权重（粗细），1.5～2.25 磅之间。

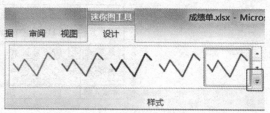

图 16-40 选择迷你图样式

★ **步骤 7** 设置迷你图标记点及标记颜色。在"迷你图工具/设计"选项卡的"显示"组中，选择"高点"和"低点"两个标记点。单击"标记颜色"按钮，分别设置"高点"颜色和"低点"颜色，如图 16-41 所示。

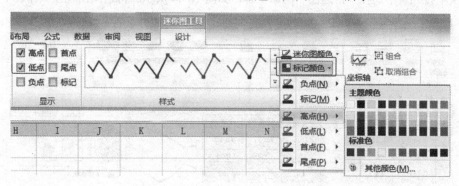

图 16-41 选择标记点，设置标记颜色

至此，各科成绩"平均分"的迷你折线图绘制、美化完成，如图 16-42 所示。从迷你折线图可以对比、分析各科成绩的平均分大小，高点是专业课的平均分，低点是数学的平均分。保存文件。

	A	B	C	D	E	F	G
4		语文	数学	英语	计算机	专业课	
5	平均分	80.11	79.79	81.11	82.21	82.96	

图 16-42 各科成绩"平均分"的迷你折线图

★ **步骤 8** 同样的方法，绘制、美化各科成绩"最低分"（B7:F7）的迷你折线图。绘制、美化各科成绩"各分数段人数"（语文 B9:B13）迷你柱形图，如作品所示。【B18 至 F18 单元格行高

30，列宽 7.5】

迷你图只能对比、分析一组数据的大小，如果想同时对比、分析多组数据，需要绘制不同类型的图表。

二、绘制"各科成绩平均分、最高分、最低分"雷达图

1. 选择数据

要绘制各科成绩的平均分、最高分、最低分图表，必须正确选择需要的数据。

★ **步骤**1　选择"成绩图表"工作表中的数据区域 A4:F7，如图 16-43 所示。

	语文	数学	英语	计算机	专业课
平均分	80.11	79.79	81.11	82.21	82.96
最高分	97	100	100	100	100
最低分	54	57	49	45	50
考试人数	28	28	28	28	28

学前教育专业2015-6班　学期总评
班主任：陈静　电话：13269880577　2017/1/16
各科成绩统计分析

图 16-43　选择雷达图的数据区域

2. 插入图表

★ **步骤**2　单击"插入"选项卡，在"图表"组中没有雷达图的按钮，所以单击"其他图表"按钮，从下拉列表中选择"雷达图"的第 1 种，如图 16-44 所示。雷达图出现在工作表中。

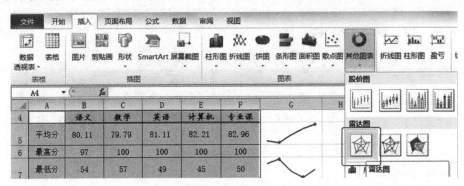

图 16-44　插入"雷达图"

3. 美化图表（设置雷达图的各部分格式）

插入图表后，自动打开"图表工具/设计"选项卡，如图 16-45 所示，图表的所有格式都在"图表工具"选项卡（设计、布局、格式）中设置。

图 16-45　"图表工具/设计"选项卡

（1）移动图表位置，设置图表区大小

★ **步骤3** 选择图表，移动到数据表右侧，与数据表等高，调整图表区域大小，如图16-46所示。

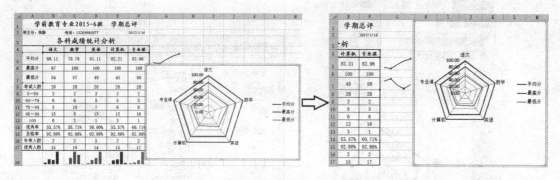

图16-46 移动图表位置，调整图表大小

注意：图表不能遮住数据表或其他图表，最好放在数据表的正下方或右侧，大小与数据表等宽或等高，比较整齐。

★ **步骤4** 设置图表区大小。选择雷达图，单击"图表工具/格式"选项卡，在"大小"组中，设置图表区的高度10.5厘米，宽度10厘米，如图16-47所示。

（2）选择图表布局，添加图表标题，设置标题格式

★ **步骤5** 选择雷达图，单击"图表工具/设计"选项卡"图表布局"按钮，在列表中选择"布局1"，在图表区上方出现"图表标题"，如图16-48所示。

图16-47 设置图表大小

★ **步骤6** 单击"图表标题"，在标题编辑框中输入图表的标题文字"各科成绩平均分、最高分、最低分"，将标题文字设置为楷体14号加粗，如图16-49所示。

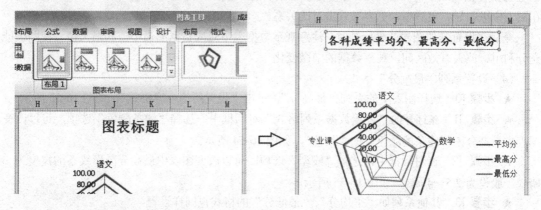

图16-48 选择图表布局　　　　　　图16-49 录入标题文字，设置标题格式

（3）设置雷达轴（值）轴格式

★ **步骤7** 选择图表中的雷达轴，在"图表工具/布局"选项卡中，单击"设置所选内容格式"，如图16-50所示。

★ **步骤**8 在打开的"设置坐标轴格式"对话框中，选择"数字"选项，在"类别"中选择"常规"，去掉小数部分，如图 16-51 所示。

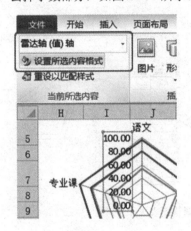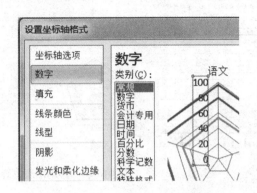

图 16-50 设置雷达轴格式　　　图 16-51 设置坐标轴"数字"格式

★ **步骤**9 在对话框中，选择"坐标轴选项"，因为数据表中所有课程的最低分没有低于 40 分的，所以设置坐标轴的最小值为：固定 40，最大值为：固定 100，如图 16-52 所示。

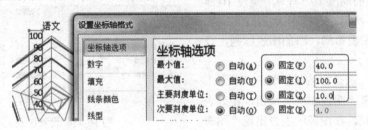

图 16-52 设置雷达轴"坐标轴选项"

将坐标轴的最小值设置为 40 分，可以使图表的 40～100 分的有效区间局部放大，使各数据在图表中更明显、更清晰，更容易看出对比关系。

今后在设置其他图表的坐标轴时，注意观察数据表中对应数据的最小值和最大值，使图表能充分利用、放大有效区间，观察数据的细微变化。

（4）设置系列"最高分"格式

★ **步骤**10 选择图表中的系列"最高分"，单击"设置所选内容格式"，如图 16-53 所示。

★ **步骤**11 在打开的"设置数据系列格式"对话框中，选择"线条颜色"选项，可以改变图表中最高分图形线条的颜色，如"红色"，如图 16-54 所示。

★ **步骤**12 在对话框中，选择"线型"选项，可以改变图表中最高分图形线条的宽度为 3 磅（一般设为 2.5～4 磅），如图 16-55 所示。

★ **步骤**13 其他系列如"平均分"、"最低分"的格式也同样设置。

（5）改变图例位置，将图例显示在图表底部

★ **步骤**14 选中图例，单击"图表工具/布局"选项卡"标签"组中的"图例"按钮的下箭头，在菜单中选择"在底部显示图例"，如图 16-56 所示。图例显示在图表的底部，如图 16-57 所示。

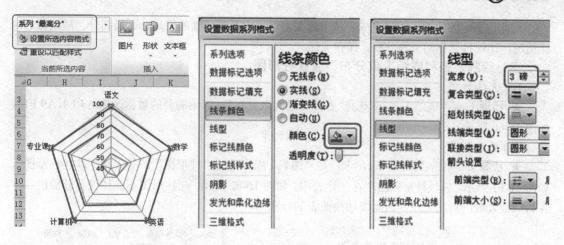

图 16-53　设置系列 "最高分" 格式　　图 16-54　设置线条颜色　　图 16-55　设置线型宽度

图 16-56　改变图例位置

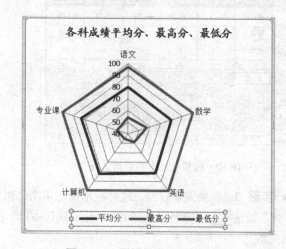

图 16-57　图例位置：在图表底部

（6）改变绘图区大小

★ **步骤 15**　将图例放在图表底部后，选择绘图区，如图 16-58 所示。

★ **步骤 16**　将绘图区扩大如图 16-59 所示，移动到合适的位置，使图表更清晰。

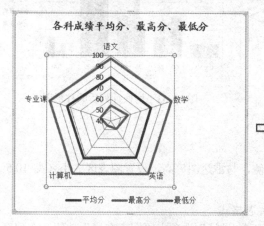

图 16-58　选择绘图区

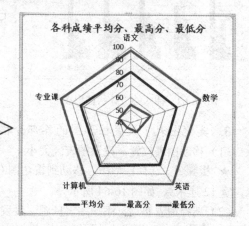

图 16-59　设置绘图区大小

至此，雷达图绘制、美化完成。从雷达图可以看出各科成绩的平均分、最高分、最低分的对比情况，比较各课程的三种分数。保存文件。

三、绘制"各科成绩人数分布"簇状柱形图

1. 选择数据

★ **步骤1** 在"成绩图表"中选择"各科成绩人数分布"柱形图需要的数据区域 A4:F4，A9:F13，如图 16-60 所示。

2. 插入图表

★ **步骤2** 单击"插入"选项卡，在"图表"组中选择"柱形图"的第 1 种"簇状柱形图"，如图 16-61 所示。簇状柱形图出现在工作表中，如图 16-62 所示。此柱形图不能体现各分数段——各科成绩人数的对比关系，因此要切换图表的行和列。

	A	B	C	D	E	F
3	\multicolumn{6}{|c|}{各科成绩统计分析}					
4		语文	数学	英语	计算机	专业课
5	平均分	80.11	79.79	81.11	82.21	82.96
6	最高分	97	100	100	100	100
7	最低分	54	57	49	45	50
8	考试人数	28	28	28	28	28
9	0～59	2	2	2	2	2
10	60～74	6	6	5	5	3
11	75～84	5	10	7	6	6
12	85～99	15	8	13	12	16
13	100	0	2	1	3	1
14	优秀率	53.57%	35.71%	50.00%	53.57%	60.71%

图 16-60　选择柱形图的数据区域

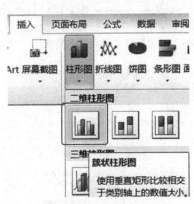

图 16-61　插入"簇状柱形图"

★ **步骤3** 切换图表行列。选择柱形图，单击"图表工具/设计"选项卡"数据"组的"切换行、列"按钮 ，切换行列后的柱形图如图 16-63 所示，以各分数段分组，显示各科成绩人数的对比关系。

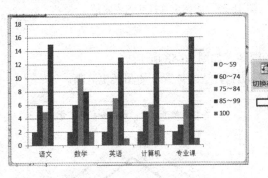

图 16-62　插入的"簇状柱形图"

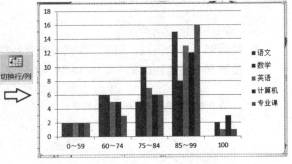

图 16-63　切换行列后的柱形图

3. 美化图表（设置柱形图的各部分格式）

（1）移动图表位置，设置图表区大小

★ **步骤4** 选择柱形图，移动到雷达图右侧，与雷达图等高，设置图表区大小（高 10.5 厘米，宽 12 厘米），如图 16-64 所示。

（2）选择图表布局，添加图表标题，设置标题格式

★ **步骤5** 选择簇状柱形图，单击"图表工具/设计"选项卡"图表布局"按钮，在列表中选择"布局3"，在图表区上方出现"图表标题"，图例在图表底部显示。

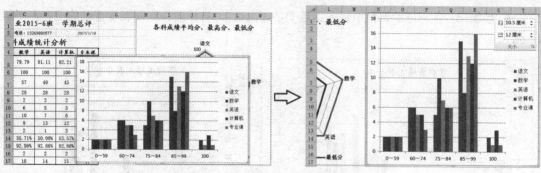

图 16-64 移动图表位置，设置图表区大小

★ **步骤** 6 单击"图表标题"，在标题编辑框中输入簇状柱形图的标题文字"各科成绩人数分布"，设置标题格式为：楷体 14 号加粗，如图 16-65 所示。

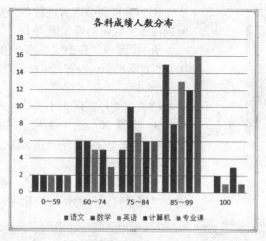

图 16-65 选择图表布局，设置标题格式

（3）添加垂直（值）轴标题

★ **步骤** 7 选中图表元素"垂直（值）轴"，单击"图表工具/布局"选项卡"标签"组的"坐标轴标题"→"主要纵坐标轴标题"按钮的右箭头，如图 16-66 所示，在菜单中选择"横排标题"，标题编辑框出现在图表中，如图 16-67 所示。

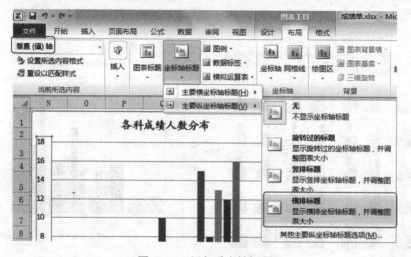

图 16-66 添加垂直轴标题

★ **步骤 8**　在标题编辑框中输入标题文字"人数"，将标题移到图表垂直轴的上方，如图 16-68 所示。

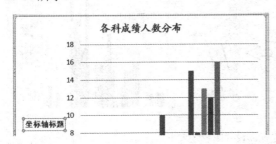

图 16-67　标题编辑框

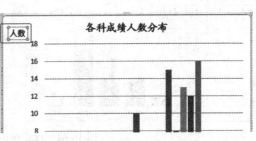

图 16-68　移动垂直轴标题位置

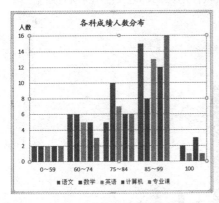

图 16-69　改变绘图区大小

（4）设置垂直（值）轴格式

因为数据表中所有课程各分数段的人数最多为 16 人，所以设置垂直轴的最大值为 16。

★ **步骤 9**　选中"垂直（值）轴"，在"设置坐标轴格式"对话框中，设置"坐标轴选项"的"最大值"为"⊙ 固定 16.0"。

（5）改变绘图区大小

★ **步骤 10**　选中绘图区，将绘图区适当扩大，使图表更清晰，使水平分类轴的类别名称显示完整，如图 16-69 所示。

（6）改变图表样式

★ **步骤 11**　选中绘图区，单击"图表工具/设计"选项卡"图表样式"的快翻按钮 ▼，如图 16-70 所示。

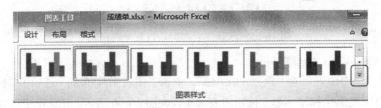

图 16-70　单击"图表样式"的快翻按钮

★ **步骤 12**　在打开的柱形图表样式库中，选择样式 26，设置样式后的簇状柱形图的立体、三维效果如图 16-71 所示。

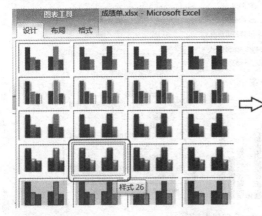

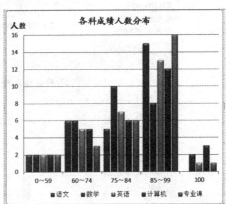

图 16-71　选择柱形图样式

至此，簇状柱形图绘制、美化完成。从柱形图中可以看出各分数段的各科成绩人数分布和各科的对比情况。保存文件。

四、绘制"各科成绩优秀率、及格率"折线图

1. 选择数据

★ **步骤1** 在"成绩图表"工作表中选择"各科成绩优秀率、及格率"折线图需要的数据区域 A4:F4，A14:F15，如图 16-72 所示。

2. 插入图表

★ **步骤2** 单击"插入"选项卡，在"图表"组中选择"折线图"的"带数据标记的折线图"，如图 16-73 所示。折线图出现在工作表中。

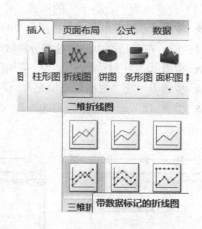

	A	B	C	D	E	F
3		**各科成绩统计分析**				
4		语文	数学	英语	计算机	专业课
5	平均分	80.11	79.79	81.11	82.21	82.96
6	最高分	97	100	100	100	100
7	最低分	54	57	49	45	50
8	考试人数	28	28	28	28	28
9	0～59	2	2	2	2	2
10	60～74	6	6	5	5	3
11	75～84	5	10	7	6	6
12	85～99	15	8	13	12	16
13	100	0	2	1	3	1
14	优秀率	53.57%	35.71%	50.00%	53.57%	60.71%
15	及格率	92.86%	92.86%	92.86%	92.86%	92.86%
16	补考人数	2	2	2	2	2
17	优秀人数	15	10	14	15	17

图 16-72　选择折线图的数据区域　　　　图 16-73　插入折线图

3. 美化图表（设置折线图的各部分格式）

（1）移动图表位置，设置图表区大小

★ **步骤3** 选择折线图，移动到数据表下方，宽度与数据表等宽，设置图表区大小（高 7.6 厘米，宽 12 厘米），如作品所示。

注意：图表不能遮住数据表或别的图表，在工作表中摆放整齐。

（2）选择图表布局，添加图表标题，设置标题格式

★ **步骤4** 选择折线图，在"图表工具/设计"选项卡中选择"布局1"，图表区上方出现"图表标题"，垂直轴左侧显示"坐标轴标题"。

★ **步骤5** 输入图表标题"各科成绩优秀率、及格率"，设置标题格式为：楷体 14 号加粗。

（3）修改垂直（值）轴标题，设置垂直轴格式

★ **步骤6** 修改垂直轴标题为"百分比"，设置为"横排标题"，移到图表垂直轴上方。

★ **步骤7** 选中垂直轴，单击"设置所选内容格式"按钮，在打开的"设置坐标轴格式"对话框中选择"数字"选项，设置数字类别为"百分比"，小数位数为 0，如图 16-74 所示。

★ **步骤8** 在对话框中选择"坐标轴选项"，因为数据表中优秀率都在 30%以上，所以设置垂直轴的最小值为"0.3"；及格率都在 100%以下，设置垂直轴的最大值为"1.0"，如图 16-75 所示。这样可以使图表的有效显示区域扩大，图表更清晰，每个数据点的位置更精确。

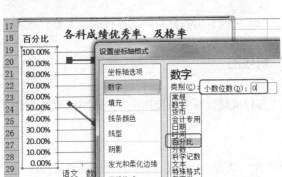
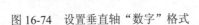

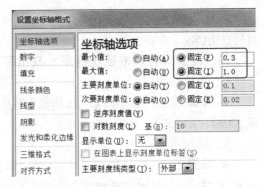

图 16-74　设置垂直轴"数字"格式　　　　　　图 16-75　设置垂直轴"坐标轴选项"

（4）设置系列"及格率"的格式

★ **步骤 9**　选中系列"及格率"，单击"设置所选内容格式"按钮，打开"设置数据系列格式"对话框，在对话框中设置各部分格式。

★ **步骤 10**　在对话框中选"线条颜色"，设置线条"◉实线"的颜色，如"红色"。

★ **步骤 11**　选"数据标记填充"，设置标记填充"◉纯色填充"的颜色，如"黄色"。

★ **步骤 12**　选"数据标记选项"，设置标记类型"◉内置"，选择"类型"如"○"，如图 16-76 所示。

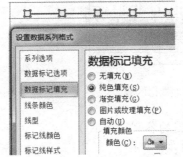

图 16-76　设置"及格率"系列格式

★ **步骤 13**　选"标记线颜色"，设置标记线颜色为"◉无线条"。

★ **步骤 14**　选"三维格式"，设置棱台顶端样式，如"柔圆"效果，如图 16-77 所示。

★ **步骤 15**　系列"及格率"设置格式后的效果如图 16-78 所示。同样的方法设置系列"优秀率"格式，如图 16-78 所示。

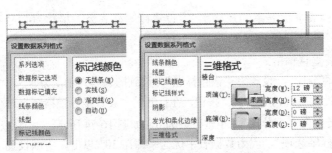
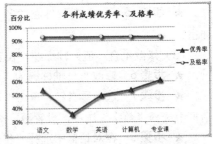

图 16-77　设置标记线颜色、三维格式　　　　图 16-78　各系列设置格式后的效果

★ **步骤 16**　适当扩大绘图区，合理调整图例位置如图 16-78 所示，使图表更清晰。

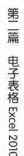

（5）添加"优秀率"的数据标签

★ **步骤 17** 选中系列"优秀率"，单击"图表工具/布局"选项卡，在"标签"组中单击"数据标签"按钮，选择"上方"，则在"优秀率"折线的数据点上方显示数据标签，如图 16-34 所示。

至此，折线图绘制、美化完成。从折线图中可以看出各科成绩优秀率、及格率的对比情况。保存文件。

五、绘制"单科成绩人数分布"饼图

1. 选择数据

★ **步骤 1** 在"成绩图表"工作表中选择"计算机成绩的各分数段人数"，绘制饼图需要的数据区域 E9:E13，如图 16-79 所示。

注意：绘制饼图，只能选一列（部分）数据，不选字段名，不选对应的行名（表中的"分数段"）。

2. 插入图表

★ **步骤 2** 单击"插入"选项卡，在"图表"组选择"饼图"的第 1 种"饼图"，如图 16-80 所示。饼图出现在工作表中。

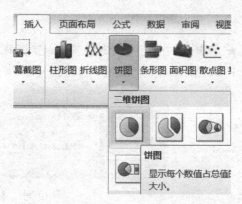

图 16-79 选择饼图的数据区域　　　　　图 16-80 插入饼图

3. 美化图表（设置饼图的各部分格式）

（1）移动图表位置，设置图表区大小

★ **步骤 3** 选择饼图，移动到折线图右侧，高度和折线图等高，与雷达图等宽。设置图表区大小（高 7.6 厘米，宽 10 厘米），如作品所示。

（2）选择图表布局，添加图表标题，设置标题格式

★ **步骤 4** 选择饼图，在"图表工具/设计"选项卡"图表布局"按钮中选择"布局 6"，图表区上方出现"图表标题"，图例在图表右侧显示，饼图中显示数据标签"百分比"。

★ **步骤 5** 输入饼图标题"计算机成绩各分数段人数分布"，设置标题格式为：楷体 14 号加粗，如图 16-81 所示。

（3）添加系列名称，设置系列名称格式

从图 16-81 可以看出，饼图的图例没有名称，与

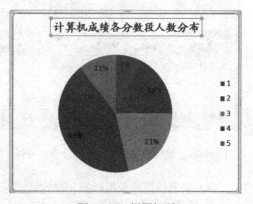

图 16-81 饼图标题

图例对应的饼图中各颜色不知道对应什么数据，看不出图表表达的意图和对比关系，所以，图例应该显示名称。那么图例的名称如何才能显示出来呢？

图例的名称也是分类名称，在 Excel 图表中可以设置分类的名称，设置方法如下。

★ **步骤 6**　选中饼图，单击"图表工具/设计"选项卡"数据"组的"选择数据"按钮，如图 16-82 所示。

★ **步骤 7**　在打开的"选择数据源"对话框中，单击水平（分类）轴标签的"编辑"按钮，如图 16-83 所示。

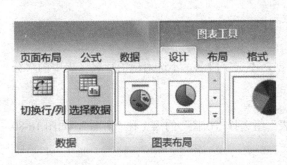

图 16-82　选择饼图的数据

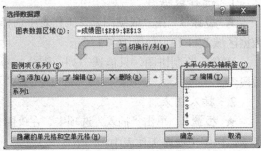

图 16-83　编辑"水平轴标签"

★ **步骤 8**　在打开的"轴标签"对话框中，选择数据表中"分数段"对应的数据 A9:A13，如图 16-84 所示，单击"确定"按钮。

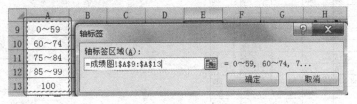

图 16-84　选择轴标签区域

★ **步骤 9**　分数段对应的数据 0～59 分，60～74 分，75～84 分，85～99 分，100 分出现在"水平（分类）轴标签"的列表中，如图 16-85 所示。

★ **步骤 10**　单击"确定"按钮，即可得到图 16-86 所示的图例名称。

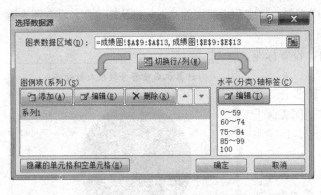

图 16-85　数据出现在"水平（分类）轴标签"的列表中　　　　图 16-86　饼图中显示图例名称

（4）编辑饼图的数据标签，设置数据标签格式

★ **步骤 11**　单击饼图的数据标签（百分比），或在"图表工具/布局"选项卡中，选择"系列

1 数据标签"，单击"设置所选内容格式"按钮。

★ **步骤** 12　在打开的"设置数据标签格式"对话框中，选"标签选项"，在"标签包括"中选择"☑类别名称"、"☑百分比"，在"标签位置"中选择"◉数据标签外"，在"分隔符"列表中选择"分行符"，设置好数据标签格式的饼图，如图 16-87 所示。

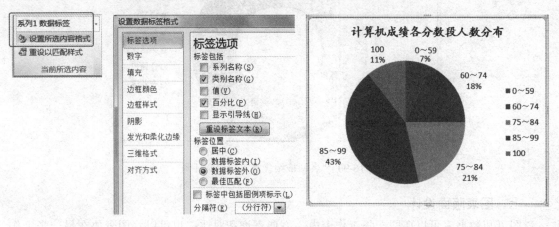

图 16-87　设置饼图的数据标签格式

（5）设置饼图样式，调整绘图区大小

★ **步骤** 13　选中饼图，单击"图表工具/设计"选项卡"图表样式"组的快翻按钮。

★ **步骤** 14　在打开的饼图样式库中，选择样式 26，设置样式后的饼图效果如图 16-88 所示。

★ **步骤** 15　选中饼图的绘图区，将绘图区适当扩大，使饼图更清晰，调整数据标签的位置，如图 16-89 所示。

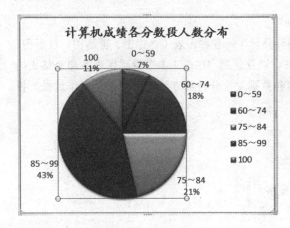

图 16-88　饼图样式

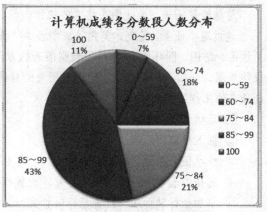

图 16-89　调整绘图区和数据标签

至此，饼图绘制、美化完成。从饼图中可以看出计算机成绩中，各分数段的人数占考试人数的百分比情况。保存文件。其他各科的不同分数段人数分布的饼图也可以同样绘制。

六、绘制"各科成绩优秀人数"圆环图

绘制、美化圆环图与绘制、美化饼图的操作方法、步骤都相同（包括图表布局、设置系列名称、设置数据标签、设置图表样式等）。绘制、美化完成的圆环图如图 16-90 所示。

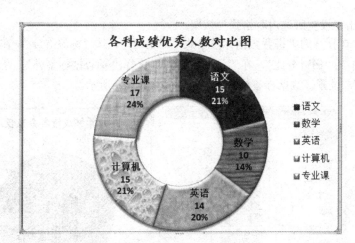

图 16-90 "各科成绩优秀人数"圆环图

七、图表版面设计

图表和数据表可以在同一张工作表内，方便查询和对比；也可以将图表放在另一张工作表内。

工作表内的数据表和不同图表，应该摆放整齐，行列有序，同一行的图表或数据表应该等高；同一列的图表或数据表应该等宽，如作品所示。

图表区的范围和大小可以在"图表工具/格式"选项卡的"大小"组中设置，如图 16-47 所示。调整各图表的高度和宽度，使所有图表行列对齐、整齐分布，版面美观。

 归纳总结

总结绘制图表、美化图表格式的工作流程如下。

通过这个任务，绘制、美化了成绩表中"统计分析"的各种图表（迷你图、雷达图、柱形图、折线图、饼图、圆环图），学习了绘制图表的方法，以及使用"图表工具"设置图表各部分格式的操作步骤，明白了不同数据绘制相应图表的目的和数据对比分析的方法，回顾整个工作过程，将此任务的工作流程总结如下。

 ① 正确选择数据区域；

 ② 插入相应的图表；

 ③ 移动图表位置，设置图表大小；

 ④ 选择图表布局，添加图表标题，设置标题格式；

 ⑤ 添加坐标轴标题，设置坐标轴格式；

 ⑥ 设置图例位置；

 ⑦ 设置图表中各系列、系列名称、数据标签的格式和样式；

 ⑧ 调整绘图区大小和位置；

 ⑨ 图表版面设计。

 评价反馈

作品完成后，填写表 16-1 所示的评价表。

表 16-1 "统计分析成绩单"评价表

评价模块	评价内容		自评	组评	师评
	学习目标	评价项目			
	1. 管理 Excel 文件	新建、另存、命名、关闭、打开、保存文件			
	2. 准确、快速录入数据	新建、更名工作表			
		录入所有数据，设置数据格式，填充序列			
		录入准确率，录入时间			
	3. 设置工作表各部分格式	设置标题、班级信息、数据表格式			
		设置页面、边距、打印标题行、页眉页脚、页码格式			
	4. 利用函数计算成绩表的各项数据	求和函数 SUM 计算"总分"			
		平均值函数 AVERAGE 计算"平均分"			
		最大值函数 MAX 计算"最高分"			
		最小值函数 MIN 计算"最低分"			
		计数函数 COUNT 统计"考试人数"			
		条件格式设置			
		频率分布函数 FREQUENCY 统计各分数段人数			
		除法公式计算"优秀率"、"及格率"			
		排名函数 RANK 计算"名次"			
专业能力	5. 高级筛选，并生成新工作表，计算数据	"优秀生"条件，高级筛选"优秀生名单"			
		生成"优秀生名单"工作表			
		平均值函数 AVERAGE 计算优秀生"平均分"			
		计数函数 COUNT 统计"优秀生人数"			
		"补考名单"条件，高级筛选"补考名单"			
		生成"补考名单"工作表			
		条件计数函数 COUNTIF 统计"各科补考人数"、每人"补考科数"			
		求和函数 SUM 计算"补考总人数"			
	6. 选择性粘贴生成"统计分析"数据表、设置各部分格式				
	7. 绘制、美化图表	绘制、美化迷你图			
		绘制雷达图:正确选择数据区域，插入雷达图			
		美化雷达图 移动图表位置，设置图表大小			
		选择图表布局，设置标题格式			
		添加坐标轴标题，设置坐标轴格式			
		设置图例位置			
		设置图表中各系列的格式和样式			
		调整绘图区大小和位置			
		绘制、美化柱形图			
		绘制、美化折线图			
		绘制、美化饼图			
		绘制、美化圆环图			
		图表版面设计			
	8. 根据预览整体效果和页面布局，进行合理修改、调整各部分格式				
	9. 正确上传文件				

续表

评价模块	评价项目	自我体验、感受、反思		
可持续发展能力	自主探究学习、自我提高、掌握新技术	□很感兴趣	□比较困难	□不感兴趣
	独立思考、分析问题、解决问题	□很感兴趣	□比较困难	□不感兴趣
	应用已学知识与技能	□熟练应用	□查阅资料	□已经遗忘
	遇到困难，查阅资料学习，请教他人解决	□主动学习	□比较困难	□不感兴趣
	总结规律，应用规律	□很感兴趣	□比较困难	□不感兴趣
	自我评价，听取他人建议，勇于改错、修正	□很愿意	□比较困难	□不愿意
	将知识技能迁移到新情境解决新问题，有创新	□很感兴趣	□比较困难	□不感兴趣
社会能力	能指导、帮助同伴，愿意协作、互助	□很感兴趣	□比较困难	□不感兴趣
	愿意交流、展示、讲解、示范、分享	□很感兴趣	□比较困难	□不感兴趣
	敢于发表不同见解	□敢于发表	□比较困难	□不感兴趣
	工作态度，工作习惯，责任感	□好	□正在养成	□很少
成果与收获	实施与完成任务	□☺独立完成	□☺合作完成	□☹不能完成
	体验与探索	□☺收获很大	□☺比较困难	□☹不感兴趣
	疑难问题与建议			
	努力方向			

复习思考

1. 统计各分数段人数使用哪个函数？函数名称及格式是什么？如何使用？用什么组合键确认？

2. 给数据排列名次使用什么函数？函数名称及格式是什么？如何使用？

3. 举例说明什么是绝对引用。如何表示？如何设置为绝对引用？

4. 如何筛选优秀生名单？如何筛选补考名单？

5. 如何将含有统计分析的函数运算结果的数据表复制到其他的工作表中？

拓展实训

一、函数运算实训

1. 在 Excel 中制作【样文 1】"某大奖赛评分表"，事先计算表中的各项目，当比赛现场录入评委分数，所有结果都即时显示。

样文 1

某大奖赛现场评分表

抽签顺序	姓名	性别	评委1	评委2	评委3	评委4	评委5	评委6	评委7	评委8	评委9	评委10	最高分	最低分	最后得分	名次	获奖奖项
01																	
02																	
03																	
04																	
05																	
06																	

决赛：____年__月__日　　　　参赛人数：____人

提示

① 表中的"最后得分"不是平均分，而是从所有得分中减去一个最高分，减去一个最低分，其余取平均值，P4 = (SUM(D4:M4)-N4-O4)/(COUNT(D4:M4)-2)

【这种算法对应的函数是"修剪平均值"Trimmean(数据范围，去掉头尾的比重)】

② "获奖奖项"根据"名次"分段奖励。R4 = IF(Q4=1,"一等奖",IF(Q4<=3,"二等奖",IF(Q4<=6,"三等奖","")))

2. 在 Excel 中计算【样文 2】"汉字录入速度成绩表"和"统计分析表"中的各项（测试时长不足 10 分钟的"正确速度"按 0.8 倍计算；"录入速度统计分析表"中黄色底纹区域不计算）。"备注"列，为合格成绩（≥60 字/分钟）添加"合格"两字；为优秀成绩（≥100 字/分钟）添加"优秀"两字。

座号	姓名	测试时长（分钟）	正确率	平均速度（字/分钟）	正确速度（字/分钟）	名次	备注
				日期：			
1	张文珊	10	100%	138			
2	徐 蕊	10	100%	129			
32	阿 丽	1	94%	35			
33	班利娟	5	86%	31			
34	秦怀旺	10	97%	70			
35	王一帆	没测					
36	徐荣慧	10	96%	65			
37	张 珍	病假					

学前专业2015-6班汉字录入速度成绩表

学前2015-6班汉字录入速度统计分析表

	正确率	平均速度	正确速度
平均值			
最大值			
最小值			
班级人数			
测试人数			
未测人数			
0～59.99			
60～79.99			
80～99.99			
100～119.99			
120～150			
合格人数			
优秀人数			
合格率			
优秀率			

3. 在 Excel 中计算【样文 3】"华光五店商品销售记录单"、"商品累计销售表"和"销售员业绩统计表"中的各项目（表中黄色底纹区域不计算）。

样文3

	年月	商品名称	销售员姓名	数量	进价	零售价	销售额	利润	销售员奖金	
3	2015年10月	创新音箱	李世民	12	120.00	158.00				
4	2015年10月	七喜摄像头	李世民	9	110.00	138.00				
10	2015年11月	COMO小光盘	李世民	2	1.80	4.20				
11	2015年11月	COMO小光盘	萧峰	11	1.80	4.20				
18	2015年12月	戴尔1390笔记本电脑	杨过	3	3990.00	4099.00				
22	2015年12月	明基光盘	萧峰	20	1.50	3.50				
23		合计								
24		最大值								
25		最小值								

华光五店商品累计销售统计表

	年月	统计项目		商品数量			销售额	利润	销售员奖金	盈利排名
29	2015年10月	合计								
30	2015年11月	合计								
31	2015年12月	合计								
32			平均值							
33			最大值							
34			最小值							

华光五店销售员业绩统计表

	销售员姓名	统计项目		商品数量			销售额	利润	销售员奖金	业绩排名
38	李世民	合计								
39	萧峰	合计								
40	杨过	合计								
41			平均值							
42			最大值							
43			最小值							

二、绘制、美化图表实训

1. 使用【样文1】的各"地区"对应的不同年度收入数据绘制迷你图（折线图）；显示高点标记和低点标记。使用各年度对应的不同地区收入数据绘制迷你图（柱形图）。

样文1

	A	B	C	D	E	F	G
1	各地财政收入统计表						迷你图
2	地区	2011年	2012年	2013年	2014年	2015年	
3	银川	298.96	332.76	599.86	602.00	687.83	
4	吴忠	276.24	258.00	306.00	382.42	398.60	
5	中卫	209.54	186.47	224.00	327.15	275.20	
6	石嘴山	196.40	214.60	253.66	185.07	280.95	
7	迷你图						

2. 使用【样文2】五月份的"钢材"销售额数据，绘制圆环图。显示销售地区名称和比例。

第二篇　电子表格 Excel 2010

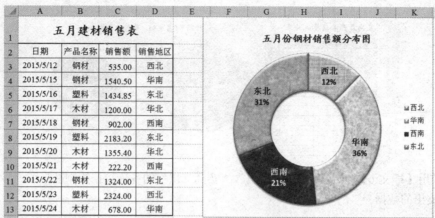

	A	B	C	D
1	五月建材销售表			
2	日期	产品名称	销售额	销售地区
3	2015/5/12	钢材	535.00	西北
4	2015/5/15	钢材	1540.50	华南
5	2015/5/16	塑料	1434.85	东北
6	2015/5/17	木材	1200.00	华北
7	2015/5/18	钢材	902.00	西南
8	2015/5/19	塑料	2183.20	东北
9	2015/5/20	木材	1355.40	华北
10	2015/5/21	木材	222.20	西南
11	2015/5/22	钢材	1324.00	东北
12	2015/5/23	塑料	2324.00	西北
13	2015/5/24	木材	678.00	华南

3. 使用【样文 3】"单位"、"物业费"、"卫生费"、"水费"和"电费"五列数据绘制堆积面积图。

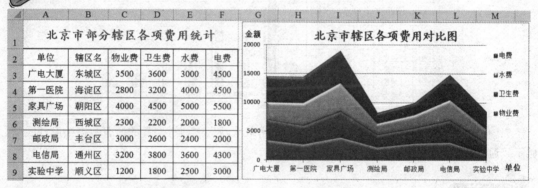

	A	B	C	D	E	F
1	北京市部分辖区各项费用统计					
2	单位	辖区名	物业费	卫生费	水费	电费
3	广电大厦	东城区	3500	3600	3000	4500
4	第一医院	海淀区	2800	3200	4000	4500
5	家具广场	朝阳区	4000	4500	5000	5500
6	测绘局	西城区	2300	2200	2000	1800
7	邮政局	丰台区	3000	2600	2400	2000
8	电信局	通州区	3200	3800	3600	4300
9	实验中学	顺义区	1200	1800	2500	3000

4. 使用【样文 4】各水果四个季度的销售数据，绘制簇状柱形图。

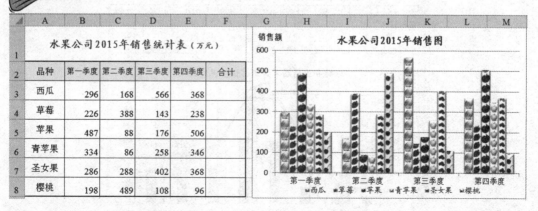

5. 使用【样文 5】电脑和配件的销量数据，绘制"复合饼图"。显示产品名称和比例。

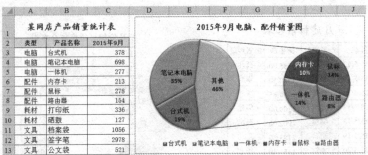

6. 使用【样文6】"项目"、"预算支出"、"实际支出"的各项数据绘制柱形图。显示项目名称和实际支出的数据。

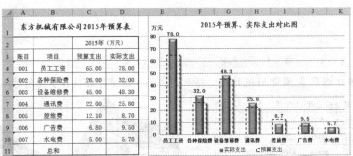

7. 使用【样文7】"年份"、"报名人数"、"考取人数"、"通过率"的所有数据绘制柱线图。显示"通过率"的数据。

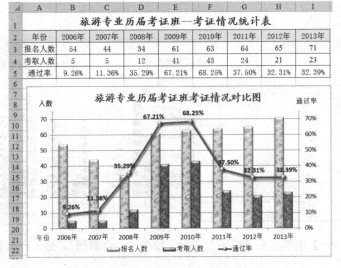

8. 使用【样文8】各连锁店对应的不同季度销售数据绘制圆环图。显示店名和百分比。
*【选做】使用 A 店各季度的销售数据制作饼图（完整背景）。显示季度名称和数据值。

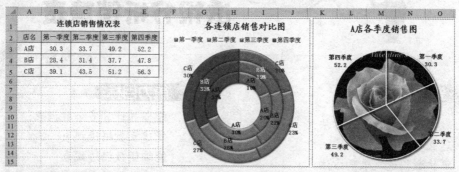

9. 使用【样文9】各学历的"人数"创建一个扇形图。显示学历名称和人数。

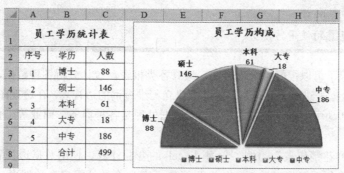

10. 使用【样文10】各年龄段的不同性别人数绘制条形图。显示年龄段、性别和人数。

2015年12月公司员工年龄统计		
年龄段	男	女
25岁以下	10	24
26～30岁	25	48
31～40岁	22	36
41～50岁	30	18
50岁以上	13	6

透视分析销售表

知识目标

1. 数据表合并计算的方法；
2. 建立数据透视表的方法；
3. 编辑数据透视表的方法；
4. 建立数据透视图的方法。

学习重点

1. 合并计算的注意事项；
2. 数据透视表的建立及编辑方法；
3. 数据透视图的使用方法。

能力目标

1. 能合并计算多个数据表；
2. 能建立数据透视表；
3. 能编辑数据透视表；
4. 能建立数据透视图。

Excel 2010 除了可以很好地管理数据，运算各类报表，统计分析各种数据，创建和分析图表外，还能对多个数据表进行合并运算，还可以建立三维查询的透视表，在透视图中观察数据动向，以便在各种商业活动中更好地决策。Excel 的数据处理是各种商务、商业等工作中的得力助手和重要管理工具。

本任务以"鲜花销售表"为例，学习 Excel 的合并计算、使用数据透视表、数据透视图的基本方法。"透视分析销售表"任务分为两部分：17.1 合并计算多个数据表；17.2 透视分析销售表。

17.1　合并计算多个数据表

一个企业每月都对市场销售情况进行统计，在季度总结、年度总结时，需要把各月的情况累计在一起；另一个企业可能有很多的销售地区或者分公司，各个分公司具有各自的销售报表和会计报表。为汇总公司的整体市场运作情况，就要将这些分散的数据进行合并。针对这些需求，Excel提供了合并计算功能。

提出任务

某鲜花公司在不同的地区分别有 4 个销售商，在五一假日期间，各销售商分别作了各自的销量统计表，如作品所示，公司总部想知道这四个销售商在五一假日期间的所有销量情况。

在 Excel 中设计制作"鲜花销售量统计表"，包含 5 页工作表，在各工作表中录入对应的数据，设置各部分格式。

请将 4 个销售商的销量统计表进行合并计算，计算各种花卉品种在假日期间每天的总销量。

 作品展示

	A	B	C	D	E
1		**鲜花销售量统计表**			
2	经销商	西子花店			
3	品种	2016/5/1	2016/5/2	2016/5/3	
4	玫瑰	890	820	580	
5	康乃馨	480	440	680	
6	满天星	580	630	710	
7	百合	640	580	610	

◄ ◄ ► ►│ 1西子花店 2天仙花店 3欣欣花店

	A	B	C	D
1		**鲜花销售量统计表**		
2	经销商	天仙花店		
3	品种	2016/5/1	2016/5/2	2016/5/3
4	玫瑰	780	890	810
5	康乃馨	560	610	880
6	满天星	430	360	260
7				

◄ ◄ ► ►│ 1西子花店 2天仙花店 3欣欣花店 4

	A	B	C	D
1		**鲜花销售量统计表**		
2	经销商	欣欣花店		
3	品种	2016/5/1	2016/5/2	2016/5/3
4	玫瑰	980	960	610
5	月季	620	360	230
6	百合	360	480	210
7	非洲菊	800	830	890
8	泰国兰	680	700	660

◄ ◄ ► ►│ 2天仙花店 3欣欣花店 4香兰花店

	A	B	C	D
1		**鲜花销售量统计表**		
2	经销商	香兰花店		
3	品种	2016/5/1	2016/5/2	2016/5/3
4	菊花	210	103	310
5	君子兰	360	210	480
6	月季	480	560	320
7	红掌	170	150	160

◄ ◄ ► ►│ 2天仙花店 3欣欣花店 4香兰花店

分析任务

1. 鲜花销量统计表的组成

本任务的四个经销商的销量统计表分别在四页工作表中，工作表名称以销售商命名。

2. 销量表结构

每个销量表的表头结构完全相同，包含"品种""2016/5/1""2016/5/2""2016/5/3"字段；每个销售商经销的花卉品种各不相同，每个品种每天的销量也不一样。

3. 合并计算的功能

Excel 的合并计算功能，能将多个工作表的数据合并到一张工作表上计算。在合并计算时，首先要为计算结果定义一个目标区域，此目标区域可位于与数据源相同的工作表或位于另一个工作表、工作簿内；其次，需要选择合并计算的数据源，此数据源可以来自单个工作表、多个工作表或多个工作簿中。

本任务在同一个工作簿内，新建一个工作表，表结构（表头）与数据源表结构（表头）完全相同，作为合并计算的目标区域，如图 17-1 所示。

4. 合并计算的类型

Excel 提供了两种合并计算的方法：一种是按位置合并计算，即数据源位置相同数据合并计算；另一种是按分类合并计算，即源区域位置或分类不同的数据的合并计算。

	A	B	C	D
1		**鲜花销量统计汇总表**		
2				
3	品种	2016/5/1	2016/5/2	2016/5/3
4				
5				
6				
7				

◄ ◄ ► ►│ 3欣欣花店 4香兰花店 5总销量

图 17-1　合并计算的目标区域

本任务的四个数据源区域包含的数据（鲜花的品种）及其排列位置（顺序）各不相同，所以需要按照分类进行合并计算。

以上分析的是销量表的基本组成部分、数据源表结构、合并计算的目标区域、合并计算的类型，下面按工作过程学习合并计算具体的操作步骤和操作方法。

1. 准备工作

（1）另存、命名文件：将文件保存在 D 盘自己姓名的文件夹中，文件名为"鲜花销量表.xlsx"。

（2）新建工作表，将工作表标签 Sheet1 更名为"1 西子花店"，后面依次更名为"2 天仙花店"、"3 欣欣花店"、"4 香兰花店"、"5 总销量"，共计 5 页工作表。

（3）按作品所示，分别在每个工作表内录入四个经销商对应的销量统计数据。

（4）设置每张工作表的各部分格式：标题、表头、数据、表边框等。

2. 合并计算多个销量表

（1）在"5 总销量"工作表内，设计目标区域的标题、表头结构，如图 17-1 所示。

合并计算前，要保证各表的结构和引用区域都是一样的。合并计算的目标区域的表头结构与数据源表头结构相同。

（2）合并计算。按任务要求，需要计算 4 个销售商的各种花卉品种在假日期间每天的总销量。合并计算的操作方法、步骤如下：

★ **步骤1** 单击合并计算的目标位置："5 总销量"工作表的 A4 单元格，单击"数据"选项卡"数据工具"组的"合并计算"按钮，如图 17-2 所示。

★ **步骤2** 打开"合并计算"对话框。因为要计算总销量，所以在对话框的"函数"框中选择"求和"，如图 17-3 所示。

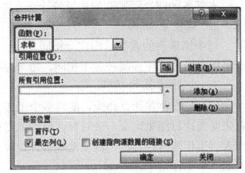

图 17-2 合并计算按钮　　　　　　　　图 17-3 选择"求和"函数

★ **步骤 3** 在"合并计算"对话框中，单击"引用位置"右侧的工作表缩略图按钮，如图 17-3 所示，选"1 西子花店"数据表的 A4:D7 数据区域，如图 17-4 所示。

★ **步骤 4** 单击"引用位置"右侧的工作表缩略图按钮，如图 17-4 所示，返回到"合并计算"对话框，单击"添加"按钮，则第 1 个数据区域"'1 西子花店'!$A$4:$D$7"添加在"所有引用位置"的列表框中，如图 17-5 所示。

图 17-4 选择数据区域　　　　　　　　图 17-5 添加所有引用位置

引用位置说明：'1 西子花店'!　$A$4:$D$7

工作表名称
"!"是工作表名称的标记

数据区域 A4:D7 的绝对引用
"$"是绝对引用的标记

★ **步骤 5**　重复 3～4 步，依次选择其余 3 个数据表的数据区域，并"添加"，则在"所有引用位置"的列表框中添加了四个数据表的不同数据区域，如图 17-6 所示。

★ **步骤 6**　在图 17-6 所示的对话框的"标签位置"中选择"最左列"，因为目标表中有首行（表头）。

★ **步骤 7**　单击"确定"按钮，得到如图 17-7 所示的合并计算的结果：所有花卉品种每天的总销量。

图 17-6 选择"最左列"　　　　　　　图 17-7 合并计算结果

至此，多个销量表的合并计算操作完成，得到图 17-7 所示的计算结果。从结果可以看出：合并计算时，汇总了所有的花卉品种，尽管四个销售表中的花卉品种不一样，使用分类的方法合并数据，即可汇总所有的花卉品种；所有品种每天的销量进行了"求和"汇总计算，得到了公司内所有经销商五一假日期间的总销量数据结果。保存文件。

同样的方法，还可以进行"平均值""最大值""最小值""计数"等的合并计算。

在合并计算时，数据的种类可以不同，但目标区域和数据源区域的表头必须相同。

提示

归纳总结

合并计算的操作流程如下。

① 设计制作"合并计算"目标区域的标题、表头结构，与数据源表头结构相同；

② 单击合并计算的目标位置；

③ 单击"数据"选项卡"数据工具"组的"合并计算"按钮；

④ 在"合并计算"对话框中的"函数"框中选择需要计算的函数；

⑤ 在"合并计算"对话框中选择"引用位置"；

⑥ 单击"添加"按钮；

⑦ 依次继续选择其他引用位置，并添加；

⑧ 在"合并计算"对话框中选择"最左列"；

⑨ 单击"确定"按钮，得到合并计算的结果。

17.2 透视分析销售表

数据透视表、数据透视图是一种强大的数据管理工具，具有三维查询功能，可以从多角度进行数据分析，帮助企业有效地进行各种关键数据信息的决策。

本任务以鲜花公司的"销售表"为例，学习数据透视表和数据透视图的建立方法、编辑方法、使用方法等内容。

提出任务

在 Excel 中设计制作"销售表"，录入作品所示的鲜花销售表各部分数据，计算"销售额"，设置各部分格式。

对作品所示的鲜花销售表，创建数据透视表和数据透视图，并对透视表和透视图进行编辑，改变字段进行数据分析。

作品展示

	A	B	C	D	E	F
1			鲜花销售表			
2	日期	经销商	品种	销售量	单价	销售额
3	2016/5/1	西子花店	玫瑰	890	3.0	
4	2016/5/2	西子花店	玫瑰	820	2.8	
5	2016/5/3	西子花店	玫瑰	580	2.5	
6	2016/5/1	西子花店	康乃馨	480	1.0	
7	2016/5/2	西子花店	康乃馨	440	0.8	
8	2016/5/3	西子花店	康乃馨	680	0.5	
9	2016/5/1	西子花店	满天星	580	0.5	
10	2016/5/2	西子花店	满天星	630	0.5	
11	2016/5/3	西子花店	满天星	710	0.5	
12	2016/5/1	西子花店	百合	640	5.0	
13	2016/5/2	西子花店	百合	580	5.0	
14	2016/5/3	西子花店	百合	610	5.0	
15	2016/5/1	天仙花店	玫瑰	780	2.8	
16	2016/5/2	天仙花店	玫瑰	890	2.5	
17	2016/5/3	天仙花店	玫瑰	810	2.0	
18	2016/5/1	天仙花店	康乃馨	560	1.0	
19	2016/5/2	天仙花店	康乃馨	610	0.8	
20	2016/5/3	天仙花店	康乃馨	880	0.6	
21	2016/5/1	天仙花店	满天星	430	0.6	
22	2016/5/2	天仙花店	满天星	360	0.6	
23	2016/5/3	天仙花店	满天星	260	0.6	
24	2016/5/1	欣欣花店	玫瑰	980	3.5	
25	2016/5/2	欣欣花店	玫瑰	960	3.5	
26	2016/5/3	欣欣花店	玫瑰	610	3.0	
27	2016/5/1	欣欣花店	月季	620	1.0	
28	2016/5/2	欣欣花店	月季	360	1.0	
29	2016/5/3	欣欣花店	月季	230	1.0	
30	2016/5/1	欣欣花店	百合	360	5.0	
31	2016/5/2	欣欣花店	百合	480	4.0	
32	2016/5/3	欣欣花店	百合	210	4.0	
33	2016/5/1	欣欣花店	非洲菊	800	2.0	
34	2016/5/2	欣欣花店	非洲菊	830	2.0	
35	2016/5/3	欣欣花店	非洲菊	890	1.5	
36	2016/5/1	欣欣花店	泰国兰	680	2.0	
37	2016/5/2	欣欣花店	泰国兰	700	2.0	
38	2016/5/3	欣欣花店	泰国兰	660	1.8	
39	2016/5/1	香兰花店	菊花	210	1.2	
40	2016/5/2	香兰花店	菊花	103	1.2	
41	2016/5/3	香兰花店	菊花	310	1.0	
42	2016/5/1	香兰花店	君子兰	360	3.0	
43	2016/5/2	香兰花店	君子兰	210	3.0	
44	2016/5/3	香兰花店	君子兰	480	3.0	
45	2016/5/1	香兰花店	月季	480	1.5	
46	2016/5/2	香兰花店	月季	560	1.2	
47	2016/5/3	香兰花店	月季	320	1.0	
48	2016/5/1	香兰花店	红掌	170	5.0	
49	2016/5/2	香兰花店	红掌	510	5.0	
50	2016/5/3	香兰花店	红掌	160	5.0	

销售表

分析任务

1. 鲜花销售表的组成

鲜花销售表中，包含日期、经销商、品种、销售量、单价、销售额字段，数据记录有各个经销商的各种花卉品种在五一假日三天的销量、单价和销售额，每天的单价不一样，每个经销商的销售品种也不一样，每天都有销售额的结算。

这是一个数据量大的、复杂的、多维的数据表。如何对它进行分类，观察内在的规律呢？

使用 Excel 提供的数据透视表可以实现这些功能。

2. 数据透视表

数据透视表是一个经过重新组织的表，是一种动态报表，具有三维查询功能。它是指对表（数据库）的指定字段赋予特定的条件，再据此将表（数据库）加以组织整理，对大量数据进行快速汇总、分析、建立交叉列表的交互式表格，它能帮助用户快速分析、组织和大批量浏览数据。利用它可以很快地从不同角度对数据进行分类汇总，也可以将数据的一些内在规律显示出来。因此在数据量大、工作表繁多的情况下，用户可以使用简单的数据透视表快速分类，提供数据信息。

并不是所有的数据都可以作为数据源用来创建数据透视表，创建数据透视表的数据必须以数据库的形式存在，在工作表中必须以列表的形式存在。

3. 数据透视图

数据透视图可以在数据透视表中可视化这些数据，并且方便查看、筛选、比较。

以上分析得是销售表的组成部分、数据记录的复杂性，以及数据透视表的功能和特点。下面按工作过程学习具体的操作步骤和操作方法。

完成任务

一、准备工作

（1）另存、命名文件：将文件保存在 D 盘自己姓名的文件夹中，文件名为"销售表.xlsx"。

（2）将工作表标签 Sheet1 更名为"销售表"，录入作品所示的鲜花销售表各部分数据，计算"销售额"。

（3）设置工作表的各部分格式：标题、表头、数据、表边框等，如作品所示。

二、创建数据透视表

1. 插入空白数据透视表

★ **步骤1** 单击销售表中的任意单元格，单击"插入"选项卡"表格"组的"数据透视表"按钮，选择"数据透视表"，如图 17-8 所示。

★ **步骤2** 打开"创建数据透视表"对话框，Excel 自动选择"销售表"的全部数据，并将"表 1"填入"表/区域"框中，如图 17-9 所示。

图 17-8　插入数据透视表

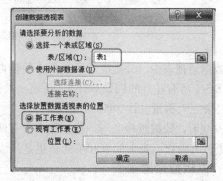

图 17-9　创建数据透视表

★ **步骤 3** "选择放置数据透视表的位置"是"新工作表",单击"确定"按钮,如图 17-9 所示。

空白数据透视表创建完成,在"销售表"左侧的新建工作表 Sheet1 内,如图 17-10 所示。在空白数据透视表右侧,有"数据透视表字段列表"窗格,各组成部分名称如图 17-10 所示。

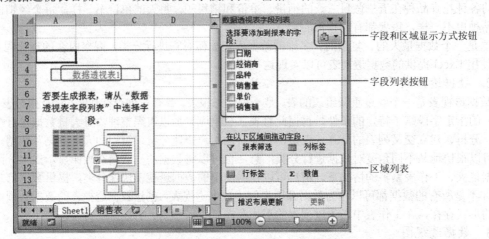

图 17-10　插入空白数据透视表,"数据透视表字段列表"窗格组成

2. 选择字段生成数据透视表

★ **步骤 4**　在"数据透视表字段列表"中,将"经销商"字段和"日期"字段拖到"行标签"位置,将"品种"字段拖到"列标签"位置,将"销售量"字段拖到"数值"位置,得到图 17-11 所示的数据透视表。

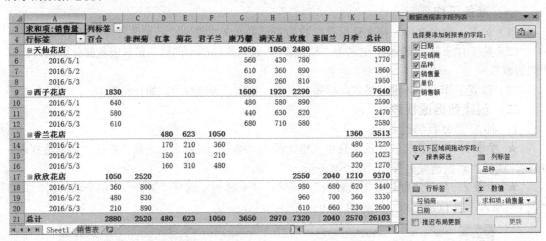

图 17-11　选择字段生成数据透视表

在数据透视表中,分类汇总显示每个经销商、每天、每个品种的销量汇总值。例如:天仙花店,2016/5/1 所有花卉的销量总计 1770 元;天仙花店三天康乃馨的销量总计 2050 元;所有经销商的康乃馨三天销量总计 3650 元……

从外观看,数据透视表与一般工作表没有两样,但事实上,并不能在它的单元格中直接输入数据或更改其内容。表中的求和单元格也是只读的,不能任意更改其公式内容。

三、编辑数据透视表

数据透视表建立完成后,可视需要执行各类操作,例如增删字段、组合字段、排序字段、筛选字段、展开或折叠明细数据等，进行数据分析。

1. 增删字段

★ **步骤**5 选择需要的字段名称→拖到需要的位置，调整其放置区域，如将"日期"拖到"列标签"。

★ **步骤**6 单击字段名→选"上移"或"下移"，调整层级。

★ **步骤**7 在字段列表中，将字段名前面的钩去掉，将字段删除；或在"区域列表"中，单击需要删除的字段名，选择"删除字段"，如删除"品种"。

重新调整字段后的数据透视表如图 17-12 所示，以"经销商"为行标签，以"日期"为列标签，显示所有品种每天、每个经销商的销售量求和项。

图 17-12 "经销商"为行标签，"日期"为列标签，显示"销售量"的求和项

2. 排序字段

数据透视表可以根据需要将行标签、列标签进行各种排序。

★ **步骤**8 单击"行标签"或"列标签"右侧的箭头，选择一种排序方式，如图 17-13 所示。得到排序后的数据透视表，如图 17-14 所示。

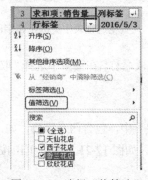

图 17-13 选择排序方式　　　图 17-14 "经销商"升序、"日期"降序排列的数据透视表

3. 筛选字段

数据透视表可以根据需要在行标签、列标签的字段列表中，筛选所需字段。

★ **步骤**9 单击"行标签"或"列标签"右侧的箭头，在"值筛选"列表中，选择需要的字段，单击"确定"按钮，如图 17-15 所示。得到筛选后的数据透视表，如图 17-16 所示。

图 17-15 选择"值筛选"　　　　图 17-16 数据透视表字段筛选

★ **步骤** 10 还可以对字段或字段值进行筛选，在"筛选"列表中选择需要的条件选项，如图 17-17 所示。数据透视表的字段筛选方法跟普通数据表的筛选方法相同。

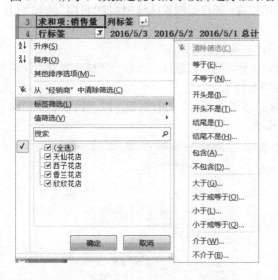

图 17-17 在数据透视表中对字段或字段值进行筛选

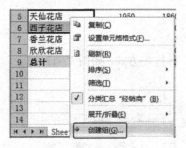

图 17-18 组合字段

4. 组合字段

在数据透视表中，可以对字段进行组合，得到组合项。

★ **步骤** 11 选中需要组合的单元格区域，右击，在菜单中选择"创建组"，如图 17-18 所示。

★ **步骤** 12 生成组合项，名为"数据组 1"，如图 17-19 所示。

★ **步骤** 13 选中"数据组 1"，在编辑栏中修改组合名称，得到新的组名"市中心"，如图 17-20 所示。

3	求和项:销售量	列标签			
4	行标签	2016/5/3	2016/5/2	2016/5/1	总计
5	数据组1				
6	天仙花店	1950	1860	1770	5580
7	西子花店	2580	2470	2590	7640
8	香兰花店				
9	香兰花店	1270	1023	1220	3513
10	欣欣花店				
11	欣欣花店	2600	3330	3440	9370
12	总计	8400	8683	9020	26103

图 17-19 生成组合项"数据组 1"

3	求和项:销售量	列标签			
4	行标签	2016/5/3	2016/5/2	2016/5/1	总计
5	市中心				
6	天仙花店	1950	1860	1770	5580
7	西子花店	2580	2470	2590	7640
8	香兰花店				
9	香兰花店	1270	1023	1220	3513
10	欣欣花店				
11	欣欣花店	2600	3330	3440	9370
12	总计	8400	8683	9020	26103

图 17-20 在数据透视表中更改组合字段名称

★ **步骤** 14 撤销数据透视表中的组合字段。右击组合字段名称，在菜单中选择"取消组合"，即可取消组合的字段。

5. 展开或折叠筛选数据

★ **步骤** 15 若"数据透视表字段列表"窗格的"行标签"中，包含两个字段，如"经销商"和"品种"，在数据透视表的字段名前有展开⊟或折叠⊞按钮，如图 17-21 所示，单击按钮，即可展开或折叠明细数据。

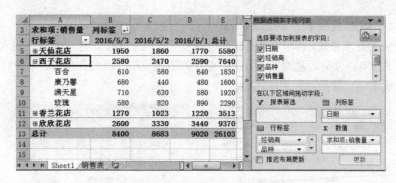

图 17-21   在数据透视表中展开或折叠筛选数据

6. 修改字段设置

数据透视表中的字段可以根据需要进行各种设置。

★ **步骤 16**   在区域列表中单击"求和项:销售量"字段,在菜单中选择"值字段设置",打开"值字段设置"对话框,如图 17-22 所示。

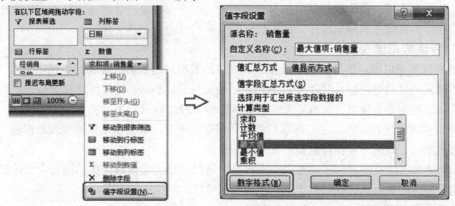

图 17-22   "值字段设置"对话框

★ **步骤 17**   在对话框的"值汇总方式"中选择"最大值"或其他的计算类型,如图 17-22 所示。

★ **步骤 18**   单击"数字格式"按钮,打开"设置单元格格式"对话框,选择一种数字格式类型,如图 17-23 所示。

★ **步骤 19**   单击"确定"按钮,返回到"值字段设置"对话框,再单击"确定"按钮,得到"销售量"最大值的数据透视表,如图 17-24 所示。

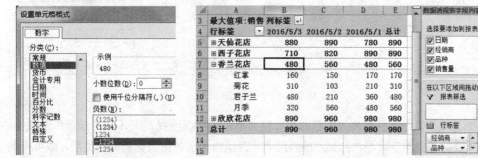

图 17-23   设置"数值"格式   图 17-24   "销售量"最大值的数据透视表

四、设计"数据透视表"的显示格式

数据透视表的显示格式,可以利用"数据透视表工具"的"设计"选项卡进行设置,如图 17-25 所示。设置的项目有:分类汇总的显示方式、总计的适用范围、报表的布局、项目后是否有空行、数据透视表样式选项、数据透视表样式等。

图 17-25 "数据透视表工具"的"设计"选项卡

用户可以根据需要设置数据透视表的各种显示格式或样式。

至此,销售表的数据透视表操作完成,得到各种数据透视结果,可以进行数据分析和市场决策。从图 17-24 中可以看出:建立数据透视表后,在"数据透视表字段列表"窗格中,改变行标签字段、列标签字段、数值字段就可以得到需要的三维查询结果,非常灵活好用,在数据透视表中还可以进行各种排序和筛选操作,便于数据的显示、分析。保存文件。

五、创建数据透视图

数据透视图是以图形的形式展示数据透视表中的数据,是数据透视表的可视化形式。它相对于数据透视表的优势是可以选择不同的图形表示数据信息。Excel 将数据透视表与分析图充分结合,用户可以视需要直接用鼠标拖动来更改计算分析字段,以得到不同的显示图表。

数据透视图是交互式的,用户可以对其进行排序或筛选,来显示数据透视表数据的子集。创建数据透视图时,数据透视图筛选器会显示在图表区。

Excel 的数据透视图提供了动态的查看功能,用户在建立数据透视图的同时会与数据透视表的数据进行同步的更新,以保持数据的一致性与完整性。

建立数据透视图的方法如下:

◆ **操作方法 1** 单击数据透视表的任意单元格,单击"插入"选项卡"图表"组的一种图表类型,如柱形图,选择子类型,如簇状柱形图,即可得到数据透视图。如图 17-26 所示。

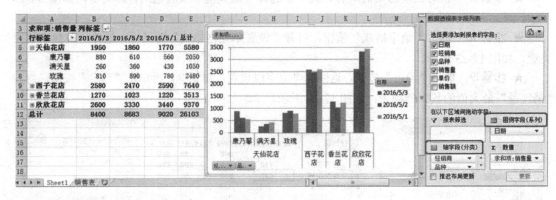

图 17-26 数据透视图

◆ **操作方法 2** 单击数据透视表的任意单元格,单击"数据透视表工具"/"选项"选项卡,"工具"组的"数据透视图"命令,打开"插入图表"对话框,选择图表类型及子类型,即可得到数据透视图。如图 17-26 所示。

数据透视图建立完成,"数据透视表字段列表"中的区域名称也发生变化,如图 17-26 所示。

① Excel 的数据透视图不支持散点图、气泡图和股价图。

② 数据透视图及其相关联的数据透视表必须始终位于同一个工作簿中。

六、编辑、设置数据透视图

数据透视图的编辑方法与普通图表编辑方法相似，但是，在"数据透视图"选项卡中多了一项"分析"选项卡，可以设置各种分析的格式。如图 17-27 所示。

编辑数据透视图的操作方法如下：

★ **步骤 1** 修改数据透视图样式。选择数据透视图→数据透视图工具→设计→图表样式，选择要修改的样式命令。如图 17-28 所示。

图 17-27 "数据透视图"/"分析"选项卡

★ **步骤 2** 筛选轴字段。在数据透视图筛选器的轴字段中，选择需要的字段，如图 17-29 所示。筛选后的数据透视表和数据透视图，同步显示"天仙花店""香兰花店"两个经销商每天不同品种的销售量，轴字段显示筛选标记，如图 17-30 所示。

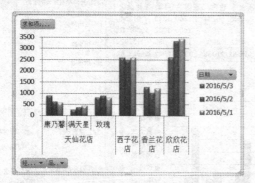

图 17-28 修改数据透视图样式

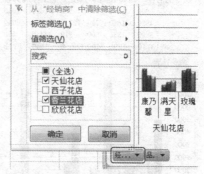

图 17-29 筛选轴字段

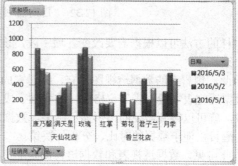

图 17-30 筛选后的数据透视表、数据透视图

★ **步骤 3** 改变字段项目。数据透视图可以动态地查看数据，当改变轴字段或图例字段、数值字段时，数据透视表与数据透视图同步更新，保持数据的一致性与完整性。如图 17-31 所示，"经销商"为轴字段，"品种"为图例字段，"求和项：销售量"为数值字段的数据透视图，显示每个经销商不同品种的销售量。

图 17-32 所示，"日期"为轴字段，"品种"为图例字段，"求和项：销售额"为数值字段的数据透视图，显示每天不同品种的销售额。

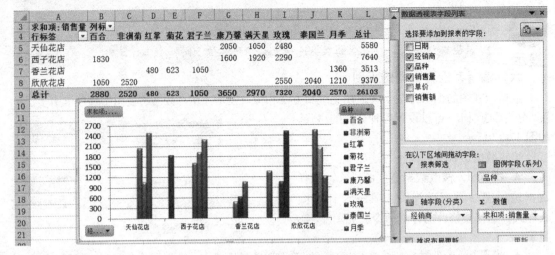

图 17-31　改变字段列表"经销商-品种-销售量"数据透视图

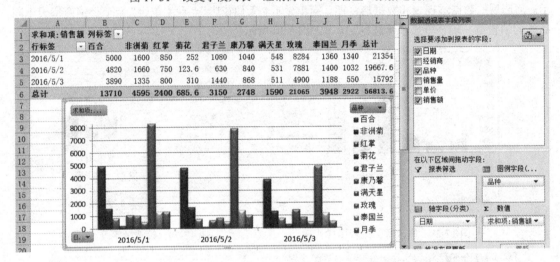

图 17-32　"日期-品种-销售额"数据透视图

　　同样的方法可以根据需要改变各项字段，得到各种不同的数据透视图，以便观察、分析数据，进行决策。

　　至此，销售表的数据透视图建立、编辑完成。从图 17-32 中可以看出：建立数据透视图后，在"数据透视表字段列表"窗格中，改变轴字段、图例字段、数值字段，或在数据透视图中筛选轴字段，就可以得到需要的图形显示结果，数据透视表的数据显示和数据透视图的图形对比非常清晰、醒目，便于数据的对比、分析、决策。

　　由此可见，数据透视表和数据透视图是非常好用的数据管理工具，灵活、方便、快速、精确地解决了复杂数据表、大量数据的多维查询，使数据分析变得简单、容易。保存文件。

　　更新数据：如果原始数据值或数据源表头结构更改时，建立的数据透视表也应随之更改。

　　◆ **操作方法**　单击数据透视表工具→选项→数据→"刷新"命令，即可更新数据透视表中的数据，数据透视图也会随之更新。

　　对数据进行透视分析的操作流程如下。

① 插入空白数据透视表；

② 选择需要分析的字段生成数据透视表；

③ 根据需要，编辑数据透视表（增删字段、组合、排序、筛选字段，修改字段设置等）；

④ 设置数据透视表格式；

⑤ 创建数据透视图；

⑥ 编辑数据透视图。

 评价反馈

完成各项操作后，填写表 17-1 所示的评价表。

表 17-1　"透视分析销售表"评价表

评价模块	评价内容		自评	组评	师评
	学习目标	评价项目			
专业能力	1. 管理 Excel 文件	新建、另存、命名、关闭、打开、保存文件			
	2. 制作、美化工作表	新建、更名工作表，录入数据，设置格式			
		设置工作表各部分格式			
	3. 合并计算多销量表	设计"合并计算"目标区域的表头结构			
		合并计算			
	4. 创建数据透视表	插入空白数据透视表			
		选择字段生成数据透视表			
	5. 编辑数据透视表	增删字段、排序字段			
		筛选字段、组合字段			
		修改字段设置			
	6. 设置数据透视表显示格式				
	7. 创建、编辑数据透视图	创建数据透视图			
		修改透视图样式			
		筛选轴字段			
		改变字段项目			
		分析数据透视图的结果			
	8. 正确上传文件				
可持续发展能力	自主探究学习，自我提高，掌握新技术	□很感兴趣	□比较困难	□不感兴趣
	独立思考，分析问题，解决问题	□很感兴趣	□比较困难	□不感兴趣
	应用已学知识与技能	□熟练应用	□查阅资料	□已经遗忘
	遇到困难，查阅资料学习，请教他人解决	□主动学习	□比较困难	□不感兴趣
	总结规律，应用规律	□很感兴趣	□比较困难	□不感兴趣
	自我评价，听取他人建议，勇于改错、修正	□很愿意	□比较困难	□不愿意
	将知识技能迁移到新情境解决新问题，有创新	□很感兴趣	□比较困难	□不感兴趣
社会能力	能指导、帮助同伴，愿意协作、互助	□很感兴趣	□比较困难	□不感兴趣
	愿意交流、展示、讲解、示范、分享	□很感兴趣	□比较困难	□不感兴趣
	敢于发表不同见解	□敢于发表	□比较困难	□不感兴趣
	工作态度，工作习惯，责任感	□好	□正在养成	□很少
成果与收获	实施与完成任务	□☺独立完成　□☺合作完成　□☒不能完成		
	体验与探索	□☺收获很大　□☺比较困难　□☒不感兴趣		
	疑难问题与建议			
	努力方向			

复习思考

1. 任何一个数据表都可以创建数据透视表和透视图吗？
2. 什么是数据透视表？数据透视表的作用和功能？
3. 如何更新数据透视表？

拓展实训

一、合并计算实训

迪信通手机连锁公司在某地有多家分店，分别为政府街分店、鼓楼分店、西街分店、府学路分店，每家分店 2016 年 7～12 月期间，每月销售的手机品牌、型号和销量都各不相同，每月的单价也不一样。

在 Excel 中设计制作每家分店的销售统计表，并录入数据；设置各部分格式；合并计算迪信通手机连锁公司每月的销售总量。各分店销售统计表的表头结构如图 17-33 所示。

图 17-33　各分店销售统计表的表头结构

二、数据透视表、透视图实训

1. 某公司的人力资源表如【样文 1】所示，录入数据并设置各部分格式。建立人力资源数据透视表和数据透视图，分析"部门"、"学历"、"职称"之间的数据关系；分析"性别"、"年龄"、"工龄"之间的关系；分析"部门"、"学历"、"基本工资"之间的数据关系……

样文1

编号	姓名	性别	部门	学历	职称	年龄	工龄	基本工资
\multicolumn{9}{c}{某公司人力资源表}								
001	孙　媛	女	培训部	本科	中级	32	10	6000
002	刘志翔	男	培训部	本科	中级	33	10	6500
003	桂　君	男	董事会	博士	高级	48	24	10000
004	阚媛媛	女	办公室	大专	初级	23	1	4000
005	肖　涛	女	办公室	本科	中级	30	8	6000
006	王李龙	男	营销部	本科	中级	31	8	7000
007	宣　喆	女	营销部	本科	中级	37	14	7500
008	杨志明	男	工程部	硕士	高级	32	7	8000
009	朱　丹	男	工程部	本科	中级	34	10	7000
010	尹雪飞	男	后勤部	大专	初级	25	3	4000
011	李　俊	男	研发部	博士	高级	45	17	8000
012	黄　锦	男	工程部	本科	中级	40	16	7500

人力资源

2. 计算【样文 2】的"销售额"、"利润"、"销售员奖金"（利润的 3%，4 位小数），保留 2 位小数。建立商品销售的数据透视表和数据透视图。分别按商品名称、销售员姓名、年月分类，分析与销售数量、销售额、利润、销售员奖金之间的数据关系。

	A	B	C	D	E	F	G	H	I
1	华光五店商品销售记录单								
2	年月	商品名称	销售员姓名	数量	进价	零售价	销售额	利润	销售员奖金
3	2015年10月	创新音箱	李世民	12	120.00	158.00			
4	2015年10月	七喜摄像头	李世民	9	110.00	138.00			
5	2015年10月	COMO小光盘	萧峰	10	1.80	4.20			
6	2015年10月	戴尔1442笔记本电脑	李世民	2	4380.00	4620.00			
7	2015年10月	电脑桌	萧峰	4	75.00	120.00			
8	2015年10月	COMO小光盘	杨过	2	1.80	4.10			
9	2015年10月	明基光盘	杨过	5	1.50	3.50			
10	2015年11月	COMO小光盘	李世民	2	1.80	4.20			
11	2015年11月	COMO小光盘	萧峰	11	1.80	4.20			
12	2015年11月	电脑桌	杨过	3	75.00	120.00			
13	2015年11月	方正MP4	萧峰	5	320.00	380.00			
14	2015年11月	COMO小光盘	李世民	10	1.80	4.20			
15	2015年11月	电脑桌	萧峰	2	75.00	120.00			
16	2015年11月	COMO小光盘	李世民	5	1.80	4.10			
17	2015年11月	光鼠	杨过	6	29.00	48.00			

3. 计算【样文 3】的"金额"，保留 2 位小数。建立商品销售的数据透视表和数据透视图。分别按商品名称、类别、销售日期分类，分析与销售数量、金额之间的数据关系。

	A	B	C	D	E	F	G	H
1	4S店 2016年1月 销售记录表							
2	流水号	商品名称	类别	单位	销售日期	单价	数量	金额
3	1	汽车方向盘套	内饰	个	2016/1/15	¥120.00	2	
4	2	真皮钥匙包	用品	个	2016/1/15	¥88.00	3	
5	3	脚垫	内饰	套	2016/1/15	¥150.00	2	
6	4	真皮钥匙包	用品	个	2016/1/16	¥88.00	5	
7	5	颈枕	用品	个	2016/1/16	¥99.00	4	
8	6	门腕	改装产品	个	2016/1/16	¥25.00	4	
9	7	汽车方向盘套	内饰	个	2016/1/17	¥120.00	3	
10	8	颈枕	用品	个	2016/1/17	¥99.00	2	
11	9	装饰条	改装产品	个	2016/1/17	¥26.00	8	
12	10	擦车拖把	清洁用品	个	2016/1/17	¥25.00	3	
13	11	真皮钥匙包	用品	个	2016/1/17	¥88.00	1	
14	12	汽车方向盘套	内饰	个	2016/1/18	¥120.00	1	
15	13	擦车毛巾	清洁用品	条	2016/1/18	¥10.00	2	
16	14	雨刮水105ml	清洁用品	瓶	2016/1/18	¥7.00	2	
17	15	高压洗水枪	清洁用品	个	2016/1/19	¥68.00	1	
18	16	香水座	香水系列	个	2016/1/19	¥68.00	1	

第三篇　演示文稿 PowerPoint 2010

任务 ⑱　设计制作电子相册

知识目标

1. 电子相册的框架结构；
2. 新建相册和编辑相册的操作方法；
3. 设置幻灯片主题的方法；
4. 制作、美化艺术字、文本框、图片的方法；
5. 制作图、文超链接的方法；
6. 设置图片动画的方法。

能力目标

1. 能在 PowerPoint 中设计制作电子相册；
2. 能新建、编辑相册；
3. 能设置幻灯片主题；
4. 能制作、美化相册每一页中的艺术字、文本框、图片等各部分内容；
5. 能制作图、文类型的超链接；
6. 能制作图片的动画效果。

学习重点

新建和编辑相册；设置艺术字、文本框、图片的各种格式；制作图、文超链接；设置动画效果

随着科技、摄影器材的发展和人们生活水平的不断提高，照片的存留也由胶片、纸质发展为数码、图像文件等数字存储方式。电子相册就是把若干数码照片集中起来，再用一些软件给相片加些相框和特效、场景、音乐、动画效果，让相片伴随着音乐在电脑、电视、手机上播放，多种媒体、动感的呈现照片的方式。

电子相册易于保存、易于复制、易于展示、携带方便，更具娱乐性（将照片融入场景模板中表达主题思想，充分体现个人特色）。

电子相册的制作软件有很多种，如 Flash、PR、AE、3D 等专业软件，PowerPoint 也是很好的多媒体制作软件，可以制作各种类型电子相册。

本任务以《美丽的校园》为例，应用 PowerPoint 自带的"相册"功能，设计制作带超链接、手动播放的电子相册，学习使用 PowerPoint 新建、编辑相册；制作、美化图、文、超链接、动画的操作方法。

提出任务

在 PowerPoint 2010 中设计、制作电子相册《美丽的校园》，共计 13 页（10 张相册内页）。相册结构应完整，相册各页之间有导航（相互跳转的超链接），制作内页相片的动画效果，每张相片有介绍词。

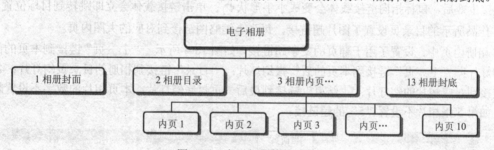

分析任务

1. 电子相册的框架结构及组成

电子相册的框架结构如图 18-1 所示，包含相册封面、相册目录、相册内页、相册封底。

图 18-1 电子相册框架结构

相册内页的张数可以自己决定，本任务制作 10 张相片内页的校园相册（共计 13 页幻灯片）。如果相片数量很多，制作目录时可以做成分类目录或文字目录。校园相册演示文稿的组成部分如图 18-2 所示。

图 18-2 电子相册结构及组成

2. 相册幻灯片的组成元素

由作品可以看出，相册幻灯片由文字部分、图片部分、导航超链接、动画效果组成，如图 18-3

所示。每张幻灯片的具体组成内容在制作时详细分析。

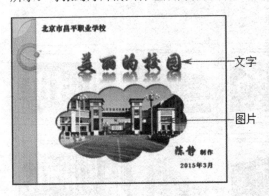

图 18-3　幻灯片的组成元素

　　幻灯片的文字部分可以利用艺术字或文本框来制作、美化。用插入图片的方法制作、美化各种图片。用添加动画、设置效果选项为相片（图片）制作动态、动画效果。相册导航可以制作图片超链接（相册目录）和文字超链接（相册内页）。

　　3. 相册的播放方式

　　相册播放形式分为手动播放和自动播放两种。作品所示的相册，采用手动播放的方式，可以一页一页向后翻页浏览，也可以直接点击导航中的照片页码浏览。

　　4. 相册的导航超链接结构

　　导航超链接由链接载体、链接路径（目标位置）组成。链接载体可以是文字、图片或按钮。超链接生效后，鼠标指向链接载体会变成小手形状🖑；单击链接载体会立即跳转到目标位置。

　　作品所示的目录页设置了图片超链接，每张小缩略图链接到对应的大图内页。

　　相册内页中，设置了用于翻页的文字超链接，如图 18-4 所示。"上一页"链接到本页的前一张幻灯片；"下一页"链接到本页的后一张幻灯片；"目录"链接到相册的目录页幻灯片；各数字链接到对应相片的幻灯片；"结束"链接到最后一页封底幻灯片；本页相片的数字不设置超链接，如第 5 张相片不设置"5"的超链接。

图 18-4　内页文字超链接的结构

　　5. 电子相册的版式特点

　　从作品看出，《美丽的校园》电子相册使用 PowerPoint 提供的主题样式，从头至尾的背景是一致的，整齐、规则、风格统一；相册有封面、目录、内页、封底，封面和封底首尾呼应，有始有终，结构很完整；相册内页中标题、相片、说明文字、导航超链接等内容的位置固定、大小相同，使相册整齐、规则、一致，在放映时没有跳跃和闪动，具有专业水准；背景和文字颜色采用同一色系，以"淡紫色"为主题色，色彩搭配和谐、美观、雅致。

　　有效美观的演示文稿特征：主题鲜明，内容准确，结构清晰，效果美观（版面美观大方、风格统一协调、色彩搭配合理、文字一目了然、动画合理简洁、图片文本一致）。

　　6. 照片素材的获取

照片可以用数码相机拍摄，直接得到".jpg"图片文件。纸质相片、手绘图片利用扫描仪扫描或相机拍摄为图片文件。

制作相册之前可以对照片先进行预加工处理，使用 Photoshop 对照片做修整、编辑和效果处理，也可以使用其它图像工具软件如 CorelDraw、光影魔术手、美图等处理照片。

以上分析的是电子相册的框架结构、幻灯片组成部分、相册播放方式、超链接的结构、相册的版式特点等，下面按工作过程学习具体的操作步骤和操作方法。

完成任务

准备工作：收集、分类、整理做相册的相片文件，放在专门的文件夹中备用。为方便制作相册幻灯片，可以将所有相片的图片大小、分辨率调整一致，亮度调整合适。照片准备好，就开始制作电子相册。

一、新建相册

1. 启动 PowerPoint 2010

2. 新建相册

★ **步骤 1** 单击"插入"选项卡"图像"组的"相册"按钮，选择"新建相册"，打开"相册"对话框，如图 18-5 所示。

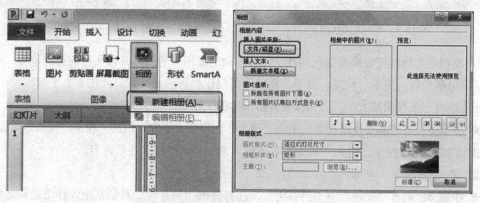

图 18-5 新建相册，打开"相册"对话框

★ **步骤 2** 单击" 文件/磁盘(F)... "按钮，在"插入新图片"对话框中选择制作相册的图片，如图 18-6 所示，单击"插入"按钮，返回到"相册"对话框。选中的图片按文件名顺序排列在"相册中的图片"列表中。

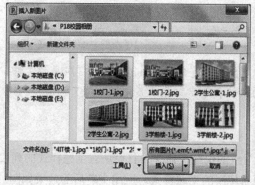

图 18-6 选择插入的新图片

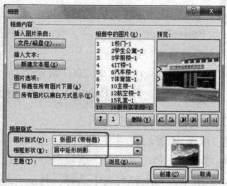

图 18-7 设置相册版式

★ **步骤** 3 在"相册"对话框中，可以对"相册中的图片"调整顺序（相册中幻灯片的顺序）：上移 ↑ 或下移 ↓，设置方向、对比度、亮度等格式。选择"相册版式"中的"图片版式"和"相框形状"，如图 18-7 所示，在对话框右下角可以看到幻灯片的预览效果。

★ **步骤** 4 单击"创建"按钮，生成相册幻灯片，如图 18-8 所示，共计 11 页（第 1 页为封面，其余 10 页为相片内页）。所有内页中相片的大小、位置、形状、样式都相同。

图 18-8 生成的相册幻灯片　　　　　　　　　图 18-9 编辑相册

"新建相册"功能可以批量插入相片，并且自动生成相应的幻灯片，所有的相片位置、大小、形状、效果都相同，简单、快速、省事、高效，是制作相册的好方法。此法省去了制作者一张张插入相片，再一张张调整大小、一张张设置效果等的工序。

★ **步骤** 5 如果需要修改相册，单击"插入"选项卡"图像"组的"相册"按钮，选择"编辑相册"，如图 18-9 所示，进入"相册"对话框，修改和调整相册各项内容。

3. 将文件另存、命名

★ **步骤** 6 单击"文件"→"另存为"，在打开的"另存为"对话框中选择磁盘和文件夹，输入文件名"校园相册"，单击"保存"按钮。PowerPoint 的标题栏中文件名变为"校园相册.pptx"。

提示

PowerPoint 文件的保存类型："PowerPoint 演示文稿(*.pptx)"是 PowerPoint 2010 及 2007 版本的文件，文件压缩比大，容量很小，可以包含（嵌入）特定格式的音频文件和视频文件。PowerPoint 2003 及以下的低版本软件无法打开此类文件。

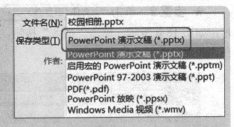

"PowerPoint 97-2003 演示文稿（*.ppt）"是 PowerPoint 97-2003 版本的文件，文件容量大，PowerPoint 97 以上版本的软件都可以打开此类文件（向下兼容）。

二、设置幻灯片主题

1. 设置相册幻灯片主题样式

★ **步骤** 7 单击"设计"选项卡中"主题"组的快翻按钮 ▾，打开所有主题样式的列表，如图 18-10 所示，在主题列表中选择一种适合相册使用的主题样式。应用主题后的效果如图 18-11 所示。

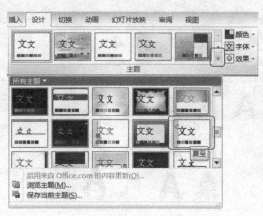

图 18-10　选择主题样式

图 18-11　应用主题后的效果

2. 设置幻灯片主题颜色

★ **步骤** 8　单击"设计"选项卡中"主题"组的"颜色"按钮 **■颜色·**，如图 18-12 所示，在打开的主题颜色列表选择适合相册的配色方案（包括背景色、标题颜色、文字颜色等），合理确定相册的主题色。例如"华丽"，主题色为淡紫色。

主题颜色是系统配置好、搭配好的各种配色方案，鼠标放在主题颜色列表（配色方案）的选项上，立刻在幻灯片上显示效果，便于预览、对比、选择。

三、制作相册封面

相册封面包含相册封面标题、相册说明、作者信息（作者姓名、公司、时间）、插图等内容，如图 18-13

图 18-12　设置主题颜色

所示。标题文字用艺术字制作，其他文字用文本框制作，插图可以插入合适的图片。

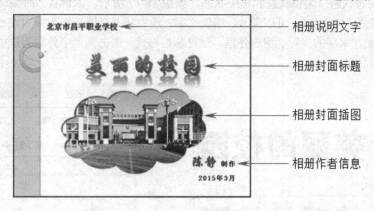

图 18-13　相册封面组成

1. 制作相册封面的艺术字标题

★ **步骤** 9　在幻灯片窗格中选择第 1 张封面幻灯片，单击"插入"选项卡"文本"组的"艺术字"按钮，在打开的艺术字库中选择合适的样式（注意颜色、效果），如图 18-14 所示。幻灯片中出现艺术字的编辑框，如图 18-15 所示。

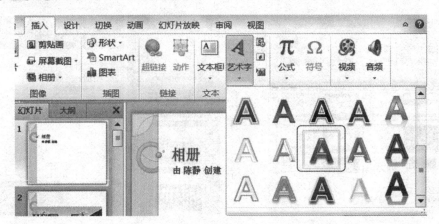

图 18-14　插入艺术字

★ **步骤 10**　在艺术字编辑框中录入相册标题内容"美丽的校园"（相册主题、相册名称），如图 18-16 所示。

图 18-15　艺术字编辑框　　　　　　　　　　图 18-16　键入相册标题内容

艺术字有两种状态：编辑状态和选中状态，如图 18-17 所示。编辑状态时编辑框为虚线框，框中有闪动的竖线（插入点），可以录入、编辑文字；选中状态时编辑框为细实线框（框中没有插入点），可以移动艺术字的位置、缩放外框、设置各种格式。单击艺术字外框为选中状态；单击艺术字文字为编辑状态。

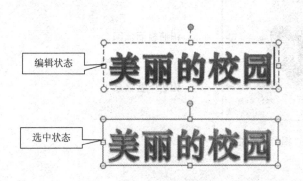

图 18-17　艺术字的状态

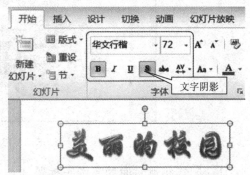

图 18-18　设置艺术字字体、字号、字形

★ **步骤 11**　设置艺术字标题的字体格式。选中艺术字标题，在"开始"选项卡的"字体"组中设置艺术字的字体、字号、字形等，如图 18-18 所示。

★ **步骤** 12 选中艺术字，单击"绘图工具"、"格式"选项卡，如图 18-19 所示，艺术字的各种格式都在此选项卡中设置。

图 18-19 艺术字"格式"选项卡

★ **步骤** 13 设置艺术字"映像"效果。单击"艺术字样式"组的"文本效果"按钮 ，如图 18-20 所示。选择一种漂亮的文本效果，例如："映像"→"映像变体"→"半映像，4pt 偏移量"，设置后的艺术字效果为倒影。

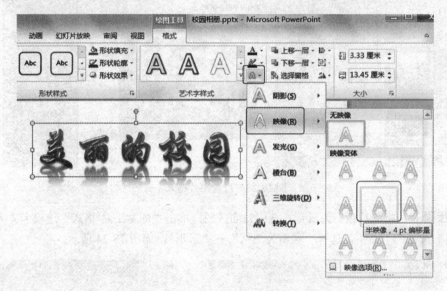

图 18-20 设置艺术字文本效果为"映像"

★ **步骤** 14 将封面中不需要的文本删除，移动艺术字标题到幻灯片合适的位置，如图 18-21 所示。至此，相册封面的艺术字标题制作完成。

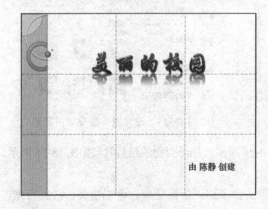

图 18-21 艺术字标题位置

图 18-22 相册说明文字、作者信息

371

2. 制作相册封面的相册说明、作者信息

★ **步骤** 15　插入文本框，制作相册说明文字"北京市昌平职业学校"，设置文字格式（华文中宋，24 号，阴影，黑色，不加粗），移动文字位置，效果如图 18-22 所示。

★ **步骤** 16　制作相册的作者信息：作者姓名、日期。设置文字格式：宋体，20 号，1.5 倍行距，位置、颜色、效果如图 18-22 所示。

3. 制作相册封面的插图，设置图片格式

★ **步骤** 17　插入→图片，设置图片格式：下移一层→置于底层，大小、位置如图 18-23 所示。

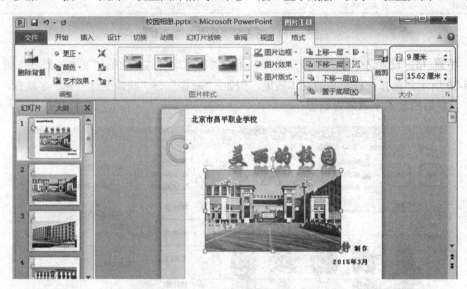

图 18-23　设置图片格式

★ **步骤** 18　将图片裁剪为云形。选中封面插图，单击"图片工具/格式"选项卡"大小"组的"裁剪"按钮的下箭头，选择"裁剪为形状"→"云形"，如图 18-24 所示。

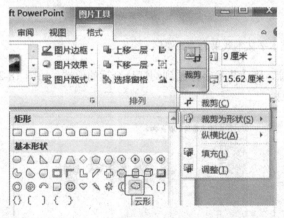

图 18-24　将图片裁剪为"云形"

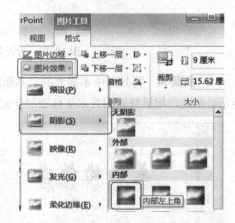

图 18-25　设置图片效果"内阴影"

★ **步骤** 19　设置图片效果"内阴影"，如图 18-25 所示。相册封面的最后效果如图 18-26 所示。

4. 相册封面的版面设计

相册封面的版面应主题鲜明，图文一致，文字一目了然，版面美观，色彩协调，搭配合理，视觉效果好。

★ **步骤 20** 放映幻灯片。放映相册封面幻灯片，观看整体效果、页面布局、颜色搭配、文字大小、位置、比例等，如有不协调、不合适的格式，退出放映状态后，进行调整和修改，直到合适为止。

★ **步骤 21** 放映幻灯片的操作方法如下。

◆ **操作方法一** 单击状态栏"视图切换区 "的"放映"按钮，从当前幻灯片开始放映，可以看到幻灯片全屏放映的实际效果。

◆ **操作方法二** 单击"幻灯片放映"选项卡中的"从头开始"或"从当前幻灯片开始"，即可放映。

图 18-26 相册封面效果

◆ **操作方法三** 单击"快速工具栏"按钮，选择"从头开始放映幻灯片"，或单击 按钮，即可从头放映。

◆ **操作方法四** 单击键盘的"F5"键，可从头开始放映；单击"Shift+F5"组合键，从当前幻灯片放映。

★**步骤 22** 结束放映。在幻灯片放映状态，右击鼠标，在弹出的快捷菜单中，选择"结束放映 结束放映(E) "，或单击键盘"Esc"键，可退出放映状态。

至此，相册封面制作完成，保存文件。

四、制作相册目录页

1. 新建空白幻灯片

★ **步骤 23** 单击"开始"选项卡"幻灯片"组的"新建幻灯片"按钮，在打开的列表中选择"空白"幻灯片，如图 18-27 所示。

新建的幻灯片在当前幻灯片之后，如图 18-28 所示。新幻灯片在第 1 页封面之后，成为第 2 页，原第 2 页的相片内页变成第 3 页，其余内页的编号顺序往后顺延。

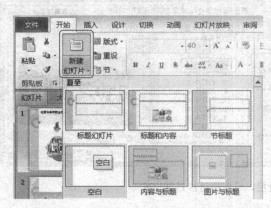

图 18-27 插入新空白幻灯片

图 18-28 插入的空幻灯片

2. 制作目录页

目录页由目录标题、相片缩略图、相片名称、相册说明文字组成，如图 18-29 所示。目录页的版面应主题鲜明，结构清晰，文字醒目，版面简洁、干净、整齐，色彩协调。

★ **步骤 24** 制作目录页的标题。利用艺术字制作目录页的标题"**校园美景**"（或者"校园掠影"），设置艺术字格式：隶书，54 号，阴影；文本效果"紧密映像，8pt 偏移量"。设置目录标题的颜色、位置、大小、比例，如图 18-29 所示，应协调、美观、悦目。

★ **步骤** 25　制作目录页的相片缩略图。①批量插入相册中的 10 张图片；②批量设置图片格式：宽度 5.2 厘米（或高度 3 厘米）；③批量设置图片效果"预设 1"；④按内页的顺序将缩略图摆放整齐，行列对齐对准、间隔均匀，如图 18-29 所示。

利用横排文本框制作每张相片的名称。文字格式：微软雅黑，16 号，加粗，黄色，名称与相片右对齐，底端对齐。

★ **步骤** 26　利用竖排文本框制作相册说明文字"北京市昌平职业学校"，华文中宋，18 号。放在幻灯片左侧装饰条的下部。还可以插入小图片装饰页面。目录页制作完成的效果如图 18-29 所示。

图 18-29　目录页效果

★ **步骤** 27　单击"放映"按钮▣，观看相册目录页幻灯片的整体效果、页面布局等，调整和修改各部分，直到合适为止。

3．制作目录页的图片超链接

设置目录页的导航：每张小缩略图（链接载体）链接到对应的大图幻灯片（目标位置）。

★ **步骤** 28　在目录页选中第 1 张小缩略图，单击"插入"选项卡"超链接"按钮▣，打开"插入超链接"对话框，如图 18-30 所示。

★ **步骤** 29　设置超链接目标位置。在对话框的"链接到："列表中选择"本文档中的位置"；在"文档中的位置："列表中选择对应大图的幻灯片，如图 18-30 所示。链接的目标幻灯片在对话框右边可以预览。

★ **步骤** 30　单击"确定"按钮，图片的导航超链接设置完成。

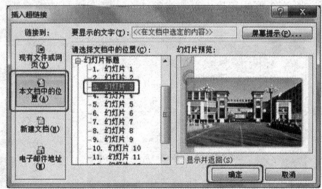

图 18-30　插入→超链接，设置超链接目标位置

提示　图片超链接在幻灯片放映时生效，鼠标放在设置超链接的图片上，鼠标会变成小手形状🖑；单击链接图片，立刻进入（打开）链接的幻灯片（跳转到链接的目标位置）。

依次设置各个小缩略图的超链接，直到 10 张相片全部设置完。

★ **步骤** 31　单击"放映"按钮▣，测试目录页的每个图片超链接。鼠标放在小缩略图上会变成小手形🖑，单击缩略图进入对应的大图幻灯片。目录页的图片超链接制作完成。

至此，相册目录页制作完成，保存文件。

五、制作相册内页

相册内页由相片标题、相片介绍（解说词）、相片、相册说明、相册导航栏组成，如图 18-31 所示。

图 18-31 相册内页组成部分

1. 调整相册内页相片的尺寸和位置

★ **步骤32** 单击幻灯片窗格中的第 3 页，进入内页 1（第 1 张相片）的编辑状态，如图 18-32 所示。相片在幻灯片页面的水平居中位置，跟幻灯片主题的背景不协调（遮盖了左侧的装饰条），需要调整位置和尺寸。

如果选择的主题背景没有侧面的装饰条，或相片不遮挡背景图案，可以不操作此步骤，直接制作内页文字。

图 18-32 相册内页

图 18-33 调整相片尺寸和位置

★ **步骤33** 选中相片，设置相片的宽度为 22 厘米，位置如图 18-33 所示，在相片上方留出制作相片标题、相片介绍的位置，下边留出制作超链接文字的空间。

同样的方法，调整其余各页的相片尺寸和位置，使相册各内页的相片大小、位置、格式一致（可借助"视图"→"☑参考线"准确定位相片）。

2. 制作相册内页的文字

★ **步骤34** 单击幻灯片窗格中的第 3 页，进入内页 1（第 1 张相片）的编辑状态，如图 18-33 所示，相册内页预留了相片标题的文本框占位符，可以编辑相片标题。

★ **步骤35** 制作相片的标题文字。单击标题占位符，录入第 1 张相片的标题文字"学校简介"，设置标题格式：隶书，40 号，阴影；设置标题框高 2 厘米，宽 6.6 厘米，调整标题位置，如

图 18-34 所示。

图 18-34　制作相册内页标题　　　　　　　　图 18-35　　相册内页的文字

★ **步骤 36**　制作相片的介绍文字（解说词）。用横排文本框制作：学校始建于 1983 年，是国家级重点职业学校，全国中等职业教育改革发展示范学校，北京市现代化标志性中等职业学校。拥有"一校一区三基地"。

设置文本框格式：华文中宋，14 号字，首行缩进 1 厘米，行距 1.3 倍；文本框高 2 厘米，宽 14 厘米。放到相册标题右侧合适的位置，如图 18-35 所示（幻灯片页面中解说文字的字号一般为 12～16 号较适宜，需要重点强调的文本字号可适当放大）。

★ **步骤 37**　将目录页的"北京市昌平职业学校"竖排文本框复制、粘贴到内页中，文本大小、格式、位置不变，如图 18-35 所示。

★ **步骤 38**　同样的方法，制作相册其他各内页的相片标题、相片介绍和校名（可以复制→粘贴→更改内容）。相册内页各部分文本的格式、位置相同，前后一致，风格统一，如图 18-36 所示。

图 18-36　相册各内页

3. 相册内页的版面设计

相册内页的版面应主题鲜明，内容准确，图文一致，结构清晰，风格统一，文字一目了然，色彩协调美观。内页中各部分内容位置固定、大小相同，在放映时没有跳跃和闪动；动画简单合理；超链接准确。

★ **步骤 39**　单击"放映"按钮☲，放映时单击鼠标进入下一页，或按键盘上的"↓"或"→"换页，还可以拨动鼠标滚轮换页。放映观看相册所有内页的整体效果、页面布局、文本颜色、各部分结构、风格等，调整和修改各部分，直到合适为止。

4. 设置相册内页的相片动画效果

在电子相册中，可以让每一张相片动起来，增加相册的动感效果。PowerPoint 2010 的动画效果有四种类型：进入动画（进入屏幕时），强调动画（增加醒目效果），退出动画（退出屏幕时），动作路径动画（动画的运动轨迹）。本任务制作内页相片的"进入动画"效果。

设置动画效果需要打开"动画"选项卡和"动画窗格"，在其中选择和设置各种动画效果。

★ **步骤** 40　单击相册内页1（幻灯片3），选中相片图片，单击"动画"选项卡中"高级动画"组的"动画窗格"按钮，打开动画窗格，如图18-37所示。

图 18-37　动画选项卡，动画窗格

★ **步骤** 41　单击"添加动画"按钮或"动画效果"下拉按钮 ，在打开的列表中或单击"更多进入效果"按钮，选择一种"进入"的动画方式，比如"擦除"，如图18-38所示。添加的动画效果显示在右侧的"动画窗格"中。

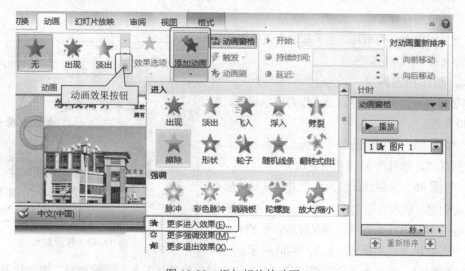

图 18-38　添加相片的动画

提示　PowerPoint的动画有五要素：①动画效果选项；②开始方式；③持续时间（动画速度）；④动画顺序；⑤延迟时长（推迟入场的时刻）。动画的设置应简单、快捷、合理，不拖沓、不烦琐。

内页1中的相片已选好了动画效果，下面设置相片"擦除"动画的五要素。

★ **步骤** 42　设置相片的动画要素。如图18-39所示。

①在"动画"选项卡中单击"效果选项"按钮，选择动画进入的方向，如"自左侧"；

②在“▶开始”列表中选择“上一动画之后”（动画自动开始，不用手动控制）；

③在“持续时间”框中设置动画速度为“1.00”秒（快速）；

④在“动画窗格”中相片（图片 1）的动画顺序排在第 1 位；

⑤“延迟”为 0 秒（不延迟）。

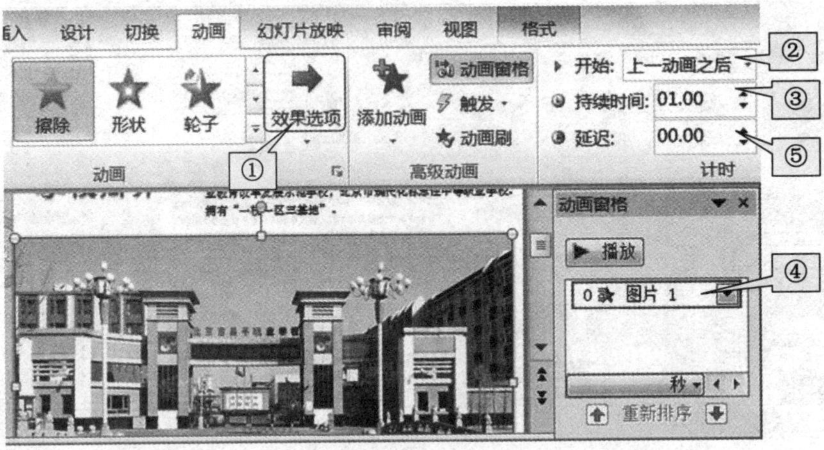

图 18-39 设置相片的动画要素

★ **步骤 43** 放映幻灯片，观看相片的动画效果、动画速度，不合理、不合适的动画效果可以删除后再添加。或者单击“动画效果”下拉按钮，在列表中更换动画效果。

★ **步骤 44** 同样的方法，依次设置相册其余内页的相片动画效果。放映观看相册所有内页的相片动画效果并修改。

至此，相册内页的相片、文字和动画效果制作完成，保存文件。

六、制作相册封底

相册封底由结束语、感谢语、作者信息组成，如图 18-40 所示。

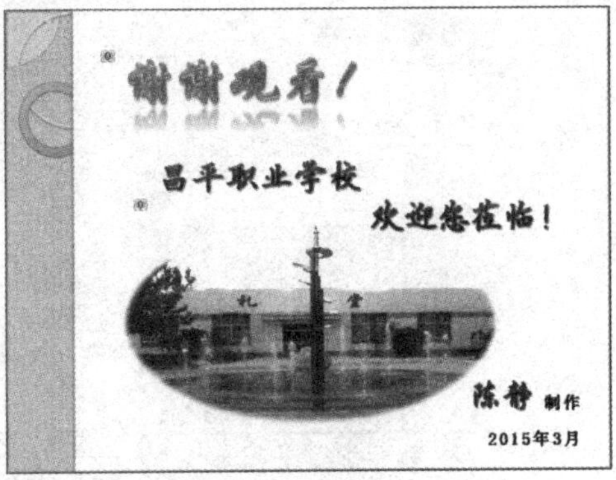

图 18-40 相册封底

★ **步骤 45** 在相册的最后一张幻灯片后面，新建空白幻灯片，序号为 13（相册封底）。

★ **步骤 46** 在封底幻灯片中制作结束语、感谢语和作者信息，插入合适的图片修饰页面，并与相册封面有呼应，做到有头有尾，首尾呼应，有始有终，完整统一。制作完成的封底，如图 18-40 所示。

★ **步骤 47** 单击“放映”按钮，观看相册封底的整体效果、页面布局、图文效果等，调整、修改各部分，直到合适为止。

至此，相册封底制作完成，保存文件。

七、制作相册内页的导航超链接

1. 相册内页导航超链接的结构

相册内页的导航应该能在目录、各内页、封底之间跨时空任意跳转，有进有出，切换灵活，方便随意观看、选择性观看或重复观看，因此相册内页的导航超链接结构如下所示。

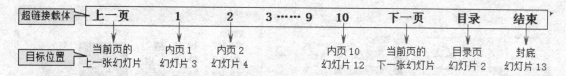

本页相片的数字不设置超链接，如第 5 张相片不设置"5"的超链接。

2. 制作相册内页超链接的文本（链接载体）

★ **步骤 48** 单击幻灯片窗格中的相册内页 1（幻灯片 3），在相片下面插入文本框，输入超链接文本，如图 18-41 所示，文本格式为宋体，17 号，加粗。

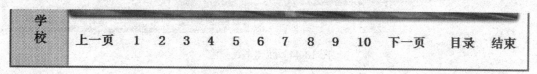

图 18-41 相册内页超链接文字

3. 设置超链接的路径（目标位置）

按照上述的超链接结构，依次为相册内页 1 的超链接文本（链接载体）设置路径（目标位置）。

★ **步骤 49** 选中"上一页"文字，单击"插入"选项卡"超链接"按钮，打开"插入超链接"对话框，如图 18-42 所示。

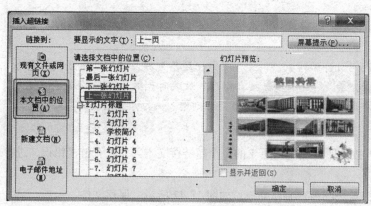

图 18-42 设置超链接目标位置

图 18-43 超链接文本效果

★ **步骤 50** 设置超链接目标位置。在对话框的"链接到:"列表中选择"本文档中的位置"；在"文档中的位置:"列表中选择"上一张幻灯片"，如图 18-42 所示。链接的目标幻灯片在对话框右边可以预览。

★ **步骤 51** 单击"确定"按钮，设置的超链接文本变为：有下划线，颜色变为主题颜色（配色方案）中的黄色，如图 18-43 所示。如果超链接文本颜色不合适（文字不清晰、不醒目，看不清楚），可以新建主题颜色。

4. 更改超链接文本的颜色

★ **步骤 52** 新建主题颜色。单击"设计"选项卡"主题"组的"颜色"按钮，选择"新建主题颜色"选项，打开"新建主题颜色"对话框，如图 18-44 所示。

在对话框中设置"超链接"颜色为深紫色，"已访问的超链接"颜色为紫色（或其他颜色），在"名称"框中录入新主题颜色的名称，如图 18-44 所示。

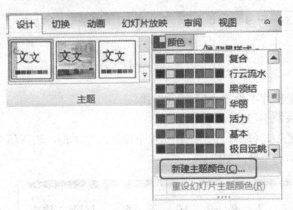
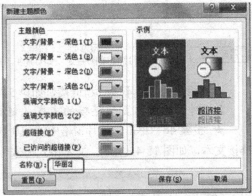

图 18-44　新建主题颜色

★ **步骤 53**　单击"保存"按钮。则"上一页"的超链接颜色变为深紫色，清晰、醒目，如图 18-45 所示。

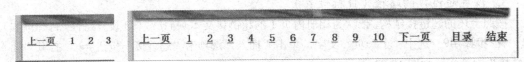

图 18-45　新建主题颜色效果　　　　图 18-46　相册内页的超链接文本颜色

★ **步骤 54**　按照超链接结构，继续设置其他文本的超链接。设置完全部超链接的文本如图 18-46 所示。

 提示　设置文本超链接后，在幻灯片编辑状态，文字下方出现下划线，文字及下划线颜色为主题颜色中的"超链接颜色"。文本超链接在幻灯片放映时生效，鼠标放在超链接文本上，鼠标会变成小手形状；单击链接文本，立刻进入（打开）链接的幻灯片（跳转到链接的目标位置）。

★ **步骤 55**　单击"放映"按钮，测试内页 1 的每个超链接文本，如果有链接错误，进行修改，直到链接准确为止。

至此，内页 1 的文本超链接及全部内容制作完成，如图 18-47 所示，保存文件。

5. 制作其它内页的超链接文本

★ **步骤 56**　复制超链接文本。将内页 1 中制作好、路径准确的超链接文本，依次复制→粘贴到其他各内页。复制后的所有内页的超链接文本，格式、位置、链接路径完全相同，保证前后一致、风格统一，放映时不闪动、不跳跃，目标准确。

6. 修改每张内页的超链接结构

本页相片的数字不设置超链接，如内页 1（第 1 张相片）不设置"1"的超链接；内页 10（最后 1 张相片）不设置"10"的超链接。

★ **步骤 57**　单击幻灯片窗格中的相册内页 1（幻

图 18-47　相册第 1 张内页的效果

灯片 3），选中"1"，单击"插入"→"超链接"，在打开的"编辑超链接"对话框中单击"删除链接"按钮，如图 18-48 所示，则"1"的超链接撤销。

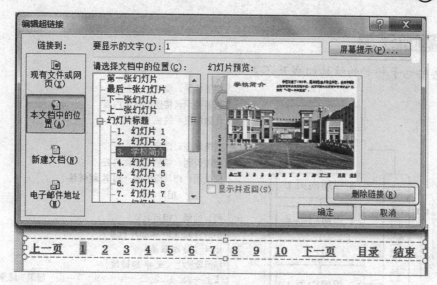

图 18-48　删除超链接

★ **步骤 58**　同法，将内页 2 的数字"2"删除链接，……，将内页 9 的数字"9"删除链接，将内页 10 的数字"10"删除链接。

★ **步骤 59**　单击"快捷工具栏 ![P] ![保存] ![撤销] · ![恢复] | ![图] ⁼"中的"从头放映"按钮![图]，观看全部幻灯片，并测试每张相册内页的每个超链接，如果有链接错误，进行修改，直到链接准确为止。

放映时，使用相册目录和内页中的超链接可以随意换页，任意跳转，不按顺序，跨越时空顺序，实现互动性。

至此，电子相册全部制作完成，保存文件。制作电子相册的方法可以制作图文展示的演示文稿或汇报文稿，如班级纪念册、实践实习画册、家庭相册、旅游留念集、旅游景点宣传片、电子书、电子杂志、卡拉 OK 歌曲集等。

八、展示讲解电子相册

电子相册除了可以播放观看，还可以展示讲解，有讲解的相册更丰富生动、更翔实具体，PPT 展示及讲解需考虑听众的感受，需注意以下事项。

（1）准备相册解说词。撰写完整的解说词，理解并记忆，然后按照理解和逻辑关系讲解，思路清晰、逻辑关系正确。相册解说词文稿比幻灯片内页中的相片介绍内容全面、翔实、丰富、完整。

（2）开场白和结束语。标准的开场白包括礼貌的欢迎、自我介绍、演讲意图等；结束时要致谢。场景切换要有上下文连接语，合理、承上启下。

（3）演讲的语言。演讲时，精神饱满，语言流畅、自信，富有激情和个性，语速恰当，合理运用语音、语调、语气和节奏的变化吸引听者注意，强调重点，语言有感染力、有吸引力。一般每分钟讲解 180～200 字。

（4）PPT 播放展示。链接、翻页准确，不要突然跳过幻灯片，不要回翻幻灯片，以免听者混淆。用翻页激光笔的指针指示要强调的部分。动画与讲解应有逻辑联系，动画应合理、简单、快速，不拖沓、不烦琐，动静结合，相得益彰，忌"动画满天飞"。

（5）仪容仪表仪态。着装正规、整洁，仪态表情自然、亲切、大方，保持精神焕发的状态。

（6）微笑、交流与互动。保持微笑，目光与听众接触、交流，肢体语言要适合、自然，与听众的互动合理、自然，收放自如。

归纳总结

1. 总结电子相册的结构组成及各页内容

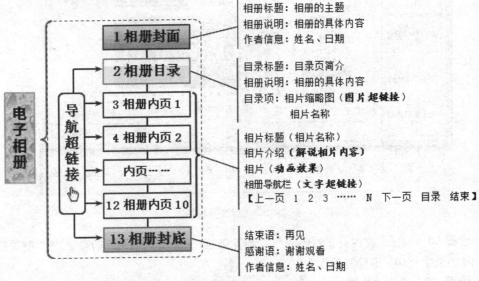

2. 总结设计制作电子相册的工作流程

① 收集、选择制作相册的图片素材和文字说明；

② 启动 PowerPoint，新建相册、编辑相册；

③ 设置幻灯片主题样式、主题颜色；

④ 制作电子相册封面、目录页、内页、封底；

⑤ 设置相片的动画效果；

⑥ 设置图片、文本超链接；

⑦ 放映幻灯片；

⑧ 检查、修改各部分格式及效果。

3. 总结图片、文字超链接的组成、制作方法及特征（参见表18-1）

表18-1 图片、文字超链接的组成、制作方法及特征

项目	图片超链接	文字超链接
超链接组成	链接载体（图片）和链接路径（目标位置）	链接载体（文字）和链接路径（目标位置）
超链接制作方法	选中图片→插入→超链接 🔗→选择目标位置	选中文本→插入→超链接 🔗→选择目标位置
超链接何时生效	幻灯片放映时，超链接生效	幻灯片放映时，超链接生效
超链接特点——编辑状态	图片没变化	文字下方出现下划线，文字及下划线颜色为主题颜色中的"超链接颜色" *选择"文本编辑框"设置的超链接无下划线
超链接特点——放映状态	鼠标放在设置超链接的图片上，鼠标会变成小手形状；单击链接图片，立刻进入（打开）链接的幻灯片（跳转到链接的目标位置）	鼠标放在超链接文本上，鼠标会变成小手形状；单击链接文本，立刻进入（打开）链接的幻灯片（跳转到链接的目标位置）

评价反馈

作品完成后，填写表18-2所示评价表。

表 18-2 "设计制作电子相册"评价表

评价模块	评 价 内 容		自评	组评	师评
	学习目标	评价项目			
专业能力	1.管理 PowerPoint 文件：另存、命名、打开、随时保存、关闭文件				
	2.新建相册	新建相册，设置相册对话框内容及相册版式			
		编辑相册			
	3.设置幻灯片主题	选择主题样式			
		设置主题颜色			
	4.制作相册封面	制作封面艺术字标题，设置艺术字格式			
		用文本框制作封面其他信息，设置文本框格式			
		制作封面的插图，设置图片格式			
	5.制作相册目录页	新建幻灯片			
		制作目录页的标题			
		制作目录页的缩略图			
		制作目录页的图片超链接			
	6.制作相册内页	设置每页相片大小、位置一致			
		制作相片标题，设置格式			
		制作相片的解说词，设置文本框格式			
		合理设置各相片动画效果及动画要素			
		各内页内容完整，风格统一，格式一致			
	7.制作相册封底	内容完整，版面美观			
	8.制作相册内页文本超链接	制作超链接的文本			
		设置超链接的目标位置			
		更改超链接文本颜色			
		复制超链接文本			
		修改相册每一页的超链接结构			
	9.放映幻灯片	从头放映、放映当前、结束放映幻灯片			
	10.相册版面设计：结构清晰，文字醒目，风格统一，色彩协调				
	11.展示讲解相册				
	12.正确上传文件				
可持续发展能力	自主探究学习、自我提高、掌握新技术	□很感兴趣	□比较困难	□不感兴趣
	独立思考、分析问题、解决问题	□很感兴趣	□比较困难	□不感兴趣
	应用已学知识与技能	□熟练应用	□查阅资料	□已经遗忘
	遇到困难，查阅资料学习，请教他人解决	□主动学习	□比较困难	□不感兴趣
	总结规律，应用规律	□很感兴趣	□比较困难	□不感兴趣
	自我评价，听取他人建议，勇于改错、修正	□很愿意	□比较困难	□不愿意
	将知识技能迁移到新情境解决新问题，有创新	□很感兴趣	□比较困难	□不感兴趣
社会能力	能指导、帮助同伴，愿意协作、互助	□很感兴趣	□比较困难	□不感兴趣
	愿意交流、展示、讲解、示范、分享	□很感兴趣	□比较困难	□不感兴趣
	敢于发表不同见解	□敢于发表	□比较困难	□不感兴趣
	工作态度，工作习惯，责任感	□好	□正在养成	□很少
成果与收获	实施与完成任务	□☺独立完成	□☺合作完成	□⊗不能完成
	体验与探索	□☺收获很大	□☺比较困难	□⊗不感兴趣
	疑难问题与建议			
	努力方向			

1. 放映幻灯片有几种操作方法？分别如何操作？

2. PowerPoint 的动画有哪几种类型？动画要设置哪些要素？三种开始方式分别表示动画何时开始？

3. 如何制作超链接？超链接何时生效？图片、文本超链接的特点（编辑状态、放映状态）是什么？

4. 如何更改超链接文本的颜色？

拓展实训

在 PowerPoint 2010 中设计制作景点宣传片。要求：景点宣传片结构完整，各页内容齐全，主题鲜明，内容准确，结构清晰，图文一致，文字醒目，资料翔实，版面美观、风格统一、格式一致，色彩协调，动画简单合理、目录页、内页的超链接准确，会展示讲解。内页数量根据景点数量合理安排（至少 10 张以上）。

参考：目录页可以是地图、图文列表、缩略图等；目录中的图文链接应准确。

样文

设计制作动态贺卡

知识目标

1. 动态贺卡的结构组成;
2. 制作贺卡框架的方法;
3. 设置幻灯片切换的方法;
4. 设置文字动画和图片动画的方法;
5. 设置动作路径动画的方法;
6. 插入幻灯片背景音乐、设置音频选项的方法;
7. 使用排练计时设置幻灯片自动播放的方法。

能力目标

1. 能在 PowerPoint 中设计制作动态贺卡;
2. 能制作贺卡框架;
3. 能设置幻灯片切换效果;
4. 能设置文字和图片的动画效果;
5. 能设置动作路径动画;
6. 能插入幻灯片背景音乐,能设置音频选项;
7. 能使用排练计时设置幻灯片自动播放。

学习重点

设置幻灯片背景、幻灯片切换、动作路径动画、背景音乐、排练计时的方法。

贺卡的产生源于人类社交的需要,贺卡的新种类更是层出不穷,由最开始的木质、纸质贺卡到现今网络流行的电子贺卡,形式多种多样。电子贺卡有静态贺卡、动态贺卡和视频贺卡等多种形式。

动态贺卡的制作软件有很多种,多媒体软件都可以制作动态贺卡,PowerPoint 也能制作效果很好、图文并茂、音乐和动画集成的动态贺卡。

本任务以母亲节为主题,以动态贺卡《妈妈我爱您》为例,应用 PowerPoint 设计制作自动播放的动态贺卡,学习使用 PowerPoint 设置幻灯片切换、设置动作路径动画、插入背景音乐、排练计时的操作方法。

在 PowerPoint 2010 中设计、制作母亲节动态贺卡《妈妈我爱您》,在合适的场景(背景)中,制作贺卡的图片、祝福语以及合适的动画和背景音乐,贺卡自动连续播放。

(贺卡中的部分图片选自 163 贺卡网站)

分析任务

1. 动态贺卡的结构组成

动态贺卡的框架结构如图 19-1 所示，包含以下部分：贺卡封面，贺卡内页，贺卡封底。其中贺卡内页包含两个场景：场景一和场景二，每个场景有 3 张内页。

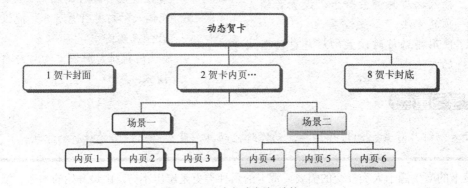

图 19-1 动态贺卡框架结构

贺卡内页的张数可以自己决定，本任务制作 6 张内页的母亲节贺卡（共计 8 页幻灯片）。母亲节贺卡演示文稿的组成部分如图 19-2 所示。

图 19-2 动态贺卡结构及组成

贺卡封面有标题（祝贺的主题）、收卡人信息、贺卡日期、作者签名；贺卡内页是祝福语、有情节的图片、动画，祝福语可以是诗歌、散文或书信等形式；贺卡封底有结束语、作者签名、日期、重播超链接按钮。

2. 贺卡幻灯片的组成元素

贺卡幻灯片由文字部分、图片部分、动画效果和音乐组成，如图 19-3 所示。每张幻灯片的具体组成内容和动画效果在制作时详细分析。

图 19-3　贺卡幻灯片的组成元素

标注：背景图片、标题文字、动画、音乐

3. 贺卡的播放方式

母亲节贺卡，采用全程自动播放的方式，不用人为干预，不用手动播放，不用点击鼠标，贺卡全程自动、流畅播放，像影视、动画片一样的效果。每张幻灯片设置了放映时间，如 00:19.36（精确到 0.01 秒），如作品所示。由时间来控制各张幻灯片之间的衔接、过度和准确时刻。

4. 贺卡超链接的结构

母亲节贺卡最后一页（封底）中，设置了用于重播的"Replay"超链接按钮，如图 19-4 所示，"Replay"链接到贺卡封面（第 1 页）。

超链接按钮

图 19-4　封底超链接按钮

5. 贺卡的版式特点

母亲节贺卡，不使用 PowerPoint 提供的主题，而是根据贺卡的故事情节，用不同的背景图制作幻灯片背景效果，搭建出贺卡的框架和结构。

贺卡在"妈妈我爱你"的伴奏音乐中，娓娓讲述一个母女情深的感恩故事。封面以红色喜庆的玫瑰爱心开篇，明确主题；第一个场景（前 3 张内页），讲述了时间、地点、人物、事件，是孩子的爱心感恩行为；第二个场景(后 3 张内页)是孩子的心声、献给母亲的礼物、祝福和感谢、感恩！内页 6 是母亲与女儿共奏心灵的交响曲、心灵的共鸣；封底再次祝福母亲；色调和祝福语与封面呼应，结束贺卡。

第一个场景的 3 张内页，背景、文字格式、图文位置的风格相同，简单明快，表达清楚简练；第二个场景，风格也相同，表达的感情和内容丰富、深刻、真诚。在不同内页中，孩子与母亲轮流出场，好像母女交流、对话一样，最后妈妈抱着女儿同时出场，达到高潮，在女儿的温馨祝福中结束贺卡。

6. 贺卡幻灯片的动画

在贺卡幻灯片中应用了很多动画效果，PowerPoint 动画主要有两种类型，即幻灯片切换动画和对象动画。

①幻灯片切换动画：两页幻灯片之间的动态过渡效果，用于更换场景（不同场景）的幻灯片之间的转场，简称切换，在"切换"选项卡 切换 中设置。

②对象动画：幻灯片页面内，某一对象（文本、图片、形状、表格、SmartArt 图形和其他对象）的动态变化的视觉效果，用于提示重点、显示逻辑关系、引导观众注意等，简称动画，在"动画"选项卡 动画 中设置。

对象动画包括四种类型：进入动画（进入屏幕时）、强调动画（增加醒目效果）、退出动画（退出屏幕时）、动作路径动画（动画的运动轨迹）；它们还可以组合成组合动画效果。

7. PowerPoint 2010 支持的音频文件格式

在 PowerPoint 2010 中可以插入的音频文件有：*.mid，*.mp3，*.wav，*.wma 等常用音频文件格式。这些格式的音频文件可以完全嵌入到 PowerPoint 2010 版的 pptx 文件中，便于传输和放映，彻底告别声音文件要跟 PPT 一起打包给别人的历史，从此更不用担心换电脑 PPT 文件不出声的困扰了。

以上分析的是动态贺卡的结构、贺卡幻灯片组成部分、贺卡播放方式、超链接的结构、贺卡的动画、贺卡的版式特点、音频文件格式等，下面按工作过程学习具体的操作步骤和操作方法。

 完成任务

准备工作：根据贺卡的故事情节，收集、分类、整理并精选做母亲节贺卡的图片（图片可以经过 Photoshop 编辑、预处理）、祝福语、背景音乐等文件，放在专门的文件夹中备用。

启动 PowerPoint 2010，将新文件另存，命名。

一、制作贺卡幻灯片的框架

贺卡幻灯片的框架如图 19-5 所示，共 8 张幻灯片，由封面背景、场景一背景、场景二背景、封底背景四种背景图构成。

1. 设置幻灯片版式和封面背景

★ **步骤1** 单击"开始"选项卡"幻灯片"组的"版式"按钮，选择"空白"版式，如图 19-6 所示。幻灯片内的各种标题占位符消失，版面干净、空白。

★ **步骤2** 单击"设计"选项卡"背景"组的"背景样式"按钮，在打开的列表中选择"设置背景格式"选项，打开"设置背景格式"对话框，如图 19-7 所示。

★ **步骤3** 在图 19-7 所示的对话框中，选择"⊙图片或纹理填充"，单击"文件"按钮，在打开的"插入图片"对话框中选择贺卡封面背景的图片，单击"插入"按钮，封面幻灯片的背景设置完成，单击"关闭"按钮。设置背景样式后的贺卡封面幻灯片如图 19-8 所示。

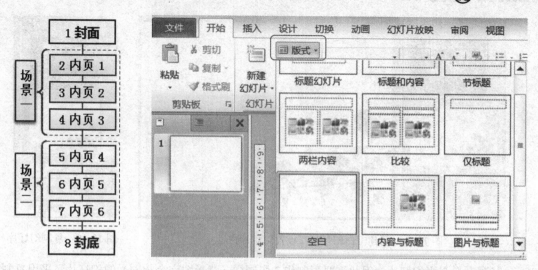

图 19-5　贺卡幻灯片的框架　　　　　　　　　图 19-6　设置空白版式

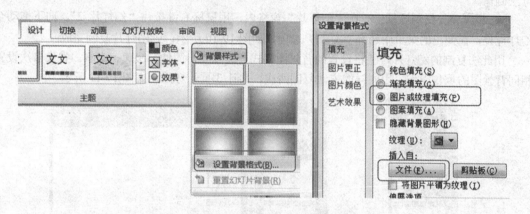

图 19-7　设计→背景样式→设置背景格式→图片填充

图 19-8　贺卡封面背景

2．制作场景一

★ **步骤 4**　新建空白版式的幻灯片、设置幻灯片的背景为"场景一"（背景图是动画效果的"场景 1.gif"图片），如图 19-9 所示。这是贺卡的第一个场景。

  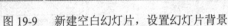 

图 19-9　　新建空白幻灯片，设置幻灯片背景　　　　　图 19-10　　复制幻灯片

场景一有 3 张幻灯片，因此需要再制作 2 张同样（背景图完全相同）的幻灯片，采用复制的方法制作。

★ **步骤 5**　复制场景一。在"幻灯片"窗格内，用鼠标右键按住"幻灯片 2"，向下拖动至幻灯片外，在弹出的菜单中选择"复制"选项，如图 19-10 所示，则幻灯片复制完成。

用此法复制的幻灯片，能将设置的背景图格式一起复制，简便、快速、省事。省去多次设置相同背景图的重复操作，用同样的方法复制两次，共计 3 页幻灯片，如图 19-11 所示。

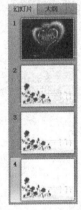 

图 19-11　复制后的"场景一"幻灯片　　　图 19-12　　新建空白幻灯片，设置背景，复制

3. 制作场景二

★ **步骤 6**　新建空白版式的幻灯片，设置幻灯片背景为"场景二"，这是贺卡的第二个场景。复制此幻灯片两次，共计 3 页，如图 19-12 所示。

4. 设置封底背景

★ **步骤 7**　同样的方法，新建空白幻灯片，设置背景为封底背景图。至此，母亲节贺卡幻灯片的框架制作完成，共 8 页幻灯片，四种背景图，如图 19-13 所示。

图 19-13　母亲节贺卡框架

5. 设置贺卡的"幻灯片切换"动画

"幻灯片切换"动画是指两页幻灯片之间的动态过渡效果,用于更换场景时,可以使 PowerPoint 不同场景的幻灯片之间的转场生动、精彩,不单调。"幻灯片切换"动画不要每页都用,否则观众会眼花缭乱、视觉疲劳,幻灯片逻辑关系不清晰,破坏视觉效果,降低幻灯片的质量。

★ **步骤 8** 分析"幻灯片切换"动画的适用场合。

①更换场景(背景)时,可以设置"幻灯片切换"动画,显示不同场景的转场动画效果。贺卡中可以设置切换动画的幻灯片有:1(封面),2(内页1),5(内页4),8(封底)。

②同一场景内(背景不变),不能设置"幻灯片切换"动画,即同一场景内不需要转场。贺卡中不能设置切换动画的幻灯片有:3(内页2),4(内页3),6(内页5),7(内页6)。

★ **步骤 9** 设置封面幻灯片的切换动画。在幻灯片窗格中选择第1张封面幻灯片,单击"切换"选项卡,单击"切换到此幻灯片"组的下拉按钮 ▾ ,在列表中选择合适的幻灯片切换效果,例如"圆形扩展",如图 19-14 所示。选择"效果选项",设置持续时间(切换速度)。放映幻灯片,观看切换(转场)效果,不合适更换其它效果。

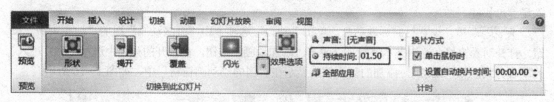

图 19-14 设置幻灯片切换的动画效果

★ **步骤 10** 同样的方法,依次选择幻灯片 2、5、8,分别设置切换动画,放映观看不同场景的转场效果,不合适更换其它效果。幻灯片切换速度要快速、合理,设置的持续时间尽量短,不拖沓、不缓慢。

至此,母亲节贺卡幻灯片的框架、切换(转场)动画全部制作完成,保存文件。下面逐页制作贺卡的各页内容。

二、制作贺卡封面(幻灯片1)

贺卡封面包含贺卡标题(祝贺的主题)、收卡人信息(姓名、称呼)、贺卡日期、作者签名等内容,如图 19-15 所示。标题文字用艺术字制作,其他文字用文本框制作。

贺卡封面的版面应主题鲜明,文字一目了然,版面美观,色彩协调,搭配合理,视觉效果好。

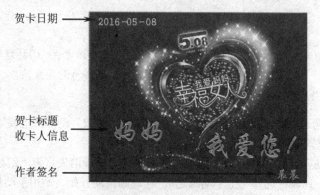

图 19-15 贺卡封面组成

1. 制作贺卡标题

★ **步骤 11** 在幻灯片窗格中选择第1张封面幻灯片,使用艺术字制作贺卡的标题"妈妈 我爱您!",设置合适的艺术字格式(华文行楷,72~88 号);选择艺术字样式、效果(外阴影,半映像)。注意颜色搭配、标题位置、大小比例等,如图 19-15 所示。

2. 制作签名、日期

★ **步骤12** 插入文本框,制作贺卡日期"2016-05-08",设置文字格式(24~32 号,加粗,阴影,黄色),移动文字位置,效果如图 19-15 所示。

★ **步骤13** 制作作者签名,字体用楷体,字号为 24~36 号,位置、颜色、效果如图 19-15 所示。

★ **步骤14** 放映幻灯片,观看贺卡封面的整体效果、页面布局、文本颜色、大小、比例、位置等,调整和修改各部分,直到合适为止。

3. 设置封面各内容的动画效果

★ **步骤15** 分析封面各部分内容的动画。出场顺序依次为:标题→日期→作者。封面的动画应该主次分明、重点突出,动画合理、简洁、不拖沓。因此标题的动画效果应该精彩,引人注目,是本页面内的主要、重点动画。日期和签名的动画应该平淡、弱化效果,衬托主题(标题),入场速度快捷。

★ **步骤16** 设置封面标题动画。单击"动画"选项卡中"高级动画"组的"动画窗格"按钮,打开动画窗格。选中艺术字标题,单击"添加动画"按钮,在打开的列表中选择一种"进入"的动画方式,如"缩放",添加的动画效果显示在右侧的"动画窗格"中,如图 19-16 所示。

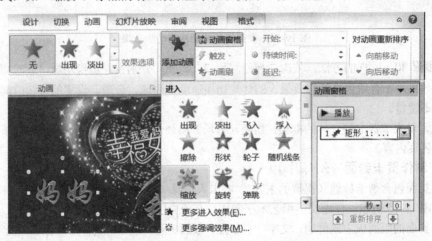

图 19-16 添加标题的动画效果

提示 PowerPoint 的动画有五要素:①动画效果选项;②开始方式;③持续时间(动画速度);④动画顺序;⑤延迟时长(推迟入场的时刻)。动画的设置应简单、快捷、合理,不拖沓、不繁琐。

贺卡封面的标题已选好了动画效果,下面设置标题"缩放"动画的五要素。

★ **步骤17** 设置标题的动画要素,如图 19-17 所示。

①在"动画"选项卡中单击"效果选项"按钮,选择动画消失点为"幻灯片中心";
②在"▶开始"列表中选择"上一动画之后"(动画自动开始,不用手动控制);
③在"⏱持续时间"框中设置动画速度为"3.00 秒"(慢速);
④在"动画窗格"中矩形 1(标题)的动画顺序排在第 1 位;
⑤"⏱延迟"为 0 秒(不延迟)。

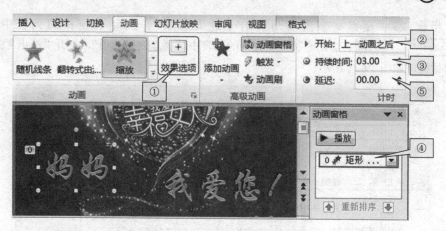

图 19-17　设置标题的动画要素

★ **步骤 18**　放映幻灯片，观看贺卡封面标题的动画效果、动画速度，不合理、不合适的动画效果可以删除后再添加。或者单击"动画效果"下拉按钮　，在列表中更换动画效果。

★ **步骤 19**　同样的方法，依次设置贺卡封面其余文本的动画效果，如图 19-18 所示。

元素及顺序	动画效果	效果选项	开始	持续时间
妈妈	缩放	幻灯片中心	之后	3.00 秒
我爱您	缩放	幻灯片中心	之后	2.00 秒
日期	擦除	自左侧	之后	1.50 秒
签名	弹跳	按字母 30%	之后	1.50 秒

图 19-18　封面文本的动画

★ **步骤 20**　放映幻灯片，观看贺卡封面所有内容的动画顺序、效果、速度是否合理、是否合适，并调整修改。

至此，母亲节贺卡的封面和动画效果制作完成，保存文件。

三、制作贺卡内页，设置合适的动画效果

贺卡的内页是讲述一个母女情深的感恩故事，包括祝福语、有情节的图片、动画等，构成故事的情节。

1. 制作贺卡内页 1（幻灯片 2）

★ **步骤 21**　制作内页 1 文字。在幻灯片窗格中选择第 2 张幻灯片（内页 1），用文本框制作文字"五月，春花烂漫时"，格式：楷体，48 号，加粗，蓝色，位置如图 19-19 所示。

图 19-19　贺卡内页 1 文字效果

★ **步骤 22**　设置文字的动画效果。选中文本框，添加进入动画效果为"淡出"，设置开始为"上一动画之后"，持续时间为"1.50 秒"，如图 19-20 所示。

图 19-20　贺卡内页 1 文字的动画效果

★ **步骤 23** 设置文字淡出动画的"效果选项"。在动画窗格的列表中，单击
`0 ☀ TextBox 1...` 右边的箭头，在打开的列表中选择"效果选项"，打开"淡出"的"效果选项"对话框，如图 19-21 所示。

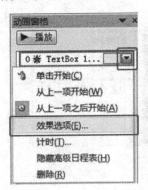 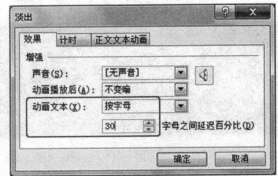

图 19-21 "淡出"动画的效果选项

★ **步骤 24** 在对话框中，选择"动画文本"方式为"按字母"（逐字淡出），选择"字母之间延迟"为 30%，如图 19-21 所示。单击"确定"按钮。

放映幻灯片，观看文本框的逐字淡出动画效果，不合适的动画效果或选项可以修改，直到合适为止。

至此，贺卡内页 1 制作完成，讲述了故事的时间（五月，母亲节）、地点（花园，场景一），保存文件。

2. 制作贺卡内页 2（幻灯片 3）

★ **步骤 25** 分析内页 2 各部分内容的动画。故事中的小女孩说完"我采一束"，从右侧的场外走路上场，走到页面（花园）中间，原地踏步，继续说"最芬芳的康乃馨"，然后向左侧走路下场。因此，小女孩在右侧场外候场；走路上场、下场用"动作路径"制作。内页 2 的文、图出场顺序依次为："我采一束"→小女孩走路上场 →"最芬芳……"→走路下场。

★ **步骤 26** 制作内页 2 文字。在幻灯片窗格中选择第 3 张幻灯片（内页 2），用文本框制作文字"我采一束""最芬芳的康乃馨"，格式：楷体，48 号，加粗，蓝色，文字位置、动画效果与内页 1 相同。

★ **步骤 27** 插入图片"走路 2.gif"（会走路的动画图片.gif）。图片高度为 11.5 厘米，初始位置在页面右侧场外，与页面底线平齐，如图 19-22 所示。

 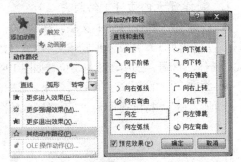

图 19-22 图片大小和位置　　　　　图 19-23 设置图片动作路径

★ **步骤 28** 制作小女孩走路上场的动画（动作路径）。选中"走路 2"图片，单击"添加动画"按钮，选择"其他动作路径"，在"添加动作路径"列表中选择"向左"，如图 19-23 所示，

单击"确定"。

图 19-24 动作路径——向左

图 19-25 设置动作路径的终点位置

生成的路径如图 19-24 所示。绿色三角◄表示路径的起点，红色三角◄表示路径的终点，黑色虚线表示动作的路线（移动轨迹）。设置了动作路径的图片会沿着黑色路线从绿色起点运动到红色终点。

从图 19-24 看出，路径的终点没到页面（花园）中间，所以需要改变动作路径的终点位置。

★ **步骤 29** 改变动作路径的终点位置。单击路径线，路径线的起点和终点出现控制点，此时路径为选中状态，可以改变路径的设置。拖动路径的红色终点◄的控制点，向左平移到页面的中间，可改变路径的终点位置，如图 19-25 所示。起点位置不能动，否则图片在移动前会跳跃。

★ **步骤 30** 设置动作路径的动画要素。在"动画窗格"中，选中路径动画，设置开始为"之后"，持续时间为"3.00 秒"（慢速）。单击▲按钮，上移动画，调整动画的顺序为第 2 个出场。

★ **步骤 31** 放映幻灯片，观看图片动作路径的动画效果，动作路径的动画应移动平稳、不拖沓、不延缓。不合适的动作路径或动画选项可以修改，直到合适为止。

★ **步骤 32** 同样的原理和方法，制作小女孩走路下场的动画（动作路径），动画顺序为最后出场，终点位置为完全走出场外，如图 19-26 所示。放映观看内页 2 的全部动画效果并调整修改。

图 19-26 内页 2 的文、图位置及动画效果

至此，贺卡内页 2 制作完成，保存文件。

3. 制作贺卡内页 3（幻灯片 4）

★ **步骤 33** 分析内页 3 各部分内容的动画。内页 2 讲到小女孩采了一束康乃馨，离开了花园，去哪了？去做什么？进入内页 3 的故事情节，小女孩把这束花送给妈妈，因此妈妈出场，花别在妈妈衣襟上。内页 3 的文、图出场顺序依次为："别在母亲"→妈妈出场 →"……衣襟上"

→花向右上方移动到妈妈的衣襟。

★ **步骤34** 制作内页3的文字、图片及动画，如图19-27所示。文字格式、位置、动画效果与内页2相同。图片大小、位置、动作路径如图19-27所示。

图19-27 贺卡内页3的文、图位置及动画效果

内页3制作完成的动画效果如图19-28所示，放映观看，修改调整，保存文件。

元素及顺序	格式	动画效果	效果选项	开始	持续时间
别在母亲	楷48 粗蓝	淡出	按字母30%	之后	1.50 秒
妈妈图片	高14 厘米	淡出		之后	1.50 秒
…衣襟上	楷48 粗蓝	淡出	按字母30%	之后	1.50 秒
康乃馨图片	高3.2 厘米	路径(对角线向右上)		之后	2.00 秒

图19-28 内页3的文、图动画

4. 制作贺卡内页3（幻灯片4）的蝴蝶飞舞

花园里一前一后飞来两只蝴蝶，似乎也在祝福妈妈节日快乐，烘托母亲节的节日气氛，掀起故事的第一个高潮。

分析内页3蝴蝶飞舞的动画：蝴蝶飞舞的路径是自由曲线；飞进花园（入场）时刻为一前一后（蝴蝶2晚一会儿出场），需设置延迟时长。

①延迟：以某个时间点为基准，向后推迟一个时间段。

②蝴蝶2延迟入场的设计原理：蝴蝶2以蝴蝶1入场的时间为基准点（设置蝴蝶2的开始为"与上一动画同时"）；向后推迟一个时间段2秒（设置蝴蝶2的动画延迟："2秒"），就可以实现蝴蝶2比蝴蝶1晚一会儿飞入场，如图19-29所示。

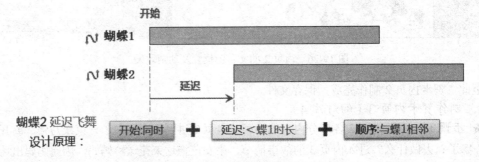

图19-29 蝴蝶2延迟飞舞的设计原理

③内页 3 中蝴蝶采用的动画技术：自定义路径动画　＋　蝴蝶 2 延迟

★ **步骤 35** 插入蝴蝶图片，设置格式。插入蝴蝶 1，2 的图片，设置蝴蝶 1，2 的格式：高 1.6～1.85 厘米；位置：两只蝴蝶分别在舞台的两侧；蝴蝶的方向：头朝向飞舞的前方（与自定义路径的前进方向一致），蝴蝶就会头朝前飞。如图 19-30 所示。

图 19-30　插入蝴蝶图片，设置格式

★ **步骤 36** 绘制蝴蝶 1 的自定义路径。选中蝴蝶 1，单击"添加动画"按钮→（动作路径）自定义路径，鼠标变成十字形，按住鼠标左键，鼠标变成铅笔，画出蝴蝶飞舞的曲线路线，如图 19-31 所示。绘制自定义路径时，尽量保持同一方向，不要两个方向来回画、转圈画，蝴蝶就不会中途倒着飞、横着飞。

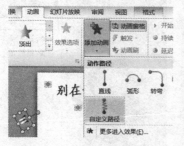

图 19-31　绘制蝴蝶飞舞的自定义路径

★ **步骤 37** 设置蝴蝶 1 的动画要素，开始：上一动画之后；持续时间 5.00 秒；动画顺序在康乃馨后面。如图 19-32 所示。

★ **步骤 38** 放映，观看蝴蝶 1 飞舞的动画效果，调整蝴蝶 1 大小、方向，修改路径线、动画要素，再放映观看，修改，……，保存文件。至此，蝴蝶 1 的自由飞舞效果制作完成。

图 19-32　蝴蝶 1 动画要素　　　　　　　　　图 19-33　蝴蝶 2 的自定义路径及动画要素

★ **步骤 39** 同样的方法，绘制蝴蝶 2 的自定义路径，设置蝴蝶 2 的动画要素，开始：与上一动画同时；持续时间：5.00 秒；延迟：2.00 秒；动画顺序：在蝴蝶 1 后面。如图 19-33 所示。

★ **步骤 40** 放映，观看蝴蝶 2 飞舞的动画及延迟效果，调整蝴蝶 2 大小、方向，修改路径线、调整动画要素（开始、持续时间、延迟时长、动画顺序），再放映观看，修改，……，保存文件。

至此，内页 3 中两只蝴蝶的自由延迟飞舞全部制作完成，观看作品，保存文件。

5. 制作贺卡内页 4（幻灯片 5）

★ **步骤 41** 分析内页 4 各部分内容的动画。场景转换到草坪（场景二），进入内页 4 的故事情节，小女孩抱着一盆花，从右侧的场外走到页面（草坪）中间，停在原地不动，跟妈妈说心里话，表达对妈妈的爱、感谢和感恩！

因此，小女孩在右侧场外候场（会走路的动画图片"走路 1.gif"）；走路上场用"动作路径"制作；"停在原地不动"用静止不动的图片（"女孩 1.gif"）制作，瞬间代替走路的图片（走路图片隐藏）。内页 4 的图、文出场顺序依次为：小女孩走路上场 →停在原地不动→跟妈妈说"妈妈……爱您！"。

★ **步骤 42** 制作内页 4 的图片、文字及动画，如图 19-34 所示。文字格式（首行缩进 1.6 厘米）、位置，图片大小、位置、动作路径、制作完成的效果如图 19-34 所示。

图 19-34　贺卡内页 4 的图、文位置及动画效果

"女孩 1.gif"图片中心点的位置与"走路 1.gif"路径终点应该重合，放映时女孩从走路到停止会平稳立定、过渡自然；否则会跳跃、向前或向后蹦、很不自然，会穿帮。文字的动画应该简单、快速，不拖沓、不延缓。

内页 4 的图、文动画如图 19-35 所示。放映观看，修改调整，保存文件。

元素及顺序	格式	动画效果	效果选项	开始	持续时间
走路 1.gif	高 11.5 厘米	路径(向左)	动画播放后隐藏	之后	3.00 秒
女孩 1.gif	高 11.5 厘米	出现		之后	自动
妈妈，我…	楷 28 粗红	擦除	自左侧，按字母 30%	之后	0.50 秒

图 19-35　内页 4 的图、文动画

6. 制作贺卡内页 5（幻灯片 6）

妈妈出场，聆听女儿送给自己的心声、感恩、感谢和祝福。

★ **步骤 43**　制作内页 5 的图片、文字及动画，如图 19-36 所示。文字格式（首行缩进 1.6 厘米）、位置、图片大小、位置、制作完成的效果如图 19-36 所示。文字的动画应该简单、快速、不拖沓、不延缓。

图 19-36　贺卡内页 5 的图、文位置及动画效果

内页 5 的图、文动画如图 19-37 所示。放映观看，修改调整，保存文件。

元素及顺序	格式	动画效果	效果选项	开始	持续时间
妈妈图片	高 14 厘米	淡出		之后	2.00 秒
信纸图片	高 13 厘米	缩放	对象中心	之后	1.50 秒
花束图片	高 6 厘米	基本缩放	从屏幕底部缩小	之后	1.50 秒
文字	楷 28 粗红	擦除	自左侧，按字母 30%	之后	0.50 秒

图 19-37　内页 5 的图、文动画

7. 制作贺卡内页 6（幻灯片 7）

最后一张内页，妈妈拥抱女儿出场，共述母女情深的感恩故事，女儿对妈妈的爱和祝福，让母女共奏心灵的交响曲，心灵产生共鸣。

★ **步骤 44**　制作内页 6 的图片、文字及动画，如图 19-38 所示。文字格式（首行缩进 1.6 厘米）、位置，图片大小、位置、制作完成的效果如图 19-38 所示。文字的动画应该简单、快速、不拖沓、不延缓。

图 19-38　贺卡内页 6 的图、文位置及动画效果

内页 6 的图、文动画如图 19-39 所示。放映观看，修改调整，保存文件。

元素及顺序	格式	动画效果	效果选项	开始	持续时间
母女图片	高 14 厘米	淡出		之后	1.50 秒
信纸图片	高 14.8 厘米	缩放	幻灯片中心	之后	1.50 秒
祝福语文字	楷 28 粗红	擦除	自顶部	之后	2.00 秒
签名	楷 24 粗蓝	擦除	自左侧	之后	1.00 秒
日期	楷 18 粗蓝	擦除	自左侧	之后	0.50 秒

图 19-39　内页 6 的图、文动画

四、制作贺卡封底（幻灯片 8）

封底再次祝福母亲，色调和祝福语与封面呼应，在女儿的温馨祝福和浓浓的节日氛围中结束贺卡！女儿用笔在封底签上自己的名字和日期，用"动作路径＋同步动画"制作。

"Replay"超链接按钮链接到封面，实现重新播放。

1. 制作封底图文及动画

★ **步骤 45**　制作封底的图片、文字及动画，如图 19-40 所示。文字格式、位置、图片大小、位置、制作完成的效果如图 19-40 所示。祝福语的动画应该简洁、烘托主题、不拖沓、不延缓。"用笔签名"的同步动画应该同时开始、同时结束；持续时间、速度一致！

图 19-40　贺卡封底的图、文位置及动画效果

封底的图、文动画如图 19-41 所示。放映观看，修改调整，保存文件。

元素及顺序	格式	动画效果	效果选项	开始	持续时间	
妈妈	行楷 96 粗红	缩放	幻灯片中心	之后	1.00 秒	
祝	行楷 54 粗蓝	弹跳		之后	1.00 秒	
节日快乐	…………					
铅笔图片	高 4.6 厘米	出现		之后	自动	
铅笔图片		路径（向右）	播放后隐藏	之后	3.00 秒	
签名	楷 24 粗蓝	擦除	自左侧	同时	3.00 秒　延迟 0.25 秒	同步动画
日期	楷 18 粗蓝	擦除	自左侧	之后	1.50 秒	
Replay	54 粗红	缩放	对象中心	之后	1.00 秒	

图 19-41　封底的图、文动画

2. 设置封底"Replay"的重播超链接

★ **步骤 46** 选中艺术字**Replay**，单击"插入"选项卡的"超链接"按钮，在打开的"插入超链接"对话框中，选择"本文档中的位置"为"幻灯片 1"，单击"确定"按钮。

超链接在幻灯片放映时生效。鼠标放在**Replay**上，会变小手形，单击**Replay**会进入贺卡封面幻灯片，实现重播。

放映幻灯片，检测超链接效果，如果有链接错误，进行修改，直到链接准确为止。至此，贺卡的幻灯片全部制作完成，保存文件。

五、制作贺卡背景音乐

贺卡的背景音乐是全程伴随、从第 1 张幻灯片开始、自动播放、不间断、不停止、不用人为控制、循环播放的音乐。

1. 插入音频文件

★ **步骤 47** 单击贺卡封面幻灯片，单击"插入"选项卡的"媒体"组的"音频"按钮，选择"文件中的音频"选项，如图 19-42 所示。

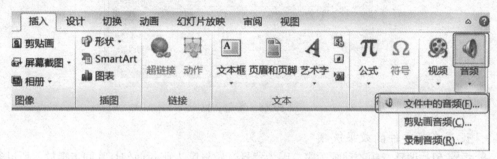

图 19-42 插入"音频"

★ **步骤 48** 在打开的"插入音频"对话框中选择需要插入的音频文件"妈妈我爱你伴奏.wav"，单击"插入"按钮，如图 19-43 所示。

图 19-43 插入音频文件

图 19-44 音频图标

插入音频文件后，封面幻灯片中会出现音频图标和播放控制栏，如图 19-44 所示，同时打开"音频工具/格式"选项卡。将音频图标移到封面左侧位置或页面左侧场外，容易发现图标，方便选定图标。

2. 设置音频文件的播放选项

★ **步骤 49** 设置自动、循环播放。选中贺卡封面的音频图标，单击"音频工具/播放"选项卡，选择"开始"为"自动"，选择"☑放映时隐藏"和"☑循环播放，直到停止"，如图 19-45

所示，即可实现自动、循环播放音频文件；同时放映幻灯片时，不出现音频的图标。

图 19-45　设置音频文件的播放选项

★ **步骤 50**　单击"音量"按钮，可以选择音量的大小或状态。单击"剪裁音频"按钮，可以对音频文件进行精确的剪裁或截取，如图 19-46 所示。

图 19-46　剪裁音频

3. 设置音频文件的效果选项

★ **步骤 51**　调整音频的动画顺序。因为背景音乐与第 1 张封面幻灯片同步播放，所以音频动画应该在"动画窗格"的最上面（第 1 个动画）。

在"动画窗格"中，单击音频动画 0 ▷ 妈妈我... ，单击上移 ⬆ 按钮，将音频动画移至最上面，如图 19-47 所示。

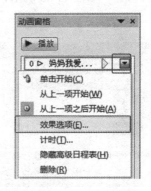

图 19-47　音频动画顺序　　　　　　　图 19-48　音频效果选项

★ **步骤 52**　设置音频的效果选项。为实现背景音乐全程、连续、自动、跨页播放，需要设置音频的停止位置。在"动画窗格"中，单击"音频"右边的箭头 0 ▷ 妈妈我... ，在列表中选择"效果选项"，如图 19-48 所示，打开"播放音频"对话框，如图 19-49 所示。

★ **步骤 53**　设置停止播放的位置。在对话框的"停止播放"列表中选择"⦿ 在(F)： 40 张幻灯片后"，如图 19-49 所示，背景音乐会全程、连续、自动、跨页播放，无论单击鼠标、上下翻页都不会影响背景音乐的播放。设置的张数应大于等于本演示文稿中幻灯片的总张数，例如本贺卡中，音频停止播放在 8 张之后。

图 19-49　音频停止播放的位置

★ **步骤 54**　设置音频的计时选项。单击对话框的"计时"标签页，设置"开始"为
"**上一动画之后**"，如图 19-50 所示，则音频自动播放，无需触发器、音频图标或单击鼠标控制
播放。

图 19-50　设置音频的开始方式　　　　　图 19-51　查看音频的嵌入信息

★ **步骤 55**　查看音频的设置选项。单击对话框的"音频设置"标签页，"信息"项显示的是
"文件：[包含在演示文稿中]"，表示音频文件完全嵌入在 PPT 文件中，如图 19-51 所示。（*.mid,
*.mp3, *.wav, *.wma 格式的音频文件可以完全嵌入到 PowerPoint 2010 版的 pptx 文件中）

之前设置了音频的播放选项为"☑放映时隐藏"，所以在"显示选项"中"☑放映时隐藏音
频图标"被勾选，如图 19-51 所示。即幻灯片放映时，不出现音频图标◀。

★ **步骤 56**　从头放映幻灯片 ，测试背景音乐效果，应该自动、全程、连续、跨页、循
环播放；重播时，音乐重新开始。如果有错误，修改音频的各选项，直到播放准确为止。

提示

删除音频文件：选中音频图标◀，按键盘上的 Delete 键，删除音频文件。

至此，贺卡的背景音乐制作完成，保存文件。

六、使用排练计时制作自动、流畅、连续放映的幻灯片

设置排练计时是为了准确设置各张幻灯片之间的切换、各种动画的出现时机，使幻灯片能自动、流畅、准确放映，以确保它满足特定的时间框架。排练计时记录演示每张幻灯片所需的放映时间，可以保存在演示文稿中。使用排练计时放映幻灯片时，使用记录的时间自动播放幻灯片。

★ **步骤 57**　单击"幻灯片放映"选项卡"设置"组的"排练计时"按钮，如图 19-52 所示。此时幻灯片进入从头放映状态，并且在左上角显示"录制"浮动工具栏，如图 19-53 所示，并且"幻灯片放映时间"框开始对演示文稿计时。

图 19-52　排练计时

图 19-53　"录制"工具栏

★ **步骤 58**　设置了最后一页的时间后，将出现一个消息框，如图 19-54 所示。其中显示演示文稿的总时间，并提示是否保存排练时间，单击"是"按钮保存排练时间，同时切换到"幻灯片浏览"视图，显示演示文稿中每张幻灯片放映所需的时间，如作品图所示。

图 19-54　显示总时间，"保留排练时间"提示

★ **步骤 59**　单击"切换"选项卡，每页设置的排练时间，显示在"换片方式"中，如图 19-55 所示。

图 19-55　"切换"选项卡，换片时间

★ **步骤 60**　修改某一页幻灯片的排练计时。选中需要修改的幻灯片，单击"幻灯片放映"选项卡"设置"组的"录制幻灯片演示"按钮，选择"从当前幻灯片开始录制"，如图 19-56 所示，即可重新录制某一页的排练计时，不影响其他页面的计时。

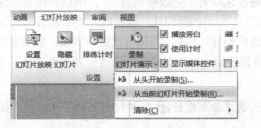

图 19-56　录制当前幻灯片

提示

有超链接的页面，如贺卡封底（结束页面），在录制"排练计时"时，需要停留时间长一些（1分钟左右），便于单击超链接按钮选择不同内容。

★ **步骤61** 在"幻灯片放映"选项卡中勾选"使用计时"。从头放映 ⁅🔳⁆，观看自动、流畅、连续放映效果的音乐动态贺卡，如有不合适的时间，如动画出场时机、动画时长、延迟时长、各页面之间的切换等，可以重新录制排练计时，直到合适、满意为止。

至此，音乐动态贺卡全部制作完成，保存文件。将自己制作的母亲节贺卡寄给自己的妈妈，感谢母爱，祝福母亲！

七、贺卡幻灯片转成视频、Flash

1. PowerPoint 转视频

PowerPoint 2010 可以将演示文稿保存为"*.wmv"格式的视频文件，几乎能将所有的动画、切换效果、声音、视频、排练计时全保真转化，但超链接无法转换。

单击"文件"→另存为，选择文件保存位置，设置视频文件名称，在"保存类型"列表中选择"Windows Media 视频（*.wmv）"。

2. PowerPoint 转 Flash

使用嵌入式 PowerPoint 插件 iSpring，可以将 PowerPoint 转换为 Flash 文件，容量小，高保真，将 PowerPoint 所有的动画、切换效果、声音、视频、排练计时、超链接全部高保真转化。

1. 总结动态贺卡的结构组成及各页内容

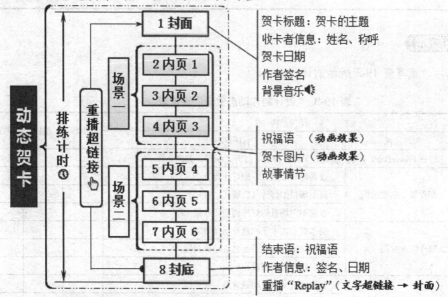

2. 总结设计制作动态贺卡的制作技术

① 设置幻灯片背景图片；

② 设置幻灯片切换效果；

③ 设置动作路径动画；

④ 制作背景音乐；

⑤ 设置排练计时。

3. 总结演示文稿中的动画类型、用法、制作工具及效果选项（见表19-1）

表19-1　演示文稿中的动画类型、制作工具及效果选项

动画类型	含义	用法	制作工具	效果选项
幻灯片切换动画，简称切换	两页幻灯片之间的动态过渡效果	用于更换不同场景时幻灯片之间的转场 （不要每页都用）	"切换"选项卡	①切换效果选项 ②声音 ③持续时间 ④换片方式
对象动画,简称动画。包括： ①进入动画 ②强调动画 ③退出动画 ④动作路径	幻灯片页面内，某一对象（文本、图片、形状、表格、SmartArt 图形和其他对象）的动态变化的视觉效果	用于提示重点、显示逻辑关系、引导观众注意等。 ①进入动画（进入屏幕时） ②强调动画（增加醒目效果） ③退出动画（退出屏幕时） ④动作路径（动画的运动轨迹）	"动画"选项卡，动画窗格	动画五要素： ①动画效果选项 ②开始方式 ③持续时间 ④动画顺序 ⑤延迟时长

4. 总结演示文稿中的动画计时选项（见表19-2）

表19-2　演示文稿中的动画计时选项

动画时间轴	动画计时选项	动画标记	动画播放效果
点击发生	单击时	当前动画序号为上一动画序号+1	单击鼠标左键，或按回车键，或按↓播放
连续发生	上一动画之后	与上一动画序号相同（动画窗格无标记）	上一动画播放后自动开始播放
同时发生	与上一动画同时	与上一动画序号相同（动画窗格无标记）	与上一动画同时开始播放
间隔发生	延迟	与上一动画序号相同（动画窗格无标记）	上一动画播放后间隔一个时间段开始播放
动画时长	持续时间	时间轴的矩形区域　1 ★标题1：	动画播放的速度，设置时间越长，速度越慢

评价反馈

作品完成后，填写表19-3所示的评价表。

表19-3　"设计制作动态贺卡"评价表

评价模块	评价内容		自评	组评	师评
	学习目标	评价项目			
专业能力	1.管理 PowerPoint 文件：新建、另存、命名、打开、保存、关闭文件				
	2.制作贺卡框架结构	设置幻灯片版式、幻灯片背景			
		复制场景幻灯片（含版式、背景）			
		设置不同场景幻灯片的切换效果			
	3.制作贺卡封面	制作贺卡艺术字标题及动画效果			
		制作文本框日期、签名及动画效果			
		贺卡封面的版面设计			
	4.制作内页1，内页2	制作内页文字及动画效果			
		女孩走路上场、下场的动作路径			
		内页1，2的版面设计			
	5.制作内页3	制作文字、图片及动画效果			
		制作两只蝴蝶自由、延迟飞舞的动画			
		内页3的版面设计			
	6.制作内页4	制作文字及动画效果			

评价模块	评价内容		自评	组评	师评
	学习目标	评价项目			
专业能力	6.制作内页 4	制作女孩走上场、立定不动			
		内页 4 的版面设计			
	7.制作内页 5，6	制作文字、图片及动画效果			
		内页 5，6 的版面设计			
	8.制作封底	制作文字及动画效果			
		制作"用笔签名"的动画效果			
		制作"Replay"的重播超链接			
		封底的版面设计			
	9.放映幻灯片：从头放映、放映当前、结束放映幻灯片				
	10.制作贺卡背景音乐：插入音频、设置播放选项、动画效果				
	11.录制贺卡排练计时				
	12.正确上传文件				
	13.转成视频或 Flash 文件				
可持续发展能力	自主探究学习、自我提高、掌握新技术		□很感兴趣	□比较困难	□不感兴趣
	独立思考、分析问题、解决问题		□很感兴趣	□比较困难	□不感兴趣
	应用已学知识与技能		□熟练应用	□查阅资料	□已经遗忘
	遇到困难，查阅资料学习，请教他人解决		□主动学习	□比较困难	□不感兴趣
	总结规律，应用规律		□很感兴趣	□比较困难	□不感兴趣
	自我评价，听取他人建议，勇于改错、修正		□很愿意	□比较困难	□不愿意
	将知识技能迁移到新情境解决新问题，有创新		□很感兴趣	□比较困难	□不感兴趣
社会能力	能指导、帮助同伴，愿意协作、互助		□很感兴趣	□比较困难	□不感兴趣
	愿意交流、展示、讲解、示范、分享		□很感兴趣	□比较困难	□不感兴趣
	敢于发表不同见解		□敢于发表	□比较困难	□不感兴趣
	工作态度，工作习惯，责任感		□好	□正在养成	□很少
成果与收获	实施与完成任务	□☺独立完成	□☺合作完成	□☹不能完成	
	体验与探索	□☺收获很大	□☺比较困难	□☹不感兴趣	
	疑难问题与建议				
	努力方向				

复习思考

1. 如何复制含有背景图的幻灯片？

2. 如何制作幻灯片的背景音乐？如何让背景音乐自动、流畅、全程、跨页播放？

3. 排练计时的功能和目的是什么？

拓展实训

选择一个主题，收集相关的各种媒体素材，制作一个有故事情节、有动画效果、连续、自动播放的动画片。

任务 **20**

设计制作 MV

知识目标

1. MV 的结构组成；
2. 制作 MV 框架的方法；
3. 制作倒计时提示动画的方法；
4. 制作歌词文字变色的方法；
5. 制作图片与歌词文字同步变化的方法；
6. 插入原唱和伴奏音频、设置音频选项的方法；
7. 使用排练计时录制歌曲图文声同步变化的方法。

能力目标

1. 能在 PowerPoint 中设计制作 MV；
2. 能制作 MV 的框架；
3. 能制作歌曲开始前的倒计时提示动画效果；
4. 能制作歌词文字变色的效果；
5. 能制作图片与歌词文字同步变化效果；
6. 能制作原唱和伴奏音频；
7. 能录制歌曲的图文声同步变化效果。

学习重点

制作 MV 框架、制作倒计时提示标志、文字变色、图文同步变化、歌曲的图文声同步变化的方法。

MV 是 Music Video（音乐录影带）的缩写，就是人们平常看到的音乐电视。用最精美的画面配合音乐，把对音乐的解读同时用电视画面呈现的一种艺术形式。使原本只是听觉艺术的歌曲，变为视觉和听觉结合的一种崭新的艺术样式。MV 要从音乐的角度创作画面，而不是从画面的角度去理解音乐。

MV 是作品的概念，MTV 是电视台的称呼。MV 最经典的作品是 1982 年 Michael Jackson（迈克尔·杰克逊）的专辑"THRILLER（战栗）"，在美国的 MTV 电视台首次播出，标志着 MV 这一艺术形式的诞生。迈克尔·杰克逊是现代 MV 音乐的创始人与里程碑。从此，音乐与画面结合起来，带给人们全新的享受。

MV 的创意方法：以歌词内容为创作蓝本，追求歌词中提供的画面意境，以及故事情节，并且设置相应的镜头画面。

本任务以诗词歌曲《咏鹅》为例，应用 PowerPoint 2010 设计制作 MV，将精美的画面与歌曲、歌词合为一体，使用歌曲开头倒计时、文字变色、图文同步动画效果，结合排练计时的使用，使 MV 精美、准确、流畅。

提出任务

在 PowerPoint 2010 中设计、制作诗词儿歌 MV《咏鹅》，包括原唱和伴奏两部分，分别制作倒计时、歌曲图文声同步变化等 MV 的动画效果。

作品展示

分析任务

1. MV 的结构组成

《咏鹅》MV 的框架结构如图 20-1 所示，包含以下部分：MV 封面，MV 内页，MV 封底。其中 MV 内页包含两个场景：原唱（场景一）和伴奏（场景二），每个场景有 4 张 MV 内页。

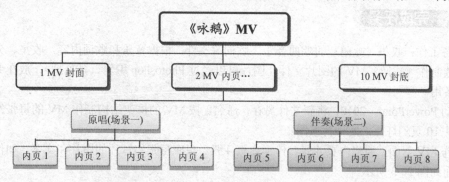

图 20-1　MV 框架结构

MV 内页的张数可以根据歌曲的结构，歌词的内容决定，本任务制作原唱 4 张内页、伴奏 4 张内页的 MV（总计 10 页幻灯片）。《咏鹅》MV 演示文稿的组成部分如图 20-2 所示。

图 20-2　MV 结构及组成

MV 封面有标题（歌曲的名称）、词曲作者、演唱者、MV 作者信息，封面上还有选择"原唱"或"伴奏"的按钮；每段歌词的开头页面有倒计时标志，有音频，每张内页的歌词文字、图片跟着音乐的节奏同步变化；歌词的最后一页有"返回""结束"的超链接；MV 封底有结束语、

作者信息。

2. MV 幻灯片的组成元素

MV 内页幻灯片由歌词文字部分、图片部分、歌曲音乐和图文声同步变化的动画、超链接组成。歌曲音乐可以选择原唱歌曲和伴奏音乐，分别制作 MV。每张幻灯片的具体组成内容和动画效果在制作时详细分析。

3. MV 各部分内容的动画效果、特点

① 作品所示的 MV，每段歌词的开头有倒计时的提示标志；

② 歌词文字随音乐的节奏变色，变色的速度与音乐的节拍快慢吻合；

③ 每句歌词的图片跟着音乐的节奏，跟歌词文字同时（同步）变换；

④ 歌曲的原唱音乐或伴奏音乐，采用排练计时实现全程自动播放、连续、流畅、不用人为控制，并且歌词的图、文随音乐同步变化。

4. 制作 MV 的重点技术

① 倒计时标志——进入→出现，下次单击后隐藏；

② 文字变色——强调动画→字体颜色（动画1）；

③ 同步动画——图片（动画2）的"开始"：与上一动画同时；

④ 图文声同步——排练计时。

以上分析的是 MV 的结构、幻灯片组成部分、各部分内容的动画特点、重点制作技术等，下面重点学习 MV 中倒计时、歌词图文声同步变化的操作步骤和操作方法。

 完成任务

准备工作：收集《咏鹅》的歌曲音乐、歌词等文件，根据音乐和歌词内容，收集、分类、整理并精选制作《咏鹅》MV 的图片文件（图片可以经过 Photoshop 编辑、预处理），放在专门的文件夹中备用。

启动 PowerPoint 2010，将新文件另存，命名。按 MV 的框架结构制作 MV 的每张幻灯片的背景，共 10 页幻灯片，四种背景图。

制作 MV 封面、原唱内页 4 张、伴奏内页 4 张、封底每张幻灯片的图片和文字，如作品图所示，封面如图 20-3 所示。

图 20-3 MV 封面

图 20-4 原唱内页 1

1. 制作第 1 段歌词开头的倒计时标志

★ **步骤1** 在原唱内页 1（幻灯片 2）的第 1 段歌词上方制作三个圆形，颜色从左向右分别为红色、黄色、绿色；大小为：高 0.6 厘米，宽 0.6 厘米；位置在歌词左上方，形状样式为"圆棱

台"立体效果，如图20-4所示。

★ **步骤2** 分析倒计时提示标志的动画。歌词倒计时的提示标志，在音乐前奏时不出现，在演唱之前的音乐过门时刻，跟着节拍闪烁一次表示提示，然后消失，不是永久停留在页面内，所以应设置圆形的动画效果为"进入→出现"，下次单击后隐藏。出现的顺序为：从左向右依次红色、黄色、绿色。

★ **步骤3** 设置圆形的动画效果。选中红色圆形，在"动画"选项卡中，打开动画窗格，单击"添加动画"按钮，在打开的列表中选择"进入"方式的"出现"效果，"开始"为"单击时"，持续时间为"自动"，如图20-5所示。

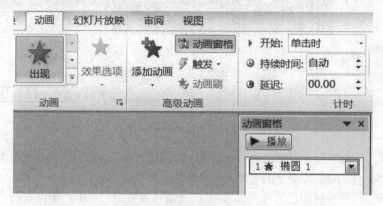

图 20-5　红色圆形的动画效果

★ **步骤4** 设置圆形动画的"效果选项"。在动画窗格的列表中，单击红色圆形"出现"动画 `1 ★ 椭圆 1` 右边的箭头，在打开的列表中选择"效果选项"，打开"出现"的"效果选项"对话框，选择"动画播放后"为"下次单击后隐藏"，如图20-6所示。单击"确定"按钮。

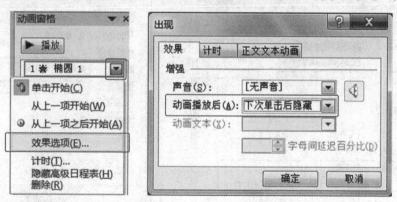

图 20-6　"出现"动画的效果选项

★ **步骤5** 同样的方法依次设置黄色、绿色圆形的动画效果为"出现"，"单击时"，"下次单击后隐藏"。

★ **步骤6** 放映幻灯片，测试倒计时提示标志的动画效果，不合适的动画效果或选项可以修改，直到合适为止。保存文件。

同样的方法，可以制作第2段、第3段、……的歌词、伴奏各段歌词开头的倒计时标志。

2．制作歌词的文字变色效果

★ **步骤7** 设置歌词文字的变色动画。在原唱内页1（幻灯片2）中，选中第一句歌词文字

"鹅，鹅，鹅"，在"动画"选项卡中，单击"添加动画"按钮，在打开的列表中选择"强调"方式的"字体颜色"效果，"开始"为"单击时"，持续时间为"自动"，如图 20-7 所示。

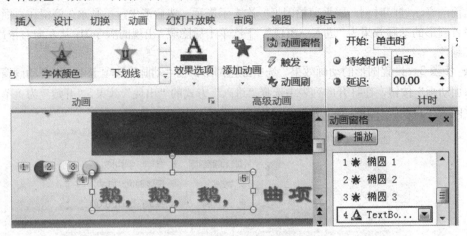

图 20-7　歌词文字的动画效果

★ **步骤 8**　分析歌词文字变色的动画效果。歌词是随着音乐的节奏同步逐字变色，所以设置动画效果选项为"按字母"，变色的速度应与音乐的节拍快慢吻合。

★ **步骤 9**　设置字体颜色的"效果选项"。在动画窗格的列表中，单击歌词"字体颜色"动画 4 A TextBo... 右边的箭头，在打开的列表中选择"效果选项"，在对话框的"效果"标签页中，设置各选项，如图 20-8 所示。其中，动画文本的"字母之间延迟秒数"可以调整歌词文字变色的速度，数字越大，文字变色速度越慢；数字越小，变色速度越快。

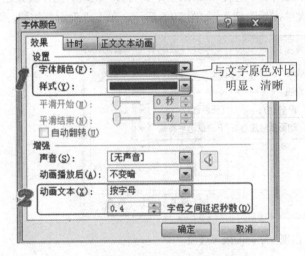
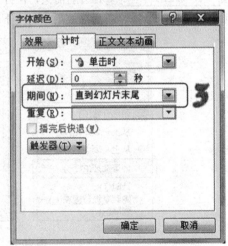

图 20-8　歌词字体颜色的"效果"选项　　　　图 20-9　歌词字体颜色的"计时"

★ **步骤 10**　设置字体颜色的"计时"。单击字体颜色对话框的"计时"标签，设置"期间"，如图 20-9 所示。单击"确定"按钮。

★ **步骤 11**　放映幻灯片，观看歌词的文字变色效果，修改不合适的动画效果或选项，直到合适为止。至此，第一句歌词的文字变色动画效果制作完成，保存文件。

★ **步骤 12**　同样的方法设置每一句歌词的动画效果和效果选项。歌词文字变色的放映效果如图 20-10 所示。

鹅，鹅，鹅， 曲项向天歌，

图 20-10　歌词文字变色的放映效果

★ **步骤 13**　根据歌曲演唱的速度和节奏，调整每句歌词的"字母之间延迟秒数"，控制歌词文字变色的速度与歌唱节奏吻合。放映，观看，修改，保存文件。

3. 制作歌词画面（图片）与文字的同步动画

MV 的创意方法：从音乐的角度创作画面，以歌词内容为创作蓝本，为每句歌词制作画面意境以及故事情节相同的镜头画面（图片），即图文一致。比如"鹅，鹅，鹅"对应的图片是各种形态的鹅；"曲项向天歌"对应的图片应表现鹅美丽、弯曲的脖颈对天高歌的形态；"白毛浮绿水"对应的图片应展现一身羽毛洁白的鹅浮游在碧波荡漾的水面上；"红掌拨清波"对应的图片应展现透过清澈的水面看到鹅红色的脚掌拨动着清澈的水波。

★ **步骤 14**　分析图片与文字（相邻两个动画）同步动画的设计原理：相邻两个动画的开始时机是同一时刻。因此，将第一个动画（文字动画）的"开始"设置为"单击时"，第二个动画（图片动画）的"开始"设置为"与上一动画同时"，则图片跟文字动画同时开始，实现图文同步的效果，如图 20-11 所示。

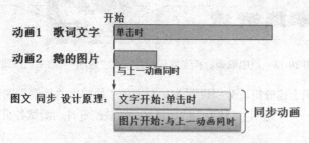

图 20-11　同步动画设计原理

★ **步骤 15**　设置图片动画效果。在原唱内页 1（幻灯片 2）中，选中第一句歌词对应的图片，设置一种"进入"的动画效果，比如"擦除"。图片动画应该简单、快捷、合理，不拖沓、不延缓。

★ **步骤 16**　设置图片与文字同步。设置图片动画的各要素如图 20-12 所示，方向：自左侧；开始：与上一动画同时；持续时间：0.75（入场速度）；动画顺序：文字动画的下面。

图 20-12　歌词图片与文字动画同步

★ **步骤 17**　放映幻灯片，观看图片与歌词文字同步变化的动画效果，修改不合适的动画效果或选项，直到合适为止。保存文件。

413

★ **步骤** 18 同样的方法，为每一句歌词制作一幅意境及故事情节吻合的图片，同一页面中的图片大小、位置相同。设置图片的动画效果（简单、快捷、合理，不拖沓、不延缓）和图文同步的动画效果选项，文、图动画顺序如图 20-12 所示（两句歌词，两组图文同步动画）。放映，观看，修改，保存文件。

至此，《咏鹅》MV 的原唱部分的幻灯片图文内容及动画制作完成，如作品图所示。

★ **步骤** 19 同样的方法，制作《咏鹅》MV 的伴奏部分【内页 5（片 6）至内页 8（片 9）】所有页面的图文内容及动画：歌词开头的倒计时标志、歌词文字变色效果、每句歌词的图文同步动画等，如样文图所示。

4. 制作 MV 的超链接

★ **步骤** 20 分析 MV 超链接结构。《咏鹅》MV 有原唱和伴奏两部分，因此，封面上有"原唱"、"伴奏"两个选择按钮（图、文），如图 20-3 所示，"原唱"（图、文）按钮链接到"原唱内页 1"（幻灯片 2）；"伴奏"（图、文）按钮链接到"伴奏内页 5"（幻灯片 6）。

原唱歌词和伴奏歌词的最后一页有"返回""结束"的按钮。"返回"链接到封面，"结束"链接到封底。如图 20-13 所示。

图 20-13 原唱歌词、伴奏歌词最后一页"返回""结束"按钮

★ **步骤** 21 按照上述分析，分别设置 MV 封面的"原唱"、"伴奏"图文超链接；设置原唱歌词、伴奏歌词最后一页"返回""结束"的超链接。放映幻灯片，测试各页的超链接，修改，保存文件。

5. 插入音频，录制排练计时，制作 MV 图文声同步

★ **步骤** 22 在原唱内页 1（片 2）插入"咏鹅 1-儿歌.wav"音频，设置音频的各选项。《咏鹅》MV 的原唱有 4 张内页，所以音频的"停止播放"为"⊙在(F): 4 🔺 张幻灯片后"。

同样的方法，在伴奏内页 5（片 6）插入"咏鹅 1-伴奏.wav"音频，设置音频的各选项和停止位置。

★ **步骤** 23 使用排练计时录制《咏鹅》MV 原唱、伴奏的图文声同步效果。单击"幻灯片放映"→"排练计时"，在每一句演唱发音前 1 拍，单击"下一项"，使歌词文字变色效果、图片与演唱的声音同时出现，实现图文声合拍、同步变化效果。

★ **步骤** 24 演唱结束后，停留一段时间再结束录制，如果图文声合拍、同步的节奏准确，在"是否保留排练时间"对话框中选择"是"。否则选"否"，重新录制。

有超链接的页面，如封面、原唱结束页（内页 4）、伴奏结束页（内页 8）以及封底（MV 结束页面），在录制"排练计时"时，需要停留时间长一些（1 分钟左右），便于单击超链接按钮选择不同内容。

★ **步骤** 25 如果需要分别录制 MV 的原唱部分或伴奏部分，选中开始录制的幻灯片，在"幻灯片放映"选项卡"设置"组中，单击"录制幻灯片演示"按钮，选择"从当前幻灯片开始录制"，即可重新录制某一部分的排练计时，不影响其他页面的计时。

至此，《咏鹅》MV 原唱部分、伴奏部分的图文声同步动画效果全部制作完成，放映幻灯片，观看听《咏鹅》MV 原唱、伴奏效果，节奏不准的，调整文字变色速度，重新录制。保存文件。

从头放映 ，欣赏自动、流畅、词曲声同步的《咏鹅》MV。至此，MV 全部制作完成，保存文件。

归纳总结

1. 总结 MV 的结构组成及各页内容

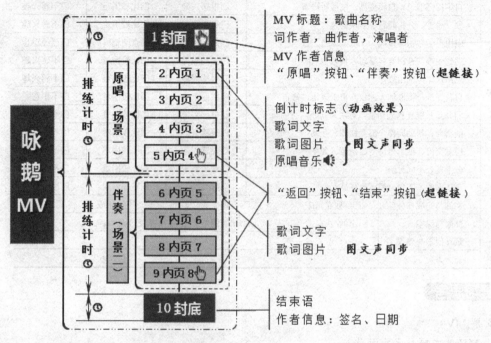

2. 总结设计制作 MV 的重点技术

① 倒计时标志——进入→出现，下次单击后隐藏；

② 文字变色——强调动画→字体颜色（动画 1）；

③ 同步动画——图片（动画 2）的"开始"：与上一动画同时；

④ 图文声同步——排练计时。

评价反馈

作品完成后，填写表 20-1 所示的评价表。

表 20-1 "设计制作 MV"评价表

评价模块	评价内容		自评	组评	师评
	学习目标	评价项目			
专业能力	1.管理 PowerPoint 文件：新建、另存、命名、打开、保存、关闭文件				
	2.制作 MV 框架结构				
	3.制作 MV 封面（MV 各信息、超链接按钮、版面）				
	4.制作原唱、伴奏各张内页	倒计时标志			
		歌词文字、歌词图片、内页版面			
		图文同步动画			
		结束页的超链接按钮			
	5.制作 MV 封底				

续表

评价模块	评 价 内 容		自评	组评	师评
	学习目标	评价项目			
专业能力	6.制作 MV 音乐：插入音频、设置播放选项、动画效果				
	7.录制 MV 排练计时（图文声同步）				
	8.正确上传文件				
可持续发展能力	自主探究学习、自我提高、掌握新技术	□很感兴趣	□比较困难	□不感兴趣	
	独立思考、分析问题、解决问题	□很感兴趣	□比较困难	□不感兴趣	
	应用已学知识与技能	□熟练应用	□查阅资料	□已经遗忘	
	遇到困难，查阅资料学习，请教他人解决	□主动学习	□比较困难	□不感兴趣	
	总结规律，应用规律	□很感兴趣	□比较困难	□不感兴趣	
	自我评价，听取他人建议，勇于改错、修正	□很愿意	□比较困难	□不愿意	
	将知识技能迁移到新情境解决新问题，有创新	□很感兴趣	□比较困难	□不感兴趣	
社会能力	能指导、帮助同伴，愿意协作、互助	□很感兴趣	□比较困难	□不感兴趣	
	愿意交流、展示、讲解、示范、分享	□很感兴趣	□比较困难	□不感兴趣	
	敢于发表不同见解	□敢于发表	□比较困难	□不感兴趣	
	工作态度，工作习惯，责任感	□好	□正在养成	□很少	
成果与收获	实施与完成任务	□☺独立完成	□☺合作完成	□☒不能完成	
	体验与探索	□☺收获很大	□☺比较困难	□☒不感兴趣	
	疑难问题与建议				
	努力方向				

复习思考

1. 什么是 MV？
2. 制作 MV 的主要技术有哪些？
3. 如何制作歌词开始前的倒计时标志？
4. 如何调整歌词文字变色的速度？

拓展实训

选择一首自己喜爱的歌曲，收集歌词和歌曲图片素材，制作 MV。

任务 ㉑ 设计制作活动演示稿

知识目标

1. 活动演示稿的结构组成；
2. 制作活动演示稿框架的方法；
3. 制作组合动画的方法。

能力目标

1. 能在 PowerPoint 中设计制作活动演示稿；
2. 能制作活动演示稿的框架；
3. 能制作标题、相片的组合动画效果。

学习重点

制作组合动画的方法。

各单位、企业经常举办一些活动，如年会、表彰会、庆典、展示会、推介会等，在举办这些活动时，同步播放图文声像并茂的活动演示稿，既可以提升活动品质，调节活动气氛，增强活动氛围和效果，给参会者留下深刻的印象和永久的记忆，还可以作为档案资料展示、留存和珍藏。

本任务以"五四青年表彰会"为例，应用 PowerPoint 2010 根据活动流程和内容，设计制作表彰会演示稿。

提出任务

在 PowerPoint 2010 中设计、制作"五四优秀青年表彰会"演示稿。

作品展示

 分析任务

1. 表彰会演示稿的结构组成

表彰会演示稿的框架结构如图 21-1 所示，包含以下部分：表彰会封面、表彰会内页、表彰会封底。其中表彰会内页包含四项活动流程的标题和对应内容。

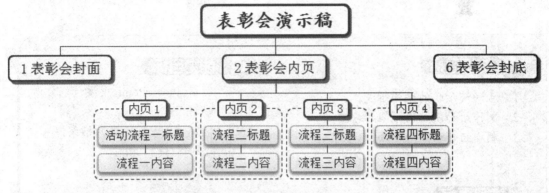

图 21-1　表彰会演示稿的框架结构

表彰会内页的张数可以根据活动的流程和内容决定，每个流程的标题和内容可以分成多页幻灯片制作，也可以合在一页制作。本任务的表彰会，将每个流程的标题和内容合在同一页幻灯片内制作，所以四项活动流程，制作 4 页表彰会内页（总计 6 页幻灯片）。表彰会演示文稿的组成部分如图 21-2 所示。

图 21-2　表彰会演示稿结构及组成

各部分页面的内容：

表彰会封面——包含标题（活动主题）、副标题（活动名称）、主办单位、时间、活动标志、音乐等。
表彰会内页——包含内页标题（活动的流程或程序）、各流程的内容（文字、图片、视频等）。
表彰会封底——包含活动名称、主办单位、结束语。

每页幻灯片的具体组成内容和动画效果在制作时详细分析。

2. 表彰会的活动流程和内容

"五四优秀青年表彰会"流程如下。

（1）表彰优秀青年教师（领导宣读表彰决定，主持人朗诵颁奖词，获奖教师上台，领导为教师颁奖）。

（2）表彰优秀青年学生（领导宣读表彰决定，主持人朗诵颁奖词，获奖学生上台，领导为学生颁奖）。

（3）优秀教师代表发言。

（4）领导致词。

各流程之间可以穿插歌舞表演、配乐诗朗诵、小品等节目助兴。

3. 表彰会演示稿内页 1 标题和相片的动画效果

标题的动画效果：从屏幕中心放大（出场）→ 停留 → 向屏幕右上角 ｜移动＋缩小｜

　　　　　　　　　　　　　　　　　　　　　　　　　　　　　　　组合动画

相片的动画效果：从屏幕中心放大（出场）→ 停留 → 向各相片位置 ｜移动＋缩小｜

4. 组合动画及特点

组合动画：同一元素同时发生两个以上的动作和效果，称为组合动画。其特点：同一元素，同时开始，同速运行，同时结束。

例如，当标题由近向远做路径运动时，同时也应该由大变小，所以需要加上缩放的强调效果；当一片花瓣飘落下来时，同时也会有翻转效果，所以需要加上陀螺旋的强调动画……

组合动画的方式：动作路径动画与另外 3 种动画的结合，以及强调动画与进入、退出动画的结合。就是说，当一个元素进入、退出或者发生路径运动时，也会伴随自身形状的变化。

组合动画的难点：一是创意；二是时间及速度的设置。组合动画更注重创意和细节，这也是精美动画的核心。

以上分析的是表彰会演示稿的结构、活动流程、内页标题和相片的动画特点、重点制作技术等，下面重点学习表彰会演示稿中制作组合动画的方法。

完成任务

准备工作：根据"五四青年表彰会"的流程，收集、分类、整理并精选制作活动演示稿的图片、获奖者相片（图片、相片可以经过 Photoshop 编辑、预处理）及开场音乐等文件，放在专门的文件夹中备用。

启动 PowerPoint 2010，将新文件另存，命名。按表彰会演示稿的框架结构制作每张幻灯片的背景，共 6 页幻灯片，三种背景图（表彰会封面 1 页，表彰会内页 4 页，表彰会封底 1 页），如图 21-3 所示。

封面　1　　内页1　2　　内页2　3　　内页3　4　　内页4　5　　封底　6

图 21-3　表彰会演示稿的框架

一、制作表彰会演示稿封面

1. 制作表彰会封面开场的拉幕效果

分析：表彰会开始前，舞台的幕布是关闭的，在开场音乐的伴奏下，舞台幕布向两侧拉开。拉幕效果需要设置两侧幕布同时向场外移动的直线路径动画（同步动画），同时开始、同时结束；持续时间、速度一致！

★ **步骤** 1　在表彰会封面幻灯片，插入"舞台"和"幕布"图片（左、右两幅幕布对称），图片大小、位置如图 21-4 所示。

★ **步骤 2** 设置幕布的路径动画如图 21-4 所示，幕布应完全拉开（幕布图片移出场外）。

图 21-4　表彰会封面的幕布位置及动画效果

表彰会封面的幕布制作完成的拉幕动画如图 21-5 所示，放映观看，修改调整，保存文件。

元素及顺序	格式	动画效果	开始	持续时间	
左幕布	高 19.05 厘米	路径(向左)	之后	3.00 秒	同步动画
右幕布	高 19.05 厘米	路径(向右)	与上一动画同时	3.00 秒	

图 21-5　表彰会封面的拉幕动画

2. 制作表彰会封面文字内容及动画

★ **步骤 3** 制作表彰会封面文字内容。包含标题（活动主题）、副标题（活动名称）、主办单位、时间、活动标志等内容，大小、位置如图 21-6 所示。

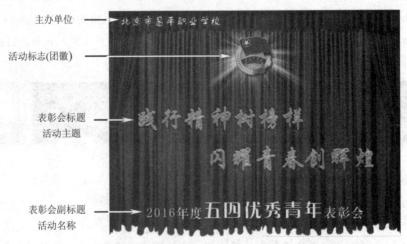

主办单位

活动标志(团徽)

表彰会标题
活动主题

表彰会副标题
活动名称

图 21-6　表彰会封面文字内容及大小、位置

★ **步骤 4** 设置表彰会封面各部分文字的动画效果及顺序，如图 21-7 所示。

元素及顺序	格式	动画效果	效果选项	开始	持续时间	延迟
单位	舒体 28 白色	擦除	自左侧	之后	0.50 秒	
践行	行楷 60 粗橙	缩放	幻灯片中心	之后	1.50 秒	
闪耀	行楷 60 粗橙	缩放	幻灯片中心	之后	1.50 秒	
左幕布	高 19.05 厘米	路径(向左)		之后	3.00 秒	1.50 秒
右幕布	高 19.05 厘米	路径(向右)		与上一动画同时	3.00 秒	1.50 秒
团徽	高 3.3 厘米	缩放	对象中心	之后	1.00 秒	
光芒	宽 10 厘米	缩放	对象中心	之后	0.50 秒(重复 2 次)	
2016 年	宋 32 粗白,雅黑 48 白	浮入	下浮	之后	2.00 秒	

同步动画

图 21-7　表彰会封面的图、文动画

★ **步骤 5**　放映幻灯片,观看封面各部分图、文、拉幕的动画效果,不合适的动画效果或选项可以修改,直到合适为止。保存文件。

3. 制作表彰会封面的开场音乐

表彰会封面的开场音乐,开幕前开始播放,只在封面内播一遍,不循环、不跨页。

★ **步骤 6**　在表彰会封面插入音频文件"开场音乐.wav",将音频图标 🔊 移到封面页面左侧场外,单击"音频工具/播放"选项卡,选择"开始"为"自动",选择"☑放映时隐藏",如图21-8 所示。

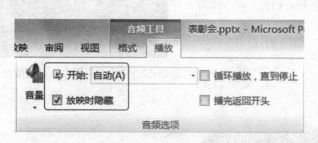

图 21-8　音频文件的播放选项　　　　　　图 21-9　音频动画顺序

★ **步骤 7**　在"动画窗格"中,将音频动画 `0 ▷ 开场音乐.wav ▷ ▾` 上移 🔼 至最上面,如图21-9 所示。设置音频的效果选项,打开"播放音频"对话框,各项设置如图 21-10 所示。

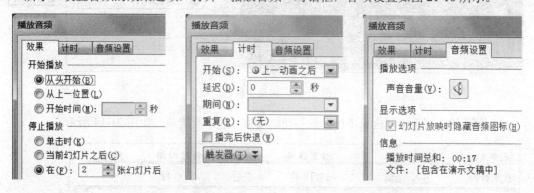

图 21-10　音频的效果选项——"播放音频"对话框

★ **步骤 8**　放映幻灯片,观看表彰会封面的各部分内容的动画效果、听声音效果,修改不合适的动画效果或选项,直到合适为止。

至此，表彰会演示稿的封面制作完成，保存文件。

二、制作表彰会演示稿内页标题的动画

图 21-11　内页 1 标题的动画效果

分析：如图 21-11 所示，内页 1 标题的动画效果：

从屏幕中心放大　→　停留　→　向屏幕右上角 [移动 ＋ 缩小] ←——组合动画【路径＋强调】
　　　①进入：缩放　　延迟　　　　　　　②直线路径　③强调：缩小

其中"停留"的效果设置"延迟"实现；标题向屏幕右上角"边移动边缩小"的效果，用组合动画【路径＋强调】实现。

1. 制作表彰会内页 1 的标题文字及团徽

★ 步骤 9　制作表彰会内页 1 的艺术字标题"优秀青年教师"，华文行楷 88 号，加粗，橙色，对齐幻灯片→左右居中，如图 21-12 所示。

插入团徽，高 2.3 厘米，位置如图 21-12 所示。

2. 制作内页 1 标题的动画

由分析可知，内页 1 标题有三个动画，如图 21-13 所示。

图 21-12　内页 1 标题文字及团徽大小、位置

图 21-13　内页 1 标题动画

★ 步骤 10　依次设置内页 1 标题的各动画效果、顺序及选项，如图 21-14 所示。

元素及顺序	动画效果	效果选项	开始	持续时间	延迟
优秀教师	进入：缩放	幻灯片中心	之后	1.00 秒	
优秀教师	路径（对角线向右上）		之后	1.00 秒	2.00 秒
优秀教师	强调：放大/缩小	较小 50%	同时	1.00 秒	2.00 秒

组合动画

图 21-14　内页 1 标题的动画

组合动画的核心：同步效果（顺序、开始及时间的设置）。组合动画特点：同一元素，同时开始，同速运行，同时结束。

设置组合动画同步效果的要素如下。

① 动画对象：同一个对象（元素）——如内页 1 标题。

② 动画顺序：两动画相邻。

③ 动画开始：之后、同时 ⇨ 同时开始。

④ 动画速度：相同持续时间 ⇨ 同速运行，同时结束。

⑤ 动画延迟：相同延迟时间 ⇨ 同时开始，同步运行。

在"动画窗格"的时间轴上，可以清晰地看出每个动画的开始时刻（橙色矩形的起点）、结束时间（橙色矩形的终点）、速度（橙色矩形的长度，长度越长，速度越慢；越短速度越快）、延迟（橙色矩形左边的空白），以及与别的动画的关系等，如图 21-15 所示。

★ **步骤** 11　放映幻灯片，观看内页 1 标题的全部动画效果，修改标题移动路径的终点位置，如图 21-16 所示；修改标题组合动画中不合适的动画效果或选项，直到合适为止。保存文件。

至此，表彰会演示稿内页 1 标题的全部动画制作完成，保存文件。

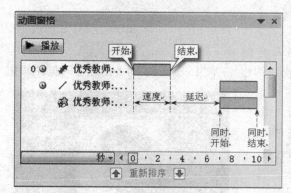

图 21-15　"动画窗格"的时间轴　　　　图 21-16　内页 1 标题移动路径的终点位置

3. 制作其他内页标题的动画

★ **步骤** 12　同样的方法，制作其他 3 页内页的标题动画，各内页标题移动的方向、目标位置如图 21-17 所示。

图 21-17　其他各内页标题移动的方向、目标位置

★ **步骤** 13　放映幻灯片，观看各内页标题的全部动画效果，修改各标题移动路径的终点位置，如图 21-17 所示；修改各标题组合动画中不合适的动画效果或选项，直到合适为止。保存文件。

至此，表彰会演示稿所有内页标题的全部动画制作完成，保存文件。

三、制作表彰会演示稿内页 1 优秀教师相片、介绍的动画

图 21-18　内页 1 教师 1 的动画效果

分析：如图 21-18 所示，内页 1 中教师 1 相片、介绍、姓名的动画效果。

```
教师相片：从屏幕中心放大 → 停留 → 向左上角相片1位置  移动 ＋ 缩小 ←──组合动画【路径＋强调】
               ↓                    ↓                 ↓       ↓
            ①进入：缩放         延迟               ②直线路径  ③强调：缩小

教师介绍：              进入：擦除 → 退出：向上擦除
                       └── 同步动画 ──┘

教师姓名：                                                           出现
```

1. 制作表彰会内页 1 中教师 1 的相片及介绍

★ **步骤** 14　在表彰会内页 1 中，插入教师 1 的相片，高 15.8 厘米，对齐幻灯片→左右居中、底端对齐，如图 21-19 所示。

★ **步骤** 15　用文本框制作右侧的教师介绍，"优秀教师"华文行楷 30 号，加粗，黑色，左对齐；"教师姓名"华文行楷 44 号，加粗，橙色，右对齐，位置如图 21-19 所示。

★ **步骤** 16　文本框制作"姓名"宋体，18，加粗，黄色，位置在教师 1 相片缩小后的下方，如图 21-19 所示。

2. 制作教师 1 相片、介绍、姓名的动画

由分析可知，教师 1 相片有三个动画，教师介绍有两个动画，姓名文本框在教师 1 相片缩小到位后，动画为"出现"，如图 21-20 所示。

图 21-19　内页 1 教师 1 相片及介绍大小、位置

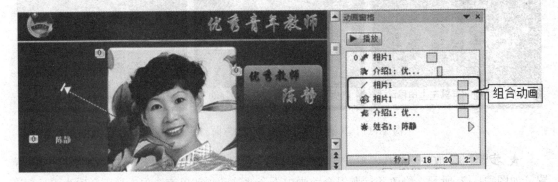

图 21-20　教师 1 相片、介绍、姓名的动画效果

★ **步骤** 17　依次设置教师 1 相片、介绍、姓名的各动画效果、顺序及选项，如图 21-21

所示。

元素及顺序	动画效果	效果选项	开始	持续时间	延迟	
相片1	进入:缩放	幻灯片中心	之后	1.00 秒		
介绍1	进入:擦除	自顶部	之后	0.50 秒		
相片1	路径(对角线向左上)		之后	1.00 秒	1.50 秒	组合动画
相片1	强调:放大/缩小	自定义 44%	同时	1.00 秒	1.50 秒	
介绍1	退出:擦除	自底部	同时	1.00 秒	1.50 秒	同步动画
姓名1	进入:出现		之后	自动		

图 21-21　教师 1 相片、介绍、姓名的动画选项

★ **步骤 18**　放映幻灯片，观看内页 1 中教师 1 的相片、介绍全部动画效果，修改教师 1 相片移动路径的终点位置，修改姓名文本框的位置（教师 1 相片缩小后的下方），如图 21-22 所示；修改相片组合动画、教师介绍同步动画中不合适的动画效果或选项，直到合适为止。保存文件。

3. 制作内页 1 其他教师的相片、介绍的动画

★ **步骤 19**　同样的方法，制作内页 1 中其他 7 名教师的相片、介绍、姓名的动画，各相片移动的方向、目标位置、动画完成的效果如图 21-23 所示。

图 21-22　教师 1 相片移动路径的终点位置

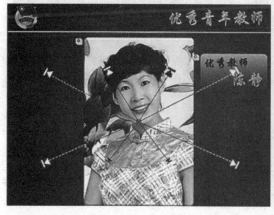

图 21-23　内页 1 其他教师相片移动的方向、目标位置、动画完成效果

获奖教师介绍：

优秀教师 陈静	优秀班主任 方荣卫	优秀班主任 卢姝静	优秀教师 李伟松	优秀班主任 张静	优秀教师 魏军	优秀教师 彭天夫	优秀教师 吴骁军

★ **步骤 20**　放映幻灯片，观看内页 1 标题、所有教师（8 人）的相片、介绍、姓名等内容的动画效果，检查标题、相片组合动画的同步效果、停留的时长等，修改、调整各部分内容不合适的动画效果或选项，直到合适为止。保存文件。

至此，表彰会演示稿的内页 1——流程一"表彰优秀青年教师"制作完成，保存文件。

四、制作表彰会演示稿内页 2 全部内容和动画

分析：内页 2 标题的动画效果：从屏幕中心放大 → 停留 → 向屏幕左上角 移动 ＋ 缩小

分析：内页 2 中学生 1 相片、介绍、姓名的动画效果如下。

学生相片：螺旋飞入 → 停留 → 向左上角相片 1 位置 移动 ＋ 缩小
学生介绍： 进入：擦除 → 退出：向上擦除
同步动画
学生姓名： 出现

1. 制作内页 2 标题"优秀青年学生"的动画效果，如图 21-17 所示。

2. 制作内页 2 所有学生的相片、介绍、姓名的动画。

★ **步骤 21** 同样的方法，制作内页 2 中所有学生（10 人）的相片、介绍、姓名的动画，各相片移动的方向、目标位置、动画完成的效果如图 21-24 所示。

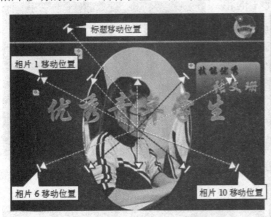

图 21-24 内页 2 所有内容移动的方向、目标位置、动画完成效果

内页 2 中学生的相片可以裁剪为椭圆形，学生相片（高 15.8 厘米）入场动画，可以设置为"螺旋飞入"，增加活泼的效果；学生相片【移动＋缩小】组合动画中，缩小的比例为 41%，其他选项与内页 1 相同。

获奖学生介绍：

技能优秀 张文珊	学习优秀 徐蕊	优秀干部 秦怀旺	优秀学生 教传禹	技能优秀 马宏权	优秀学生 佟静文	优秀干部 王清浩	优秀学生 胡从浩	优秀干部 耿洪阳	优秀学生 田莉莉

★ **步骤 22** 放映幻灯片，观看内页 2 标题、所有学生（10 人）的相片、介绍、姓名等内容的动画效果，检查标题、相片组合动画的同步效果、停留的时长等，修改、调整各部分内容不合适的动画效果或选项，直到合适为止。保存文件。

至此，表彰会演示稿的内页 2——流程二"表彰优秀青年学生"制作完成，保存文件。

五、制作表彰会演示稿内页 3，内页 4，封底全部内容和动画

1. 制作表彰会演示稿内页 3

★ **步骤 23** 内页 3 标题、移动的方向、目标位置以及内页 3 内容、动画完成的效果如图 21-25 所示。

★ **步骤 24** 依次设置内页 3 标题、内容的各动画效果、顺序及选项，如图 21-26 所示。

★ **步骤 25** 放映幻灯片，观看内页 3 所有内容的动画效果，修改、调整各部分内容不合适的动画效果或选项，直到合适为止。保存文件。

图 21-25　内页 3 标题、内容、动画完成效果

元素及顺序	动画效果	效果选项	开始	持续时间	延迟	
教师感言	进入:缩放	幻灯片中心	之后	1.00 秒		
教师感言	**路径(对角线向右上)**		**之后**	**1.00 秒**	**2.00 秒**	组合动画
教师感言	**强调:放大/缩小**	**较小 50%**	**同时**	**1.00 秒**	**2.00 秒**	
教师图片	切入	自左侧	之后	1.50 秒		
感言	淡出		之后	2.00 秒		

图 21-26　内页 3 标题、内容的动画

2.　制作表彰会演示稿内页 4

★ **步骤 26**　内页 4 标题、移动的方向、目标位置以及内页 4 内容、动画完成的效果如图 21-27 所示。

图 21-27　内页 4 标题、内容、动画完成效果

★ **步骤 27**　依次设置内页 4 标题、内容的各动画效果、顺序及选项，如图 21-28 所示。

元素及顺序	动画效果	效果选项	开始	持续时间	延迟	
领导致词	进入:缩放	对象中心	之后	1.00 秒		
领导致词	**路径(直线向上)**		**之后**	**1.00 秒**	**2.00 秒**	组合动画
领导致词	**强调:放大/缩小**	**自定义 80%**	**同时**	**1.00 秒**	**2.00 秒**	
麦克图片	淡出		之后	3.00 秒		

图 21-28　内页 4 标题、内容的动画

★ **步骤 28** 放映幻灯片，观看内页 4 所有内容的动画效果，修改、调整各部分内容不合适的动画效果或选项，直到合适为止。保存文件。

3. 制作表彰会演示稿封底

★ **步骤 29** 表彰会封底内容及动画如图 21-29 所示。

元素及顺序	动画效果	效果选项	开始	持续时间
五四...表彰会	浮入	上浮	之后	1.00 秒
The End	切入	自底部	之后	2.00 秒
再见	缩放	对象中心	之后	0.50 秒

图 21-29　表彰会封底内容及动画

★ **步骤 30** 放映幻灯片，观看封底所有内容的动画效果，修改、调整不合适的动画效果或选项，直到合适为止。保存文件。

至此，表彰会演示稿全部制作完成，从头放映🔲，观看、欣赏"五四青年表彰会"演示稿，修改、调整不合适的动画效果或选项，保存文件。

可以将表彰会演示稿转成视频（*.wmv）或 Flash 文件。在正式举办表彰会活动时，根据主持人的节奏和活动流程，正确播放"表彰会演示稿"文件，烘托活动会场的气氛，为活动添彩。

 **归纳总结**

1. 总结设计制作组合动画的工作流程

①对同一元素分别制作两个不同的动画效果【路径、强调】；

②分别设置不同动画的效果选项（顺序、开始、持续时间等）；

③设置组合动画的同步效果。

2. 总结组合动画同步效果的要素

①动画对象：同一个对象（元素）；

②动画顺序：两动画相邻；

③动画开始：之后、同时 ⇨ 同时开始；

④动画速度：相同持续时间 ⇨ 同速运行，同时结束；

⑤动画延迟：相同延迟时间 ⇨ 同时开始，同步运行。

例如表彰会演示稿内页 1 标题的组合动画如下。

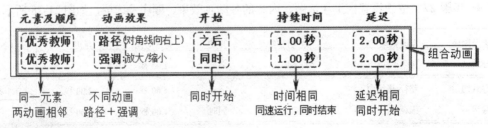

 评价反馈

作品完成后，填写表 21-1 所示的评价表。

表 21-1 "设计制作活动演示稿"评价表

评价模块	评价内容		自评	组评	师评
	学习目标	评价项目			
专业能力	1.管理 PowerPoint 文件：新建、另存、命名、打开、保存、关闭文件				
	2.制作活动演示稿框架结构				
	3.制作活动演示稿封面（内容、动画、拉幕效果、开场音乐）				
	4.制作内页 1	标题，"移动＋缩小"组合动画，移动位置			
		相片 1，"移动＋缩小"组合动画，移动位置			
		介绍的同步动画			
		姓名位置			
		其他内容及组合动画、同步动画			
		版面布局，动画效果			
	5.制作内页 2	标题，组合动画，移动位置			
		学生相片，组合动画，同步动画，移动位置			
		学生相片形状，姓名位置			
		其他内容及组合动画、同步动画			
		版面布局，动画效果			
	6.制作内页 3	标题，组合动画，移动位置			
		其他内容，动画效果，版面布局			
	7.制作内页 4	标题，组合动画，移动位置			
		其他内容，动画效果，版面布局			
	8.制作活动演示稿封底（内容，动画效果，版面布局）				
	9.正确上传文件				
可持续发展能力	自主探究学习、自我提高、掌握新技术	□很感兴趣	□比较困难	□不感兴趣	
	独立思考、分析问题、解决问题	□很感兴趣	□比较困难	□不感兴趣	
	应用已学知识与技能	□熟练应用	□查阅资料	□已经遗忘	
	遇到困难，查阅资料学习，请教他人解决	□主动学习	□比较困难	□不感兴趣	
	总结规律，应用规律	□很感兴趣	□比较困难	□不感兴趣	
	自我评价，听取他人建议，勇于改错、修正	□很愿意	□比较困难	□不愿意	
	将知识技能迁移到新情境解决新问题，有创新	□很感兴趣	□比较困难	□不感兴趣	
社会能力	能指导、帮助同伴，愿意协作、互助	□很感兴趣	□比较困难	□不感兴趣	
	愿意交流、展示、讲解、示范、分享	□很感兴趣	□比较困难	□不感兴趣	
	敢于发表不同见解	□敢于发表	□比较困难	□不感兴趣	
	工作态度，工作习惯，责任感	□好	□正在养成	□很少	
成果与收获	实施与完成任务	□☺独立完成	□☺合作完成	□⊗不能完成	
	体验与探索	□☺收获很大	□☺比较困难	□⊗不感兴趣	
	疑难问题与建议				
	努力方向				

复习思考

1. 什么是组合动画？组合动画适用于哪些场合？

2. 如何搭配组合动画？制作组合动画同步效果的要素有哪些？

拓展实训

知识竞赛是各行业、单位经常举办的一种提升员工技能、扩展知识的常见活动。知识竞赛的形式多种多样，借助多媒体方式的、交互式竞赛越来越普及。选择一个主题，收集相关资料和素材，综合运用 PowerPoint 2010 所学知识和技能，制作《****知识竞赛》演示文稿。大胆想象和创新，根据竞赛结构框架设置幻灯片中的超链接和换页方式。

制作完成的作品在班内展示，自己寻找合作者（或小组成员合作）进行竞赛现场演播，自己担当竞赛主持人。

样文

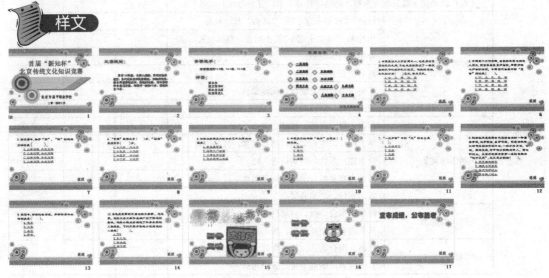

任务 22 设计制作产品介绍

知识目标

1. 产品介绍的基本要素；
2. 制作、应用幻灯片母版的方法；
3. 制作 SmartArt 图形、美化格式的方法；
4. 制作表格、美化表格的方法；
5. 图、文、表混排的方法；
6. 设计版面布局、设计动画方案的方法。

能力目标

1. 能在 PowerPoint 中设计制作产品介绍；
2. 能制作、应用幻灯片母版；
3. 能制作产品的 SmartArt 图形，并美化格式；
4. 能制作表格，美化表格；
5. 能对图、文、表进行混合排版；
6. 能设计版面布局、设计动画方案。

学习重点

产品介绍的基本要素，制作、应用幻灯片母版的方法，制作 SmartArt 图形、表格的方法；

图、文、表混排、设计版面布局、设计动画方案的方法。

产品介绍是企业专用的、对新产品进行宣传、介绍、推销的一种方式，多用于新产品促销宣传、新产品上市、新产品发布、产品交易会等，将新产品的优点、特色以图文音视并茂的方式展现出来，重点介绍产品的特点、优势、使用方法、售后服务等消费者非常关心的内容，有助于消费者更好地了解和认知该产品，扩大新产品的认知度，打开新产品的消费市场。

产品介绍有很多种方式，传单、宣传彩页、演示文稿、视频、网页等，制作产品介绍的软件、方法有很多种，演示文稿方式很常用，可以集图片、文字、声音、视频于一体，可以超链接，可以互动，使用企业专用的 PowerPoint 模板，具有企业的特色和风格，以新颖独特吸引更多人的关注。

本任务以《微软平板电脑 Surface Pro 3》为例，学习产品介绍演示文稿的框架结构和表现方法。

提出任务

收集"微软平板电脑 Surface Pro 3"的图、文、音、视资料，在 PowerPoint 2010 中制作产品介绍演示稿。

作品展示

分析任务

1. 产品介绍演示稿的结构组成

产品介绍演示稿的框架结构如图 22-1 所示，包含封面、摘要、目录、内页、封底。其中内页包含五个介绍模块，每个模块有多页产品介绍的内页。

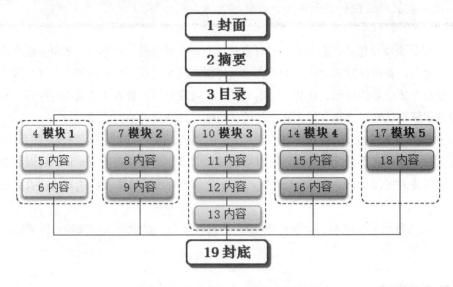

图 22-1　产品介绍演示稿的框架结构

产品介绍内页的页数可以根据产品介绍的模块数和各模块的介绍内容数决定，本任务制作 15 页产品介绍的内页（总计 19 页幻灯片）。产品介绍演示文稿的组成部分如图 22-2 所示。

图 22-2　产品介绍演示稿的结构及组成

各部分页面的内容如下。

产品介绍封面：产品名称、型号、公司名称、公司 Logo 图标、产品外形图等；

产品介绍摘要：产品简要介绍（名称、品牌、类型、型号、版本、发布日期）；

产品介绍目录：列出产品介绍内容的模块；

产品介绍内页：各模块的标题和介绍的主要内容、图片、结构图、表格等；

产品介绍封底：售后服务项目、公司客服电话等信息。

2. 产品介绍的模块和介绍内容大纲

产品介绍可以从以下几方面进行介绍，如表 22-1 所示。

表 22-1　产品介绍的模块和内容

介绍的模块	产品介绍	主要特征	技术规格	产品配件	体验评价
介绍内容大纲	1.产品历史介绍	1.先进技术	1.外形尺寸、技术参数	1.必备配件	1.用户体验
	2.新产品介绍	2.内部结构	2.系统配置	2.可选配件	2.社会评价
	3.产品性能介绍	3.特点优势	3.不同配置及价格	3.扩展配件	

3. 产品介绍的版式特点及设计原则

产品介绍的版式，既不是 PowerPoint 的主题（如相册），也不是自定义背景（如贺卡），而是采用了风格统一的幻灯片母版设计制作，针对特定的产品特色和介绍内容，制作统一样式的幻灯片母版。采用幻灯片母版设计制作，母版中有公司名称、Logo 图标的标准样式。

产品介绍演示文稿的目的是给客户演示、讲解新产品、新功能，因此，在设计演讲辅助类演示文稿时，要突出重点、给客户留下深刻的印象，遵循以下原则：主题鲜明、层次清晰；风格统一、简明精炼；形象直观、图文一致。在演示文稿中，尽量避免使用大量的文字描述，尽量采用图形、图表来说明问题、表达逻辑关系，并适当加入动画和音视频，增强演示效果。

4. 母版的概念

"母版"是指演示文稿的主体结构，包括版式、主题背景、字体字样、配色方案等内容的设置。幻灯片母版的用途是使用户能够方便地进行全局更改，保证演示文稿的风格统一。制作了母版之后，所添加的幻灯片就会应用母版的格式。应用母版的幻灯片会随着母版的变化而自动更新。

PowerPoint 的母版包括幻灯片母版、备注母版、讲义母版三种类型。本任务主要设计、应用幻灯片母版。

以上分析的是产品介绍演示文稿的结构、基本要素、版式特点等，下面按工作过程学习具体的操作步骤和操作方法。

完成任务

准备工作：根据产品介绍的模块和介绍大纲、内容，收集、分类、整理并精选制作"微软平板电脑 Surface Pro 3"的文字稿、产品相关图片、视频等资料，放在专门的文件夹中备用，根据介绍内容制作演示文稿。

启动 PowerPoint 2010，将新文件另存，命名。

一、制作产品介绍演示稿的母版

1. 设计幻灯片的页面格式

分析：作品所示的"Surface Pro 3"产品介绍的幻灯片页面不是常用的 4：3 比例的格式，而是宽屏的页面效果 16：9，可以更改幻灯片页面的比例或尺寸实现。

★ **步骤1** 单击"设计"选项卡的"页面设置"按钮，打开"页面设置"对话框，选择"幻灯片大小"为"全屏显示（16：9）"，如图 22-3 所示。

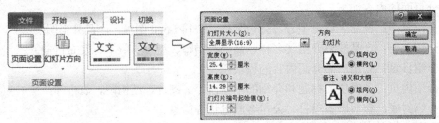

图 22-3 设置幻灯片大小

2. 设计制作幻灯片的母版

分析：由图 22-1 所示的产品介绍的框架结构可知，"Surface Pro 3"产品介绍的版式共有四页不同的版面背景（封面，目录，内页，封底），因此，幻灯片母版制作四页对应的版面背景和内容。

★ **步骤2** 单击"视图"选项卡的"幻灯片母版"按钮，如图 22-4 所示，进入"幻灯片母版"编辑状态，如图 22-5 所示。在"主题幻灯片"下，共有 11 页幻灯片版式。

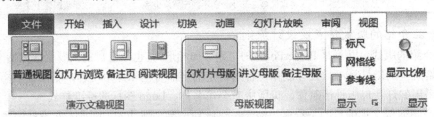

图 22-4 "视图"选项卡

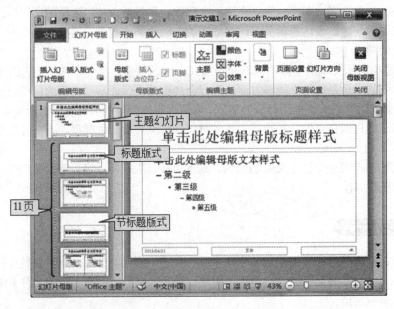

图 22-5 "幻灯片母版"编辑状态

★ **步骤**3 删除"幻灯片母版"中多余的版式，只保留本任务所需的4页版式：标题版式、仅标题版式、空白版式、插入版式（自定义版式），如图 22-6 所示。分别制作图 22-7 所示的产品介绍的母版的各版式。

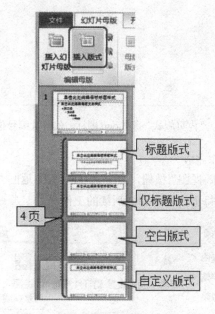

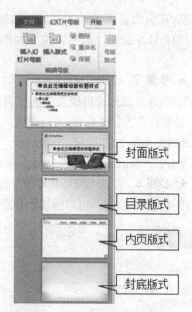

图 22-6　保留 4 页版式　　　　　　　　　图 22-7　产品介绍的母版版式

★ **步骤**4 制作幻灯片母版中的"封面版式"。选择"幻灯片母版"中的"标题版式"，设置背景为封面背景，插入微软公司的 Logo 图标，高度 1.14 厘米，图标位置、"封面版式"制作完成的效果如图 22-8 所示。

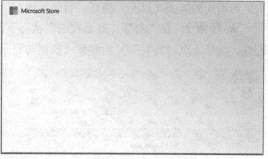

图 22-8　"封面版式"及 Logo 图标位置　　　　图 22-9　"目录版式"及 logo 图标位置

★ **步骤**5 制作幻灯片母版中的"目录版式"。选择"幻灯片母版"中的"仅标题版式"，设置背景为目录背景，插入微软公司的 Logo 图标，高度 0.8 厘米，图标位置、"目录版式"制作完成的效果如图 22-9 所示。

★ **步骤**6 制作幻灯片母版中的"内页版式"，如图 22-10 所示。

① 插入"微软 Surface"的 Logo 图标，高度 1.3 厘米，图标位置如图 22-10 所示。

② 插入分隔线，长 19.6 厘米，淡蓝色，位置：距离幻灯片上边界 1.54 厘米。

③ 插入文本框，分别制作产品介绍的模块名称，微软雅黑，16 号，淡蓝色，位置：间隔均匀分布，如图 22-10 所示。

④ 在页面右下角插入饼形，高 1.4 厘米、宽 1.4 厘米，浅蓝色，左上斜阴影，位置：（对齐幻灯片）右对齐、底端对齐。

⑤ 在页面右下角插入"幻灯片编号"，宋体，14 号，加粗，蓝色。位置如图 22-10 所示。

★ **步骤 7** 制作幻灯片母版中的"封底版式"。选择"幻灯片母版"中的"自定义版式"，设置背景为封底背景，"封底版式"制作完成的效果如图 22-7 所示。

图 22-10 "内页版式"及 Logo 图标、幻灯片编号位置

至此，"Surface Pro 3"产品介绍的幻灯片母版制作完成。

★ **步骤 8** 单击"幻灯片母版"选项卡的"关闭母版视图"按钮，如图 22-11 所示，返回"幻灯片普通视图"状态，可以继续制作产品介绍的框架及每页内容，完成后续的工作。

图 22-11 "幻灯片母版"选项卡

二、制作产品介绍的框架

分析：由图 22-1 所示的产品介绍的框架结构可知，"Surface Pro 3"产品介绍演示稿的框架共有五种不同的版式（封面，摘要，目录，内页，封底）。因此，制作五页版式的产品介绍框架。

★ **步骤 9** 在"幻灯片普通视图"状态下，第 1 页幻灯片就是封面版式，如图 22-12 所示。因此，从第 2 页"摘要"开始制作（摘要与目录的版式一样）。

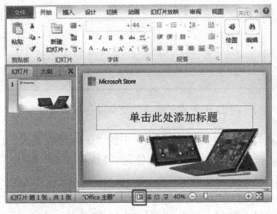
图 22-12 普通视图状态的第 1 页幻灯片（封面版式）

图 22-13 新建幻灯片→选择版式

★ **步骤 10** 单击"开始"选项卡"新建幻灯片"按钮，如图 22-13 所示，分别选择需要的版式，组成"Surface Pro 3"产品介绍的框架，如图 22-14 所示。

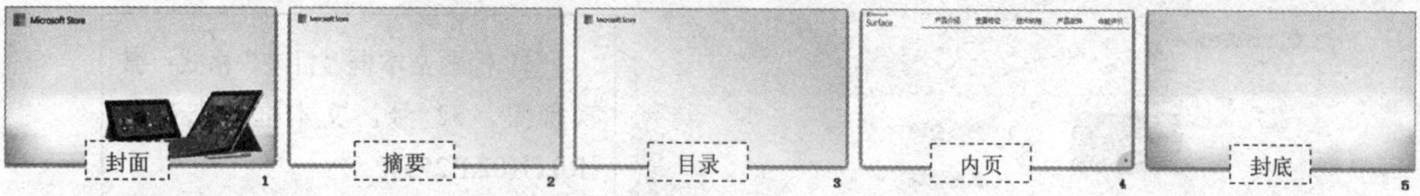

图 22-14　产品介绍演示稿的框架

三、制作产品介绍的封面、摘要、目录

1. 设计制作产品介绍的封面（幻灯片 1）

产品介绍封面的内容：产品名称、型号、公司名称、公司 logo 图标、产品外形图等。

★ **步骤 11**　制作产品介绍封面的文字内容，如图 22-15 所示。合理设置标题的动画。

① 艺术字标题"Surface Pro 3"格式：字体 Calibri，60 号 Calibri (标题) · 60 · ，加粗，紧密映像 4pt。

② 副标题"微软 Surface 平板电脑"格式：宋体，32 号，加粗。

③ 作者、日期：宋体 12 号，加粗。

各部分文字位置如图 22-15 所示。

图 22-15　产品介绍演示稿的封面

2. 设计制作产品介绍的摘要（幻灯片 2）

产品介绍摘要的内容：产品简要介绍（名称、品牌、类型、型号、版本、发布日期）。

★ **步骤 12**　制作产品介绍摘要页面的文字内容，如图 22-16 所示。合理设置各部分内容的动画。

① 标题"Surface"格式：方正活意简体，44 号，加粗。

② 介绍文字内容格式：华文中宋，14 号，首行缩进 1.1 厘米，行距 1.5 倍。

③ 图片：高 8.2 厘米，对齐幻灯片，右对齐。

各部分图、文位置如图 22-16 所示。

图 22-16　产品介绍演示稿的摘要

3. 设计制作产品介绍的目录（幻灯片 3）

产品介绍目录的内容：列出产品介绍内容的模块。

★ **步骤 13**　制作产品介绍目录页面的文字内容，如图 22-17 所示。

放映，观看前 3 页幻灯片的整体效果、版面布局、动画效果，修改不合理的格式、布局、动画效果。保存文件。

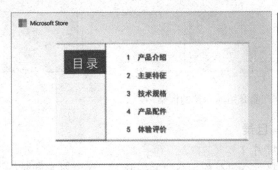

<table>
<tr><td>① 标题文本框"目录"格式：微软雅黑，32 号，文本框填充蓝色（R0,G102,B255）。
② 目录名称文本框：黑体，20 号，加粗。
各部分文字位置如图 22-17 所示。</td></tr>
</table>

图 22-17　产品介绍演示稿的目录

四、制作产品介绍的内页

产品介绍内页的内容：各模块的标题和介绍的主要内容、图片、结构图、表格等。

1. 设计制作产品介绍的模块 1——内页 1（幻灯片 4）

★ **步骤 14**　制作内页 1（幻灯片 4）的内容，如图 22-18 所示。内页 1 包括模块标题、产品历史的 SmartArt 结构图、产品历史的表格。

① 模块标题"产品介绍"文本框：微软雅黑，16 号，加粗，文本框填充蓝色（R0,G135,B201）。直线：长 3.4 厘米，线型 4 磅，蓝色（同上）。

② SmartArt 结构图：内容、大小、位置如图 22-18 所示。

③ 表格：表内文字宋体，12 号，表格行高 0.8 厘米，表格位置页面居中，表格的线型、大小如图 22-18 所示。

图 22-18　内页 1（幻灯片 4）的内容及版面

2. 设计制作产品介绍的模块 1——内页 2（幻灯片 5）

★ **步骤 15**　制作内页 2（幻灯片 5）的内容，如图 22-19 所示。内页 2 包括模块标题、Surface Pro 3 标题、新产品介绍内容、图片及表格。合理设置各部分内容的动画，模块标题"产品介绍"无动画。

① 模块标题"产品介绍"文本框、直线：同上。

② 标题 Surface Pro 3：Calibri，36 号，加粗，位置如图 22-19 所示。

③ 介绍内容：华文中宋，14 号，首行缩进 1.5 厘米，行距 1.5 倍。

④ 图片：高 8 厘米，位置如图 22-19 所示。

⑤ 表格：同上。

3. 设计制作产品介绍的模块 1——内页 3（幻灯片 6）

★ **步骤 16**　制作内页 3（幻灯片 6）的内容，如图 22-20 所示。内页 3 包括模块标题、Surface Pro 3 标题、产品性能介绍标题及内容。合理设置各部分内容的动画，模块标题"产品介绍"无动画。

① 模块标题"产品介绍"文本框、直线：同上。

② Surface Pro 3 标题：同上，位置页面居中。

③ 介绍的背景框：高 8.77 厘米，宽 7.8 厘米，位置如图 22-20 所示。

④ 产品介绍标题：微软雅黑，加粗，20 号，颜色、位置如图 22-20 所示。

⑤ 产品介绍内容：华文中宋，12 号，首行缩进 0.9 厘米，行距 1.2 倍。

图 22-19　内页 2（幻灯片 5）的内容及版面　　　　图 22-20　内页 3（幻灯片 6）的内容及版面

至此，产品介绍模块 1 的 3 页内页制作完成。放映，观看这 3 页幻灯片的整体效果、版面布局、动画效果，修改不合理的格式、布局、动画效果。保存文件。

4. 设计制作产品介绍的模块 2——幻灯片 7～9

★ **步骤 17**　制作幻灯片 7～9 各页的内容，如图 22-21 所示。各页包括模块标题"主要特征"、产品特征介绍标题及内容、图片。

产品特征标题：黑体，20，加粗，蓝色。产品特征内容：华文中宋，12 号，首行缩进 1 厘米，行距 1.5 倍。各页图片大小、位置如图 22-21 所示。合理设置各部分内容的动画，第 8 页、第 9 页的模块标题"主要特征"无动画。放映，观看各页面、修改，保存文件。

图 22-21　幻灯片 7～9 的内容及版面

5. 设计制作产品介绍的模块 3——幻灯片 10 至 13

★ **步骤 18**　制作幻灯片 10～13 各页的内容，如图 22-22 所示。各页包括模块标题"技术规格"、外形尺寸、技术参数、系统配置、不同配置及价格、图片。

片 10 的技术参数和片 11、12 的表内文字为宋体 12 号。各页图片大小、位置如图 22-22 所示。合理设置各部分内容的动画，第 11 页、第 12 页、第 13 页的模块标题"技术规格"无动画。放映，观看各页面、修改，保存文件。

图 22-22　幻灯片 10～13 的内容及版面

6. 设计制作产品介绍的模块 4——幻灯片 14～16

★ **步骤** 19　制作幻灯片 14～16 各页的内容，如图 22-23 所示。各页包括模块标题"产品配件"、配件名称、配件图片、配件介绍。

配件名称格式：微软雅黑，18，加粗，蓝色。配件介绍格式：华文中宋，12 号，首行缩进 1 厘米，行距 1.5 倍。各页图片大小、位置如图 22-23 所示。合理设置各部分内容的动画，15、16 页的模块标题"产品配件"无动画。放映，观看各页面，修改，保存文件。

图 22-23　幻灯片 14～16 的内容及版面

7. 设计制作产品介绍的模块 5——幻灯片 17～18

★ **步骤** 20　制作幻灯片 17～18 各页的内容，如图 22-24 所示。各页包括模块标题"体验评价"、体验标题、体验介绍、评价标题、内容、图片。

体验标题格式：微软雅黑，18，加粗，蓝色。体验介绍格式：华文中宋，12 号，首行缩进 1 厘米，行距 1.5 倍。各页图片大小、位置如图 22-24 所示。合理设置各部分内容的动画，18 页的模块标题"体验评价"无动画。放映，观看各页面、修改，保存文件。

图 22-24　幻灯片 17～18 的内容及版面

五、制作产品介绍封底

★ **步骤** 21　制作产品介绍封底内容，如图 22-25 所示。产品介绍封底包括售后服务项目、公司客服电话等信息。

① 标题：微软雅黑，32，加粗，蓝色。
② 作者、日期：宋体 12 号，加粗。
③ 图片大小、位置如图 22-25 所示。
④ 合理设置各部分内容的动画。
⑤ 放映，观看、修改，保存文件。

图 22-25　产品介绍封底的内容及版面

六、制作产品介绍的导航超链接

1. 设计制作目录的超链接

分析：产品介绍的目录超链接的结构如图 22-26 所示。在目录页能任意进入各介绍模块，切换灵活，方便随意观看、选择性观看。

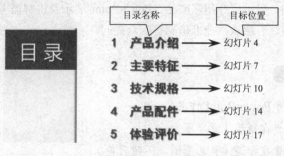

图 22-26 目录超链接的结构

★ **步骤 22** 按照图 22-26 所示的超链接结构，依次为目录页的每一个"目录名称"文本框（超链接载体），插入"超链接" ，设置路径（本文档中的目标位置）。

提示 为文本框设置超链接后，在幻灯片编辑状态，文字无下划线、文字不变色。文本框超链接在幻灯片放映时生效，鼠标放在超链接文本框范围内，鼠标会变成小手形状 ；单击链接文本，立刻进入（打开）链接的幻灯片（跳转到链接的目标位置）。

放映幻灯片，测试目录页的超链接，修改错误链接，保存文件。

2. 设计制作幻灯片母版中"内页版式"的导航超链接

分析：产品介绍的内页导航能在各介绍模块之间跨时空任意跳转，切换灵活，方便随意观看、选择性观看或重复观看，因此"内页版式"的导航超链接结构如图 22-27 所示。

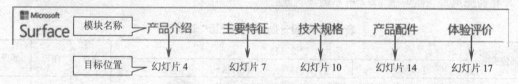

图 22-27 "内页版式"的导航超链接的结构

★ **步骤 23** 单击"视图"选项卡的"幻灯片母版"按钮，进入"幻灯片母版"编辑状态，选择"内页版式"，按照图 22-27 所示的超链接结构，依次为每一个"模块名称"文本框（超链接载体），插入"超链接" ，设置路径（本文档中的目标位置）。

★ **步骤 24** 单击"幻灯片母版"选项卡的"关闭母版视图"按钮，返回"幻灯片普通视图"状态。

提示 为幻灯片母版的"内页版式"设置超链接后，应用此版式的所有幻灯片页面都有超链接功能。母版超链接在幻灯片放映时生效，鼠标放在各内页的超链接"模块名称"上，鼠标会变成小手形状 ；单击"模块名称"，立刻进入（打开）链接的幻灯片（跳转到链接的目标位置）。

放映幻灯片，测试所有内页的超链接，修改错误链接，保存文件。

制作目录超链接、内页导航超链接后，如果幻灯片的内页数量发生变化、或有增减，目录超链接、内页导航超链接会自动更新，总是指向正确的目标位置。

从头放映 ▣，观看产品介绍演示文稿，调整、修改各页面内容的格式、版面布局、动画效果，直到满意为止。至此，产品介绍演示稿全部制作完成，保存文件。

七、展示讲解产品介绍

产品介绍演示稿除了可以播放观看，还可以展示讲解。在熟悉产品后，为每张幻灯片配上表达精准、简练的讲解词，以推广介绍新产品。PowerPoint 展示及讲解需考虑听众的感受，讲解词内在的逻辑关系要清晰、有层次，能准确回答听众提问。

 归纳总结

1. 如何做出好的 PowerPoint 作品

① 内容不在多，贵在精炼（文字要少）；

② 色彩不在多，贵在和谐（色彩要适，不超三色）；

③ 动画不在多，贵在需要（动画要合理，简单，不繁复）；

④ 页数不在多，贵在逻辑清晰（主题鲜明，结构统一，思路清晰）；

⑤ 版面不在花，贵在舒服（布局，留白，构图，比例，文化）；

⑥ 用 PowerPoint 讲述故事（有情节，有关联）；

受欢迎的 PowerPoint：内容——准确清晰；版式——简洁大方；动画——恰到好处。

2. 制作 PowerPoint 的流程

① 分析设计需求→② 制作大纲，整理重点→③ 寻找相应素材→④ 确定整体风格（统一）→⑤ 设计制作母版→⑥ 搭建框架→⑦ 设计制作每页内容→⑧ 进行局部修饰

 评价反馈

作品完成后，填写表 22-2 所示的评价表。

表 22-2 "设计制作产品介绍"评价表

评价模块	评价内容		自评	组评	师评
	学习目标	评价项目			
专业能力	1.管理 PowerPoint 文件：新建、另存、命名、打开、保存、关闭文件				
	2.制作产品介绍的幻灯片母版	幻灯片页面格式			
		封面版式、目录版式、内页版式、封底版式			
		关闭幻灯片母版视图			
	3.制作产品介绍框架（封面、摘要、目录、内页、封底）				
	4.制作产品介绍封面、摘要、目录（内容、版面、动画）				
	5.制作产品介绍内页	模块 1（模块标题、SmartArt 结构图、表格）			
		模块 2（图文内容、版面布局、动画效果）			
		模块 3（图文内容、版面布局、动画效果）			
		模块 4（图文内容、版面布局、动画效果）			
		模块 5（图文内容、版面布局、动画效果）			
	6.制作产品介绍的封底（图文内容、版面布局、动画效果）				
	7.制作产品介绍导航超链接	制作目录超链接			
		制作"内页版式"导航超链接			
	8.正确上传文件				
	9.展示讲解产品介绍				

续表

评价模块	评价项目	自我体验、感受、反思		
可持续发展能力	自主探究学习、自我提高、掌握新技术	□很感兴趣	□比较困难	□不感兴趣
	独立思考、分析问题、解决问题	□很感兴趣	□比较困难	□不感兴趣
	应用已学知识与技能	□熟练应用	□查阅资料	□已经遗忘
	遇到困难，查阅资料学习，请教他人解决	□主动学习	□比较困难	□不感兴趣
	总结规律，应用规律	□很感兴趣	□比较困难	□不感兴趣
	自我评价，听取他人建议，勇于改错、修正	□很愿意	□比较困难	□不愿意
	将知识技能迁移到新情境解决新问题，有创新	□很感兴趣	□比较困难	□不感兴趣
社会能力	能指导、帮助同伴，愿意协作、互助	□很感兴趣	□比较困难	□不感兴趣
	愿意交流、展示、讲解、示范、分享	□很感兴趣	□比较困难	□不感兴趣
	敢于发表不同见解	□敢于发表	□比较困难	□不感兴趣
	工作态度，工作习惯，责任感	□好	□正在养成	□很少
成果与收获	实施与完成任务	□☺独立完成	□☺合作完成	□☹不能完成
	体验与探索	□☺收获很大	□☺比较困难	□☹不感兴趣
	疑难问题与建议			
	努力方向			

复习思考

1. 产品介绍应从哪些方面进行介绍？
2. 如何制作幻灯片母版？

拓展实训

公司简介是企业培训新员工、对外宣传、行业内交流的重要窗口，可以让新员工或客户或同行对公司的基本情况、产品、企业文化、发展前景等有初步的了解和认知。公司简介代表企业形象，蕴含企业文化，影响深远。

收集某公司的相关资料，综合运用 PowerPoint 2010 所学知识和技能，制作《××公司简介》演示文稿。学习、体会公司简介的设计思路和制作方法。作品完成后，展示并讲解。

样文

公司简介封面 1　公司简介目录 2　公司简介内页 1 3　公司总裁 4　公司定位与目标 5　公司理念 6

公司荣誉 7　产品介绍 8　产品特点 9　典型用户 10　结束语 11　联系方式、封底 12

任务 23 设计制作课程培训稿

 知识目标

1. 课程培训稿的结构组成；
2. 制作、应用幻灯片母版的方法；
3. 制作幻灯片备注的方法；
4. 图、文、表混排的方法；
5. 设计版面布局、设计动画方案的方法；
6. 制作幻灯片讲义的方法；
7. 设置幻灯片"演示者视图"的方法。

 **能力目标**

1. 能在 PowerPoint 中设计制作课程培训稿；
2. 能制作、应用幻灯片母版；
3. 能制作幻灯片备注；
4. 能对图、文、表进行混合排版；
5. 能设计版面布局、设计动画方案；
6. 能制作幻灯片讲义；
7. 能根据不同需求设置不同的放映类型。

学习重点

制作、应用幻灯片母版的方法，图文表混排、设计版面布局、设计动画方案的方法，制作幻灯片讲义的方法，设置"演示者视图"的方法。

PowerPoint 2010 在教育教学领域的应用非常广泛，包括各种各样的培训和讲座。培训和讲座能提高和改善员工的知识、技能和态度，提高企业效益。在培训或讲座时，采用条理清晰、结构严谨、内容完整、版面精美、文字醒目的演示文稿形式，可以提高培训质量。

制作培训稿的方法很多，表现形式也很多，大多数培训和讲座都使用演示文稿形式的培训稿。演示文稿可以制作和放映文字、图片、图像、声音、动画、视频、数据表格、数据图表、结构图、流程图等多种形式的媒体元素，尤其是演示文稿中丰富的动画效果可以根据培训意图自由设置和修改，超链接的设置可以在演示文稿中跨越时间和空间的顺序，随意跳转，因此演示文稿形式的培训稿是多数培训者和讲座者的首选方式。

本任务以《职业人的商务礼仪》培训稿为例，应用 PowerPoint 2010 设计制作课程培训的演示文稿，学习培训稿的设计制作思路和设计制作 PowerPoint 幻灯片母版、备注、讲义的操作方法。

 **提出任务**

收集"职业人的商务礼仪"的图、文、音、视资料，在 PowerPoint 2010 中设计、制作课程培训的演示稿和讲义。

分析任务

1. 课程培训稿的结构组成

课程培训稿的框架结构如图 23-1 所示，包含封面、引言、目录、标题页、内页、封底。其中标题页和内页包含三个培训模块，每个模块有多页培训的内页。

课程培训稿内容页的页数可以根据课程培训稿的模块数和各模块的培训内容数决定，本任务制作 20 页课程培训稿的内页（总计 24 页幻灯片）。课程培训演示文稿的组成部分如图 23-2 所示。

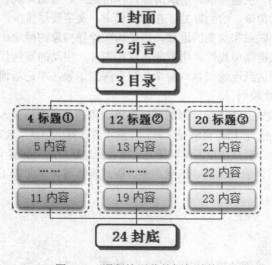

图 23-1　课程培训稿的框架结构

| 培训稿封面 1 | 引言 2 | 目录 3 | 标题页 4 | 内页 5 | 培训稿封底 24 |

图 23-2　课程培训稿的结构及组成

各部分页面的内容如下。

培训稿封面：培训标题（主题）、主讲人姓名、公司名称（logo 图标）、培训日期、作者信息等；
培训稿引言：培训内容的引言或简要介绍；
培训稿目录：列出培训主要内容的标题（一级目录）；
培训稿标题页：各培训模块的标题及二级目录，起承上启下的过渡作用，便于前后衔接和转场；
培训稿内页：各培训模块的标题、二级标题和主要讲解内容、图片、结构图、表格、视频等；
培训稿封底：感谢语，结束语，主讲人姓名、日期、作者信息等。

2. 课程培训的模块和培训内容提纲

商务礼仪培训从以下几方面进行讲解，如表 23-1 所示。

表 23-1　商务礼仪培训的模块和内容

培训的模块	学习商务礼仪	塑造商务形象	应用商务礼仪	
培训内容提纲	1.商务礼仪的作用	1.设计商务形象	办公室礼仪	同事礼仪
	2.商务礼仪的内涵	2.训练商务仪态	电话礼仪	网络礼仪
	3.学习商务礼仪	3.学会商务交谈	会议礼仪	接待礼仪

3. 课程培训稿的版式特点及设计原则

课程培训稿的版式，采用了风格统一的幻灯片母版设计制作，针对特定的培训内容和特色，制作统一样式的幻灯片母版。

课程培训演示稿的目的是给学员展示、讲解培训内容。因此，在设计培训稿时，遵循以下原则：突出重点、提炼核心、主题明确、层次清晰；风格统一、版面美观、版式简洁大方；形象直观、图文一致；动画合理简单、恰到好处。在培训稿中，文字要尽量少，用图说话，多用图形、形状表达逻辑关系、内部联系和深刻的道理，用结构图诠释抽象的概念、原理，用协调的色彩、美观的版面、简洁的版式提高可视性，用形象直观的图片、生动的案例代替枯燥的文字说教，适当使用视频、录像、动画活跃现场气氛，给学员留下深刻印象，牢记培训内容，增强培训效果。

4. 课程培训稿的放映特点

课程培训稿需要边放映、边讲解，因此可以在培训稿的备注窗格录入对应的讲解内容，利用 PowerPoint 的分屏显示功能，在培训讲解展示时，在演示者计算机中显示放映画面和备注信息（演示者视图），作为提示和参考。观众在投影仪屏幕上只能看到幻灯片的全屏演示页，看不到备注内容。

以上分析的是课程培训稿的结构、组成部分、版式特点等，下面按工作过程学习具体的操作步骤和操作方法。

 完成任务

准备工作：根据课程培训的模块和培训提纲、内容，收集、分类、整理并精选制作"职业人的商务礼仪"的文字稿、图片、视频、案例等资料，放在专门的文件夹中备用，根据培训内容制

作课程培训稿。

启动 PowerPoint 2010，将新文件另存，命名。

一、制作课程培训稿的母版及框架

1. 设计制作培训稿的幻灯片母版

分析：由图 23-1 所示的课程培训稿的框架结构可知，"职业人的商务礼仪"培训稿的版式共有五页不同的版面背景（封面、目录、标题页、内页、封底），因此，幻灯片母版制作五页对应的版面背景和内容。

★ **步骤1** 单击"视图"选项卡的"幻灯片母版"按钮，进入"幻灯片母版"编辑状态，删除"幻灯片母版"中多余的版式，分别设置背景，制作图 23-3 所示的培训稿的母版的各版式（封面，目录，标题页，内页，封底）。

★ **步骤2** 制作幻灯片母版中的"内页版式"，如图 23-4 所示。

① 在页面右下角插入菱形，高 1.3 厘米、宽 1.5 厘米，浅绿色，向下偏移阴影，位置：（对齐幻灯片）右对齐、底端对齐。

② 在页面右下角插入"幻灯片编号"，宋体，18 号，加粗，蓝色。位置如图 23-4 所示

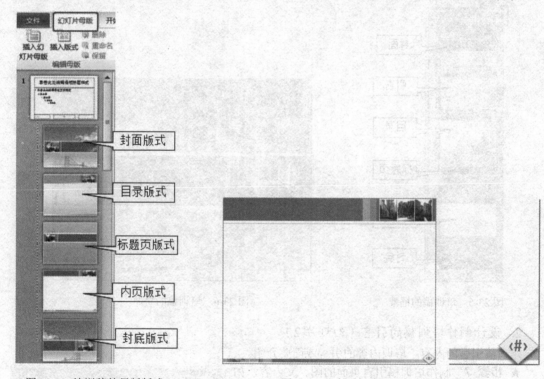

图 23-3 培训稿的母版版式　　　　　　　　图 23-4 "内页版式"及幻灯片编号位置

★ **步骤3** 单击"幻灯片母版"选项卡的"关闭母版视图"按钮，返回"幻灯片普通视图"状态，可以继续制作培训稿的框架及每页内容，完成后续的工作。

2. 制作培训稿的框架

分析：由图 23-1 所示的课程培训稿的框架结构可知，"职业人的商务礼仪"培训稿的框架共有六种不同的版式（封面，引言，目录，标题页，内页，封底），因此，制作六页版式的培训稿框架。

★ **步骤4** 在"幻灯片普通视图"状态下，第 1 页幻灯片就是封面版式，因此，从第 2 页"引言"开始制作（引言与目录的版式一样）。

★ **步骤** 5 单击"开始"选项卡"新建幻灯片"按钮，分别选择需要的版式，组成"职业人的商务礼仪"培训稿的框架，如图 23-5 所示。

二、制作培训稿的封面、引言、目录

1. 设计制作培训稿的封面（幻灯片 1）

培训稿封面的内容：培训标题（主题）、主讲人姓名、公司名称（Logo 图标）、培训日期、作者信息。

★ **步骤** 6 制作培训稿封面的文字内容，如图 23-6 所示。合理设置标题的动画。

① 艺术字标题"职业人的"格式：华文行楷，60 号，加粗，棕红色。

② 标题"商务礼仪"格式：华文中宋，80 号，加粗，紧密映像 8pt，棕红色。

③ 作者、日期：宋体 12 号，加粗。

各部分文字位置如图 23-6 所示。

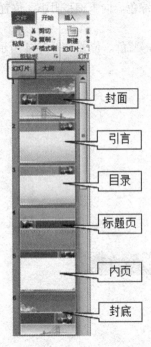

图 23-5 培训稿的框架　　　　图 23-6 培训稿的封面

2. 设计制作培训稿的引言（幻灯片 2）

培训稿引言的内容：培训内容的引言或简要介绍。

★ **步骤** 7 制作培训稿引言页面的图、文内容，如图 23-7 所示。合理设置各部分内容的动画。

① 标题"商务礼仪"格式：微软雅黑，54 号，加粗，蓝色。

② 图片：高 8 厘米，对齐幻灯片，左右居中。

③ 引言文字内容格式：华文中宋，16 号，首行缩进 1.5 厘米，行距 1.5 倍。

"商务礼仪"微软雅黑，24 号，加粗，蓝色。"尊重""友好""行为准则"微软雅黑，20 号，加粗。

各部分图、文位置如图 23-7 所示。

图 23-7 培训稿的引言

3. 设计制作培训稿的目录（幻灯片3）

培训稿目录的内容：列出培训主要内容的标题（一级目录）。

★ **步骤8** 制作培训稿目录页面的图、文内容，如图23-8所示。

① 标题"目录"格式：微软雅黑，48号，加粗，蓝色。

② 图片：高8厘米，图片效果"预设1"。

③ 目录编号：正圆形，高宽1.6厘米，线条：白色，4磅；填充淡蓝色；"数字"宋体，36号，加粗。

④ 目录名称文本框：微软雅黑，28号，加粗，白色；填充淡蓝色。

⑤ 梯形：填充淡蓝色。

各部分图、文位置如图23-8所示。

图23-8　培训稿的目录

放映，观看前3页幻灯片的整体效果、版面布局、动画效果，修改不合理的格式、布局、动画效果。保存文件。

三、制作培训稿的标题页和内页

1. 设计制作培训稿的模块1——标题页1（幻灯片4）

培训稿标题页：各培训模块的标题及二级目录，起承上启下的过度作用，便于前后衔接和转场。

★ **步骤9** 制作标题页1（幻灯片4）的内容，如图23-9所示。

① 编号：正圆形，高宽1.9厘米，线条：白色，4磅；填充淡蓝色；"数字"宋体，40号，加粗。

② 模块标题"学习商务礼仪"：黑体，48号，加粗，白色。

③ 直线：长8.8厘米，线型2.25磅，蓝色。垂直线：高7厘米，线型、颜色同上。

④ 二级目录名称：黑体，22，黑色。

⑤ 圆形：高宽0.5厘米，黄色，右下斜阴影。

各部分图、文位置如图23-9所示。

图23-9　标题页1（幻灯片4）的内容及版面

2. 设计制作培训稿的模块1——内页1（幻灯片5）

培训稿内页：各培训模块的标题、二级标题和主要讲解内容、图片、结构图、表格、视频等。

★ **步骤10** 制作内页1（幻灯片5）的内容，如图23-10所示。内页1包括模块标题"学习商务礼仪"、二级标题、"礼仪作用"的关系图、培训内容、图片。

① 编号：正圆形，高宽1.5厘米，线条：白色，4磅；填充淡蓝色；"数字"宋体，36号，加粗。

② 模块标题"学习商务礼仪"：黑体，40号，加粗，白色。

③ 二级标题"商务礼仪作用"：黑体，24号，加粗，蓝色。

④ 笑脸图：高1厘米。

图23-10　内页1（幻灯片5）的内容及版面

⑤ 关系图中"礼仪作用"微软雅黑，32 号，加粗，白色。"内强素质"微软雅黑，28 号，加粗，橙色。关系图如图 23-10 所示。

⑥右侧图：宽 7 厘米，图片效果"预设 1"。文字：宋体，14，加粗，黄色。文字位置：跟图片右对齐、底对齐。

各部分图、文位置如图 23-10 所示。

3. 制作内页 1 的备注内容

★ **步骤 11** 制作内页 1 的备注内容。在内页 1（幻灯片 5）的备注窗格内，录入内页 1 的讲解内容，如图 23-11 所示，备注内容不用设置文字格式。

图 23-11　内页 1（幻灯片 5）的备注内容

备注内容在培训讲解展示时，利用 PowerPoint 的分屏显示功能，在演示者计算机中显示（演示者视图），作为提示和参考。观众看不到备注内容。

放映，观看幻灯片的整体效果、版面布局、动画效果，修改不合理的格式、布局、动画。保存文件。

4. 设计制作培训稿的模块 1——内页 2～7（幻灯片 6～11）及备注

★ **步骤 12**　制作幻灯片 6、7 页的内容，如图 23-12 所示。各页包括模块标题"学习商务礼仪"、二级标题、"礼仪内涵""核心"的关系图、培训内容。

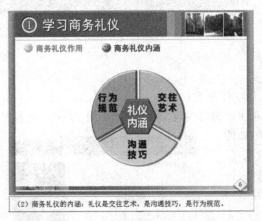

图 23-12　幻灯片 6、7 的内容、版面及备注内容

放映，观看幻灯片的整体效果、版面布局、动画效果，修改不合理的格式、布局、动画。保存文件。

★ **步骤 13**　制作幻灯片 8～11 各页的内容，如图 23-13 所示。各页包括模块标题"学习商务礼仪"、二级标题、"学习礼仪"的关系图、结构图、培训内容、图片、备注。

图 23-13　幻灯片 8～11 的内容及版面

　　放映，观看幻灯片的整体效果、版面布局、动画效果，修改不合理的格式、布局、动画。保存文件。

　　5.　设计制作培训稿的模块 2——幻灯片 12～19

　　★ **步骤 14**　制作幻灯片 12～19 各页的内容，如图 23-14 所示。各页包括模块标题"塑造商务形象"、二级标题、培训内容、图片、表格、备注。

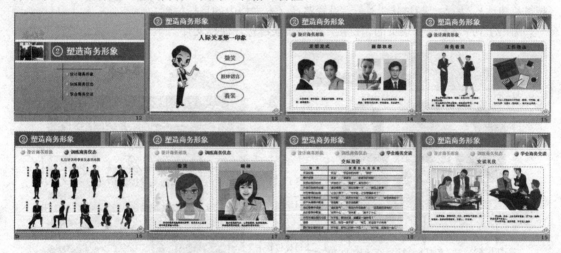

图 23-14　幻灯片 12～19 的内容及版面

　　放映，观看幻灯片的整体效果、版面布局、动画效果，修改不合理的格式、布局、动画。保存文件。

　　6.　设计制作培训稿的模块 3——幻灯片 20～23

　　★ **步骤 15**　制作幻灯片 20～23 各页的内容，如图 23-15 所示。各页包括模块标题"应用商务礼仪"、二级标题、培训内容、图片、备注。

图 23-15　幻灯片 20～23 的内容及版面

　　放映，观看幻灯片的整体效果、版面布局、动画效果，修改不合理的格式、布局、动画。保存文件。

四、制作培训稿封底

★ **步骤** 16　制作培训稿封底内容,如图 23-16 所示。
培训稿封底包括:感谢语,结束语,主讲人姓名、日期、
作者信息等。放映,观看幻灯片的整体效果、版面布局、
动画效果,修改不合理的格式、布局、动画。保存文件。

① 谢谢观看:微软雅黑,48,加粗,白色。

② THANK YOU:华文中宋,44,加粗,黄色。

③ 作者、日期:宋体 12 号,加粗。

各部分图、文位置如图 23-16 所示。

五、制作培训稿的目录导航超链接

图 23-16　培训稿封底的内容及版面

分析:培训稿的目录页超链接的结构如图 23-17 所
示。在目录页能任意进入各培训模块,切换灵活,方便观看、自由选择观看。

★ **步骤** 17　按照图 23-17 所示的超链接结构,依次为目录页的每一个"目录名称"文本框
(超链接载体),插入"超链接" 🔗 ,设置路径(本文档中的目标位置)。

放映幻灯片,测试目录页的超链接,修改错误链接,保存文件。

图 23-17　目录页超链接的结构

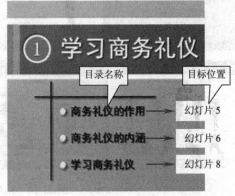

图 23-18　标题页二级目录的超链接结构

★ **步骤** 18　同样的思路和方法,可以为每页标题页的二级目录设置二级导航超链接,如图
23-18 所示。放映,测试,修改,保存文件。

从头放映 🖵 ,观看培训稿效果,调整、修改各页面内容的格式、版面布局、动画效果,直
到满意为止。至此,课程培训稿全部制作完成,保存文件。

六、制作培训稿讲义

如果课程培训的演示稿需要打印,发给学员的话,就要制作幻灯片的讲义。

1. 设置幻灯片讲义母版

★ **步骤** 19　单击"视图"选项卡的"讲义母版"按钮,如图 23-19 所示。

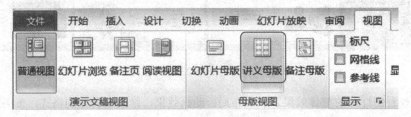

图 23-19　视图→讲义母版

★ **步骤 20** 进入幻灯片"讲义母版"设置状态，如图 23-20 所示。讲义母版的各项参数都在图 23-20 所示的选项卡中进行设置。

★ **步骤 21** 设置"页面"。单击"页面设置"按钮，打开"页面设置"对话框，如图 23-21 所示。在对话框中可以设置幻灯片大小、幻灯片方向、讲义方向，还可以设置"幻灯片编号的起始值"如图 23-21 所示。幻灯片编号起始值设置为"1"，则封面为第 1 页，目录为第 2 页，……，依此类推。设置完成，单击"确定"按钮。

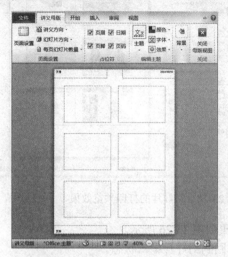

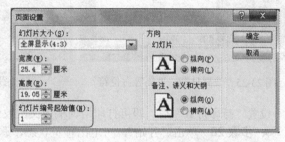

图 23-20　幻灯片的讲义母版　　　　　　图 23-21　　幻灯片的页面设置

★ **步骤 22** 设置"讲义方向"。单击"讲义方向"按钮，设置讲义方向为"纵向"，如图 23-22 所示。

★ **步骤 23** 单击"幻灯片方向"按钮，设置幻灯片方向为"横向"如图 23-23 所示。

★ **步骤 24** 单击"每页幻灯片数量"按钮，设置幻灯片数量为"6 张"如图 23-24 所示。

图 23-22　设置讲义方向　　　图 23-23　设置幻灯片方向　　　图 23-24　设置每页幻灯片数量

★ **步骤 25** 设置讲义的页眉、日期、页脚、页码如图 23-25 所示，或根据需要设置相应的选项。

★ **步骤 26** 设置完需要的讲义母版选项，单击"关闭母版视图"按钮，退出讲义母版状态。

2．打印幻灯片

★ **步骤 27** 单击"文件"→"打印"，在选项面板中设置"打印全部幻灯片"、"讲义（每页幻灯片的张数）"、"纸张方向"等选项，即可看到幻灯片的打印预览效果，如图 23-26 所示。

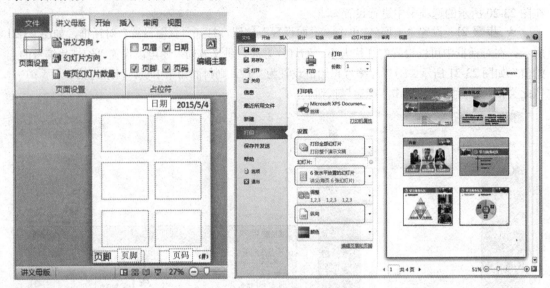

图 23-25 设置日期、页码等占位符　　　　　　图 23-26 幻灯片的打印预览效果

设置"打印份数"后，即可打印培训稿讲义，效果如图 23-26 所示。

★ **步骤 28**　单击"开始"，可退出预览状态，返回到幻灯片编辑状态。

3．创建培训稿讲义

将演示文稿创建为讲义，就是创建一个包含该演示文稿中的幻灯片和备注的 Word 文档，而且还可以使用 Word 来为文档设置格式以及布局，也可以添加其他内容。

★ **步骤 29**　单击"文件"→"保存并发送"，在选项面板中单击"创建讲义"选项，单击右边的"创建讲义"按钮，如图 23-27 所示。

★ **步骤 30**　弹出一个"发送到 Microsoft Word"的对话框，在"Microsoft Word 使用的版式"区域中选择一项，如"空行在幻灯片旁"；在"将幻灯片添加到 Microsoft Word 文档"中选择"粘贴"项，然后单击"确定"按钮，如图 23-28 所示。

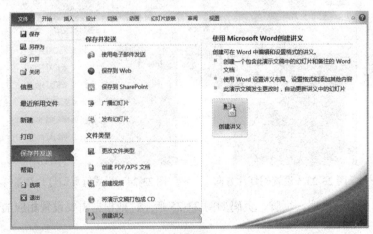

图 23-27 创建讲义　　　　　　　　　　图 23-28 选择 Word 版式

★ **步骤 31**　系统会自动启动 Word，等待几秒后，就出现了如图 23-29 所示的讲义文档。对生成的讲义文档进行修改，设置页边距、调整列宽、幻灯片大小、位置等格式，确保能看清楚幻

灯片的内容，完成之后保存，即可打印成讲义。

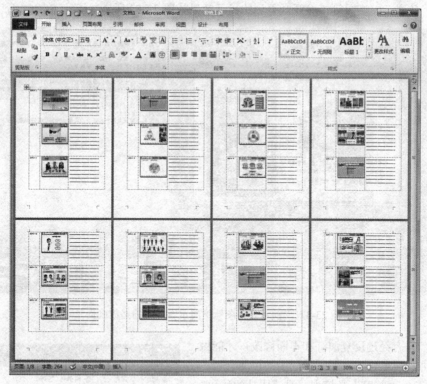

图 23-29　创建的讲义文档

至此，培训稿的讲义制作完成。培训演示稿和培训讲义都制作完成后，连接投影仪，可以开始培训、展示、讲解了。

七、设置演示者视图

PowerPoint 在使用演示者视图放映幻灯片时，可以让演示者看到备注，而观众只看到播放页面，因此只需要把讲稿写在备注里，就不怕演示的过程中忘词了。设置演示者视图的方法如下。

★ **步骤 32**　连接投影仪，右击桌面，进入"屏幕分辨率"，投影仪连接成功后，会出现两个屏幕，单击"2"号屏幕，在"多显示器"中选择"扩展这些显示"，如图 23-30 所示，调节分辨率至适当，单击"确定"。

★ **步骤 33**　打开培训稿 PowerPoint，在"幻灯片放映"的"监视器"组，选择"使用演示者视图"，选择"显示位置"为"显示器 2"，如图 23-31 所示。

图 23-30　设置"屏幕分辨率"

图 23-31　设置"演示者视图"及幻灯片放映显示器

★ **步骤 34** 幻灯片放映后，演示者看到的显示效果如图 23-32 所示，包括当前放映的幻灯片、计时、备注、缩略图等；而观众看到的显示效果如图 23-33 所示。

图 23-32 "演示者视图"下演示者看到的播放画面

最后，只有经过反复演练和不断修改，才能做到激情演讲、展示自如、图文讲同步，讲演合一。"练习、练习、再练习"是培训、讲演成功的秘诀。

1. 制作"课程培训稿"的工作流程

① 研读文稿，分析设计需求；

② 提炼核心，整理重点，制作大纲，确定框架结构和逻辑关系；

③ 寻找相应素材，确定整体风格；

图 23-33 "演示者视图"下观众看到的播放画面

④ 设计制作母版（配色方案、版式设计），搭建框架；

⑤ 设计制作每页内容（图形化、形象化，用图形、图像表示信息、关系；加动画让内容呈现层次）；

⑥ 局部修饰，精细化加工，审查修改；

⑦ 制作幻灯片讲义。

2. 文字动画、图片动画的设计原则

文字是给观众传递信息的，因此文字动画要干净利落，呈现方式符合阅读习惯，让观众把注意力放在阅读文字上，而不是观看文字效果。推荐使用擦除、出现、淡出、缩放、浮入等简单自然的动画。比较复杂的动画如旋转、升起、飞旋、回旋，太过花哨的动画如玩具风车、弹跳、中心旋转，幅度较大的动画如飞入、曲线向上等都不适合于文字动画。尽量不要让所有的文字都逐字出现，因为不仅复杂，而且观众的阅读速度不可能和文字的出现速度同步。

图形、图片是装饰元素，使用漂亮的动画能够提升图片的动画和美感。图片的动画设计原则与文字基本相同，要合情合理、简单、恰到好处。

 评价反馈

作品完成后，填写表 23-2 所示的评价表。

表 23-2 "设计制作课程培训稿"评价表

评价模块	评价内容		自评	组评	师评
	学习目标	评价项目			
专业能力	1.管理 PowerPoint 文件：新建、另存、命名、打开、保存、关闭文件				
	2.制作培训稿的幻灯片母版	封面、目录、标题页、内页、封底版式			
		色彩、风格、版面、版式			
		关闭幻灯片母版视图			
	3.制作培训稿框架（封面、引言、目录、标题页、内页、封底）				
	4.制作培训稿封面、引言、目录（内容、版面、动画）				
	5.制作培训稿内页	模块1（标题页、内页图文内容、结构图、版面布局、动画）			
		模块2（标题页、内页图文内容、表格、版面布局、动画）			
		模块3（标题页、内页图文内容、版面布局、动画）			
	6.制作培训稿的封底（内容、版面布局、动画效果）				
	7.制作培训稿导航超链接	制作目录超链接			
		制作标题页"二级目录"超链接			
	8.制作幻灯片讲义（内容、版面、布局）				
	9.正确上传文件				
	10."演示者视图"放映，展示讲解培训稿				
可持续发展能力	自主探究学习、自我提高、掌握新技术	□很感兴趣	□比较困难	□不感兴趣
	独立思考、分析问题、解决问题	□很感兴趣	□比较困难	□不感兴趣
	应用已学知识与技能	□熟练应用	□查阅资料	□已经遗忘
	遇到困难，查阅资料学习，请教他人解决	□主动学习	□比较困难	□不感兴趣
	总结规律，应用规律	□很感兴趣	□比较困难	□不感兴趣
	自我评价，听取他人建议，勇于改错、修正	□很愿意	□比较困难	□不愿意
	将知识技能迁移到新情境解决新问题，有创新	□很感兴趣	□比较困难	□不感兴趣
社会能力	能指导、帮助同伴，愿意协作、互助	□很感兴趣	□比较困难	□不感兴趣
	愿意交流、展示、讲解、示范、分享	□很感兴趣	□比较困难	□不感兴趣
	敢于发表不同见解	□敢于发表	□比较困难	□不感兴趣
	工作态度，工作习惯，责任感	□好	□正在养成	□很少
成果与收获	实施与完成任务	□☺独立完成	□☺合作完成	□☹不能完成
	体验与探索	□☺收获很大	□☺比较困难	□☹不感兴趣
	疑难问题与建议			
	努力方向			

复习思考

1. 如何制作培训稿讲义？
2. 如何使用"演示者视图"放映幻灯片？

拓展实训

教学课件是运用信息技术及手段，放映与本课相关的教学资料，如图片、文字、音频、视频

等，甚至展示一些电子书籍供学生观看，帮助学生更好地融入课堂氛围，吸引学生关注课堂教学知识，帮助增进学生对教学知识的理解，从而更好地实现学习目的辅助教学工具。教学课件要符合科学性、教学性、程序性、艺术性等方面的要求。

制作教学课件的软件有很多种，呈现方式也很多，PowerPoint 是非常好用的多媒体制作软件，可以制作各种类型（演示型、交互型、网络型等）的教学课件，可以转换成多种类型的文件格式。

收集某课题的相关资料，综合运用 PowerPoint 2010 所学知识和技能，制作某课题的教学课件。学习、体会教学课件的设计思路和制作方法。作品完成后，展示并讲解。

 （节选）

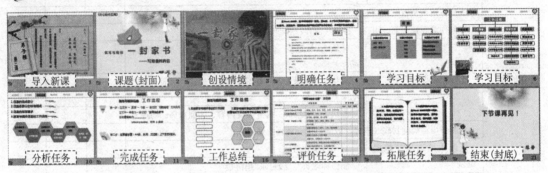

任务 ㉔ 设计制作总结汇报稿

知识目标

1. 总结汇报稿的结构组成；
2. 制作、应用幻灯片母版的方法；
3. 图、文、表混排的方法；
4. 设计版面布局、设计动画方案的方法；
5. PPT 的设计原则和思维方式。

能力目标

1. 能在 PowerPoint 中设计制作总结汇报稿；
2. 能制作、应用幻灯片母版；
3. 能对图、文、表进行混合排版；
4. 能设计版面布局、设计动画方案；
5. 能应用 PPT 的设计原则和思维方式制作 PPT 作品。

学习重点

制作、应用幻灯片母版的方法，图文表混排、设计版面布局、设计动画方案的方法。

在各种场合交流、汇报时，经常采用 PowerPoint 演示文稿的方式，将自己的思想、意图、做法、效果等自然流畅地讲解、汇报和展示，通过绘制各种结构图、关系图，清晰、直观地表达各种逻辑关系，简明易懂。制作总结汇报演示稿要逻辑清晰，言简意赅，多用图形表达思想和意图。

本任务以《教研工作汇报》为例，应用 PowerPoint 2010 制作总结汇报的演示文稿，学习汇报稿的设计制作思路，掌握设计制作 PowerPoint 幻灯片母版、各种关系图、结构图的操作方法。本任务是 PowerPoint 任务的总结、提升篇，重点讲述 PPT 的设计原则、思维方式和制作技术。

特别申明，本任务和作品借鉴了大量优秀 PowerPoint 的研究成果，参考了秋叶老师的丛书《说服力 工作型 PPT 该这样做》第 2 版，特别感谢布衣公子，秋叶等 PPT 大师，在此一并致谢！

提出任务

根据"教研工作汇报"文字稿的内容，收集、整理需要的图、文、音、视资料，在 PowerPoint 2010 中设计、制作总结汇报的演示稿。

作品展示

（根据 布衣公子作品和秋叶作品改编）（节选）

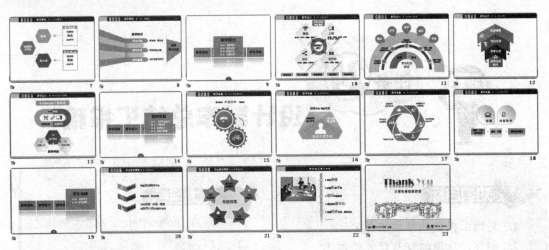

 分析任务

1. 总结汇报稿的结构组成

总结汇报稿的框架结构如图 24-1 所示，包含封面、引言、目录、标题页、内页、结束页、封底。其中标题页和内页包含四个汇报模块，每个模块有多页汇报的内页。

内页的页数由汇报内容决定，本任务制作 18 页汇报的内页（总计 23 页幻灯片）。教研工作汇报演示文稿的组成部分如图 24-2 所示。

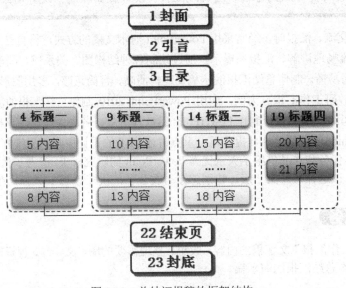

图 24-1　总结汇报稿的框架结构

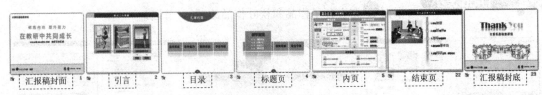

图 24-2　教研工作汇报稿的结构及组成

各部分页面的内容如下。

460

① 汇报稿封面：标题（汇报的主题）、副标题、汇报部门、汇报人姓名、日期等；

② 汇报稿引言：汇报内容的前言或简要介绍；

③ 汇报稿目录：列出汇报主要内容的模块标题（一级目录）；

④ 汇报稿标题页：各汇报模块的标题及二级目录，起承上启下的过度作用，便于前后衔接和转场；

⑤ 汇报稿内页：各汇报模块的一级标题、二级标题和主要汇报内容、图片、结构图、表格、视频等；

⑥汇报稿结束页：对汇报进行总结，对未来工作进行设计规划、说明努力方向等；

⑦汇报稿封底：感谢语，结束语，汇报部门、汇报人姓名、日期等。

2. 总结汇报的模块和汇报内容提纲

教研工作汇报从以下几方面进行讲解，如表 24-1 所示。

表 24-1　教研工作汇报的模块和内容

汇报的模块	教学常规	教学能力	教师发展	学生考核
汇报内容提纲	1.1 课程平台 1.2 教学计划 1.3 教案设计 1.4 课堂教学	2.1 教学能力 2.2 教学实施 2.3 教学反思 2.4 教学科研	3.1 指导青年教师 3.2 听课评课 3.3 说课比赛 3.4 新教师研课	4.1 考核方式 4.2 考核效果

3. 总结汇报稿的版式特点及设计原则

总结汇报稿的版式跟课程汇报稿的版式相似，采用了风格统一的幻灯片母版设计制作，针对特定的汇报内容和特色，制作统一样式的幻灯片母版。

总结汇报的目的是交流思想、分享做法、汇报效果……，汇报是为了更有效的沟通，因此，在设计制作总结汇报稿时，遵循以下原则：结构化思考，图形化表达；化文为图，用图说话；逻辑清晰，一目了然。

4. 如何做出好的 PPT

好的 PPT＝专业＋简洁＋清晰。

设计制作 PPT 最重要的是逻辑关系，最难的是如何将文字转化为有语境的图片或关系图。

怎样做出好的 PPT？秋叶老师建议：先提高美感，再提升逻辑。美感体现在设计能力；逻辑体现的是对世界的洞察力、对业务的把握力，这很难速成（选自《说服力 工作型 PPT 该这样做》第 2 版，秋叶，人民邮电出版社）。

以上分析的是总结汇报稿的结构、组成部分、版式特点等，下面按工作过程学习具体的操作步骤和操作方法。

完成任务

准备工作：启动 PowerPoint 2010，将新文件另存，命名。

一、确定目标，分析需求

1. 仔细研读《教研工作汇报》的文字稿，分析汇报需求，确定 PPT 的目标

教研工作的总结汇报，围绕本教研组开学以来的主要工作、工作中的创新、如何开展的工作、各项工作的效果和不足、今后改进的措施几方面进行汇报。要让听众或观众对汇报内容感兴趣，对内容看清楚、听明白、能记住、有反馈，唯有内容吸引人，才能真正达到汇报的目的。

教研组的工作有学校的重大项目、核心工作，也有本教研组的特色工作和创新工作，按不同方式归类，提炼出好标题，找出亮点；不说废话，用数据说话。

2. 分析汇报的听众

一组好的 PPT 不在于提供多少信息，而在于听众能理解多少内容，因此要分析本次汇报的听众。根据听众喜欢的风格、沟通方式、理解形式和关注点来确定 PPT 的表现形式（图形？色彩？文字？数字？动画？）。

二、构思逻辑，确定结构

1. 用严谨的逻辑论证中心思想

将各项繁杂的教研工作内容进行梳理，归类，提炼核心，整理重点，制作汇报的大纲，如表 24-1 所示。二级标题下的每项工作，按照"如何开展→工作效果→实施目的→反思成功与不足"的思路汇报，重点说明特色和创新之处，以及创新的收获与成效。

根据汇报大纲，按照金字塔原理和方法，设计汇报的框架结构和逻辑关系，如图 24-1 所示。

2. 大脑偏爱结构，讲好故事，找对结构

建立符合常识思维的讲述结构（自上而下，层次清晰，重点突出）；让每个页面都有逻辑；用 PPT 打动观众：讲个好故事。

常用的讲述结构如下。

① SCQA 结构（情景→冲突→问题→回答）；

② PREP 结构（提出立场→阐释理由→列举实例→强调立场）；

③ AIDA（注意→兴趣→欲望→行动）；

④ FAB（卖点→优势→价值）

三、组织材料，确定风格

风格没有最好，只有最适合。初做 PPT 的人，会把各种风格、模板、动画、图片、音效都放到自己的 PPT，弄成一个四不像的混搭。而高手做的 PPT 中，没有复杂的模板、炫酷的动画、奇异的声音，但画面统一、构图清晰、思路流畅、结构完整，内容旁征博引，话题妙趣横生，让人印象深刻。

PPT 的风格不是根据自己的喜好，而是要依据听众的习惯来设计。风格包括配色、布局、样式、字体、细节、动画等。教研工作汇报稿的风格，如作品图所示，用案例说话，结构化表达，清晰易懂，简洁明了，图文并茂。

根据总结汇报的提纲和内容及汇报稿风格，收集、分类、整理并精选制作"计算机基础教研组的教研工作汇报"所需的图片、照片、视频、案例等资料和素材，放在专门的文件夹中备用，各种素材与汇报主题吻合。

四、设计母版，搭建框架

1. 设计制作汇报稿的幻灯片母版

（布局设计、配色方案、版式设计，用更好的效果展示目标）

★ **步骤 1** 根据图 24-1 所示的总结汇报稿的框架结构，制作"教研工作汇报"稿幻灯片母版的四页对应的版面内容（封面，目录，标题页，内页）。如图 24-3 所示。

2. 搭建汇报稿的框架

★ **步骤 2** 关闭母版视图，返回"普通视图"状态，搭建汇报稿的框架，如图 24-4 所示。

五、制作页面，系统排版（统一排版，美化页面，适当添加动画效果）

1. 制作汇报稿的封面、引言

（1）汇报稿封面的内容：标题（汇报的主题）、副标题、汇报部门、汇报人姓名、日期等。

封面设计包括两部分：版面布局的设计，封面文案的设计。封面的版面应干净、简洁、清晰、主题突出、一目了然。封面标题是演示的主题，要抓人眼球，制造兴奋点，带来冲击力；副标题提供描述性细节，排版要相对弱化，不能喧宾夺主。

★ **步骤 3** 制作汇报稿封面的文字内容，如图 24-5 所示，合理设置标题的动画。

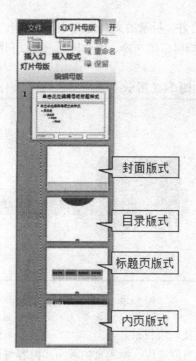

图 24-3　汇报稿的母版版式

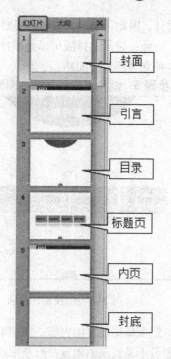

图 24-4　汇报稿的框架

图 24-5　汇报稿的封面

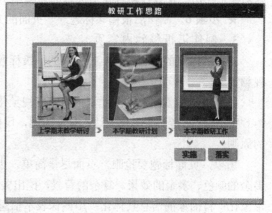

图 24-6　汇报稿的引言

（2）汇报稿引言页面的内容：汇报内容的前言或简要介绍，体现本次汇报的主要观点或思路。

引言页面设计跟封面设计一样，不但要追求版面的美观、干净，更要精炼文案的设计。文案的设计不仅是在封面，整个 PPT 都需要对文案精心提炼和设计。引言页面的插图要围绕主题、选用有语境的图片，且图文一致。

★ **步骤 4**　制作汇报稿引言页面的图、文内容，如图 24-6 所示。合理设置各部分内容的动画。

2. 制作汇报稿的目录、标题页

（1）汇报稿目录的内容：列出汇报内容的模块标题（一级目录）。

对汇报稿进行整体构思，找一条线索，把线索变成目录。常见的线索有时间线、空间线、因果关系线、结构线、行动线、工作过程线等，还有个性化的创意线。

目录就是 PPT 的大纲，目录中三至五个目录项比较适宜；超过七个，会让观众非常累，版面也很难设计。因此目录项太多时，需要简化、分类、合并。目录的文案包括词性、结构、字数等，应整齐、一致；目录的排版可以是横排、垂直排、圆周排、图文排、混合排等。可以利用透视效果创造各种立体感和空间感。

★ **步骤5** 制作汇报稿目录页面的文字内容，如图24-7所示。

图24-7 汇报稿的目录　　　　　　　　图24-8 汇报稿的标题页

（2）汇报稿标题页的内容：当前汇报模块的标题及二级目录。

标题页不是目录的重复，而是重点突出目录页的当前进程。标题页的版面和内容与目录页相似，体现已完成和当前汇报的进度，起承上启下的过度作用，便于前后衔接和转场，给观众层次感和提示作用，让观众在各章节内容的转换中不至于迷失方向。

★ **步骤6** 制作汇报稿"标题一"页面的文字内容，如图24-8所示。

3. 制作汇报稿的内容页

汇报稿内页的内容：各汇报模块的一级标题、二级标题和汇报内容、图片、结构图、表格、视频等。

（1）大脑偏爱图形，因此汇报内容应视觉化，用图说话。

"结构化思考，图形化表达；化文为图，用图说话；逻辑清晰，一目了然。"是设计制作PPT的原则。

所以，页面标题要抢眼，页面尽量简单，少用文字；文字要简短，删除废话、多余的修饰、多余的颜色、多余的效果、复杂的背景，挖出关键词；强调关键词。将文字内容视觉化、图形化、形象化；将抽象的信息具体化；用图像表示信息、情境和情感；用图形表达逻辑关系。

教研组的工作内容、如何开展、实施的步骤、实施目的、工作效果等都不用文字陈列，全部转化为各种关系的图形，用图形说话，如图24-9和图24-11所示；图形之间用位置、箭头、方向符、引导符串联，以及各图形进入的先后动画顺序，表示它们之间的逻辑关系，如图24-9和图24-11所示。

（2）大脑偏爱简洁，因此PPT的版面设计应美观、简单、干净。

做不出好的PPT原因有很多，没有思路，没有逻辑；缺乏好的表达形式；缺乏基本的美感……怎样做出好的PPT？秋叶老师建议：先提高美感，再提升逻辑。

美感体现在设计能力，多看PPT大师的优秀作品、丛书，多听、多学PPT大师的分析、讲解、案例……提高对PPT的认识和感悟。

一般人不是设计师，没有接受过专业的平面设计训练，但只要掌握PPT版面设计的基本原则，并始终贯彻使用这些原则，也能做出漂亮的版面。提高美感，从使用原则开始。

提示 PPT版面设计的基本原则：①对齐原则；②聚拢原则；③对比原则；④重复原则；⑤降噪原则；⑥留白原则。【对图、文、表都适用】

★ **步骤 7** 使用排版原则，制作汇报稿"标题一"的各内页（幻灯片 5～8）的图形、文字内容，如图 24-9 所示。

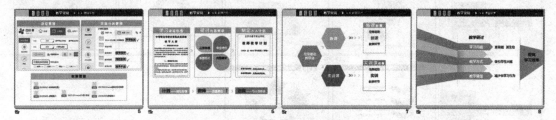

图 24-9 汇报稿"标题一"的各内页

★ **步骤 8** 每张内页都有对应的一级标题、二级标题，保证结构完整、层次清晰。因为标题是 PPT 页面转换的线索。如图 24-10 所示。

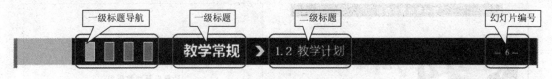

图 24-10 汇报稿内页的标题区

在设计制作 PPT 时，还有很多原则，如字体使用原则（多用无衬线字体：微软雅黑……）、色彩搭配原则、图片使用原则（图片与主题吻合，颜色风格一致，对齐等细节，多用写实图片……）、表格排版原则、图表使用原则等，多看、多学、多模仿、多思考、多练……

制作 PPT 是一个创造美的过程，美在版式、美在颜色、美在形象、美在清晰……

（3）用动画让内容呈现层次

动画的用法：①强调重点；②引导关注的顺序（逐个显示）；③展示复杂的流程；④再现操作过程。动画设计原则：简单、合理、不拖沓、干净利落、符合视觉习惯，一致性。

记住：频繁使用动画导致视觉疲劳；过分华丽的动画只会画蛇添足；"随机效果"就是放弃主动权；所有跳跃的、旋转的动画，都让 PPT 披上华而不实的外衣，慎用！

★ **步骤 9** 根据汇报稿内页各部分内容的逻辑关系，设置图文内容合理、合适的动画效果。

★ **步骤 10** 同样的方法，制作汇报稿的其他各页面，如图 24-11 所示。

4. 制作汇报稿的结束页和封底

好的结尾同样重要，对全文进行高度的浓缩和升华；全文中心的回顾和反思；后续行动的指导和思考。

（1）汇报稿结束页的内容：对汇报进行总结，对未来工作进行设计规划、说明努力方向等。

★ **步骤 11** 制作汇报稿结束页的图、文内容，如图 24-12 所示。合理设置各部分内容的动画。

（2）汇报稿封底：感谢语，结束语，汇报部门，汇报人姓名、日期等。

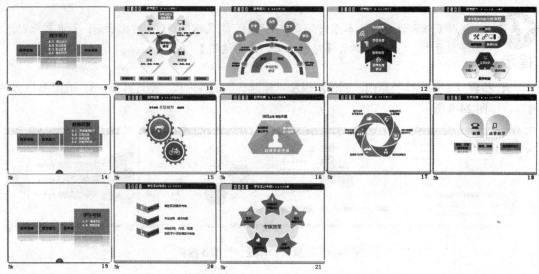

图 24-11　汇报稿的其他内容

图 24-12　汇报稿的结束页　　　　　　　　　　　图 24-13　汇报稿的封底

★ **步骤** 12　制作汇报稿封底的图、文内容，如图 24-13 所示。合理设置各部分内容的动画。

5. 制作汇报稿的导航超链接

（1）制作目录超链接。

★ **步骤** 13　汇报稿的目录页超链接的结构如图 24-14 所示。依次为目录页的每一个"目录名称"文本框（超链接载体），插入"超链接" ，设置路径（本文档中的目标位置）。

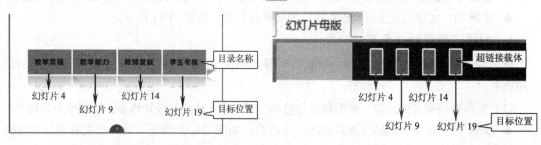

图 24-14　目录页超链接的结构　　　　　　　　图 24-15　"内页版式"超链接的结构

放映幻灯片，测试目录页的超链接，修改错误链接，保存文件。

（2）制作幻灯片母版中"标题页版式"的导航超链接。

分析：幻灯片母版中"标题页版式"的超链接结构与目录页的超链接结构相同。

★ **步骤 14** 单击"视图"选项卡的"幻灯片母版"按钮，进入"幻灯片母版"编辑状态，选择"标题页版式"，按照图 24-14 所示的超链接结构，依次为每一个"一级标题"文本框（超链接载体），插入"超链接" ，设置路径（本文档中的目标位置）。

（3）制作幻灯片母版中"内页版式"的导航条超链接

★ **步骤 15** 同样的方法，制作幻灯片母版中"内页版式"导航条的超链接，如图 24-15 所示。

关闭母版视图，返回"幻灯片普通视图"状态，放映幻灯片，测试所有页面的超链接，修改错误链接，保存文件。

六、持续优化，精细加工

作品完成，需要反复检查修改，对作品负责、对自己负责。没有经过检查的作品，就不是严肃的作品。

从头放映 ，观看汇报稿，逐页检查：错别字、版面布局、页面的边距、各部分图文的位置、对齐、比例、大小、色彩、段落间距、行距、标题的位置、图文间距等细节，还要检查动画是否多余，链接是否准确，表达是否清晰，图片的意境、图形的意图是否准确、音视频衔接、播放是否顺畅等，进行精细调整、修改局部和细节，直到合理、合适、满意为止。再请人复查。至此，汇报稿全部制作完成，保存文件。

七、展示讲解，演讲汇报

为每张幻灯片配上表达精准、简练的汇报讲解词，按照"任务 18 设计制作电子相册"展示讲解的注意事项，准备和演练；用排练计时的方式测试汇报时长，调整细节和动画选项，控制时间。

PPT 展示及汇报讲解需考虑听众的感受，汇报词内在的逻辑关系要清晰、有层次，能准确阐述各项工作的实施方法、步骤、意图、效果等。

只有经过反复演练和不断修改，才能做到激情演讲、展示自如、图文讲同步，讲演合一。PPT 永远不是演讲的主角，自己才是！

归纳总结

1. 制作"总结汇报稿"的工作流程

① 确定目标，分析需求（明确 PPT 的目标、对象和展示方式）；

② 构思逻辑，确定结构（用严谨的逻辑论证中心思想，金字塔方法）；

③ 组织材料，确定风格；

④ 设计母版，搭建框架（布局设计，用更好的效果展示目标）；

⑤ 制作页面，系统排版（统一排版，美化页面，适当添加动画效果）；

⑥ 持续优化，精细加工（自播检查错字和动画，请人复查）；

⑦ 展示讲解，演讲汇报。

2. PPT 版面设计的基本原则

① 对齐原则：段落间距对齐，图文排版对齐，表格正文对齐，页面标题对齐（借助参考线）。页面内所有元素要对齐，不同页面之间的元素也要对齐。

② 聚拢原则：相关内容汇聚，无关内容分离，段落层次区隔，图片文字协调。

③ 对比原则：突出重点，更改字号，变换颜色。

④ 重复原则：一致的模板，一致的排版，一致的字体，一致的配色。

⑤ 降噪原则：删除多余的背景，删除多余的文字，删除多余的颜色，删除多余的特效。

⑥ 留白原则：让视野可以聚焦，让大脑可以思考，让眼睛可以休息。

（选自《说服力 工作型 PPT 该这样做》第 2 版，秋叶，人民邮电出版社）

3. PPT 颜色搭配的基本原则

要悦目，不要堆积色彩，要符合观众的视觉习惯

① 用邻近色表达风格，用对比色体现重点，用互补色分出主次；

② 色系不要超过三种；

③ 根据室内光线选择背景色和文字色；

④ 避免过于接近的颜色；

⑤ 避免过于刺眼的颜色。

 评价反馈

作品完成后，填写表 24-2 所示的评价表。

表 24-2 "设计制作总结汇报稿"评价表

评价模块	评价内容		自评	组评	师评
	学习目标	评价项目			
专业能力	1.管理 PowerPoint 文件：新建、另存、命名、打开、保存、关闭文件				
	2.制作汇报稿的幻灯片母版	封面、目录、标题页、内页版式			
		色彩、风格、版面、版式			
	3.制作汇报稿框架（封面、引言、目录、标题页、内页、封底）				
	4.制作汇报稿封面、引言、目录（内容、版面、动画）				
	5.制作汇报稿内页	标题页：图文内容、版面布局、动画			
		内页：图文内容、关系图、版面布局、动画			
	6.制作汇报稿的结束页、封底（内容、版面布局、动画效果）				
	7.制作汇报稿导航超链接	制作目录超链接			
		制作母版的标题页超链接			
		制作母版的内页导航条超链接			
	8.正确上传文件				
	9.展示讲解汇报				
可持续发展能力	自主探究学习、自我提高、掌握新技术	□很感兴趣	□比较困难	□不感兴趣
	独立思考、分析问题、解决问题	□很感兴趣	□比较困难	□不感兴趣
	应用已学知识与技能	□熟练应用	□查阅资料	□已经遗忘
	遇到困难，查阅资料学习，请教他人解决	□主动学习	□比较困难	□不感兴趣
	总结规律，应用规律	□很感兴趣	□比较困难	□不感兴趣
	自我评价，听取他人建议，勇于改错、修正	□很愿意	□比较困难	□不愿意
	将知识技能迁移到新情境解决新问题，有创新	□很感兴趣	□比较困难	□不感兴趣
社会能力	能指导、帮助同伴，愿意协作、互助	□很感兴趣	□比较困难	□不感兴趣
	愿意交流、展示、讲解、示范、分享	□很感兴趣	□比较困难	□不感兴趣
	敢于发表不同见解	□敢于发表	□比较困难	□不感兴趣
	工作态度，工作习惯，责任感	□好	□正在养成	□很少
成果与收获	实施与完成任务	□☺独立完成	□☺合作完成	□☹不能完成
	体验与探索	□☺收获很大	□☺比较困难	□☹不感兴趣
	疑难问题与建议			
	努力方向			

复习思考

1. 制作总结汇报演示稿时，应如何测试汇报的时间？
2. 制作总结汇报演示文稿时，应注意什么？

拓展实训

1. 根据某总结汇报的文稿内容，收集需要的相关资料，综合运用 PowerPoint 2010 所学知识和技能，制作总结汇报的演示稿。学习、体会总结汇报演示稿的设计思路和制作方法，学会用图形表达思想和意图的方法。作品完成后，展示并讲解。

样文1（节选）

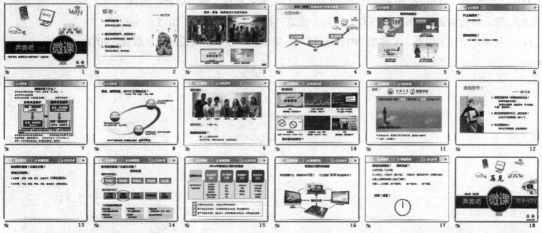

2.说课也是汇报的一种形式。以"说"的方式，向领导、评委、专家或同事讲解、汇报和展示课堂教学的设计理念、意图、做法、效果等。运用所学知识和技能，制作《绘制图标》说课稿。

样文2（节选）

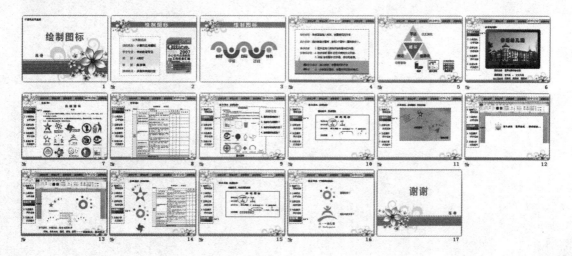

参 考 文 献

[1]　黄国兴　周南岳总主编，马开颜主编. 计算机应用基础综合实训（职业模块）（Windows7+Office2010）第 3 版. 北京：高等教育出版社，2014.

[2]　黄国兴　周南岳总主编，张巍主编. 计算机应用基础（含职业模块）（Windows7+Office2010）第 3 版. 北京：高等教育出版社，2014.

[3]　陈魁编著. PPT 演义. 北京：电子工业出版社，2010.

[4]　陈魁编著. PPT 动画传奇. 北京：电子工业出版社，2012.

[5]　李云龙等编著. 绝了！Excel 可以这样用——职场 Excel 效率提升秘笈. 北京：清华大学出版社，2014.

[6]　武新华等编著. 完全掌握 Excel 2010 办公应用超级手册. 北京：机械工业出版社，2011.

[7]　韩小良　任殿梅编著. Excel 数据分析之道——职场报表应该这么做. 北京：中国铁道出版社，2014.

[8]　启典文化编著. Excel 公式、函数、图表数据分析高手真经. 北京：中国铁道出版社，2014.

[9]　郭刚编著.　Office 2013 应用技巧实例大全. 北京：机械工业出版社，2014.

[10]　智云科技编著. Office 2013 综合应用. 北京：清华大学出版社，2015.

[11]　秋叶，卓弈刘俊著. 工作型 PPT 该这样做. 第 2 版. 北京：人民邮电出版社，2014.

反侵权盗版声明

　　化学工业出版社依法对本作品享有独家出版权。未经版权所有人和化学工业出版社书面许可，任何组织机构、个人不得以任何形式擅自复制、改编或通过信息网络传播本书全部或部分内容。凡有侵权行为，必须承担法律责任。

　　为了维护市场秩序，保护权利人的合法权益，我社将依法查处和打击侵权盗版的单位和个人。敬请广大读者积极举报侵权盗版行为，对经查实的侵权案件给予举报人奖励。

侵权举报电话：010-64519385

传真：010-64519392

通信地址：北京东城区青年湖南街 13 号化学工业出版社法律事务部

邮编：100011